KUHMINSA

한 발 앞서나가는 출판사, **구민사**

구민사 출간도서 中 수험서 분야

- 용접
- 자동차
- 조경/산림
- 품질경영
- 산업안전
- 전기
- 건축토목
- 실내건축

- 기술사
- 기계
- 금속
- 환경
- 보일러
- 가스
- 공조냉동
- 위험물

전국 도서판매처

- 일산남부서점
- 안산대동서적
- 대전계룡서점
- 대구북앤북스
- 대구하나도서
- 포항학원사
- 울산처용서림
- 창원그랜드둔고
- 순천중앙서점
- 광주조은서림

www.kuhminsa.co.kr

자격증 시험 접수부터 자격증 수령까지! 🪪

필기 원서 접수
큐넷(www.q-net.or.kr)
필기 시험은 회원 가입 후 인터넷 접수만 가능
(사진 파일, 접수비(인터넷 결제) 필요)
응시자격 요건 반드시 확인

필기시험
입실 시간 미준수 시 시험 응시 불가
준비물 : 수험표, 신분증, 필기구 지참

필기 합격 확인
큐넷(www.q-net.or.kr)
사이트에서 확인

실기 원서 접수
큐넷(www.q-net.or.kr)
응시 자격 서류는 실기시험 접수기간(4일 내)에
제출해야만 접수 가능

전문가를 위한 첫걸음, 구민사는 그 이상을 봅니다!
KUHMINSA

실기 시험
필답형과 작업형으로 분류
원서 접수 시 선택한 장소와 시간에 맞게 시험을 봅니다.
준비물 : 수험표, 신분증, 필기구 지참

최종합격 확인
큐넷(www.q-net.or.kr)
사이트에서 확인

자격증 신청
인터넷으로 신청(상장형 자격증 발급을 원칙으로 하며,
희망 시 수첩형 자격증 발급 신청/ 발급 수수료 부과)

자격증 수령
인터넷으로 발급(출력)
(수첩형 자격증 등기 수령 시 등기 비용 발생)

무료 동영상 카페 이용방법

STEP 01 무료 동영상을 볼 수 있는 전쌤의 폐기물처리 실기책을 구입한다

STEP 02 전쌤과 함께하는 네이버 카페에 가입한다

STEP 03 카페에서 도서인증 후 무료 동영상을 마음껏 시청한다

STEP 04 궁금한 점은 네이버 카페를 통해 질의응답 한다

cafe.naver.com/makels

DAY · PLAN 40

D-37
이론 내용 학습

- D-40 1과목 폐기물개론
- D-39 2과목 폐기물처리기술
- D-38 3과목 폐기물 소각 및 열회수
- D-37 4과목 공정시험기준, 5과목 폐기물관계법규

D-11
최근 기출문제 복습 1

- D-17 2023년, 2022년 기출문제 복습
- D-16 2021년, 2020년 기출문제 복습
- D-15 2019년, 2018년 기출문제 복습
- D-14 2017년, 2016년 기출문제 복습
- D-13 2015년, 2014년 기출문제 복습
- D-12 2013년, 2012년 기출문제 복습
- D-11 2011년, 2010년 기출문제 복습

D-27
최근 기출문제 동영상 시청 및 학습

- D-36 2023년 동영상강의 수강
- D-35 2023년 기출문제 복습하기
- D-34 2022년 동영상강의 수강
- D-33 2022년 기출문제 복습하기
- D-32 2021년 동영상강의 수강
- D-31 2021년 기출문제 복습하기
- D-30 2020년 동영상강의 수강
- D-29 2020년 기출문제 복습하기
- D-28 2019년 동영상강의 수강
- D-27 2019년 기출문제 복습하기

D-18
최근 기출문제 학습

- D-26 2018년 기출문제 학습
- D-25 2017년 기출문제 학습
- D-24 2016년 기출문제 학습
- D-23 2015년 기출문제 학습
- D-22 2014년 기출문제 학습
- D-21 2013년 기출문제 학습
- D-20 2012년 기출문제 학습
- D-19 2011년 기출문제 학습
- D-18 2010년 기출문제 학습

D-6
최근 기출문제 복습 2

- D-12 2023년, 2022년, 2021년 기출문제 복습
- D-11 2020년, 2019년, 2018년 기출문제 복습
- D-10 2017년, 2016년, 2015년 기출문제 복습
- D-9   2014년, 2013년, 2012년 기출문제 복습
- D-8   2011년, 2010년 기출문제 복습 계산문제 정리

D-DAY
최종 마무리

- D-5 2022년, 2021년, 2020년, 2019년 기출문제 복습
- D-4 2018년, 2017년, 2016년, 2015년 기출문제 복습
- D-3 최근 10개년치 기출복원문제 중 계산문제 정리하기
- D-2 최근 10개년치 기출복원문제 중 이론문제 정리하기
- D-1 체크해 둔 계산문제 및 이론문제 숙지하기

 # 머리말

폐기물처리산업기사 실기 수험서의 구성은 이론편과 기출복원문제편으로 구성되어 있습니다.
이론편에는 시험에서 출제되는 가장 핵심과목인 폐기물개론, 폐기물처리기술, 폐기물 소각 및 열회수 과목은 물론이고 폐기물공정시험기준과 폐기물관계법규 과목까지 수록하여 출제기준에 알맞게 전 과목의 이론 내용을 체계적으로 수립하여 실전문제에 대비할 수 있도록 하였습니다.
각 과목마다 시험에서 출제되는 핵심 내용만을 정리하여 수록하였으며, 이해력을 높이고 실전문제에 대비할 수 있도록 실전연습문제를 수록하였습니다.
기출복원문제편에는 2010년부터 최근까지 검정한 문제를 복원하여 과년도 기출문제를 수록하였습니다. 실전문제를 대비하기 위해서는 여러 가지 유형의 문제를 파악하고 응용문제와 유사문제를 풀이할 수 있도록 준비가 되어 있어야 하며, 이는 충분한 양의 과년도 기출문제를 공부해야만 합격이 가능하다는 것을 알기에 수험생들이 원하는 충분한 양의 과년도 기출문제를 수록하였습니다.
기출복원문제는 각 회차의 문제마다 계산문제와 이론문제로 구성되어 있습니다.
계산문제는 실전문제에 반드시 기재해야 하는 풀이는 물론이고 문제의 이해와 유사문제 그리고 응용문제가 출제되더라도 충분히 대비할 수 있도록 (Tip)을 수록하여 공식 정리는 물론이고 풀이에서 헷갈릴 수 있는 단위 및 단위 환산 과정을 아주 쉽게 이해하고 숙지할 수 있도록 정리하였습니다.
이론문제는 보다 쉽고 간단하게 핵심을 위주로 정답을 기재할 수 있도록 정리하여 수록하였으며, 추가로 보충해야 할 내용이나 문제에서 요구하는 답변에 대한 핵심을 보다 쉽게 파악할 수 있도록 (Tip)으로 정리하였습니다.

폐기물처리산업기사 실기시험 검정은 필답형으로만 이루어지며, 총 출제되는 문제수는 20문제 정도이며, 60점 이상 정답이면 합격이 됩니다. 그리고 20문제 중 계산문제는 8문제 정도이며, 이론문제는 12문제 정도 출제되므로 계산문제 및 이론문제를 대비하기 위해서는 충분한 합격전략을 세워서 준비하는 것이 중요합니다.
폐기물처리산업기사 실기시험 합격전략은 도서출판 구민사와 수험서 저자가 야심차게 시작하는 무료인강과 수험서로 시작하는 것입니다. 구민사와 저자는 무료인강으로 질 높은 강의를 지속적으로 업로드하여 수험생 여러분들의 합격을 지원해 드리겠습니다.

끝으로 이 책의 출판을 위해 적극적으로 도움을 주신 도서출판 구민사 조규백 대표님과 직원 여러분께 깊은 감사를 드립니다.

저자

CONTENTS

PART 01 폐기물 개론

Chapter 1. 폐기물발생량 및 성상 — 3
1. 지정폐기물의 유해성을 구분하는 분류기준 — 3
2. 폐기물의 발생량 — 3
3. 폐기물의 배출특성 — 5
    ◆ 실전연습문제 — 6
4. 폐기물의 조성 — 10
    ◆ 실전연습문제 — 13
5. 폐기물 발열량 — 19
6. 폐기물의 분석방법 및 주요 핵심내용 — 22
    ◆ 실전연습문제 — 23

Chapter 2. 폐기물 관리 — 26
1. 수집 및 운반 — 26
2. 적환장의 설계 및 운전관리 — 32
    ◆ 실전연습문제 — 34
3. 폐기물의 관리체계 — 42
    ◆ 실전연습문제 — 46

Chapter 3. 폐기물 감량 — 49
1. 압축공정 — 49
    ◆ 실전연습문제 — 51
2. 파쇄공정 — 55
    ◆ 실전연습문제 — 60
3. 선별 공정 — 65
    ◆ 실전연습문제 — 71

PART 02 폐기물처리기술

Chapter 1. 중간처분기준 — 79
1. 슬러지 처리 — 79
    ◆ 실전연습문제 — 83
    ◆ 실전연습문제 — 94
2. 물리, 화학, 생물학적 처분 — 100
    ◆ 실전연습문제 — 105
3. 고형화 처분 — 110
    ◆ 실전연습문제 — 114
4. 소각 및 열분해의 열적처분 — 118
    ◆ 실전연습문제 — 126

Chapter 2. 매립 — 132
1. 매립 — 132
    ◆ 실전연습문제 — 137
2. 차수시설 및 침출수 — 142
    ◆ 실전연습문제 — 149
3. 가스발생 및 처분 — 155
    ◆ 실전연습문제 — 157

Chapter 3. 자원화 — 160
1. 퇴비화 — 160
    ◆ 실전연습문제 — 163

Chapter 4. 토양오염 — 165
1. 토양 — 165
2. 토양처리방법 — 167
    ◆ 실전연습문제 — 169

CONTENTS

PART 03　폐기물 소각 및 열회수

Chapter 1. 연료 및 소각로　173
1. 연료　173
2. 연소 및 연소형태　175
3. 증기터빈의 분류　176
4. 연소영향인자　176
5. RDF(Refuse Derived Fuel)　178
◆ 실전연습문제　180

Chapter 2. 연소　183
1. 발열량 계산　183
2. 고체연료 및 액체연료의 연소계산식　185
3. 기체연료의 연소계산식　191
◆ 실전연습문제　194
4. 공연비(AFR)　198
5. 이론연소온도 계산공식　199
6. 연소실 열발생율 계산 공식　199
7. 소각로의 화격자 소각능력 계산공식　200
8. 소요동력 계산　201
9. 최대탄산가스량(CO_2max)　201
◆ 실전연습문제　204

Chapter 3. 오염물질 처리법　210
1. 황산화물(SO_x) 처리　210
2. 질소산화물(NO_x) 처리　211
3. 다이옥신류　213

Chapter 4. 오염물질 제거장치　214
1. 전기집진장치　214
2. 여과집진장치　215
3. 세정집진장치의 특징　215
4. 사이클론(원심력 집진장치)의 특징　216
5. 관성력 집진장치의 특징　217
6. 중력집진장치의 특징　217
◆ 실전연습문제　218

PART 04　공정시험기준

Chapter 1. 총칙　223
1. 총칙　223
2. 정도보증/정도관리(QA/QC)　224

Chapter 2. 시료의 채취　226
1. 시료의 채취　226
2. 시료의 준비　229
◆ 실전연습문제　231

Chapter 3. 일반항목편　238
1. 강열감량 및 유기물함량-중량법　238
2. 수분 및 고형물-중량법　239
◆ 실전연습문제　241

PART 05　폐기물 관계법규

Chapter 1. 폐기물 법규　247
1. 지정폐기물의 종류　247
2. 지정폐기물과 사업장폐기물의 분류번호　249
3. 의료폐기물　251
◆ 실전연습문제　252

PART 06 기출복원문제

2010년
- 1회 4월 시행 ... 257
- 2회 7월 시행 ... 264
- 4회 10월 시행 ... 272

2011년
- 1회 5월 시행 ... 280
- 2회 7월 시행 ... 288
- 4회 11월 시행 ... 296

2012년
- 1회 4월 시행 ... 304
- 2회 7월 시행 ... 311
- 4회 10월 시행 ... 319

2013년
- 1회 4월 시행 ... 325
- 4회 11월 시행 ... 331

2014년
- 1회 4월 시행 ... 339
- 2회 7월 시행 ... 348
- 4회 11월 시행 ... 357

2015년
- 1회 4월 시행 ... 365
- 2회 7월 시행 ... 371
- 4회 11월 시행 ... 379

2016년
- 1회 4월 시행 ... 385
- 2회 6월 시행 ... 392
- 4회 11월 시행 ... 399

2017년
- 1회 4월 시행 ... 405
- 2회 6월 시행 ... 411
- 4회 11월 시행 ... 415

2018년
- 1회 4월 시행 ... 421
- 2회 7월 시행 ... 429
- 4회 11월 시행 ... 437

2019년
- 1회 4월 시행 ... 445
- 2회 6월 시행 ... 453
- 4회 10월 시행 ... 461

2020년
- 1회 5월 시행 ... 468
- 2회 7월 시행 ... 477
- 3회 10월 시행 ... 485
- 4회 11월 시행 ... 493
- 5회 11월 시행 ... 500

2021년
- 1회 4월 시행 ... 509
- 2회 7월 시행 ... 517
- 4회 11월 시행 ... 525

2022년
- 1회 5월 시행 ... 532
- 2회 7월 시행 ... 541
- 4회 11월 시행 ... 548

2023년
- 1회 4월 시행 ... 556
- 2회 7월 시행 ... 564
- 4회 11월 시행 ... 572

2024년
- 1회 4월 시행 ... 582
- 2회 7월 시행 ... 592
- 3회 10월 시행 ... 602

이 책의 구성과 특징

01 체계적인 핵심 요약 및 예제문제 수록

- 이론편에서는 중요한 공식마다 예제문제를 이용하여 바로바로 학습할 수 있게 하였습니다.

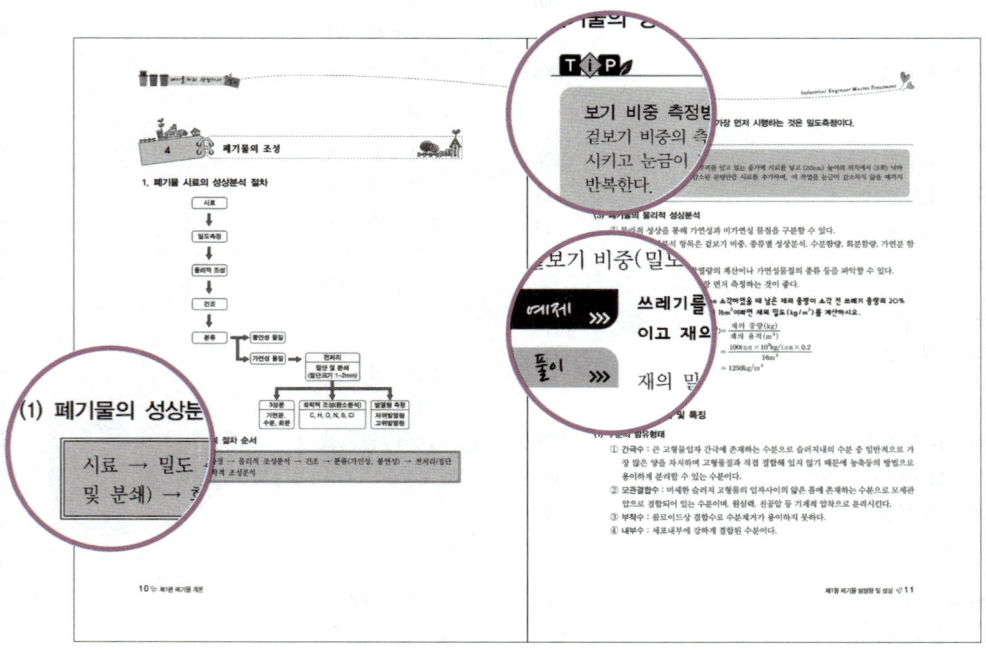

02 실전연습문제 수록

- 문제의 구성은 가장 기본적인 문제에서부터 응용문제 순으로 배치하여 기본에 충실한 학습이 될 수 있도록 하였으며, 계산 문제나 중요문제는 풀이 및 Tip을 이용해 단위 및 개념을 정리할 수 있도록 하였습니다.

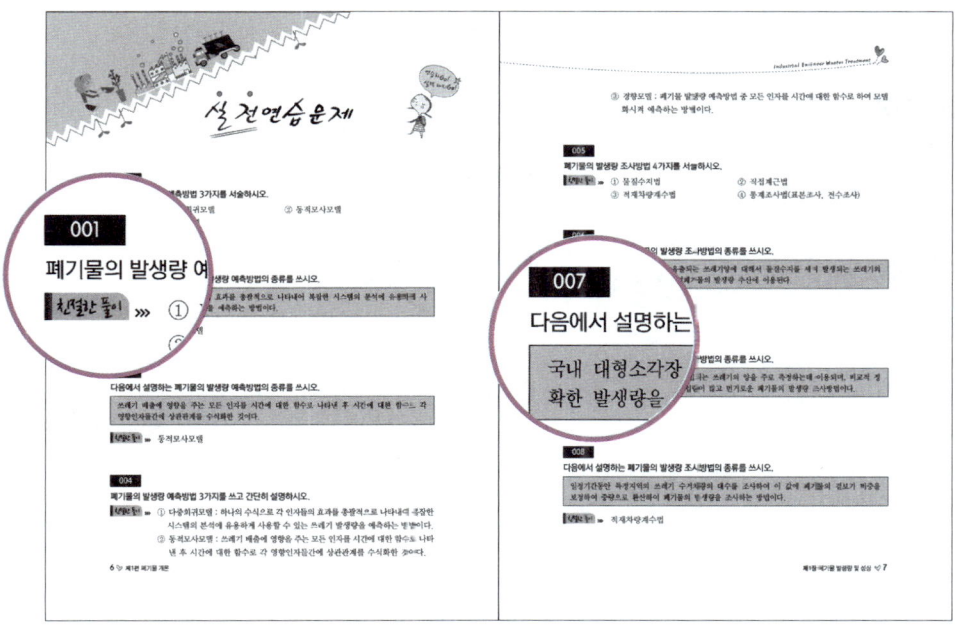

03 최근 개정 법규 문제 수록 & 과년도 문제 수록

- 최근 개정된 법규의 내용과 문제를 수록하여 법규과목을 충분히 대비할 수 있게끔 하였습니다.
- 과년도 문제에 출제년도를 표기해 수험생들이 최근 출제경향을 쉽게 파악할 수 있도록 하였습니다.

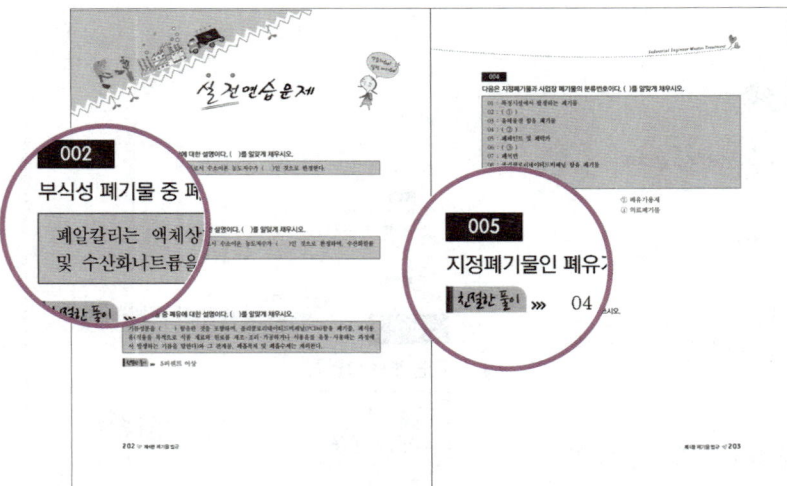

개정법규

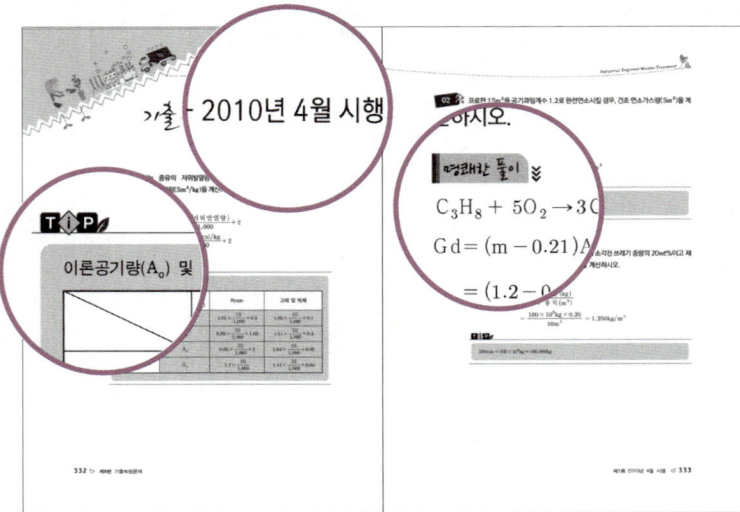

과년도 문제

출제기준 – 폐기물처리산업기사 실기

직무분야	환경·에너지	중직무분야	환경	자격종목	폐기물처리산업기사	적용기간	2023.1.1 ~ 2025.12.31
직무내용	국민의 일상생활에 수반하여 발생하는 생활폐기물과 산업활동 결과 발생하는 사업장 폐기물을 기계적선별, 과, 건조, 파쇄 압축, 흡수, 흡착, 이온교환, 소각, 소성, 생물학적 산화, 소화, 퇴비화 등의 인위적, 물리적, 기계적 단위조작과 생물학적, 화학적 반응공정을 주어 감량화, 무해화, 안전화 등 폐기물을 취급하기 쉽고 위험성이 적은 성상과 형태로 변화시키는 일련의 처리업무를 수행하는 직무이다.							
수행준거	폐기물에 대한 전문적 지식을 토대로 하여 1. 폐기물의 조성을 측정 및 분석할 수 있다. 2. 폐기물에 대한 유해성을 평가 및 예측할 수 있다. 3. 폐기물 처리대책을 수립할 수 있다.							
실기검정방법	필답형				시험시간	2시간 30분		

실기과목명	주요항목	세부항목
폐기물처리 실무	1. 폐기물 일반	1. 폐기물 분리배출 및 저장하기
		2. 폐기물 수집 및 운반하기
		3. 적환장 관리하기
		4. 폐기물 수송하기
		5. 폐기물 특성 및 발생량 저감하기
	2. 폐기물처리	1. 기계적, 화학적 처분법 이해하기
		2. 생물학적 처분법 이해하기
		3. 자원화 및 재활용 이해하기
	3. 소각	1. 연소이론 파악 및 연소계산 이해하기
		2. 열분해 이해하기
		3. 소각공정 파악하기
		4. 소각로 해석, 운전, 유지관리하기
	4. 매립	1. 매립방법 파악하기
		2. 매립지 설계 및 시공하기
		3. 매립지 관리하기

동영상 강의 수강자를 위한
전쌤의 무료 동영상 카페 이용방법

무료 동영상 바로가기 cafe.naver.com/makels

01
STEP 1.
교재를 구입하셨나요?
전쌤의 **무료 동영상 강의**로 시작하세요.
열심히 해서 **합격**해보자구요!

02
STEP 2.
전쌤 강의는 **네이버 카페**를 통해
공부하실 수 있습니다.
cafe.naver.com/makels

03
STEP 3.
카페에서 도서인증 후
무료 동영상 강의를
마음껏 시청하세요.

04
STEP 4.
공부하다가 궁금한 점이 있거나
알고 넘어가야하는 문제가 있으신가요?
환경에듀와 **네이버 카페**를 통해
문의해 주세요.

최고의 합격수험서

전화택 원장님이 제시하는 합격 완벽대비!

수질계열
- 수질환경기사·산업기사 필기
- 수질환경기사·산업기사 실기

대기계열
- 대기환경기사·산업기사 필기
- 대기환경기사·산업기사 실기
- 대기환경기사 과년도
- 대기환경산업기사 과년도

환경계열
- 환경기능사 필기&실기

폐기물계열
- 폐기물처리기사 필기
- 폐기물처리기사 실기
- 폐기물처리기사 과년도
- 폐기물처리산업기사 필기
- 폐기물처리산업기사 실기
- 폐기물처리산업기사 과년도

화학계열
- 화학분석기능사 필기&실기

교재분야
- 수질환경분석
- 환경학개론
- 환경기초학 및 환경방지기술
- 수질오염
- 대기오염

❖ 환경에듀 홈페이지
http://www.환경에듀.com

❖ 네이버 카페
http://www.cafe.naver.com/makels

도서출판 구민사
Address (07293) 서울특별시 영등포구 문래북로 116, 604호(문래동3가 46, 트리플렉스)
Tel 02)701-7421   Fax 02)3273-9642   homepage http://www.kuhminsa.co.kr/

원소주기율표

1 H 수소																	2 He 헬륨
3 Li 리튬	4 Be 베릴륨											5 B 붕소	6 C 탄소	7 N 질소	8 O 산소	9 F 플루오린	10 Ne 네온
11 Na 나트륨	12 Mg 마그네슘											13 Al 알루미늄	14 Si 규소	15 P 인	16 S 황	17 Cl 염소	18 Ar 아르곤
19 K 칼륨	20 Ca 칼슘	21 Sc 스칸듐	22 Ti 타이타늄	23 V 바나듐	24 Cr 크로뮴	25 Mn 망가니즈	26 Fe 철	27 Co 코발트	28 Ni 니켈	29 Cu 구리	30 Zn 아연	31 Ga 갈륨	32 Ge 저마늄	33 As 비소	34 Se 셀레늄	35 Br 브로민	36 Kr 크립톤
37 Rb 루비듐	38 Sr 스트론튬	39 Y 이트륨	40 Zr 지르코늄	41 Nb 나이오븀	42 Mo 몰리브덴	43 Tc 테크네튬	44 Ru 루테늄	45 Rh 로듐	46 Pd 팔라듐	47 Ag 은	48 Cd 카드뮴	49 In 인듐	50 Sn 주석	51 Sb 안티몬	52 Te 텔루륨	53 I 아이오딘	54 Xe 제논
55 Cs 세슘	56 Ba 바륨	57 La 란타넘	72 Hf 하프늄	73 Ta 탄탈	74 W 텅스텐	75 Re 레늄	76 Os 오스뮴	77 Ir 이리듐	78 Pt 백금	79 Au 금	80 Hg 수은	81 Tl 탈륨	82 Pb 납	83 Bi 비스무트	84 Po 폴로늄	85 At 아스타틴	86 Rn 라돈
87 Fr 프랑슘	88 Ra 라듐	89 Ac 악티늄	104 Rf 러더포듐	105 Db 더브늄	106 Sg 시보귬	107 Bh 보륨	108 Hs 하슘	109 Mt 마이트너튬	110 Ds 다름슈타튬	111 Rg 뢴트게늄							

58 Ce 세륨	59 Pr 프라세오디뮴	60 Nd 네오디뮴	61 Pm 프로메튬	62 Sm 사마륨	63 Eu 유로퓸	64 Gd 가돌리늄	65 Tb 터븀	66 Dy 디스프로슘	67 Ho 홀뮴	68 Er 어븀	69 Tm 툴륨	70 Yb 이터븀	71 Lu 루테튬
90 Th 토륨	91 Pa 프로트악티늄	92 U 우라늄	93 Np 넵투늄	94 Pu 플루토늄	95 Am 아메리슘	96 Cm 퀴륨	97 Bk 버클륨	98 Cf 캘리포늄	99 Es 아인슈타이늄	100 Fm 페르뮴	101 Md 멘델레븀	102 No 노벨륨	103 Lr 로렌슘

범례:
- 20 Ca 칼슘 — 원자번호, 원소기호(예: ⓖ:액체 a:기체 a:고체), 이름
- 금속 / 비금속 / 전이원소 / 란타넘족 / 악티늄족

제1편 폐기물개론

제1장	폐기물의 발생량 및 성상
제2장	폐기물의 관리
제3장	폐기물의 감량

폐기물처리
산업기사 **실기**

Industrial Engineer Wastes Treatment

제1장 폐기물발생량 및 성상

1 지정폐기물의 유해성을 구분하는 분류기준

① 폭발성　　② 반응성　　③ 인화성　　④ 부식성
⑤ EP독성　　⑥ 유해가능성　⑦ 난분해성　⑧ 용출특성

지정폐기물의 유해성을 구분하는 분류기준을 5가지만 서술하시오.
① 폭발성 ② 반응성 ③ 인화성 ④ 부식성 ⑤ EP독성

2 폐기물의 발생량

1. 폐기물 발생량 예측방법

① 다중회귀모델(Multiple Regression Model Method)
   하나의 수식으로 각 인자들의 효과를 총괄적으로 나타내어 복잡한 시스템의 분석에 유용하게 사용할 수 있는 쓰레기 발생량을 예측하는 방법이다.
② 동적모사모델(Dynamic Simulation Model Method)
   ㉠ 쓰레기 배출에 영향을 주는 모든 인자를 시간에 대한 함수로 나타낸 후 시간에 대한 함수로 각 영향인자들간에 상관관계를 수식화한 것이다.
   ㉡ 시간만 고려하는 방법과 시간을 단순히 하나의 독립적인 종속인자로 고려하는 방법의 문제점을 보완할 수 있도록 고안되었다.

③ 경향모델(Trend Model Method)
폐기물 발생량 예측방법 중 모든 인자를 시간에 대한 함수로 하여 모델화시켜 예측하는 방법으로 단지 시간과 그에 따른 폐기물 발생량 간의 상관관계만을 고려하는 방법이다.

2. 쓰레기 발생량 조사방법

(1) 물질수지법(material balance method)
① 시스템에 유입되는 쓰레기양과 유출되는 쓰레기양에 대해서 물질수지를 세워 발생되는 쓰레기의 양을 추정하는 방법이다.
② 물질수지를 세울 수 있는 상세한 데이터가 있는 경우에 가능하다.
③ 우선적으로 조사하고자 하는 계의 경계를 정확하게 설정하여야 한다.
④ 주로 산업폐기물의 발생량 추산에 이용된다.
⑤ 비용이 많이 들고 작업량이 많아 널리 이용되지 않는다.

(2) 직접계근법(direct weighting method)
① 국내 대형소각장 및 위생매립장에 반입되는 쓰레기의 양을 주로 측정하는데 이용한다.
② 비교적 정확한 발생량을 파악할 수 있다.
③ 작업량이 많고 번거로운 폐기물의 발생량 조사방법이다.

(3) 적재차량계수법(load count analysis)
① 일정기간동안 특정지역의 쓰레기 수거차량의 대수를 조사하여 이 값에 폐기물의 겉보기 비중을 보정하여 질량으로 환산하여 폐기물의 발생량을 조사하는 방법이다.
② 중간적하장 및 중계처리장에 반입되는 쓰레기의 양을 주로 측정하는데 이용한다.

(4) 통계조사법
① 표본조사
 ㉠ 경비가 적게 든다.　　　　　　　　 ㉡ 조사기간이 짧다.
 ㉢ 조사상 오차가 크다.
② 전수조사
 ㉠ 행정시책의 이용도가 높다.　　　　 ㉡ 조사기간이 길다.
 ㉢ 표본치의 보정역할이 가능하다.　　 ㉣ 표본오차가 작아 신뢰도가 높다.

3 폐기물의 배출특성

1. 폐기물 발생량에 영향을 미치는 인자

① 가구당 인원수　　　　　　　② 생활수준
③ 쓰레기통의 크기　　　　　　④ 수거빈도
⑤ 계절

2. 폐기물 발생의 특징

① 대도시보다는 문화수준이 열악한 중소도시의 주변이 쓰레기를 더 적게 발생시킨다.
② 쓰레기발생량은 주방쓰레기양에 영향을 많이 받으므로 엥겔지수가 높은 서민층의 쓰레기가 부유층보다 적다.
③ 쓰레기를 자주 수거해 가면 쓰레기 발생이 증가한다.
④ 쓰레기통이 클수록 유효용적이 증가하면 발생량이 증가한다.
⑤ 재활용품의 회수 및 재이용률이 증가할수록 쓰레기 발생량은 감소한다.
⑥ 생활수준이 증가할수록 쓰레기의 종류는 다양화되고 발생량은 증가한다.
⑦ 쓰레기의 성분은 계절에 영향을 받는다.
⑧ 쓰레기 관련법규는 쓰레기 발생량에 매우 중요한 영향을 미친다.
⑨ 부엌용 분쇄기를 사용할 경우 음식쓰레기 발생량이 제한적으로 감소한다.
⑩ 상업지역, 주택지역 등 장소에 따라 발생량과 성상이 달라진다.

3. 분뇨(슬러지)처리의 기본 목표

① 안전화　　　　　　　　　　② 감량화
③ 안정화　　　　　　　　　　④ 무해화

001

폐기물의 발생량 예측방법 3가지를 서술하시오.

친절한 풀이 »» ① 다중회귀모델 ② 동적모사모델
③ 경향모델

002

다음에서 설명하는 폐기물의 발생량 예측방법의 종류를 쓰시오.

> 하나의 수식으로 각 인자들의 효과를 총괄적으로 나타내어 복잡한 시스템의 분석에 유용하게 사용할 수 있는 쓰레기 발생량을 예측하는 방법이다.

친절한 풀이 »» 다중회귀모델

003

다음에서 설명하는 폐기물의 발생량 예측방법의 종류를 쓰시오.

> 쓰레기 배출에 영향을 주는 모든 인자를 시간에 대한 함수로 나타낸 후 시간에 대한 함수로 각 영향인자들간에 상관관계를 수식화한 것이다.

친절한 풀이 »» 동적모사모델

004

폐기물의 발생량 예측방법 3가지를 쓰고 간단히 설명하시오.

친절한 풀이 »» ① 다중회귀모델 : 하나의 수식으로 각 인자들의 효과를 총괄적으로 나타내어 복잡한 시스템의 분석에 유용하게 사용할 수 있는 쓰레기 발생량을 예측하는 방법이다.
② 동적모사모델 : 쓰레기 배출에 영향을 주는 모든 인자를 시간에 대한 함수로 나타낸 후 시간에 대한 함수로 각 영향인자들간에 상관관계를 수식화한 것이다.

③ 경향모델 : 폐기물 발생량 예측방법 중 모든 인자를 시간에 대한 함수로 하여 모델화시켜 예측하는 방법으로 단지 시간과 그에 따른 폐기물 발생량 간의 상관관계만을 고려하는 방법이다.

005

폐기물의 발생량 조사방법 4가지를 서술하시오.

친절한 풀이 »» ① 물질수지법   ② 직접계근법
　　　　　　③ 적재차량계수법   ④ 통계조사법(표본조사, 전수조사)

006

다음에서 설명하는 폐기물의 발생량 조사방법의 종류를 쓰시오.

> 시스템에 유입되는 쓰레기양과 유출되는 쓰레기양에 대해서 물질수지를 세워 발생되는 쓰레기의 양을 추정하는 방법으로, 주로 산업폐기물의 발생량 추산에 이용된다.

친절한 풀이 »» 물질수지식

007

다음에서 설명하는 폐기물의 발생량 조사방법의 종류를 쓰시오.

> 국내 대형소각장 및 위생매립장에 반입되는 쓰레기의 양을 주로 측정하는데 이용되며, 비교적 정확한 발생량을 파악할 수 있으며 작업량이 많고 번거로운 폐기물의 발생량 조사방법이다.

친절한 풀이 »» 직접계근법

008

다음에서 설명하는 폐기물의 발생량 조사방법의 종류를 쓰시오.

> 일정기간동안 특정지역의 쓰레기 수거차량의 대수를 조사하여 이 값에 폐기물의 겉보기 비중을 보정하여 질량으로 환산하여 폐기물의 발생량을 조사하는 방법이다.

친절한 풀이 »» 적재차량계수법

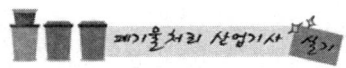

009
폐기물의 발생량 조사방법 3가지를 쓰고 간단히 설명하시오.

친절한 풀이 »
① 물질수지법 : 시스템에 유입되는 쓰레기양과 유출되는 쓰레기양에 대해서 물질수지를 세워 발생되는 쓰레기의 양을 추정하는 방법이다.
② 직접계근법 : 국내 대형소각장 및 위생매립장에 반입되는 쓰레기의 양을 주로 측정하는데 이용한다.
③ 적재차량계수법 : 일정기간동안 특정지역의 쓰레기 수거차량의 대수를 조사하여 이 값에 폐기물의 겉보기 비중을 보정하여 질량으로 환산하여 폐기물의 발생량을 조사하는 방법이다.

010
폐기물의 발생량 조사방법의 하나인 통계조사법 중 표본조사의 특징을 3가지만 서술하시오.

친절한 풀이 »
① 경비가 적게 든다.   ② 조사기간이 짧다.
③ 조사상 오차가 크다.

011
폐기물의 발생량 조사방법의 하나인 통계조사법 중 전수조사의 특징을 3가지만 서술하시오.

친절한 풀이 »
① 행정시책의 이용도가 높다.   ② 조사기간이 길다.
③ 표본치의 보정역할이 가능하다.

012
쓰레기 발생량 조사방법과 대상폐기물을 바르게 연결 하시오.

① 대형 소각장 및 위생매립장	가. 물질수지법
② 산업폐기물	나. 직접계근법
③ 중간적하장 및 중계처리장	다. 적재차량 계수법

친절한 풀이 »
가. 물질수지법 - ② 산업폐기물
나. 직접계근법 - ① 대형 소각장 및 위생매립장
다. 적재차량 계수법 - ③ 중간적하장 및 중계처리장

013

폐기물 발생량에 영향을 미치는 인자 5가지를 서술하시오.

친절한 풀이 »
① 가구당 인원수   ② 생활수준
③ 쓰레기통의 크기   ④ 수거빈도
⑤ 계절

014

다음은 폐기물 발생의 특징을 나타낸 것이다. (   )안을 알맞게 채우시오.
(단, 증가, 감소, 일정으로 답할 것)

- 대도시보다는 문화수준이 열악한 중소도시 주변에서 쓰레기 발생이 (①)한다.
- 엥겔지수가 높은 서민층이 부유층보다 쓰레기 발생이 (②)한다.
- 쓰레기를 자주 수거해 가면 쓰레기 발생이 (③)한다.
- 쓰레기통이 클수록 유효용적이 증가하면 쓰레기 발생량이 (④)한다.
- 재활용품의 회수 및 재이용률이 증가할수록 쓰레기 발생량은 (⑤)한다.
- 생활수준이 증가할수록 쓰레기의 종류가 다양화되고 발생량은 (⑥)한다.

친절한 풀이 »   ① 감소   ② 감소   ③ 증가   ④ 증가   ⑤ 감소   ⑥ 증가

015

분뇨 및 슬러지처리의 기본목표를 4가지를 서술하시오.

친절한 풀이 »   ① 안전화   ② 감량화   ③ 안정화   ④ 무해화

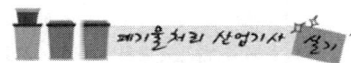

4. 폐기물의 조성

1. 폐기물 시료의 성상분석 절차

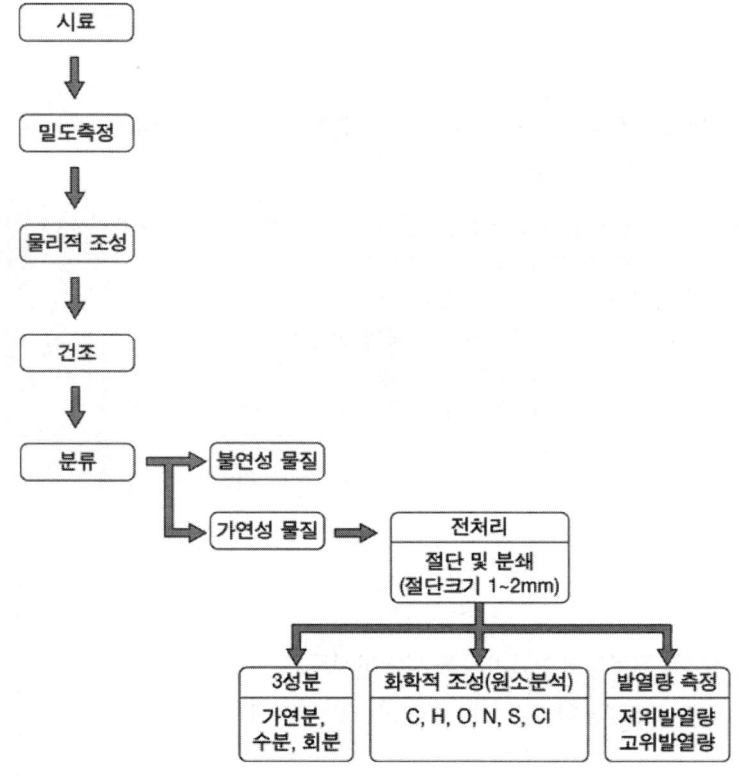

(1) 폐기물의 성상분석 절차 순서

시료 → 밀도 측정 → 물리적 조성분석 → 건조 → 분류(가연성, 불연성) → 전처리(절단 및 분쇄) → 화학적 조성분석

(2) 폐기물의 성상분석의 절차 중 가장 먼저 시행하는 것은 밀도측정이다.

> **보기 비중 측정방법**
> 겉보기 비중의 측정을 위해 부피를 알고 있는 용기에 시료를 넣고 (30cm) 높이의 위치에서 (3회) 낙하시키고 눈금이 감소하면 감소된 분량만큼 시료를 추가하며, 이 작업을 눈금이 감소하지 않을 때까지 반복한다.

(3) 폐기물의 물리적 성상분석
 ① 물리적 성상을 통해 가연성과 비가연성 물질을 구분할 수 있다.
 ② 물리적 조성분석 항목은 겉보기 비중, 종류별 성상분석, 수분함량, 회분함량, 가연분 함량 등이 있다.
 ③ 물리적 성상을 통해 발열량의 계산이나 가연성물질의 종류 등을 파악할 수 있다.
 ④ 겉보기 비중(밀도)는 가장 먼저 측정하는 것이 좋다.

예제 >>> 쓰레기를 100ton 소각하였을 때 남은 재의 질량이 소각 전 쓰레기 질량의 20%이고 재의 용적이 16m³이라면 재의 밀도(kg/m^3)를 계산하시오.

풀이 >>>
$$재의\ 밀도(kg/m^3) = \frac{재의\ 질량(kg)}{재의\ 용적(m^3)}$$
$$= \frac{100ton \times 10^3 kg/ton \times 0.2}{16m^3}$$
$$= 1250 kg/m^3$$

2. 수분의 함유형태 및 특징

(1) 수분의 함유형태
 ① 간극수(간극모관결합수) : 큰 고형물입자 간극에 존재하는 수분으로 슬러지내의 수분 중 일반적으로 가장 많은 양을 차지하며 고형물질과 직접 결합해 있지 않기 때문에 농축등의 방법으로 용이하게 분리할 수 있는 수분이다.
 ② 모관결합수 : 미세한 슬러지 고형물의 입자사이의 얇은 틈에 존재하는 수분으로 모세관압으로 결합되어 있는 수분이며, 원심력, 진공압 등 기계적 압착으로 분리시킨다.
 ③ 부착수(표면부착수) : 콜로이드상 결합수로 수분제거가 용이하지 못하다.
 ④ 내부수 : 세포내부에 강하게 결합된 수분으로 슬러지 건조시 증발이 가장 어려운 수분이므로 탈수가 가장 어렵다.

(2) 함유수분의 특징

① 슬러지내의 탈수성 순서
  간극모관결합수 > 모관결합수 > 표면부착수 > 내부수
② 슬러지 건조시 가장 증발이 어려운 수분은 내부수이다.
③ 수분의 함유율이 가장 큰 수분은 간극수이다.

(3) 함수율 계산식

$$W_1 \times (100 - P_1) = W_2 \times (100 - P_2)$$

여기서, W_1 : 초기 폐기물의 질량(kg) P_1 : 초기 함수율(%)
  W_2 : 건조후 폐기물의 질량(kg) P_2 : 건조후 함수율(%)

예제 >>> 탈수기를 통해 함수율이 98%인 100kg의 슬러지를 함수율 75% 슬러지로 탈수시켰다면 탈수된 슬러지의 질량(kg)를 계산하시오.

풀이 >>> $W_1 \times (100 - P_1) = W_2 \times (100 - P_2)$
$100 \text{kg} \times (100 - 98) = W_2 \times (100 - 75)$
$\therefore W_2 = \dfrac{100 \text{kg} \times (100 - 98)}{(100 - 75)} = 8 \text{kg}$

(4) 겉보기 비중 계산

$$\frac{100}{\rho_{SL}} = \frac{W_{TS}}{\rho_{TS}} + \frac{W_P}{\rho_P}$$

여기서, ρ_{SL} : 슬러지 겉보기 비중 ρ_{TS} : 고형물의 비중
  ρ_P : 수분의 비중 W_{TS} : 고형물의 함량(%)
  W_P : 수분의 함량(%)

예제 >>> 건조된 고형물의 비중이 1.54이고 건조이전의 고형분 함량이 40%, 건조 질량이 400kg이라 할 때 건조된 슬러지 케이크의 비중을 계산하시오.

풀이 >>> $\dfrac{100}{\rho_{SL}} = \dfrac{W_{TS}}{\rho_{TS}} + \dfrac{W_P}{\rho_P}$
$\dfrac{100}{\rho_{SL}} = \dfrac{40\%}{1.54} + \dfrac{60\%}{1.0}$
$\therefore \rho_{SL} = 1.16$

001
다음은 폐기물의 성상분석 절차 순서이다. ( )안을 알맞게 채우시오.

시료 → (①) → (②) → (③) → 분류(가연, 불연성) → 전처리(절단 및 분쇄) → 화학적 조성분석

친절한 풀이 ≫ ① 밀도측정, ② 물리적 조성분석, ③ 건조

002
다음은 겉보기 비중 측정방법에 대한 설명이다. ( )안을 알맞게 채우시오.

겉보기 비중의 측정을 위해 부피를 알고 있는 용기에 시료를 넣고 (①)cm 높이의 위치에서 (②)회 낙하시키고 눈금이 감소하면 감소된 분량만큼 시료를 추가하며, 이 작업을 눈금이 감소하지 않을 때까지 반복한다.

친절한 풀이 ≫ ① 30   ② 3

003
수분의 함유형태 4가지를 쓰고 간단히 설명하시오.

친절한 풀이 ≫
① 간극수 : 큰 고형물입자 간극에 존재하는 수분으로 슬러지내의 수분 중 일반적으로 가장 많은 양을 차지하며 고형물질과 직접 결합해 있지 않기 때문에 농축등의 방법으로 용이하게 분리할 수 있는 수분이다.
② 모관결합수 : 미세한 슬러지 고형물의 입자사이의 얇은 틈에 존재하는 수분으로 모세관압으로 결합되어 있는 수분이며, 원심력, 진공압 등 기계적 압착으로 분리시킨다.
③ 부착수 : 콜로이드상 결합수로 수분제거가 용이하지 못하다.
④ 내부수 : 세포내부에 강하게 결합된 수분이다. 따라서 슬러지 건조시 증발이 가장 어려운 수분이다.

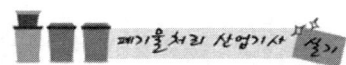

004

쓰레기를 소각했을 때 남은 재의 질량은 쓰레기 질량의 약 1/30이다. 쓰레기 90ton을 소각했을 때 재의 용적이 $8m^3$라고 하면 재의 밀도(ton/m^3)를 계산하시오.

친절한 풀이 »

$$재의\ 밀도(ton/m^3) = \frac{쓰레기량(ton) \times 쓰레기\ 중\ 재의\ 질량}{재의\ 용적(m^3)}$$

$$= \frac{90ton \times \frac{1}{3}}{8m^3} = 3.75 ton/m^3$$

005

쓰레기를 100톤 소각하였을 때 남은 재의 질량이 소각전 쓰레기 질량의 20%이고 재의 용적이 $16m^3$이라면 재의 밀도(kg/m^3)를 계산하시오.

친절한 풀이 »

$$재의\ 밀도(kg/m^3) = \frac{재의\ 질량(kg)}{재의\ 용적(m^3)} = \frac{100 \times 10^3 kg \times 0.20}{16m^3} = 1250\ kg/m^3$$

TIP

$100ton \times 10^3 = 100,000 kg$

006

함수율 80%의 슬러지 케이크 3000kg을 소각시 소각재 발생량(kg)을 계산하시오.(단, 케이크 건조 질량당 무기물 20%이며, 유기물 중 연소율은 95%이고, 소각에 의한 무기물 손실은 없다.)

친절한 풀이 »

소각시 소각재 발생량(kg) = 무기물량(kg) + 잔류 유기물량(kg)

① 무기물량(kg) = 슬러지 케이크량(kg) × 고형물량 × 무기물함량
  = 3000kg × (1 − 0.8) × 0.2 = 120kg

② 유기물량(kg) = 슬러지 케이크량(kg) × 고형물량 × 유기물함량 × (1 − 유기물 중 연소율)
  = 3000kg × (1 − 0.8) × (1 − 0.2) × (1 − 0.95) = 24kg

③ 소각시 소각재 발생량(kg) = 120kg + 24kg = 144kg

TIP

① 고형물량 = 100% − 함수율(%) = 100% − 80% = 20%
② 유기물량 = 100% − 무기물량(%) = 100% − 20% = 80%

007

수분이 96%이고 질량 100kg인 폐수슬러지를 탈수시켜 수분이 70%인 폐수슬러지로 만들었다. 탈수된 후의 폐수슬러지의 질량(kg)를 계산하시오. (단, 슬러지 비중은 1.0 기준)

$W_1 \times (100 - P_1) = W_2 \times (100 - P_2)$

따라서 $100\text{kg} \times (100 - 96) = W_2 \times (100 - 70)$

$\therefore W_2 = \dfrac{100\text{kg} \times (100 - 96)}{(100 - 70)} = 13.33\text{kg}$

008

고형분이 45% 주방쓰레기 10톤을 소각하기 위해 함수율이 15% 되도록 건조시켰다. 이 건조 쓰레기의 질량(톤)을 계산하시오. (단, 비중은 1.0 이다.)

$W_1 \times Ts_1 = W_2 \times (100 - P_2)$

따라서 $10\text{톤} \times 45 = W_2 \times (100 - 15)$

$\therefore W_2 = \dfrac{10\text{톤} \times 45}{(100 - 15)} = 5.29\text{톤}$

TIP

① $W_1 \times (100 - P_1) = W_2 \times (100 - P_2)$
② $W_1 \times Ts_1 = W_2 \times (100 - P_2)$

009

함수율 97%의 잉여슬러지 50m³을 농축시켜 함수율 89%로 하였을 때 농축된 잉여슬러지의 부피(m³)를 계산하시오. (단, 잉여슬러지 비중은 1.0 기준이다.)

$V_1 \times (100 - P_1) = V_2 \times (100 - P_2)$

따라서 $50\text{m}^3 \times (100 - 97) = V_2 \times (100 - 89)$

$\therefore V_2 = \dfrac{50\text{m}^3 \times (100 - 97)}{(100 - 89)} = 13.64\,\text{m}^3$

010

5%의 고형물을 함유하는 슬러지를 하루에 10m^3씩 침전지에서 제거하는 처리장에서 운영기술의 발전으로 6%의 고형물을 함유하는 슬러지로 제거할 수 있게 되었다면 같은 고형물량(질량기준)을 제거하기 위하여 침전지에서 제거되는 슬러지량(m^3)을 계산하시오. (단, 비중은 1.0이다.)

친절한 풀이 ≫ $V_1 \times TS_1 = V_2 \times TS_2$

따라서 $10\text{m}^3 \times 5\% = V_2 \times 6\%$

∴ $V_2 = \dfrac{10\text{m}^3 \times 5\%}{6\%} = 8.33\text{m}^3$

TIP
① $V_1 \times (100 - P_1) = V_2 \times (100 - P_2)$
② $V_1 \times TS_1 = V_2 \times TS_2$

011

폐기물의 초기함수율이 65%이었다. 이 폐기물의 노천 건조시킨 후의 함수율이 45%로 감소되었을 때 증발된 물의 양(kg)을 계산하시오. (단, 초기폐기물의 질량 : 100kg 이고, 폐기물의 비중은 1.0 기준이다.)

친절한 풀이 ≫ ① $W_1 \times (100 - P_1) = W_2 \times (100 - P_2)$

따라서 $100\text{kg} \times (100 - 65) = W_2 \times (100 - 45)$

∴ $W_2 = \dfrac{100\text{kg} \times (100 - 65)}{(100 - 45)} = 63.64\text{kg}$

② 수분의 증발량(kg) = $W_1 - W_2$ = 100kg - 63.64kg = 36.36 kg

012

함수율 80wt%인 슬러지를 함수율 10wt%로 건조하였다면 슬러지 5톤당 증발된 수분량(kg)을 계산하시오. (단, 슬러지 비중은 1.0이다.)

친절한 풀이 ≫ ① $W_1 \times (100 - P_1) = W_2 \times (100 - P_2)$

따라서 $5000\text{kg} \times (100 - 80) = W_2 \times (100 - 10)$

∴ $W_2 = \dfrac{5000\text{kg} \times (100 - 80)}{(100 - 10)} = 1111.11 kg$

② 증발된 수분량 $= W_1 - W_2 = 5000\text{kg} - 1111.11\text{kg} = 3888.89\text{kg}$

TIP
① $1\text{ton} = 1000\text{kg}$
② $5\text{ton} = 5000\text{kg}$

013

어느 쓰레기 시료의 초기 질량이 70kg이었고 이것을 완전건조(함수율 0%)시킨 후 질량을 측정한 결과 40kg이 되었다면 건조 전 시료의 함수율(%)을 계산하시오.

친절한 풀이 » $W_1 \times (100 - P_1) = W_2 \times (100 - P_2)$

따라서 $70\text{kg} \times (100 - P_1) = 40\text{kg} \times (100 - 0)$

∴ $P_1 = 100 - \left(\dfrac{40\text{kg} \times (100 - 0)}{70\text{kg}} \right) = 42.86\%$

014

수분함량이 90%인 슬러지 100m³을 30m³으로 농축할 때 농축된 슬러지의 함수율은 얼마인가? (단, 슬러지의 비중은 1.0 기준이다.)

친절한 풀이 » $V_1 \times (100 - P_1) = V_2 \times (100 - P_2)$

따라서 $100\text{m}^3 \times (100 - 90) = 30\text{m}^3 \times (100 - P_2)$

∴ $P_2 = 100 - \dfrac{100\,\text{m}^3 \times (100 - 90)}{30\,\text{m}^3} = 66.67\%$

015

함수율이 35%인 쓰레기를 함수율이 7%로 감소시키면 감소시킨 후의 쓰레기의 질량은 처음 질량의 몇 %가 되는지 계산하시오. (단, 쓰레기 비중은 1.0 기준이다.)

친절한 풀이 » $W_1 \times (100 - P_1) = W_2 \times (100 - P_2)$

따라서 $W_1 \times (100 - 35) = W_2 \times (100 - 7)$

∴ $\dfrac{W_2}{W_1} = \dfrac{(100 - 35)}{(100 - 7)} = 0.6989$

∴ $W_2 = 0.6989 W_1$이므로 처음의 69.89%가 된다.

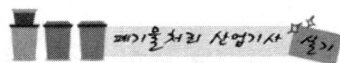

016

80%의 함수율을 가진 폐기물을 탈수시켜 40%로 감량시킨다면 폐기물은 초기 질량에서 몇 % 정도가 감량되는지 계산하시오. (단, 폐기물의 비중은 1.0으로 가정한다.)

친절한 풀이 ≫ ① $V_1 \times (100 - P_1) = V_2 \times (100 - P_2)$

따라서 $\dfrac{V_2}{V_1} = \dfrac{100 - P_1}{100 - P_2}$

② 감량율(%) $= \left(1 - \dfrac{V_2}{V_1}\right) \times 100 = \left(1 - \dfrac{100 - P_1}{100 - P_2}\right) \times 100$

$= \left(1 - \dfrac{100 - 80}{100 - 40}\right) \times 100 = 66.67\%$

017

함수율이 80%이며 건조고형물의 비중이 1.42인 슬러지의 비중을 계산하시오.
(단, 물의 비중은 1.0 이다.)

친절한 풀이 ≫ $\dfrac{1}{\rho_{SL}} = \dfrac{W_{TS}}{\rho_{TS}} + \dfrac{W_P}{\rho_P}$

따라서 $\dfrac{1}{\rho_{SL}} = \dfrac{0.2}{1.42} + \dfrac{0.8}{1.0}$

∴ $\dfrac{1}{\rho_{SL}} = 0.9409$

∴ $\rho_{SL} = \dfrac{1}{0.9409} = 1.06$

TIP
① 물의 비중은 1.0이다.
② 슬러지량 = 고형물 + 수분
③ 고형물의 함량 = 100% − 수분의 함량(%)

018

건조된 고형분 1.54 이고 건조 전 슬러지의 고형분 함량이 60%, 건조질량이 400kg이라 할 때 건조 전 슬러지의 비중을 계산하시오.

친절한 풀이 ≫ $\dfrac{1}{\rho_{SL}} = \dfrac{W_{TS}}{\rho_{TS}} + \dfrac{W_P}{\rho_P}$

따라서 $\dfrac{1}{\rho_{SL}} = \dfrac{0.6}{1.54} + \dfrac{0.4}{1.0}$

$\rho_{SL} = \dfrac{1}{0.7896} = 1.27$

5 폐기물 발열량

(1) 원소분석법에 의한 발열량 산정 공식

① 저위발열량

$$Hl = Hh - 600(9H + W)(kcal/kg)$$

여기서, Hl : 저위발열량(kcal/kg) Hh : 고위발열량(kcal/kg)
   H : 수소의 함량 W : 수분의 함량

예제 ≫ 수소 15.0%, 수분 0.4%인 중유의 고위발열량이 12,500kcal/kg일 때, 저위발열량(kcal/kg)을 계산하시오.

풀이 ≫ $Hl = Hh - 600(9H + W)(kcal/kg)$
   $= 12,500 kcal/kg - 600 \times (9 \times 0.15 + 0.004)$
   $= 11,387.6 kcal/kg$

② 듀롱(Dulong)의 식

$$Hh = 8100C + 34000\left(H - \frac{O}{8}\right) + 2500S \, (kcal/kg)$$

여기서, Hh : 고위발열량(kcal/kg) C : 탄소의 함량
   O : 산소의 함량 H : 수소의 함량
   S : 황의 함량

예제 ≫ 폐기물 조성이 다음과 같을 때 Dulong식에 의한 저위발열량(kcal/kg)을 계산하시오. (단, 3성분 : 수분 40%, 가연분 40%, 회분 20%, 가연분 조성 : C : 20%, H : 10%, O : 5%, S : 5%)

풀이 ≫ ① $Hh = 8100C + 34000(H - \frac{O}{8}) + 2500S \, (kcal/kg)$
   $= 8100 \times 0.2 + 34000 \times \left(0.1 - \frac{0.05}{8}\right) + 2500 \times 0.05$
   $= 4932.5 kcal/kg$
   ② $Hl = Hh - 600(9H + W)(kcal/kg)$
   $= 4932.5 kcal/kg - 600 \times (9 \times 0.1 + 0.4)$
   $= 4152.5 kcal/kg$

③ Scheurer – Kestner(쉴레 – 케스트너)의 식
  ㉠ 연료 중 산소의 모든 것이 CO_2 형태로 되어있다고 가정한다.
  ㉡ $Hh = 8100\left(C - \dfrac{3}{8}O\right) + 34500H + 2250S + 5700 \times \dfrac{3}{4}O$

④ Steuer(스튜어)의 식
  ㉠ 연료 중 $\dfrac{1}{2}$이 H_2O의 형태, 나머지 $\dfrac{1}{2}$이 CO_2 형태로 되어있다고 가정한다.
  ㉡ $Hh = 8100\left(C - \dfrac{3}{8}O\right) + 5700 \times \dfrac{3}{8}O + 34500\left(H - \dfrac{O}{16}\right) + 2500S$

(2) 3성분(가연분, 수분, 회분)에 의한 발열량 산정공식

$$Hl = 4500VS - 600W$$

여기서, Hl : 저위발열량(kcal/kg)   VS : 가연분 함량
    W : 수분 함량(함수율)   4500 : 평균발열량
    600 : 물의 증발잠열

$$Hl = 45VS - 6W$$

여기서, Hl : 저위발열량(kcal/kg)   VS : 가연성분(%)
    W : 수분함량(%)

예제 >>> 어떤 폐기물의 가연분 함량이 30%, 수분함량이 60% 일때 저위발열량(kcal/kg)을 계산하시오. (단, 삼성분의 조성비를 통한 발열량 계산 기준)

풀이 >>> $Hl = 45VS - 6W(kcal/kg) = 45 \times 30 - 6 \times 60 = 990\,kcal/kg$

(3) 기체연료에서 발열량 산정공식

$$Hl = Hh - 480 \times H_2O\,(kcal/Sm^3)$$

여기서, Hl : 저위발열량($kcal/Sm^3$)   Hh : 고위발열량($kcal/Sm^3$)
    H_2O : 발생되는 물의 갯수

예제 >>> 메탄의 고위발열량(Hh)이 9,000 kcal/Nm^{3}일 때 저위발열량을 계산하시오. (kcal/Nm^3)

풀이 >>> $CH_4 + 2O_2 \rightarrow CO_2 + 2H_2O$

$Hl = Hh - 480 \times H_2O \ (kcal/Nm^3)$

$\quad = 9000 \, kcal/Nm^3 - 480 \times 2$

$\quad = 8040 \, kcal/Nm^3$

TIP

> 완전연소 반응식 : $C_m H_n + \left(m + \dfrac{n}{4}\right)O_2 \rightarrow mCO_2 + \dfrac{n}{2}H_2O$

6. 폐기물의 분석방법 및 주요핵심내용

(1) 쓰레기의 3성분의 조성비에 의한 저위발열량 측정방법
   ① 원소분석에 의한 방법
   ② 물리적 조성분석에 의한 방법
   ③ 단열열량계에 의한 방법
   ④ 쓰레기 조성에 의한 추정식 이용

(2) 폐기물의 분석방법
   ① 극한분석
      ㉠ 원소분석이다.
      ㉡ C, H, O, N, S, Cl이 대상 항목이다.
   ② 개략분석

(3) 가연성 물질의 양 계산공식

$$\text{가연성 물질의 양(kg)} = \text{폐기물의 양(m}^3) \times \frac{100 - \text{비가연성 함량(\%)}}{100} \times \text{폐기물의 밀도(kg/m}^3)$$

예제 >>> 폐기물 성분 중 비가연성이 50wt(%)를 차지하고 있다. 밀도가 480 kg/m³인 폐기물이 12 m³일 경우 가연성 물질의 양(kg)을 계산하시오.

풀이 >>> 가연성 물질의 양(kg)
$= \text{폐기물의 양(m}^3) \times \frac{100 - \text{비가연성 함량(\%)}}{100} \times \text{폐기물의 밀도(kg/m}^3)$
$= 12\text{m}^3 \times \frac{100 - 50\%}{100} \times 480\text{kg/m}^3 = 2{,}880\text{kg}$

001

쓰레기의 3성분의 조성비에 의해 저위발열량 측정방법 4가지를 서술하시오.

친절한 풀이 » ① 원소분석에 의한 방법　② 물리적 조성분석에 의한 방법
③ 단열열량계에 의한 방법　④ 쓰레기 조성에 의한 추정식 이용

002

쓰레기를 3성분의 조성비에 의한 저위발열량 분석시 3성분을 쓰시오.

친절한 풀이 » 가연분, 수분, 회분

003

수소 15.0%, 수분 0.4%인 중유의 고위발열량이 12,000kcal/kg 일 때, 저위발열량(kcal/kg)을 계산하시오.

친절한 풀이 » $Hl = Hh - 600(9H + W)(kcal/kg)$
따라서 $Hl = 12,000 kcal/kg - 600 \times (9 \times 0.15 + 0.004) = 11,187.6 kcal/kg$

004

폐기물을 분석한 결과 수분 20%, 회분 15%, 고정탄소 25%, 휘발분이 40%이고 휘발분을 원소 분석한 결과 수소 20%, 황 5%, 산소 25%, 탄소 50%이었다. 이 때 폐기물의 고위발열량(kcal/kg)을 계산하시오. (단, Dulong 공식을 이용할 것)

친절한 풀이 »
$$고위발열량(Hh) = 8,100C + 34,000\left(H - \frac{O}{8}\right) + 2,500S \,(kcal/kg)$$
$$= 8,100 \times (0.25 + 0.4 \times 0.5) + 34,000 \times \left(0.4 \times 0.2 - \frac{0.4 \times 0.25}{8}\right)$$
$$+ 2,500 \times (0.4 \times 0.05)$$
$$= 5,990 kcal/kg$$

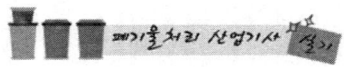

> **TIP**
> 문제풀이에서 8100×C를 계산할 경우 8100×(고정탄소 + 휘발분 중 탄소함량)에 주의해야 한다.

005

어느 도시쓰레기의 조성이 탄소 48%, 수소 6.4%, 산소 37.6%, 질소 2.6%, 황 0.4% 그리고 회분 5%일 때 고위발열량(kcal/kg)을 계산하시오. (단, Dulong식을 적용 하시오.)

친절한 풀이 ≫ Dulong식에서 고위발열량(Hh)

$$Hh = 8{,}100C + 34{,}000\left(H - \frac{O}{8}\right) + 2{,}500S \, (kcal/kg)$$

$$= 8{,}100 \times 0.48 + 34{,}000 \times \left(0.064 - \frac{0.376}{8}\right) + 2{,}500 \times 0.004$$

$$= 4{,}476 \, kcal/kg$$

006

폐기물 조성이 다음과 같을 때 Dulong식에 의한 저위발열량(kcal/kg)을 계산하시오.

- 3성분 : 수분 40%, 가연분 40%, 회분 20%
- 가연분 조성 : C=20%, H=10%, O=5%, S=5%

친절한 풀이 ≫ ① Dulong 공식을 이용해 고위발열량(Hh) 계산

$$Hh = 8{,}100C + 34{,}000\left(H - \frac{O}{8}\right) + 2{,}500S \, (kcal/kg)$$

$$= 8{,}100 \times 0.2 + 34{,}000 \times \left(0.1 - \frac{0.05}{8}\right) + 2{,}500 \times 0.05$$

$$= 4{,}932.5 \, kcal/kg$$

② 저위발열량으로 전환한다.

$$Hl = Hh - 600(9H + W) \, (kcal/kg)$$

따라서 $Hl = 4{,}932.5 \, kcal/kg - 600 \times (9 \times 0.1 + 0.4) = 4{,}152.5 \, kcal/kg$

007

삼성분이 다음과 같은 쓰레기의 저위발열량(kcal/kg)을 계산하시오.

- 수분 : 60%
- 가연분 : 30%
- 회분 : 10%

친절한 풀이 » $Hl = 45VS - 6W(kcal/kg)$

여기서, Hl : 저위발열량(kcal/kg), VS : 가연성분(%), W : 수분함량(%)

따라서 $Hl = 45 \times 30\% - 6 \times 60\% = 990 \, kcal/kg$

008

메탄의 고위발열량이 $9,250 \, kcal/Nm^3$ 이라면 저위발열량($kcal/Nm^3$)을 계산하시오.

친절한 풀이 » $Hl = Hh - 480 \times H_2O$ 갯수 $(kcal/Sm^3)$

여기서, Hl : 저위발열량($kcal/Sm^3$), Hh : 고위발열량($kcal/Sm^3$)

$CH_4 + 2O_2 \rightarrow CO_2 + 2H_2O$

∴ $Hl = 9,250 \, kcal/Nm^3 - 480 \times 2 = 8,290 \, kcal/Nm^3$

TIP

① 완전연소 반응식 : $C_mH_n + \left(m + \dfrac{n}{4}\right)O_2 \rightarrow mCO_2 + \dfrac{n}{2}H_2O$

② 표준상태(0℃, 760mmHg) $= Nm^3 = Sm^3$

009

폐기물 성분 중 비가연성이 60wt%를 차지하고 있다. 밀도가 $550 \, kg/m^3$ 인 폐기물이 $30 m^3$ 있을 때 가연성 물질의 양(kg)을 계산하시오. (단, 폐기물을 비가연성과 가연성분으로 구분한다.)

친절한 풀이 » 가연성 물질의 양(kg) = 폐기물(m^3) × 밀도(kg/m^3) × 가연성물질함량

$= 30 m^3 \times 550 kg/m^3 \times (1 - 0.60)$

$= 6600 \, kg$

TIP

가연성 물질(%) = 100% - 비가연성 물질(%) = 100 - 60% = 40%

폐기물 관리

수집 및 운반

1. 폐기물 수거방법

(1) 타종수거

① 수거형태 중 수거효율이 가장 우수하다.
② MHT가 0.84이다.

(2) 문전수거

① 수거인부가 각 가정을 직접 방문하여 수거하는 형태이다.
② MHT가 2.3이다.

(3) 대형쓰레기통 수거

① 아파트 단지 내에 설치되어 있는 대형쓰레기통을 수거인부가 수거해 가는 형태이다.
② MHT가 1.1이다.

(4) Curb service

거주지가 정해진 수거일에 맞추어 쓰레기 저장용기를 노변에 갖다 놓으면 수거차량이 용기를 비우고 빈 용기는 주인이 찾아가는 쓰레기 수거형태이다.

(5) MHT(man · hr/ton)

① $MHT(man \cdot hr/ton) = \dfrac{수거인부수 \times 작업시간}{쓰레기\ 수거실적}$

② 1ton의 쓰레기를 수거하는데 수거인부 1인이 소요하는 총 시간을 의미한다.
③ 폐기물의 수거효율을 평가하는 단위이다.

④ MHT가 클수록 수거효율이 낮다.
⑤ 주거작업간의 노동력을 비교하기 위한 것이다.

> **예제 >>>** 인구 6,000,000명이 사는 어느 도시에서 1년에 3,000,000ton의 폐기물이 배출된다. 이 폐기물을 4,500명의 인부가 수거할 때 MHT를 계산하시오. (단, 수거인부의 1일 작업시간은 8시간이고, 1년에 작업일수는 300일이다.)
>
> **풀이 >>>**
> $$MHT(man \cdot hr/ton) = \frac{수거\ 인부수 \times 작업시간}{쓰레기\ 수거실적(ton)}$$
> $$= \frac{4,500명 \times 8hr/day \times 300day/년}{3,000,000ton/년} = 3.6\,MHT$$

- service/day/truck : 수거트럭 1대당 1일 수거 가옥 수
- service/man/hour : 수거인부 1인이 1시간에 수거 가옥 수
- ton/day/truck : 수거트럭 1대당 1일 수거하는 폐기물량

(6) 쓰레기(폐기물) 발생량 계산식

$$쓰레기\ 배출량(kg/인 \cdot day) = \frac{폐기물\ 수거량(kg/day)}{인구수(인)}$$

> **예제 >>>** 인구가 200만명인 어떤 도시의 폐기물 수거실적은 1,009,940ton/년이었다. 폐기물 수거율이 총 배출량의 75%라고 하면 이 도시의 1인1일 배출량(kg)을 계산하시오. (단, 1년은 365일 기준)
>
> **풀이 >>>**
> $$배출량(kg/인 \cdot day) = \frac{폐기물\ 수거량(kg/day)}{인구수(인)}$$
> $$= \frac{1,009,940ton/년 \times 10^3kg/ton \times 1년/365일}{2,000,000인} \times \frac{100}{75\%}$$
> $$= 1.85\,kg/인 \cdot 일$$

> **예제 >>>** 400세대 2,000명이 생활하는 아파트에서 배출하는 쓰레기를 4일마다 수거하는데 적재용량 8.0m³짜리 트럭 6대가 소요된다. 쓰레기의 용적당 질량은 400kg/m³라면 1인당 1일 쓰레기 배출량(kg)을 계산하시오.
>
> **풀이 >>>**
> $$배출량(kg/인 \cdot day) = \frac{폐기물\ 수거량(kg/day)}{인구수(인)}$$
> $$= \frac{400kg/m^3 \times 8.0m^3/대 \times 6대}{2,000인 \times 4일} = 2.4\,kg/인 \cdot 일$$

(7) 운반차량 대수 계산공식

① 청소차량 대수 = $\dfrac{\text{쓰레기의 총 발생량}(m^3)}{\text{차량의 적재용량}(m^3/\text{대})}$

예제 >>> 인구 38,000명인 어느 지역에서 1인1일 1.2kg 폐기물이 발생되고 있다. 발생되는 폐기물을 1주일에 1일 수거하기 위하여 필요한 용량 8m³인 청소차량 대수를 계산하시오. (단, 폐기물의 적재밀도는 0.3ton/m³, 차량은 1일 2회 운행함.)

풀이 >>> $\dfrac{1.2\text{kg/인}\cdot\text{일}\times\dfrac{1}{300\text{kg/m}^3}\times 38{,}000\text{인}}{8\text{m}^3/\text{대}\cdot\text{일}\times 1\text{일/주}\times 2\text{회/일}} = 9.5\text{대} = 10\text{대}$

② 차량수(대)

$= \dfrac{\text{쓰레기 발생량}(\text{kg/인}\cdot\text{day})\times\text{인구수}(\text{인})\times\dfrac{\text{수거율}(\%)}{100}\times 10^{-3}\text{ton/kg}}{\text{적재용량}(\text{ton/대})\times\text{차량당 하루 운전시간}(\text{hr/대}\cdot\text{day})\times\dfrac{1\text{대}}{\text{운반시간}+\text{수거시간}+\text{하역시간}(\text{min})}\times\dfrac{60\text{min}}{\text{hr}}}$

예제 >>> 인구 60만 도시의 쓰레기 발생량이 1.5kg/인·일이고, 도시의 쓰레기 수거율은 90%이다. 적재용량이 10톤인 수거차량으로 수거한다면 하루에 몇 대로 운반해야 하는지 계산하시오.

〈조건〉
- 차량당 하루 운전시간 : 12시간
- 처리장까지 왕복 운전시간 : 45분
- 차량당 수거시간 : 20분
- 차량당 하역시간 : 10분

풀이 >>> 대 = $\dfrac{1.5\text{kg/인}\cdot\text{일}\times 600{,}000\text{인}\times 0.9\times 10^{-3}\text{ton/kg}}{10\text{ton/대}\times 12\text{hr/대}\cdot\text{day}\times\dfrac{1\text{대}}{(45+20+10)\text{min}}\times\dfrac{60\text{min}}{1\text{hr}}} = 9\text{대}$

2. 쓰레기 수거

(1) 쓰레기 관리체계에서 비용이 가장 많이 드는 것은 수거단계이며, 수거단계가 전체비용의 60%이상을 차지한다.

(2) 쓰레기 수거노선 설정시 유의사항

① 가능한 지형지물 및 도로 경계와 같은 장벽을 이용하여 간선도로 부근에서 시작하고 끝

나도록 배치하여야 한다.
② 가능한 한 시계방향으로 수거노선을 정한다.
③ 발생량이 아주 많은 발생원은 하루 중 가장 먼저 수거한다.
④ 발생량이 적으나 수거빈도가 동일하기를 원하는 적재지점은 가능한 한 같은 날 왕복 내에서 수거한다.
⑤ 언덕지역에서는 언덕의 위에서부터 적재하면서 아래로 차량을 진행한다.
⑥ U자형 회전을 피한다.
⑦ 가급적 출퇴근 시간을 피한다.
⑧ 될 수 있는 한 한번 간 길은 가지 않는다.(반복운행을 피하도록 한다.)
⑨ 수거지점과 수거빈도를 결정하는데 기존정책이나 규정을 참고한다.

(3) 수거노선 결정시 고려사항
① 수거에 필요한 시간
② 수거차량의 적재 방법
③ 폐기물의 발생량
④ 폐기물의 질량
⑤ 수거차량의 수거능력
⑥ 수거인부의 노동력

(4) 생활폐기물 수거운반시 고려사항
① 수거빈도
② 수거거리
③ 쓰레기통 크기
④ 수거구역

3. 쓰레기의 수집 시스템

(1) 모노레일 수송
① 적환장에서 최종처분장까지 수송하는데 적용할 수 있다.
② 자동무인화 할 수 있다.
③ 가설이 어렵고 설치비가 높다.
④ 시설완료후에는 경로변경이 어렵다.
⑤ 반송용 노선이 필요하다.

(2) 컨베이어 수송
① 지하에 설치된 콘베이어에 의해 수송하는 방법이다.
② 수송망을 하수도 시설처럼 가설하면 각 가정에서 배출된 쓰레기를 최종처분장까지 운반할 수 있다.
③ 내구성과 미생물 부착 등의 문제가 있다.

④ 유지비가 많이 든다.
⑤ 악취문제의 해결과 경관보전의 가능하다.
⑥ 고가의 시설비와 정기적인 정비가 필요하다.

(3) 관거(Pipe-line) 방식
① 장점
　㉠ 자동화, 무공해화, 안전화가 가능하다.
　㉡ 쓰레기가 눈에 띄지 않는다.
　㉢ 분진, 악취, 소음, 진동 등의 문제가 없다.
　㉣ 수거차량에 의한 도심지 교통량 증가가 없다.
② 단점
　㉠ 쓰레기 발생밀도가 높은 인구밀집지역 및 아파트 지역 등에서 현실성이 있다.
　㉡ 조대(대형)쓰레기는 파쇄, 압축 등의 전처리를 해야 한다.
　㉢ 잘못 투입된 물건은 회수하기가 곤란하다.
　㉣ 장거리 이용이 곤란하다.
　㉤ 가설 후 경로(Route) 변경이 곤란하고 설치비가 높다.
　㉥ 유지관리, 수송능력 등의 문제를 고려할 때 초기 투자비가 높다.
　㉦ 고도의 시스템 신뢰성이 필요하다.
　㉧ 투입구를 이용한 범죄나 사고의 위험이 있다.
　㉨ 사고발생시 시스템 전체가 마비되어 대체 시스템으로의 전환이 필요하다.
　㉩ 약 2.5km 이내의 수송에 용이하다.
③ 수송방식
　㉠ 공기수송
　㉡ 슬러리수송
　㉢ 캡슐수송

(4) 관거를 이용한 공기수송
① 공기의 동압에 의해 쓰레기를 수송한다.
② 고층주택밀집지역에 적합하다.
③ 수송관에서 발생하는 소음에 대한 방지시설이 필요하다.
④ 가압수송은 송풍기로 쓰레기를 불어서 수송하는 것으로 진공수송보다 수송거리를 길게 할 수 있다.
⑤ 가압수송으로 연속수송을 하고자 할 경우에는 크기가 불균일해서 부착되기 쉽고 유동성이 나쁜 쓰레기를 정압으로 연속정량 공급하는 것이 곤란하다.

⑥ 진공수송의 경제적인 수송거리는 약 2km 정도이다.
⑦ 가압수송의 경제적인 수송거리는 약 5km 정도이다.
⑧ 진공수송에 있어서 진공도는 최대 $0.5kg/cm^2$ Vac 정도이다.

TIP

> Vac : Vacuum의 약자로 진공을 의미한다.

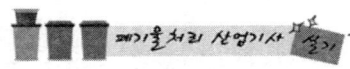

2 적환장의 설계 및 운전관리

(1) 적환장의 필요성
① 폐기물 수집장소와 처분장소가 멀리 떨어져 있는 경우
② 소용량 수집차량이 사용되는 경우
③ 상업지역에서 폐기물 수집에 소형용기를 사용하는 경우
④ 불법투기와 다량의 어질러진 쓰레기들이 발생하는 경우
⑤ 슬러지 수송이나 공기수송 방식을 사용할 때
⑥ 저밀도 주거지역이 존재하는 경우
⑦ 작은 규모의 주택들이 밀집되어 있을 때

(2) 적환장(transfer station)의 특징
① 최종처리장과 수거지역의 거리가 먼 경우 사용하는 것이 바람직하다.
② 폐기물의 수거와 운반을 분리하는 기능을 한다.
③ 적환장에서 재사용 가능한 물질의 선별이 가능하다.
④ 소형수거, 대형수송을 위해서는 필수적인 시설이다.
⑤ 적환장의 주요기능은 작은 용기로 수거한 쓰레기를 대형트럭에 옮겨 싣는 것이다.
⑥ 소규모 주택이 밀집되어 있을 때에는 적환장이 필요하다.
⑦ 적환장 설계시에는 주변 환경요건을 고려하여야 한다.
⑧ 수거해야 할 쓰레기 발생지역의 질량중심에 가까운 곳에 설치한다.
⑨ 변질되기 쉬운 쓰레기 수거에는 이용하지 않는 것이 좋다.
⑩ 적환장은 소형차량에서 대형차량으로 적재하는 방식에 따라 직접투하방식, 저장투하방식, 직접·저장 결합방식이 있다.
⑪ 적환장은 소형수거를 대형수송으로 연결해 주는 곳이며, 효율적인 수송을 위하여 보조적인 역할을 수행한다.
⑫ 적환장의 설치장소는 수거하고자 하는 개별적 고형폐기물 발생지역의 하중중심과 되도록 가까운 곳이어야 한다.
⑬ 적환장을 시행하는 이유는 종말처리장이 대형화하여 폐기물의 운반거리가 연장되었기 때문이다.

(3) 적재방식에 따른 분류

① 직접투하방식
  ㉠ 소형차량에서 대형차량으로 직접 투하하여 적재하는 방식이다.
  ㉡ 주택지역과 거리가 먼 교외지역에 주로 사용하는 방식이다.

② 저장투하방식
  ㉠ 폐기물을 저장한 후 적환하는 방식이다.
  ㉡ 대도시의 대용량 폐기물처리에 적합하다.
  ㉢ 수거차의 대기시간이 없이 빠른 시간 내에 적하를 마치므로 적환 내외의 교통체증 현상을 없애주는 효과가 있다.

③ 직접·저장 투하 결합방식
  ㉠ 직접적재방식과 저장한 후 적재하는 방식으로 한 적환장에서 이루어진다.
  ㉡ 부패성 폐기물은 직접 적재하고 재활용품이 많이 포함된 폐기물은 선별 후 적재하는 방식이다.
  ㉢ 재활용품의 회수율을 높이기 위한 적재방식이다.

(4) 적환장 설치장소를 정하는데 고려사항

① 수거하고자 하는 개별적 고형물 발생지역의 하중 중심에 되도록 가까운 곳
② 주요 간선도로에 쉽게 도달할 수 있는 곳인 동시에 2차적 또는 보조 수송수단에 가까운 곳
③ 적환 작업 중에 공중 및 환경피해가 최소인 곳
④ 설치 및 작업이 쉬운 곳
⑤ 주민의 반대가 적은 곳
⑥ 건설비와 운영비가 적게 들고 경제적인 곳

실전연습문제

001
거주자가 정해진 수거일에 맞추어 쓰레기 저장용기를 노변에 갖다 놓으면 수거차량이 용기를 비우고 빈 용기는 주인이 찾아가는 쓰레기 수거형태를 쓰시오.

친절한 풀이 » curb service

002
3,600,000ton/year의 쓰레기를 5,500명의 인부가 수거하고 있다. 수거인부의 수거능력(MHT)을 계산하시오. (단, 수거인부의 1일 작업시간은 8시간, 1년 작업일수는 310일이다.)

친절한 풀이 »
$$MHT = \frac{수거인부수 \times 작업\ 시간}{쓰레기\ 수거실적}$$
$$= \frac{5,500인 \times 8hr/day \times 310day/년}{3,600,000ton/년}$$
$$= 3.79 MHT$$

003
어떤 도시에서 발생되는 쓰레기를 인부 50명이 수거운반할 때의 MHT를 계산하시오. (단, 1일 10시간 작업, 연간수거실적은 1,220,000ton, 휴가일수 60일/년·인)

친절한 풀이 »
$$MHT = \frac{수거인부수 \times 작업\ 시간}{쓰레기\ 수거실적}$$
$$= \frac{50인 \times 10hr/day \times 305day/년}{1,220,000ton/년}$$
$$= 0.13 MHT$$

004

어느 도시에서 쓰레기 수거시 수거인부가 1일 3500명, 수거인부 1인이 1일 8시간, 연간 300일을 근무하며 쓰레기를 수거 운반하는데 소요된 MHT가 10.7이라면 연간 쓰레기 수거량(ton/년)을 계산하시오.

친절한 풀이 »

$$\mathrm{man \cdot hr/ton} = \frac{수거인부수 \times 작업\ 시간}{쓰레기\ 수거량}$$

$$쓰레기\ 수거량(\mathrm{ton/년}) = \frac{수거인부수 \times 작업시간}{\mathrm{man \cdot hr/ton}}$$

$$= \frac{3500인 \times 8\mathrm{hr/day} \times 300\mathrm{day/년}}{10.7\mathrm{man \cdot hr/ton}}$$

$$= 785,046.73\ \mathrm{ton/년}$$

005

A도시에서 수거한 폐기물량이 3,520,000톤/년이며, 수거인부는 1일 5,848인 수거대상 인구는 6,373,288인 경우, A도시의 1인·1일 폐기물 발생량((kg)을 계산하시오.

친절한 풀이 »

$$폐기물\ 발생량(\mathrm{kg/인 \cdot 일}) = \frac{폐기물\ 수거량(\mathrm{kg/day})}{인구수(인)}$$

$$= \frac{3,520,000\mathrm{ton/년} \times 10^3\mathrm{kg/ton} \times 1년/365일}{6,373,288인}$$

$$= 1.51\ \mathrm{kg/인 \cdot 일}$$

006

인구가 200만 명인 어떤 도시의 폐기물 수거실적은 504,970톤/년 이었다. 폐기물 수거율이 총배출량의 75%라고 하면 이 도시의 1인 1일 배출량(kg)을 계산하시오. (단, 1년 = 365일, 총배출량 기준)

친절한 풀이 »

$$폐기물\ 배출량(\mathrm{kg/인 \cdot 일}) = \frac{폐기물\ 수거량(\mathrm{kg/일})}{인구수(인)} \times \frac{1}{수거율}$$

$$= \frac{504,970\mathrm{ton/년} \times 10^3\mathrm{kg/ton} \times 1년/365일}{2,000,000인} \times \frac{1}{0.75}$$

$$= 0.92\ \mathrm{kg/인 \cdot 일}$$

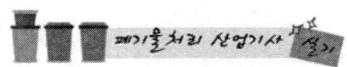

007

수거 대상 인구가 200,000명인 지역에서 1주일 동안 생활폐기물 수거상태를 조사한 결과 다음과 같다. 이 지역의 1인당 1일 폐기물 발생량(kg)을 계산하시오.

〈결과〉
- 트럭수 : 50대/회
- 트럭용적 : 8 m³/대
- 쓰레기 수거 횟수 : 7회/주
- 적재시 쓰레기 밀도 : 700kg/m³

친절한 풀이 » 폐기물 발생량(kg/인·일) = $\dfrac{\text{폐기물 수거량(kg/일)}}{\text{인구수(인)}}$

$= \dfrac{8\,\text{m}^3/\text{대} \times 50\,\text{대}/\text{회} \times 7\,\text{회}/\text{주} \times 1\,\text{주}/7\,\text{일} \times 700\,\text{kg}/\text{m}^3}{200,000\,\text{인}} = 1.4\,\text{kg}/\text{인}\cdot\text{일}$

008

어느 도시의 쓰레기 발생량은 1.5kg/인·일이고 인구는 10만 명이다. 쓰레기의 밀도가 400kg/m³이라면 하루에 발생하는 쓰레기의 부피(m³/d)를 계산하시오.

친절한 풀이 » 발생되는 쓰레기의 부피(m³/일) = $\dfrac{\text{쓰레기 발생량(kg/일)}}{\text{쓰레기 밀도(kg/m}^3)}$

$= \dfrac{1.5\,\text{kg}/\text{인}\cdot\text{일} \times 100,000\,\text{인}}{400\,\text{kg}/\text{m}^3} = 375\,\text{m}^3/\text{일}$

009

인구 1,000,000인 도시에서 1일 1인당 1.8kg의 쓰레기가 발생하고 있다. 1년 동안에 발생한 쓰레기의 총 부피(m³/년)를 계산하시오. (단, 쓰레기 밀도는 0.45kg/L이며 기타 내용은 무시한다.)

친절한 풀이 » 쓰레기의 총 부피(m³/년)

$= \text{쓰레기발생량(kg/인}\cdot\text{일)} \times 365\,\text{일}/\text{년} \times \text{인구수(인)} \times \dfrac{1}{\text{쓰레기 밀도(kg/m}^3)}$

$= 1.8\,\text{kg}/\text{인}\cdot\text{일} \times 365\,\text{일}/\text{년} \times 1,000,000\,\text{인} \times \dfrac{1}{450\,\text{kg}/\text{m}^3}$

$= 1,460,000\,\text{m}^3/\text{년}$

TIP

쓰레기 밀도 $0.45\,\text{kg/L} \times 10^3\,\text{L/m}^3 = 450\,\text{kg/m}^3$

010

폐기물 발생량이 1kg/인·일인 지역의 인구가 10만이고, 적재량 8톤 트럭으로 이 폐기물을 모두 운반하고 있다면 1일 필요한 차량 수(대)를 계산하시오. (단, 트럭은 1일 1회 운행하며 기타 조건은 고려하지 않는다.)

친절한 풀이 » 차량수 $= \dfrac{\text{폐기물 발생량(ton)}}{\text{적재용량(ton/대)}}$

$= \dfrac{1\text{kg/인·일} \times 100{,}000\text{인} \times 10^{-3}\text{ton/kg}}{8\text{ton/회} \times 1\text{회/대·일}} = 12.5 = 13$대

011

인구 7,600명인 어느 지역에서 1인 1일 1.2kg의 폐기물이 발생되고 있다. 발생되는 폐기물을 1주일에 1일 수거하기 위하여 필요한 용량 8m³인 청소차량 대수를 계산하시오. (단, 폐기물의 적재밀도는 0.3ton/m³, 차량은 1일 2회 운행한다.)

친절한 풀이 » 청소차량대수 $= \dfrac{\text{쓰레기의 총 발생량}}{\text{차량의 적재용량}}$

$= \dfrac{1.2\text{kg/인·일} \times 7{,}600\text{인} \times 7\text{일/주}}{8\text{m}^3/1\text{회} \times 300\text{kg/m}^3 \times 2\text{회/1대·일} \times 1\text{일/주}} = 14$대

012

폐기물발생량이 2000m³/일, 밀도 840kg/m³일 때, 5톤 트럭으로 운반하려면 1일 필요한 차량은 몇 대인지 계산하시오. (단, 예비차량 2대 포함, 기타 조건은 고려하지 않는다.)

친절한 풀이 » 차량수 $= \dfrac{\text{쓰레기의 총 발생량(톤/일)}}{\text{차량의 적재용량(톤/일)}} + $ 예비차량

$= \dfrac{2000\text{m}^3/\text{일} \times 0.84\text{톤/m}^3}{5\text{톤/대}} + 2 = 338$대

TIP

① 체적(m³) $= $ 질량(kg) $\times \dfrac{1}{\text{밀도(kg/m}^3)}$

② 질량(kg) $= $ 체적(m³) $\times$ 밀도(kg/m³)

013

인구 35만 도시의 쓰레기 발생량이 1.2kg/인·일이고, 이 도시의 쓰레기 수거율은 90%이다. 적재용량이 10ton인 수거차량으로 수거한다면 아래의 조건으로 하루에 몇 대가 필요한지 계산하시오. (단, 기타조건은 고려하지 않는다.)

- 차량당 하루 운전시간은 6시간
- 차량당 수거시간은 20분
- 처리장까지 왕복 운반시간은 42분
- 차량당 하역시간은 10분

친절한 풀이 »

$$\text{대} = \frac{\text{쓰레기 발생량}(kg/인·일) \times \text{인구수}(인) \times 10^{-3} ton/kg}{\text{적재용량}(ton/대) \times \text{차량당 운전시간}(hr/대·day) \times \frac{1대}{(\text{운반시간}+\text{수거시간}+\text{하역시간})min} \times \frac{60min}{1hr}}$$

$$= \frac{1.2kg/인·일 \times 350{,}000인 \times 0.90 \times 10^{-3} ton/kg}{10ton/대 \times 6hr/대·일 \times \frac{1대}{(42+20+10)min} \times 60min/1hr}$$

$$= 7.56 = 8 \text{대}$$

014

어느 도시의 인구는 220,000명이고 1인 1일 쓰레기 배출량은 2.2kg/인·일이다. 쓰레기의 밀도가 500kg/m³라고 하면 적재량 10m³인 트럭의 하루 운반회수를 계산하시오. (단, 트럭은 1대 기준이다.)

친절한 풀이 »

$$\text{운반회수} = \frac{\text{쓰레기 배출량}}{\text{적재량}} = \frac{2.2kg/인·일 \times 220{,}000인}{10m^3/1대 \times 1대/1회 \times 500kg/m^3} = 97\text{회}$$

015

수거대상인구 1,500명, 폐기물 발생량이 2kg/인·일, 차량용적 5m³, 적재밀도 600kg/m³일 때 폐기물 수거회수를 계산하시오. (단, 차량 1대 기준이다.)

친절한 풀이 »

$$\text{수거회수} = \frac{\text{폐기물 발생량}}{\text{차량 용적}}$$

$$= \frac{2kg/인·일 \times 1500인 \times \frac{1}{600kg/m^3} \times 7일/1주}{5m^3/대 \times 1대/1회} = 7\text{회}/주$$

> **TIP**
> ① 질량(kg) × $\dfrac{1}{밀도(kg/m^3)}$ = 체적(m^3)
> ② 체적(m^3) × 밀도(kg/m^3) = 질량(kg)

016

아래의 조건에 따른 지역의 쓰레기 수거는 1주일에 최소 몇 회 이상을 하여야 하는지 계산하시오.

- 발생된 쓰레기밀도 $160\,kg/m^3$
- 압축비 2.0
- 적재함 이용율 80%
- 수거대상인구 40,000인
- 차량적재용량 $15\,m^3$
- 발생량 $1.2\,kg/$인·일
- 차량대수 1대
- 수거인부 8명

친절한 풀이 »

$$수거\ 회수/주 = \dfrac{쓰레기\ 발생량(kg/주)}{쓰레기\ 수거량(kg/회)}$$

$$= \dfrac{1.2kg/인\cdot일 \times 40,000인 \times 7일/주}{15m^3/대 \times 1대/회 \times 160kg/m^3 \times 0.8 \times 2.0} = 88회/주$$

017

폐기물 적재차량 질량이 22,000kg, 빈차의 질량이 14,000kg이고, 적재함의 크기는 H : 150cm, W : 200cm, L : 400cm일 때 차량 적재계수(ton/m^3)를 계산하시오.

친절한 풀이 »

$$적재차량계수(ton/m^3) = \dfrac{폐기물의\ 질량(ton)}{적재함의\ 체적(m^3)}$$

$$= \dfrac{(22,000kg - 14,000kg) \times 10^{-3}ton/kg}{(1.5m \times 2m \times 4m)}$$

$$= 0.67\,ton/m^3$$

018

쓰레기 수거노선 결정시 고려사항 5가지를 쓰시오.

친절한 풀이 »
① 수거에 필요한 시간
② 수거차량의 적재 방법
③ 폐기물의 발생량
④ 폐기물의 질량
⑤ 수거차량의 수거능력

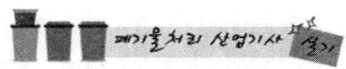

019
생활폐기물 수거운반시 고려사항 4가지를 쓰시오.

» ① 수거빈도　　② 수거거리
　　③ 쓰레기통 크기　④ 수거구역

020
쓰레기의 수집 시스템 중에서 모노레일 수송방식의 단점을 3가지 쓰시오.

» ① 가설이 어렵고 설치비가 높다.
② 시설완료 후에는 경로변경이 어렵다.
③ 반송용 노선이 필요하다.

021
쓰레기의 수집 시스템 중에서 컨베이어 수송방식의 단점을 3가지 쓰시오.

» ① 내구성과 미생물 부착등의 문제가 있다.
② 유지비가 많이 든다.
③ 고가의 시설비와 정기적인 정비가 필요하다.

022
쓰레기의 수집 시스템 중에서 관거(Pipe-line) 방식의 장·단점을 각각 3가지씩 쓰시오.

» 〈장점〉
① 자동화, 무공해화, 안전화가 가능하다.
② 쓰레기가 눈에 띄지 않는다.
③ 분진, 악취, 소음, 진동 등의 문제가 없다.
④ 수거차량에 의한 도심지 교통량 증가가 없다.
〈단점〉
① 쓰레기 발생밀도가 높은 지역 등에서 현실성이 있다.
② 조대(대형)쓰레기는 파쇄, 압축 등의 전처리를 해야 한다.
③ 잘못 투입된 물건은 회수하기가 곤란하다.
④ 가설 후 경로(Route) 변경이 곤란하고 설치비가 높다.

023
쓰레기의 수집 시스템 중에서 관거(Pipe-line) 수송방식의 종류 3가지를 쓰시오.

친절한 풀이 » ① 공기수송 ② 슬러리수송 ③ 캡슐수송

024
적환장의 필요성을 6가지만 쓰시오.

친절한 풀이 » ① 폐기물 수집장소와 처분장소가 멀리 떨어져 있는 경우
② 소용량 수집차들이 사용되는 경우
③ 상업지역에서 폐기물 수집에 소형용기를 사용하는 경우
④ 불법투기와 다량의 어질러진 쓰레기들이 발생하는 경우
⑤ 슬러지 수송이나 공기수송 방식을 사용할 때
⑥ 작은 규모의 주택들이 밀집되어 있을 때

025
적환장을 적재방식에 따라 3가지로 분류하고 간단히 설명하시오.

친절한 풀이 » (1) 직접투하방식
① 소형차량에서 대형차량으로 직접 투하하여 적재하는 방식이다.
② 주택지역과 거리가 먼 교외지역에 주로 사용하는 방식이다.
(2) 저장투하방식
① 폐기물을 저장한 후 적환하는 방식이다.
② 대도시의 대용량 폐기물처리에 적합하다.
(3) 직접·저장 투하 결합방식
① 직접적재방식과 저장한 후 적재하는 방식으로 한 적환장에서 이루어진다.
② 재활용품의 회수율을 높이기 위한 적재방식이다.

026
적환장 설치장소를 정하는데 고려사항 5가지를 쓰시오.

친절한 풀이 » ① 수거하고자 하는 개별적 고형물 발생지역의 하중 중심에 되도록 가까운 곳
② 주요 간선도로에 쉽게 도달할 수 있는 곳인 동시에 2차적 또는 보조 수송수단에 가까운 곳

③ 적환 작업 중에 공중 및 환경피해가 최소인 곳
④ 설치 및 작업이 쉬운 곳
⑤ 주민의 반대가 적은 곳
⑥ 건설비와 운영비가 적게 들고 경제적인 곳

3 폐기물의 관리체계

1. 감량화 대책

(1) 발생원 대책
① 식단제 개선   ② 분리수거 실시
③ 가정용품의 적절한 정비   ④ 포장재 절약

(2) 발생 후 대책
① 재생이용   ② 에너지 회수

2. 폐기물 처리 및 관리차원에서 사용되는 3R
① Recycle(재활용)/Reuse(재이용)   ② Reduction(감량화)
③ Recovery(회수 이용)

3. 폐기물 부담금 제도의 효과
① 폐기물 발생량 억제   ② 자원의 낭비 방지
③ 자원 재활용의 촉진

4. 폐기물의 자원화

① RDF(고형화 연료)
② Pyrolysis(열분해)
③ Composting(퇴비화)
④ 발효

5. 청소상태의 평가법

(1) CEI(지역사회 효과지수)

① 청소상태 만족도 평가를 위한 지역사회 효과지수

②
$$CEI = \frac{\sum_{i=1}^{N}(S-P)}{N}$$

여기서, S : 가로의 청소상태(0~100점)
P : 가로의 청소상태 문제점 여부(1개에 10점씩 계산)
N : 가로의 전체 수

③ 지역사회 효과지수는 가로 청소상태의 문제점이 관찰되는 경우 각 10점씩 감점한다.
④ S(가로의 청소상태)의 Scale은 1~4로 정하여 각각 100, 75, 50, 25, 0으로 한다.
  ㉠ 100점 : 아주 깨끗하고 버려진 쓰레기가 보이지 않는 경우
  ㉡ 75점 : 수거를 위한 것이 아닌 쓰레기가 한곳에 버려져 있는 경우
  ㉢ 50점 : 거리에 쓰레기가 보이고 모아놓은 쓰레기도 보이는 경우
  ㉣ 25점 : 쓰레기의 60L이상이 흩어져 있는 경우
⑤ 사용자 만족도 지수는 서비스를 받는 사람들의 만족도를 설문 조사하여 계산하며, 설문 문항은 6개로 구성되어 있다.
⑥ 지역사회 효과지수는 청소상태를 기준으로 평가한다.

(2) USI(사용자 만족도 지수)

① 청소상태를 평가하는 방법 중 서비스를 받는 시민들의 만족도를 설문조사하여 나타내어지는 사용자 만족도 지수이다.

②
$$USI = \frac{\sum_{i=1}^{N} Ri}{N}$$

여기서, N : 총 설문지 회답자의 수　　　　R : 설문지 점수 합계

(3) CEI(지역사회 효과지수)와 USI(사용자 만족도 지수) 관계
   ① 80점 이상 : 청소상태 매우 양호(Excellent)
   ② 60점 이상 : 청소상태 양호(Good)
   ③ 40점 이상 : 청소상태 보통(Fair)
   ④ 20점 이상 : 청소상태 불량(Poor)
   ⑤ 20점 이하 : 청소상태 매우 불량(Unacceptable)

6. 전과정평가(Life Cycle Assessment : LCA)

① 사용하는 자원, 에너지, 환경에 미치는 각종 부하를 원료자원 채취 – 생산 – 유통 – 사용 – 재사용 – 폐기의 전과정에 걸쳐 가능한 정량적으로 분석 및 평가하여 현재 인류가 직면하고 있는 자원의 고갈 및 생태계의 파괴현상과 지구환경문제 등을 근본적으로 해결하기 위한 각종 개선방안을 모색하는 기술적이며 체계적인 과정을 의미한다.
② 사용한 자원 및 에너지, 환경으로 배출되는 환경오염 물질을 규명하고, 정령화함으로써 한 제품이나 공정에 관련된 환경 부담을 평가하고 그 에너지와 자원, 환경부하 영향을 평가하여, 환경을 개선시킬 수 있는 기회를 규명하는 과정

(1) 전과정 평가의 순서
목적 및 범위의 설정 → 목록 분석 → 영향 평가 → 개선평가 및 해석
① 목적 및 범위의 설정(Initiation analysis)
   전과정 평가 연구결과의 이용분야를 고려하여 연구의 목적을 설정하고, 목적을 달성하기 위한 타당한 범위를 설정하는 단계이다.
② 목록분석(Inventory analysis)
   제품이나 서비스 시스템의 전과정에 관련된 투입물과 산출물을 규명하고 정량화하는 단계이다.
③ 영향평가(Impact analysis)
   환경부하에 대한 영향을 평가하는 기술적, 정량적, 정성적 과정이다.
④ 개선평가 및 해석(Improvement analysis)
   전과정 목록분석과 전과정 영향평가로부터 얻은 결과를 정의된 목적과 범위에 맞게 해석(결과보고)하는 과정이다.

(2) 전과정평가(LCA)의 일반적 활용목적
　① 생활양식의 평가와 개선목표의 도출
　② 환경목표치 또는 기준치에 대한 달성도 평가
　③ 복수 제품 간의 환경오염부하의 비교

7. ESSD(Environmentally Sound and Sustainable Development)

1992년 라우데자네이로에서 가진 유엔환경개발회의에서 대두된 용어 [약자]로 [친환경적이면서 지속가능한 개발]이란 뜻을 가진다.

8. 생산자책임 재활용제도(EPR : Extended Producer Responsibility)

폐기물은 단순히 버려져 못쓰는 것이라는 인식을 바꾸어 '폐기물 = 자원'이라는 공감대를 확산시킴으로써 재활용정책에 활력을 불어 넣은 제도이다.

001
폐기물의 감량화 대책 중 발생원 대책과 발생 후 대책에 대하여 서술하시오.

친절한 풀이 » (1) 발생원 대책
　　　　　① 식단제 개선　　　　② 분리수거 실시
　　　　　③ 가정용품의 적절한 정비　　④ 포장재 절약
　　　　(2) 발생 후 대책
　　　　　① 재생이용　　　　② 에너지 회수

002
폐기물의 자원화 방법 4가지를 쓰시오.

친절한 풀이 » ① RDF(고형화 연료)　　② Pyrolysis(열분해)
　　　　　③ Composting(퇴비화)　　④ 발효

003
청소상태의 평가법 중 가로의 청소상태를 기준으로 하는 지역사회 효과지수를 나타내는 용어를 쓰시오.

친절한 풀이 » CEI

004
청소상태를 평가하는 방법 중 서비스를 받는 시민들의 만족도를 설문조사하여 나타내어지는 사용자 만족도 지수를 나타내는 용어를 쓰시오.

친절한 풀이 » USI

005

다음에서 설명하고 있는 것은 무엇인지 쓰시오.

> 사용하는 자원, 에너지, 환경에 미치는 각종 부하를 원료자원 채취-생산-유통-사용-재사용-폐기의 전과정에 걸쳐 가능한 정량적으로 분석 및 평가하여 현재 인류가 직면하고 있는 자원의 고갈 및 생태계의 파괴현상과 지구환경문제 등을 근본적으로 해결하기 위한 각종 개선방안을 모색하는 기술적이며 체계적인 과정을 의미한다.

친절한 풀이 » 전과정평가(LCA)

006

다음에서 설명하고 있는 것은 무엇인지 쓰시오.

> 사용한 자원 및 에너지, 환경으로 배출되는 환경오염 물질을 규명하고, 정령화함으로써 한 제품이나 공정에 관련된 환경부담을 평가하고 그 에너지와 자원, 환경부하 영향을 평가하여, 환경을 개선시킬 수 있는 기회를 규명하는 과정을 의미한다.

친절한 풀이 » 전과정평가(LCA)

007

전과정 평가(LCA)의 순서를 바르게 나열하시오.

친절한 풀이 » 목적 및 범위의 설정 → 목록 분석 → 영향 평가 → 개선평가 및 해석

008

전과정 평가(LCA)의 각 단계를 쓰고 간단히 기술하시오.

친절한 풀이 »
① 목적 및 범위의 설정(Initiation analysis) : 전과정 평가 연구결과의 이용분야를 고려하여 연구의 목적을 설정하고, 목적을 달성하기 위한 타당한 범위를 설정하는 단계이다.
② 목록분석(Inventory analysis) : 제품이나 서비스 시스템의 전과정에 관련된 투입물과 산출물을 규명하고 정량화하는 단계이다.
③ 영향평가(Impact analysis) : 환경부하에 대한 영향을 평가하는 기술적, 정량적, 정성적 과정이다.
④ 개선평가 및 해석(Improvement analysis) : 전과정 목록분석과 전과정 영향평가로부터 얻은 결과를 정의된 목적과 범위에 맞게 해석(결과보고)하는 과정이다.

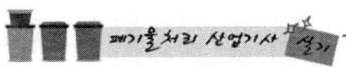

009

전과정평가(LCA)의 일반적 활용목적을 3가지만 쓰시오.

친절한 풀이 ≫ ① 생활양식의 평가와 개선목표의 도출
② 환경목표치 또는 기준치에 대한 달성도 평가
③ 복수 제품 간의 환경오염부하의 비교

010

다음에서 설명하는 용어를 쓰시오.

> 1992년 리우데자네이로에서 가진 유엔환경개발회의에서 대두된 용어 [약자]로 [친환경적이면서 지속가능한 개발]이란 뜻을 가진다.

친절한 풀이 ≫ ESSD(Environmentally Sound and Sustainable Development)

011

다음에서 설명하는 용어를 쓰시오.

> 폐기물은 단순히 버려져 못쓰는 것이라는 인식을 바꾸어 '폐기물=자원'이라는 공감대를 확산시킴으로써 재활용정책에 활력을 불어 넣은 제도이다.

친절한 풀이 ≫ 생산자책임 재활용제도(EPR : Extended Producer Responsibility)

제3장 폐기물의 감량

1. 압축공정

폐기물의 부피를 감소시키는 공정이다.

(1) 압축비 구하는 공식

①
$$\text{압축비} = \frac{V_1}{V_2}$$

여기서, V_1 : 압축전의 부피 V_2 : 압축후의 부피

 밀도가 680kg/m^3인 쓰레기 200kg이 압축되어 밀도가 960kg/m^3으로 되었다. 압축비를 계산하시오.

① $V_1 = 200\text{kg} \times \dfrac{1}{680\text{kg/m}^3} = 0.29 \text{m}^3$

② $V_2 = 200\text{kg} \times \dfrac{1}{960\text{kg/m}^3} = 0.21 \text{m}^3$

따라서 압축비 $= \dfrac{V_1}{V_2} = \dfrac{0.29\text{m}^3}{0.21\text{m}^3} = 1.38$

②
$$\text{압축비} = \frac{100}{100 - VR}$$

여기서, VR : 부피감소율(%)

예제 >>> 쓰레기 포장시 부피의 감소율은 통상적으로 60% 정도라면 이때 압축비를 계산하시오.

풀이 >>> 압축비 $= \dfrac{100}{100 - 부피감소율(\%)}$
$= \dfrac{100}{100 - 60\%} = 2.5$

(2) 부피 감소율 구하는 공식

① $$부피\ 감소율(\%) = \left(1 - \dfrac{V_2}{V_1}\right) \times 100$$

여기서, V_1 : 압축전의 부피(m^3) V_2 : 압축후의 부피(m^3)

예제 >>> 쓰레기를 압축시키기 전의 밀도가 0.43ton/m^3이었던 것을 압축기에 압축시킨 결과 0.83ton/m^3으로 증가하였다. 이때 부피의 감소율(%)을 구하시오.

풀이 >>> ① $V_1 = 1ton \times \dfrac{1}{0.43ton/m^3} = 2.326m^3$
② $V_2 = 1ton \times \dfrac{1}{0.83ton/m^3} = 1.205m^3$

따라서   부피감소율(%) $= \left(1 - \dfrac{V_2}{V_1}\right) \times 100$
$= \left(1 - \dfrac{1.205m^3}{2.326m^3}\right) \times 100 = 48.19\%$

② $$부피\ 감소율(\%) = \left(1 - \dfrac{1}{CR}\right) \times 100$$

여기서, CR : 압축비

예제 >>> 밀도가 500kg/m^3인 폐기물 5톤을 압축비(CR) 2.5로 압축시켰다면 부피 감소율(%)을 계산 하시오.

풀이 >>> 부피감소율(%) $= \left(1 - \dfrac{1}{CR}\right) \times 100 = \left(1 - \dfrac{1}{2.5}\right) \times 100 = 60\%$

001

$5m^3$의 용적을 갖는 쓰레기를 압축하였더니 $3m^3$으로 감소돼었다. 이때 압축비(CR)를 계산하시오.

친절한 풀이 »

압축비 $= \dfrac{V_1}{V_2}$

여기서, V_1 : 압축전의 부피 V_2 : 압축후의 부피

따라서 압축비 $= \dfrac{5m^3}{3m^3} = 1.67$

002

쓰레기를 압축시키기 전의 밀도가 $0.43 t/m^3$이었던 것을 압축기에 압축시킨 결과 밀도가 $0.93 t/m^3$으로 증가하였을 때 압축비를 계산하시오.

친절한 풀이 »

압축비 $= \dfrac{V_1}{V_2}$

$V_1 = 1톤 \times \dfrac{1}{0.43톤/m^3} = 2.3256 m^3$

$V_2 = 1톤 \times \dfrac{1}{0.93톤/m^3} = 1.0753 m^3$

따라서 압축비 $= \dfrac{V_1}{V_2} = \dfrac{2.3256 m^3}{1.0753 m^3} = 2.16$

003

$10m^3$의 폐기물을 압축비 6으로 압축하였을 때 압축 후의 부피(m^3)를 계산하시오.

친절한 풀이 »

압축비 $= \dfrac{V_1}{V_2}$

따라서 $6 = \dfrac{10m^3}{V_2}$ $\therefore V_2 = \dfrac{10m^3}{6} = 1.67m^3$

004

밀도가 150kg/m³인 쓰레기 10톤을 압축비(CR)가 3이 되도록 압축하였다면 최종 부피(m³)를 계산하시오.

친절한 풀이 »

압축비 $= \dfrac{V_1}{V_2}$

따라서 $3 = \dfrac{10 \times 10^3 kg \times \dfrac{1}{150kg/m^3}}{V_2}$

$\therefore V_2 = \dfrac{10 \times 10^3 kg \times \dfrac{1}{150kg/m^3}}{3} = 22.22m^3$

005

부피 감소율을 90%로 할때 압축비를 계산하시오.

친절한 풀이 »

압축비 $= \dfrac{100}{100 - 부피\ 감소율(\%)} = \dfrac{100}{100 - 90\%} = 10$

006

폐기물이 부피감소를 위하여 압축을 실시하였다. 다음을 이용하여 폐기물의 부피 감소율(%)을 계산하시오.

• 압축 전 부피 : 45 m³	• 압축 후 부피 : 33 m³

친절한 풀이 »

부피감소율(%) $= \left(1 - \dfrac{V_2}{V_1}\right) \times 100$

따라서 부피감소율(%) $= \left(1 - \dfrac{33m^3}{45m^3}\right) \times 100 = 26.67\%$

007

질량 100톤, 밀도 $700\,kg/m^3$인 폐기물을 밀도 $1,200\,kg/m^3$로 압축하였을 때 부피 감소율(%)을 계산하시오.

친절한 풀이 »

부피감소율(%) $= \left(1 - \dfrac{V_2}{V_1}\right) \times 100$

$V_1 = 100\,ton \times \dfrac{1}{0.70\,ton/m^3} = 142.857\,m^3$

$V_2 = 100\,ton \times \dfrac{1}{1.2\,ton/m^3} = 83.333\,m^3$

따라서 부피감소율(%) $= \left(1 - \dfrac{V_2}{V_1}\right) \times 100 = \left(1 - \dfrac{83.333\,m^3}{142.857\,m^3}\right) = 41.67\%$

008

밀도가 $200\,kg/m^3$인 폐기물 1,000kg을 소각하였더니 200kg의 소각잔류물이 발생하였다. 이 소각잔류물의 밀도가 $1,000\,kg/m^3$일 때 부피감소율(%)을 계산하시오.

친절한 풀이 »

부피감소율(%) $= \left(1 - \dfrac{V_2}{V_1}\right) \times 100$

① $V_1 = 1,000\,kg \times \dfrac{1}{200\,kg/m^3} = 5\,m^3$

② $V_2 = 200\,kg \times \dfrac{1}{1,000\,kg/m^3} = 0.2\,m^3$

③ 부피 감소율(%) $= \left(1 - \dfrac{0.2\,m^3}{5\,m^3}\right) \times 100 = 96\%$

009

밀도가 $650\,kg/m^3$인 쓰레기 10톤을 압축시켜 부피를 $5\,m^3$으로 만들었다면 부피감소율(Volume Reduction, %)을 계산하시오.

친절한 풀이 »

부피감소율(%) $= \left(1 - \dfrac{V_2}{V_1}\right) \times 100\,(\%)$

① $V_1 = 10\,ton \times \dfrac{1}{0.65\,ton/m^3} = 15.3846\,m^3$

② $V_2 = 5\,m^3$

③ 부피감소율(%) $= \left(1 - \dfrac{5\text{m}^3}{15.3846\text{m}^3}\right) \times 100 = 67.50\%$

010

폐기물의 압축 전 밀도는 $500\text{kg}/\text{m}^3$이고, 압축시킨 후 밀도는 $800\text{kg}/\text{m}^3$이었다. 이 폐기물의 부피감소율(%)을 계산하시오.

친절한 풀이 »

부피감소율(%) $= \left(1 - \dfrac{V_2}{V_1}\right) \times 100$

$V_1 = 1\text{kg} \times \dfrac{1}{500\text{kg}/\text{m}^3} = 0.002\text{m}^3$

$V_2 = 1\text{kg} \times \dfrac{1}{800\text{kg}/\text{m}^3} = 0.00125\text{m}^3$

따라서 부피감소율(%) $= \left(1 - \dfrac{0.00125\text{m}^3}{0.002\text{m}^3}\right) \times 100 = 37.5\%$

011

쓰레기의 압축 전 밀도가 $0.45\text{t}/\text{m}^3$이었던 것을 압축한 결과 $0.65\text{t}/\text{m}^3$로 되었다. 이 때 부피 감소율(%)을 계산하시오.

친절한 풀이 »

부피감소율(%) $= \left(1 - \dfrac{V_2}{V_1}\right) \times 100$

① $V_1(\text{m}^3) = 1\text{ton} \times \dfrac{1}{0.45\text{ton}/\text{m}^3} = 2.2222\text{m}^3$

② $V_2(\text{m}^3) = 1\text{ton} \times \dfrac{1}{0.65\text{ton}/\text{m}^3} = 1.5385\text{m}^3$

③ 부피감소율(%) $= \left(1 - \dfrac{1.5385\text{m}^3}{2.2222\text{m}^3}\right) \times 100 = 30.77\%$

012

밀도가 $500\text{kg}/\text{m}^3$인 폐기물 5ton을 압축비(CR) 2.5로 압축시켰다면 부피 감소율(VR, %)을 계산하시오.

친절한 풀이 » 부피 감소율(%) $= \left(1 - \dfrac{1}{\text{압축비}}\right) \times 100 = \left(1 - \dfrac{1}{2.5}\right) \times 100 = 60\%$

2 파쇄공정

1. 파쇄

(1) 파쇄시 작용하는 힘의 종류

① 충격력, ② 압축력, ③ 전단력

(2) 파쇄처리의 효과

① 겉보기 비중 증가(밀도증가)
② 비표면적 증가
③ 폐기물 소각시 연소효율 증가
④ 고가금속 회수가능
⑤ 운반비의 저렴화
⑥ 입경분포의 균일화
⑦ 유가물의 분리
⑧ 용적의 감소

(3) 파쇄처리에 따른 비표면적 증가효과

① 소각처리시 연소효율의 향상
② 열분해시 반응효율의 향상
③ 퇴비화시 발효효율의 향상

(4) 폐기물의 파쇄를 통한 세립화 및 균일화의 장점

① 조대 폐기물에 의한 소각로의 손상방지
② 용량감소로 인한 운반비의 절감 및 매립부지 절감
③ 자력선별에 의한 고가금속 등의 회수 가능
④ 폐기물의 연소성 증가
⑤ 폐기물의 건조성 증가

(5) 파쇄하여 매립시 장점

① 매립작업이 용이하고 압축장비가 없어도 매립작업만으로 고밀도의 매립이 가능하다.
② 곱게 파쇄하면 매립시 복토가 필요없거나 복토요구량이 절감된다.
③ 폐기물 입자의 표면적이 증가되어 미생물의 작용이 빨라진다.
④ 매립시 폐기물이 잘 섞이므로 냄새가 방지된다.
⑤ 폐기물의 밀도가 증가하여 바람에 날아갈 염려가 적다.

2. 파쇄기의 종류

(1) 건식파쇄기

① 전단파쇄기 : 고정칼, 왕복 또는 회전칼과의 교합에 의하여 폐기물을 전단한다.
　㉠ 주로 목재류, 플라스틱류, 종이류를 파쇄하는데 이용된다.
　㉡ 충격파쇄기에 비하여 파쇄속도가 느리다.
　㉢ 충격파쇄기에 비하여 이물질 혼입에 약하다.
　㉣ 충격파쇄기에 비하여 파쇄물의 크기를 고르게 할 수 있다.
　㉤ 소음과 분진발생이 비교적 적고 폭발의 위험성이 거의 없다.
　㉥ 다른 파쇄기와 조합하여 사용할 수 있다.

② 충격파쇄기
　㉠ 충격파쇄기는 주로 회전식에 적용한다.
　㉡ 대량처리가 가능하다.
　㉢ 연성이 있는 물질에는 부적합하다.
　㉣ 유리나 목질류 파쇄에 적합하다.
　㉤ 파쇄시 분진, 소음, 진동, 폭발의 위험성이 있다.

③ 압축파쇄기
　㉠ 파쇄기의 마모가 적고 비용이 적게 소요된다.
　㉡ 금속류, 고무류, 연질 플라스틱류의 파쇄가 어렵다.
　㉢ 나무, 플라스틱류, 콘크리트 덩어리, 건축 폐기물 파쇄에 이용된다.
　㉣ Rotary Mill식, Impact Crusher 등이 해당된다.

(2) 습식파쇄기 중 저온(냉각) 파쇄기

① 복합재의 재질별 파쇄에 유리하다.
② 냉각제로는 액체질소의 사용이 보편화 되어있다.
③ 폐타이어의 분쇄에 이용 가능하다.
④ 입도를 작게 할 수 있다.
⑤ 파쇄에 소요되는 동력이 적다.
⑥ 투자비가 크다.

3. 파쇄공정의 공식

(1) Kick 이론(법칙)

$$동력(E) = C \ln\left(\frac{dp_1}{dp_2}\right)$$

여기서, dp_1 : 평균크기 dp_2 : 최종크기

예제 >>> 50ton/hr 규모의 시설에서 평균크기가 30.5cm인 혼합된 도시폐기물을 최종크기 5.1cm로 파쇄하기 위해 필요한 동력(Kw)을 계산하시오. (단, 킥의 법칙을 이용하고 $C = 13.6 Kw \cdot hr/ton$)

풀이 >>>

① 동력$(E) = C \ln\left(\frac{dp_1}{dp_2}\right)$
$= 13.6 kw \cdot hr/ton \times \ln\left(\frac{30.5 cm}{5.1 cm}\right)$
$= 24.3234 kw \cdot hr/ton$

② 동력$(kw) = \frac{24.3234 kw \cdot hr}{ton} \Big| \frac{50 ton}{hr}$
$= 1216.17 kw$

TIP

폐기물 파쇄(분쇄)에 대한 이론
① Rettinger 이론
② Kick의 이론
③ Bond 이론

(2) Rosin-Rammler 식

$$Y = 1 - \exp\left[-\left(\frac{X}{X_o}\right)^n\right]$$

여기서, Y : 체하분율(%) X : 폐기물 입자의 크기
X_o : 특성입자의 크기 n : 상수

예제 ≫ 폐기물을 파쇄할 때 95% 이상을 4.5cm 보다 작게 파쇄하려고 하는 경우 Rosin - Rammler 식을 이용하여 특성입자의 크기(cm)를 계산하시오. (단, n = 1)

풀이 ≫
$$Y = 1 - \exp\left[-\left(\frac{X}{X_o}\right)^n\right]$$
$$0.95 = 1 - \exp\left[-\left(\frac{4.5\,cm}{X_o}\right)^1\right]$$
$$\exp\left[-\left(\frac{4.5\,cm}{X_o}\right)^1\right] = 1 - 0.95$$
$$-\left(\frac{4.5\,cm}{X_o}\right) = LN(1-0.95)$$
$$\therefore X_o = \frac{-4.5\,cm}{LN(1-0.95)} = 1.50\,cm$$

(3) 유효입경

$$\boxed{\text{유효입경} = \text{입도누적곡선상의 10\%에 해당하는 입경}(D_{10\%})}$$

여기서, D_{60} : 입도누적곡선상 60% 입경 D_{10} : 입도누적곡선상 10% 입경

예제 ≫ 고로슬래그의 입도 분석 결과 입도누적 곡선상의 10%, 60% 입경이 각각 0.5mm, 1.0mm 일 때 유효입경(mm)을 계산하시오.

풀이 ≫ 유효입경은 입도누적곡선상의 10%에 해당하는 입경이므로 0.5mm가 된다.

(4) 균등계수

$$\boxed{\text{균등계수} = \frac{D_{60\%}}{D_{10\%}}}$$

여기서, D_{60} : 입도누적곡선상 60% 입경 D_{10} : 입도누적곡선상 10% 입경

예제 ≫ 어떤 쓰레기의 입도를 분석한 바 입도누적곡선상의 10%, 40%, 60%, 90%의 입경이 각각 1mm, 5mm, 10mm, 20mm 였다. 균등계수를 구하시오.

풀이 ≫ 균등계수 = $\frac{D_{60\%}}{D_{10\%}} = \frac{10\,mm}{1\,mm} = 10.0$

(5) 곡률계수

$$곡률계수 = \frac{(D_{30\%})^2}{(D_{10\%} \times D_{60\%})}$$

여기서, D_{30} : 입도누적곡선상 30% 입경　　　D_{10} : 입도누적곡선상 10% 입경
　　　　D_{60} : 입도누적곡선상 60% 입경

예제 >>> 어떤 쓰레기의 입도를 분석하였더니 입도누적곡선상의 10%, 30%, 60%, 90%의 입경이 각각 1, 5, 10, 20mm였다. 이때 곡률계수를 계산하시오.

풀이 >>> $곡률계수 = \dfrac{(D_{30\%})^2}{(D_{10\%} \times D_{60\%})} = \dfrac{(5\text{mm})^2}{1\text{mm} \times 10\text{mm}} = 2.5$

001
폐기물 파쇄시 작용하는 힘의 종류 3가지를 쓰시오.

친절한 풀이 » ① 충격력　　② 압축력
③ 전단력

002
폐기물을 분쇄하거나 파쇄하는 목적을 6가지를 쓰시오.

친절한 풀이 » ① 겉보기 비중 증가(밀도증가)　② 비표면적 증가
③ 폐기물 소각시 연소효율 증가　④ 고가금속 회수가능
⑤ 운반비의 저렴화　　　　　　⑥ 입경분포의 균일화

003
폐기물의 파쇄를 통한 세립화 및 균일화의 장점 4가지를 쓰시오.

친절한 풀이 » ① 조대 폐기물에 의한 소각로의 손상방지
② 용량감소로 인한 운반비의 절감 및 매립부지 절감
③ 자력선별에 의한 고가금속 등의 회수 가능
④ 폐기물의 연소성 증가

004
건식 파쇄기의 종류 3가지만 쓰시오.

친절한 풀이 » ① 전단파쇄기　　② 충격파쇄기
③ 압축파쇄기

005

전단파쇄기의 장·단점 3가지씩 쓰시오. (충격파쇄기와 비교할 때)

친절한 풀이 » (1) 장점
① 주로 목재류, 플라스틱류, 종이류를 파쇄하는데 이용된다.
② 파쇄물의 크기를 고르게 할 수 있다.
③ 소음과 분진발생이 비교적 적고 폭발의 위험성이 거의 없다.
④ 다른 파쇄기와 조합하여 사용할 수 있다.
(2) 단점
① 파쇄속도가 느리다.
② 이물질 혼입에 약하다.
③ 대량처리가 어렵다.

006

충격파쇄기의 장·단점을 각각 2가지씩 쓰시오.(전단파쇄기와 비교할 때)

친절한 풀이 » (1) 장점
① 대량처리가 가능하다.
② 유리나 목질류 파쇄에 적합하다.
③ 파쇄속도가 빠르다.
(2) 단점
① 연성이 있는 물질에는 부적합하다.
② 파쇄시 분진, 소음, 진동, 폭발의 위험성이 있다.
③ 파쇄물의 크기를 고르게 할 수 없다.

007

폐기물 파쇄(분쇄) 이론 3가지를 쓰시오.

친절한 풀이 » ① Rettinger 이론
② Kick의 이론
③ Bond 이론

008

50ton/hr 규모의 시설에서 평균크기가 30.5cm인 혼합된 도시폐기물을 최종크기 5.1cm로 파쇄하기 위해 필요한 동력(kW)을 계산하시오. (단, 킥의 법칙 적용, $C = 13.6 \text{kW} \cdot \text{hr/ton}$)

① Kick의 법칙에서 $E = C \ln\left(\dfrac{dp_1}{dp_2}\right)$

여기서, E : 동력 C : 상수
dp$_1$: 평균크기 dp$_2$: 최종 크기

따라서 $E = 13.6 \text{kw} \cdot \text{hr/ton} \times \ln\left(\dfrac{30.5 \text{cm}}{5.1 \text{cm}}\right) = 24.3234 \text{kw} \cdot \text{hr/ton}$

② 동력(kw) = $24.3234 \text{kw} \cdot \text{hr/ton} \times 50 \text{ton/hr} = 1216.17 \text{kw}$

009

2차 파쇄를 위해 5cm의 폐기물을 1cm로 파쇄 하는데 소요되는 에너지(kWh/ton)를 계산하시오. (단, Kick의 법칙을 이용, 동일한 파쇄기를 이용하여 10cm의 폐기물을 1cm로 파쇄하는데에는 에너지가 50kWh/ton 소모된다.)

Kick의 법칙에서 $E = C \ln\left(\dfrac{dp_1}{dp_2}\right)$

① $50 \text{kWh/ton} = C \times \ln\left(\dfrac{10 \text{cm}}{1 \text{cm}}\right)$

∴ $C = \dfrac{50 \text{kWh/ton}}{\ln\left(\dfrac{10 \text{cm}}{1 \text{cm}}\right)} = 21.7147 \text{kWh/ton}$

② $E = 21.7147 \text{kWh/ton} \times \ln\left(\dfrac{5 \text{cm}}{1 \text{cm}}\right) = 34.95 \text{kWh/ton}$

010

평균 입경이 20cm인 폐기물을 입경 1cm가 되도록 파쇄할 때 소요되는 에너지는 입경을 4cm로 파쇄할 때 소요되는 에너지의 몇 배인지 계산하시오. (단, Kick의 법칙 적용, n = 1)

Kick의 법칙에서 동력(E) = $C \ln\left(\dfrac{dp_1}{dp_2}\right)$

① $E_1 = C \ln\left(\dfrac{20 \text{ cm}}{1 \text{ cm}}\right) = C \ln 20$

② $E_2 = C \ln\left(\dfrac{20\,cm}{4\,cm}\right) = C \ln 5$

③ 소요에너지의 변화 $= \dfrac{E_1}{E_2} = \dfrac{C \ln 20}{C \ln 5} = 1.86$ 배

011

폐기물의 70% 이상을 5cm보다 작게 파쇄하고자할 때 특성입자 크기(X_o)를 계산하시오.(cm) (단, Rosin-Rammler공식 이용하고, n = 1 이다.)

친절한 풀이 »

$$Y = 1 - \exp\left[-\left(\dfrac{X}{X_o}\right)^n\right]$$

여기서, Y : 체하분율(%)　　　X : 폐기물 입자의 크기
　　　X_o : 특성입자의 크기　　n : 상수

따라서 $0.70 = 1 - \exp\left[-\left(\dfrac{5\,cm}{X_o}\right)^1\right]$

∴ $X_o = \dfrac{-5\,cm}{\ln(1-0.70)} = 4.15\,cm$

012

어떤 쓰레기의 입도를 분석한 결과, 입도 누적곡선상의 10%, 30%, 60%, 90%의 입경이 각각 2mm, 5mm, 10mm, 20mm이었다고 한다면 유효입경(mm)을 계산하시오.

친절한 풀이 » 유효입경=입도누적곡선상의 10%에 해당하는 입경($D_{10\%}$)

따라서 유효입경은 2mm이다.

TIP

① 유효입경 $= D_{10\%}$　　　② 균등계수 $= \dfrac{D_{60\%}}{D_{10\%}}$

③ 곡률계수 $= \dfrac{(D_{30\%})^2}{(D_{10\%} \times D_{60\%})}$

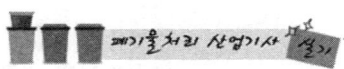

013

쓰레기를 체분석하여 다음과 같은 결과를 얻었을 때 균등계수를 계산하시오.

- D_{10} : 0.05mm
- D_{30} : 0.08mm
- D_{60} : 0.20mm

친절한 풀이 »

균등계수 = $\dfrac{D_{60}}{D_{10}}$

여기서, D_{60} : 입도누적곡선상 60% 입경
D_{10} : 입도누적곡선상 10% 입경

따라서 균등계수 $= \dfrac{0.20mm}{0.05mm} = 4.0$

014

어떤 쓰레기의 입도를 분석하였더니 입도누적 곡선상의 10%, 30%, 60%, 90%의 입경이 각각 2, 5, 10, 20mm였다. 이 때 곡률계수를 구하시오.

친절한 풀이 »

곡률계수 = $\dfrac{(D_{30\%})^2}{(D_{10\%} \times D_{60\%})} = \dfrac{(5mm)^2}{(2mm \times 10mm)} = 1.25$

015

폐기물의 입도 분석결과 입도 누적곡선상의 10%, 30%, 60%, 90%의 입경이 각각 1, 5, 10, 20mm였다. 이 때 유효입경(mm)과 균등계수를 계산하시오.

친절한 풀이 »

① 유효입경 = 입도누적곡선상의 10%에 해당하는 입경($D_{10\%}$)

따라서 유효입경은 1.0mm이다.

② 균등계수 = $\dfrac{D_{60\%}}{D_{10\%}} = \dfrac{10mm}{1mm} = 10.0$

3 선별 공정

1. 스크린 분리(Screening)

① 폐기물의 자원화 및 재생이용을 위한 방법이다.
② 체의 크기, 폐기물의 부하특성, 지름, 기울기, 회전속도에 지배되는 분리 방법이다.
③ 주로 큰 폐기물로부터 후속처리장치를 보호하거나 재료회수를 위해 사용한다.

2. 트롬멜(Trommel) 스크린

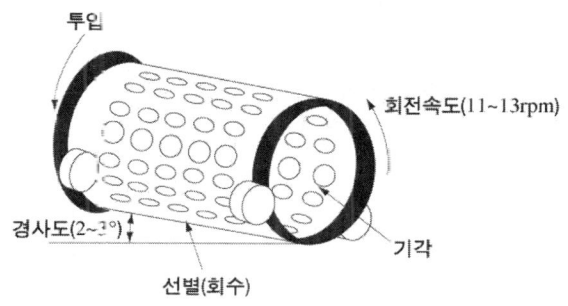

(1) 트롬멜(Trommel) 스크린의 운전조건

① 스크린 개방면적 : 53%
② 경사도 : 2~3도
③ 회전속도 : 11~13 rpm
④ 길이 : 4.0m

(2) 트롬멜 스크린의 선별효율에 영향을 주는 인자

① 회전속도
② 폐기물 부하
③ 경사도
④ 체의 눈 크기
⑤ 길이
⑥ 직경

(3) 트롬멜(Trommel) 스크린의 특징

① 스크린 앞에 분쇄기를 두어 분리된 폐기물을 주입·분쇄함으로써 입도를 균일하게 한다. (스크린에 폐기물을 주입하기 이전에 분쇄기를 두는 것이 효과적이다.)
② 회전속도가 증가하면 어느 정도까지는 선별효율이 증가하나 일정속도 이상이 되면 원심력에 의해 막힘현상이 일어난다.

③ 원통의 경사도가 크면 폐기물이 그냥 배출될 수 있으므로 효율이 낮아진다. (경사도가 크면 효율은 떨어지고 부하율은 커진다.)
④ 최적회전속도 = 임계회전속도 × 0.45이다.
⑤ 원통의 길이가 길면 효율은 증가하나 동력소요가 많다.
⑥ 스크린 중 선별효율이 우수하고 유지관리상 문제가 적다.

(4) Trommel Screen의 임계속도식

$$N_C = \sqrt{\frac{g}{4\pi^2 r}} \times 60 = \frac{1}{2\pi}\sqrt{\frac{g}{r}} \times 60$$

여기서, N_C : 임계속도(rpm = 회/min)   g : 중력가속도(9.8 m/sec²)
　　　　r : 스크린 반경(m)

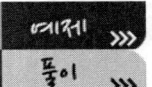
직경이 2.7m인 Trommel Screen의 임계속도(rpm)를 계산하시오.

$$N_C = \sqrt{\frac{g}{4\pi^2 r}} \times 60 = \sqrt{\frac{9.8 \text{m/sec}^2}{4 \times \pi^2 \times \frac{2.7\text{m}}{2}}} \times 60 = 25.73 \text{rpm}$$

(5) Trommel Screen의 최적속도식

$$N_S = N_C \times 0.45$$

여기서, N_S : 최적속도(rpm) N_C : 임계속도(rpm)

3. Secators

① 물컹거리는 가벼운 물질로부터 딱딱한 물질을 선별하는데 이용한다.
② 경사진 Conveyor를 통해 폐기물을 주입시켜 천천히 회전하는 드럼위에 떨어뜨려서 분류하는 선별장치이다.
③ 퇴비속의 유리나 돌 선별에 이용한다.

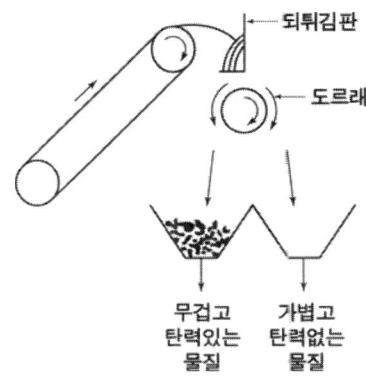

4. 스토너(Stoners)

① Pneumatic Table이라고도 한다.
② 약간 경사진판에 진동을 줄 때 무거운 것이 빨리 판의 경사면 위로 올라가는 원리를 이용한다.
③ 공기가 유입되는 다공진등판으로 구성되어 있다.
④ 상당히 좁은 입자크기 분포범위 내에서 밀도 선별기로 작용한다.
⑤ 중요한 운전변수는 다공관의 기울기와 공기의 유량이다.

5. 테이블(Table) 선별법

① 각 물질의 비중차를 이용하는 방법이다.
② 약간 경사진 평판에 폐기물을 올려놓고 좌우로 빠른 진동과 느린 진동을 주면 가벼운 입자는 빠른 진동쪽으로, 무거운 입자는 느린 진동쪽으로 분류되는 방법이다.

6. 손선별(Hand Separation)

① 컨베이어 벨트를 이용하여 손으로 종이류, 플라스틱류, 금속류, 유리류 등을 분류한다.
② 기계적인 선별보다 작업량은 감소할 수 있다.
③ 파쇄공정 유입 전 폭발가능성 있는 물질을 분류할 수 있다.
④ 작업효율은 0.5ton/인·시간 정도이다.
⑤ 9m/min 이하의 속도로 이동하는 컨베이어 벨트의 한쪽 또는 양쪽에서 사람이 서서 선별한다.
⑥ 정확도가 증가한다.

7. 공기 선별기(Air Separation)

① Zigzag 공기선별기는 칼럼 내 난류를 높여줌으로써 선별효율을 증진시키고자 고안된 형태이다.
② 공기선별기의 성능은 주입률이 커질수록 떨어지는 것으로 알려져 있다.
③ 경사공기선별기는 중력에 의해 입구로 들어온 폐기물을 진동판에 의하여 분리한다.
④ 공기선별은 폐기물내의 가벼운 물질인 종이나 플라스틱류를 기타 무거운 물질로부터 선별해 내는 방법이다.

8. 자력선별(Mgnetic Separation)

① 단위는 T(테슬라)이다.
② 별다른 동력이 소요되지 않으나 주입되는 폐기물의 양이 적어야 효과적이다.
③ 철 및 금속류 회수에 이용된다.

9. 와전류 선별법

① 연속적으로 변화하는 자장속에 비자성이며, 전기전도성이 좋은 구리, 알루미늄, 아연 등을 넣어 금속 내에 소용돌이 전류를 발생시켜 생기는 반발력의 차를 이용하여 분리하는 방법이다.
② 자력선을 도체가 스칠때에 진행방향과 직각방향으로 힘이 작용하는 것을 이용한다.
② 비자성이고 전기전도성이 우수한 금속을 와전류 현상에 의하여 다른 물질로부터 선별하는 방법이다.
③ 철금속(Fe)/비철금속(Al, Cu)/유리병의 3종류를 각각 분리할 수 있는 방법이다.
④ 금속과 비금속을 구분하여 폐기물 중 비철금속(Al, Ni, Zn)등을 선별 회수하는 방법
⑤ 전자석유도에 관한 패러데이법칙을 기초로 한다.
⑥ 와전류식 선별기의 순도와 회수율은 98%까지 보고되고 있다.

10. 정전기 분리(정전기적 선별법)

① 각 물질의 전도율, 대전효과 및 대전작용을 이용하여 분리 및 선별하는 방법
② 플라스틱, 고무와 종이, 섬유, 합성피혁 선별에 유리

③ 플라스틱에서 종이를 선별하고 각기 다른 종류의 플라스틱 혼합물에서 종류별로 플라스틱을 선별할 수 있는 방법

11. 광학선별(Optical Sorter)

① 물질이 가진 광학적 특성의 차를 이용하여 분리하는 방법
② 광학선별의 절차 단계
  ㉠ 입자는 기계적으로 투입됨
  ㉡ 광학적으로 조사됨
  ㉢ 조사결과는 전기전자적으로 평가됨
  ㉣ 선별대상 입자는 압축공기분사에 의해 정밀하게 제거됨
③ 불투명한 것(돌, 코르크 등)과 투명한 것(유리 등)의 분리에 이용

12. 관성선별

분쇄된 폐기물을 중력이나 탄도학을 이용하여 가벼운 물질(주로 유기물)과 무거운 돌질(주로 무기물)로 분리하는 방법

13. Fluidized bed separators

분쇄한 전기줄로부터 금속을 회수하거나 분쇄된 자동차나 연소재로부터 알루미늄, 구리 등을 회수하는데 사용되는 선별장치이다.

14. Jigs(수중체)

① 물에 잠겨진 스크린 위에 분류하려는 폐기물을 넣고 수위를 1초당 2.5회 가량 0.5~5cm의 폭으로 변화시키면서 선별하는 방법이다.
② 사금선별에 사용된다.
③ 습식 선별장치에 해당한다.

15. 선별효율 계산 공식

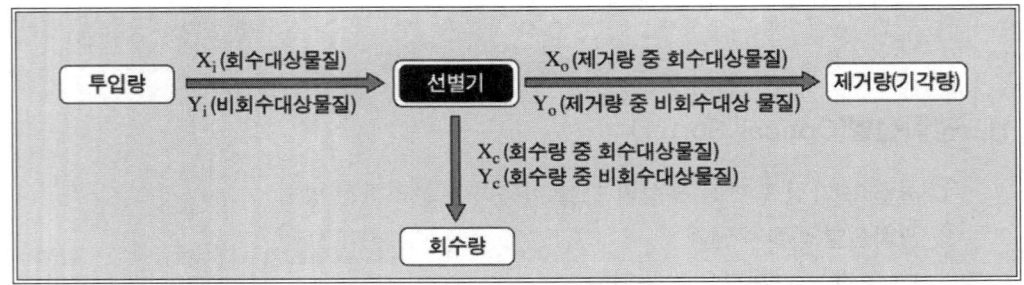

여기서, $X_i = X_o + X_C$ $\qquad Y_i = Y_o + Y_C$
투입량 $= X_i + Y_i$ $\qquad$ 제거량 $= X_o + Y_o$
회수량 $= X_C + Y_C$

① Worrell의 선별효율 공식

$$선별효율(E) = X(회수율) \times Y(기각율) = \left(\frac{X_C}{X_i} \times \frac{Y_o}{Y_i}\right) \times 100(\%)$$

② Rietema의 선별효율 공식

$$선별효율(E) = \left|\left(\frac{X_C}{X_i} - \frac{Y_C}{Y_i}\right)\right| \times 100(\%)$$

예제 ≫ 다음의 조건을 이용하여 Worrell식에 의한 선별효율(%)과 Rietema식에 의한 선별효율(%)을 각각 계산하시오.

〈조건〉
- 총 투입 폐기물 : 100ton
- 회수량 중 회수대상물질 : 70ton
- 회수량 : 80ton
- 제거량 중 회수대상물질 : 10ton

풀이 ≫

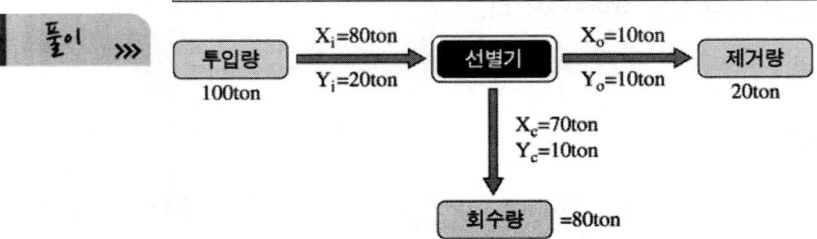

① Worrell식에 의한 선별효율(%) $= \left(\frac{X_C}{X_i} \times \frac{Y_o}{Y_i}\right) \times 100(\%)$

$= \left(\frac{70\text{ton}}{80\text{ton}} \times \frac{10\text{ton}}{20\text{ton}}\right) \times 100 = 43.75\%$

② Rietema에 의한 선별효율(%) $= \left|\left(\frac{X_C}{X_i} - \frac{Y_C}{Y_i}\right)\right| \times 100(\%)$

$= \left(\frac{70\text{ton}}{80\text{ton}} - \frac{10\text{ton}}{20\text{ton}}\right) \times 100 = 37.5\%$

실전연습문제

001
다음은 트롬멜(Trommel) 스크린의 운전조건이다. (   )를 알맞게 채우시오.

① 스크린 개방면적 : (   )% ② 경사도 : (   )도
③ 회전속도 : (   )rpm ④ 길이 : (   )m

친절한 풀이 » ① 53, ② 2~3, ③ 11~13, ④ 4.0

002
트롬멜 스크린의 선별효율에 영향을 주는 인자를 5가지만 쓰시오.

친절한 풀이 » ① 회전속도 ② 폐기물 부하
③ 경사도 ④ 체의 눈 크기
⑤ 길이

003
Trommel Screen의 임계속도식을 쓰고 각각을 설명하시오.

친절한 풀이 »
$$N_C = \sqrt{\frac{g}{4\pi^2 r}} \times 60$$

여기서, N_C : 임계속도(rpm = 회/min)
  g : 중력가속도(9.8 m/sec²)
  r : 스크린 반경(m)

004

다음에서 설명하는 선별장치를 쓰시오.

> 물컹거리는 가벼운 물질로부터 딱딱한 물질을 선별하는데 이용하며, 경사진 Conveyor를 통해 폐기물을 주입시켜 천천히 회전하는 드럼위에 떨어뜨려서 분류하는 선별장치이다.

친절한 풀이 » Secators

005

다음에서 설명하는 선별장치를 쓰시오.

> Pneumatic Table이라고도 하며, 약간 경사진판에 진동을 줄 때 무거운 것이 빨리 판의 경사면 위로 올라가는 원리를 이용한다.

친절한 풀이 » 스토너(Stoners)

006

다음에서 설명하는 선별장치를 쓰시오.

> 각 물질의 비중차를 이용하는 방법이며, 약간 경사진 평판에 폐기물을 올려놓고 좌우로 빠른 진동과 느린 진동을 주면 가벼운 입자는 빠른 진동쪽으로, 무거운 입자는 느린 진동쪽으로 분류되는 방법이다.

친절한 풀이 » 테이블(Table) 선별법

007

다음에서 설명하는 선별장치를 쓰시오.

> 연속적으로 변화하는 자장속에 비자성이며, 전기전도성이 좋은 구리, 알루미늄, 아연 등을 넣어 금속 내에 소용돌이 전류를 발생시켜 생기는 반발력의 차를 이용하여 분리하는 방법이다.

친절한 풀이 » 와전류 선별법

008

다음에서 설명하는 선별장치를 쓰시오.

> 분쇄된 폐기물을 중력이나 탄도학을 이용하여 가벼운 물질(주로 유기물)과 무거운 물질(주로 무기물)로 분리하는 방법

친절한 풀이 》》 관성선별

009

광학선별(Optical Sorter)법에서 광학선별의 절차단계를 바르게 나열 하시오.

> ⓐ 입자는 기계적으로 투입됨
> ⓑ 광학적으로 조사됨
> ⓒ 조사결과는 전기전자적으로 평가됨
> ⓓ 선별대상 입자는 압축공기분사에 의해 정밀하게 제거됨

친절한 풀이 》》 ⓐ → ⓑ → ⓒ → ⓓ

010

다음에 주어진 선별방법과 선별물질을 바르게 연결하시오.

가. 선별방법의 종류	나. 선별물질
① Secators ② 공기선별기 ③ 자력선별 ④ 와전류선별 ⑤ 정전기선별 ⑥ 광학선별 ⑦ 관성선별 ⑧ Jig	ⓐ 사금선별 ⓑ 가벼운 물질(주로 유기물)과 무거운 물질 (주로 무기물) ⓒ 불투명한 것(돌, 코르크 등)과 투명한 것(유리 등) ⓔ 플라스틱, 고무와 종이, 섬유, 합성피혁 선별 ⓕ 철금속(Fe)/비철금속(Al, Cu)/유리병 ⓖ 철 및 금속류 ⓗ 무거운 물질로부터 가벼운 물질인 종이나 플라스틱 선별 ⓘ 퇴비속의 유리나 돌

친절한 풀이 》》
① - ⓘ   ② - ⓗ
③ - ⓖ   ④ - ⓕ
⑤ - ⓔ   ⑥ - ⓒ
⑦ - ⓑ   ⑧ - ⓐ

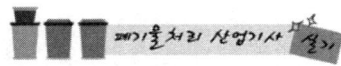

011
반경이 2.5m인 트롬멜 스크린의 임계속도(rpm)를 계산하시오.

$$N_c = \sqrt{\frac{g}{4\pi^2 r}} \times 60$$

여기서, N_c : 임계속도(rpm)
　　　　g : 중력가속도($9.8 m/sec^2$)
　　　　r : 스크린 반경(m)

따라서 $N_c = \sqrt{\dfrac{9.8 m/sec^2}{4 \times \pi^2 \times 2.5 m}} \times 60 = 18.91 \, rpm$

TIP
① rpm=회/min
② rpm=회/sec×60sec/min

012
직경이 3.2m인 Trommel Screen의 임계속도(rpm)를 계산하시오.

$$N_C = \left(\frac{g}{4\pi^2 r}\right)^{0.5} \times 60$$

따라서 $N_C = \left(\dfrac{9.8 m/sec^2}{4 \times \pi^2 \times \left(\dfrac{3.2m}{2}\right)}\right)^{0.5} \times 60 = 23.63 \, rpm$

013
직경이 3.5m인 Trommel screen의 최적속도(rpm)를 계산하시오.

① $N_c = \sqrt{\dfrac{g}{4\pi^2 r}} \times 60$

따라서 $N_c = \sqrt{\dfrac{9.8 m/sec^2}{4 \times \pi \times \left(\dfrac{3.5m}{2}\right)}} \times 60 = 22.5978 \, rpm$

② $N_s = N_c \times 0.45$

여기서, N_s : 최적속도(rpm)　　N_c : 임계속도(rpm)

따라서 $N_s = 22.5978 \, rpm \times 0.45 = 10.17 \, rpm$

014

선별효율을 나타내는 지표로 Worrell의 제안식을 적용한 선별결과가 다음과 같을 때, 선별효율(%)을 계산하시오.

- 투입량 : 10톤/일
- 회수량 : 7톤/일(회수대상물질 5톤/일)
- 제거 대상물질 : 3톤/일(회수대상물질 0.5톤/일)

친절한 풀이 »

Worrell 선별효율(E) = $\left(\dfrac{X_C}{X_i} \times \dfrac{Y_o}{Y_i} \right) \times 100$

여기서, X_C : 회수량 중 회수대상물질
X_i : 투입량 중 회수대상물질
Y_o : 제거량(기각량) 중 비회수대상물질
Y_i : 투입량 중 비회수대상물질

따라서 $E = \left(\dfrac{5톤/일}{5.5톤/일} \times \dfrac{2.5톤/일}{4.5톤/일} \right) \times 100 = 50.51\%$

TIP

① Rietema의 선별효율 공식
$E = \left| \dfrac{X_C}{X_i} - \dfrac{Y_C}{Y_i} \right| \times 100$

② 문제조건에서
$X_i = 5.5톤/일$ $X_o = 0.5톤/일$ $X_C = 5톤/일$
$Y_i = 4.5톤/일$ $Y_o = 2.5톤/일$ $Y_C = 2톤/일$

MeMo

노력하는 당신은 언제나 아름답습니다.

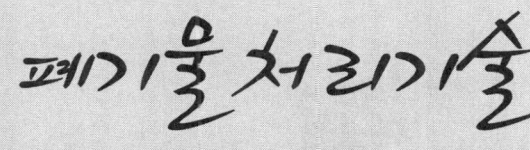

제2편 폐기물 처리기술

제1장 중간처분기준
제2장 매립
제3장 자원화
제4장 토양오염

폐기물처리
산업기사 **실기**

Industrial Engineer Wastes Treatment

중간처분기준

 슬러지 처리

1. 슬러지 처리의 목표

① 안정화　　② 감량화　　③ 안전화

2. 슬러지의 처리공정

농축 → 유기물 안정화(소화) → 개량 → 탈수 → 건조 → 소각 → 최종처분

3. 슬러지 농축의 이유

① 화학약품 투여량 감소　　② 처리비용 감소
③ 저장탱크 용적 감소

4. 유기물의 안정화

(1) 혐기성 소화법의 정상적인 작동여부 확인시 조사항목
　　① 소화가스량
　　② 유기산 농도
　　③ 소화가스 중 메탄과 이산화탄소 함량

(2) 혐기성 소화의 장·단점
　① 장점
　　㉠ 호기성처리에 비해 탈수성이 양호하다.
　　㉡ 호기성처리에 비해 슬러지가 적게 발생한다.
　　㉢ 동력시설의 소모가 적어 운전비용이 저렴하다.
　　㉣ 고농도 폐수처리에 적합하다.
　　㉤ 회수된 가스를 연료로 사용 가능하다.
　　㉥ 소화슬러지의 탈수 및 건조가 양호하다.
　　㉦ 연속처리가 가능하다.
　　㉧ 고농도 폐수나 분뇨를 비교적 낮은 에너지 비용으로 처리할 수 있다.
　② 단점
　　㉠ 운전이 어렵고 반응시간도 길다.
　　㉡ 소화가스는 냄새가 나며 부식이 높은 편이다.
　　㉢ 소화기간이 비교적 오래 걸린다.
　　㉣ 처리수를 다시 호기성처리하여 방류한다.

(3) 다량의 분뇨를 일시에 소화조에 투입시 나타나는 장해현상
　① 스컴(Scum)의 발생 증가
　② pH 저하
　③ 유기산의 증가
　④ 탈리액의 인출 불균등

(4) 발생가스량 계산
　① 혐기성 분해시 가스량 발생량 계산

고형폐기물의 처리시 1kg의 포도당($C_6H_{12}O_6$) 성분의 폐기물이 혐기성분해를 한다면 이론적인 메탄가스발생량(L)을 계산하시오.

$C_6H_{12}O_6 \rightarrow 3CO_2 + 3CH_4$
180g : 3×22.4L
1×10^3g : $x(CH_4)$

$\therefore x(CH_4) = \dfrac{1 \times 10^3 \text{g} \times 3 \times 22.4 \text{L}}{180 \text{g}} = 373.33$L

② CH_4 가스의 발생량(m^3) = 분뇨량(kg) × TS × VS × VS 1kg당 CH_4 발생량(m^3)

여기서, TS : 고형물의 양   VS : 휘발성 고형물(가연물)의 양

예제 >>> 어느 도시의 분뇨 농도는 TS가 6%이고, TS의 65%가 VS이다. 이 분뇨를 혐기성 소화처리를 한다면 분뇨 $10m^3$당 발생하는 CH_4 가스의 양(m^3)을 계산하시오.

풀이 >>> CH_4 가스의 발생량(m^3) = 분뇨량(kg) × TS × VS × VS 1kg당 CH_4 발생량(m^3)
$= 10 \times 10^3 kg \times 0.06 \times 0.65 \times 0.4 m^3/kg = 156 m^3$

TIP
비중이 $1.0 ton/m^3$이므로 분뇨량(ton) = $10m^3 \times 1.0 ton/m^3 = 10 ton$

③ CH_4의 발생량(kcal/hr) = 분뇨량(m^3/day) × 1day/가동시간(hr) × CH_4의 발열량(kcal/m^3)

예제 >>> 분뇨를 혐기성 소화 처리할 때 발생하는 메탄가스의 부피는 분뇨투입량의 약 8배라고 한다. 1일에 분뇨 600kL씩을 처리하는 소화시설에서 발생하는 CH_4 가스를 에너지원으로 하여 24시간 균등 연소시킬 때 얻을 수 있는 시간당 열량(kcal/hr)을 계산하시오. (단, CH_4 가스의 발열량은 6000kcal/m^3이다.)

풀이 >>> CH_4의 발생열량(kcal/hr) = $\dfrac{600kL(m^3)}{day} \mid \dfrac{1day}{24hr} \mid \dfrac{6000kcal}{m^3} \mid 8배$
$= 1.2 \times 10^6 kcal/hr$

④ 소화 후 슬러지량 계산

$$소화\ 후\ 슬러지량(m^3) = (VS + FS) \times \frac{100}{100 - P(\%)}$$

여기서, VS : 소화후 잔류VS량(m^3)   FS : 소화후 FS량(m^3)
P : 소화후 함수율(%)

예제 >>> 고형물 중 VS 60%이고, 함수율이 97%인 농축슬러지 100m³을 소화시켰다. 소화율(VS 대상)이 50%이고, 소화 후 함수율이 95%라면 소화후의 슬러지량(m³)을 계산하시오. (단, 슬러지의 비중은 1.0이다.)

풀이 >>> 소화 후 슬러지량(m^3) = (VS+FS) × $\dfrac{100}{100-P(\%)}$

① 소화 후 잔류 VS량(m^3) = $100m^3 × 0.03 × 0.6 × (1-0.5) = 0.9m^3$
② 소화 후 FS량(m^3) = $100m^3 × 0.03 × 0.4 = 1.2m^3$
③ 소화 후 슬러지량(m^3) = $(0.9m^3 + 1.2m^3) × \dfrac{100}{100-95} = 42m^3$

TIP

> 고형물(TS) = 100−함수율(%) = 100 − 97% = 3%

(5) 호기성 소화의 특징

① 장점
    ㉠ 운전이 쉽다.   ㉡ 단시간에 소화가 가능하다.
    ㉢ 비료가치가 크다.   ㉣ 상층액의 BOD 농도가 낮다.
    ㉤ 비교적 운전이 쉽다.   ㉥ 상징수의 수질도 양호하다.

② 단점
    ㉠ 동력이 많이 소요된다.
    ㉡ 소화슬러지 발생량이 많다.
    ㉢ 소화 슬러지의 탈수성이 불량하다.

001

슬러지의 처리공정의 순서를 바르게 나열하시오.

친절한 풀이 ≫ 농축 → 유기물 안정화(소화) → 개량 → 탈수 → 건조 → 소각 → 최종처분

002

혐기성 소화의 장·단점을 각각 4가지씩 쓰시오.

친절한 풀이 ≫ (1) 장점
  ① 탈수성이 양호하다.
  ② 슬러지가 적게 발생한다.
  ③ 동력시설의 소모가 적어 운전비용이 저렴하다.
  ④ 회수된 가스를 연료로 사용 가능하다.
(2) 단점
  ① 운전이 어렵고 반응시간도 길다.
  ② 소화가스는 냄새가 나며 부식이 높은 편이다.
  ③ 소화기간이 비교적 오래 걸린다.
  ④ 처리수를 다시 호기성처리하여 방류한다.

003

다량의 분뇨를 일시에 소화조에 투입시 나타나는 장해현상을 4가지만 쓰시오.

친절한 풀이 ≫ ① 스컴(Scum)의 발생 증가
② pH 저하
③ 유기산의 증가
④ 탈리액의 인출 불균등

004

호기성 소화의 장·단점을 각각 3가지씩 쓰시오.

친절한 풀이 » (1) 장점
① 운전이 쉽다.
② 단시간에 소화가 가능하다.
③ 비료가치가 크다.

(2) 단점
① 동력이 많이 소요된다.
② 소화슬러지 발생량이 많다.
③ 소화 슬러지의 탈수성이 불량하다.

005

고형폐기물의 처리시 1kg의 포도당($C_6H_{12}O_6$) 성분의 폐기물이 혐기성 분해를 한다면 이론적 가스 발생량(L)을 계산하시오.? (단, CH_4와 CO_2의 밀도는 각각 0.7167g/L 및 1.9768g/L이다.)

친절한 풀이 » ① $C_6H_{12}O_6 \rightarrow 3CO_2 + 3CH_4$
　　　　　180g　　:　3×44g　:　3×16g
　　　　　1×10³g　:　$X_1(CO_2)$: $X_2(CH_4)$

∴ $X_1(CO_2) = \dfrac{1\times10^3\,g \times 3\times44\,g}{180\,g} = 733.33\,g$

∴ $X_2(CH_4) = \dfrac{1\times10^3\,g \times 3\times16\,g}{180\,g} = 266.67\,g$

② $CO_2(L) = 733.33\,g \times \dfrac{1}{1.9768\,g/L} = 370.97\,L$

③ $CH_4(L) = 266.67\,g \times \dfrac{1}{0.7167\,g/L} = 372.08\,L$

④ 이론적 가스발생량 = 370.97 L + 372.08 L = 743.05 L

006

$C_4H_9O_3N$으로 표현되는 유기물 1몰이 혐기성 상태에서 다음과 같이 분해될 때 발생하는 메탄의 양(몰)을 계산하시오.

$$C_4H_9O_3N + (a)H_2O \rightarrow (b)CO_2 + (c)CH_4 + (d)NH_3$$

친절한 풀이 » $C_4H_9O_3N$에서 $a = 4$, $b = 9$, $c = 3$, $d = 1$

CH_4의 계수 구하는 식은 $\dfrac{4a + b - 2c - 3d}{8}$ 이므로

$\dfrac{(4 \times 4) + 9 - (2 \times 3) - (3 \times 1)}{8} = 2.0$

따라서 발생되는 메탄의 양은 2.0몰이다.

TiP

완전분해식

$C_aH_bO_cN_d + \left(\dfrac{4a - b - 2c + 3d}{4}\right)H_2O$

$\rightarrow \left(\dfrac{4a + b - 2c - 3d}{8}\right)CH_4 + \left(\dfrac{4a - b + 2c + 3d}{8}\right)CO_2 + dNH_3$

007

$C_{70}H_{130}O_{40}N_5$의 분자식을 가진 물질 100kg이 완전히 혐기 분해할 때 생성되는 이론적 암모니아의 부피(Sm^3)를 계산하시오. (단, $C_{70}H_{130}O_{40}N_5 + (가)H_2O \rightarrow (나)CH_4 + (다)CO_2 + (라)NH_3$)

친절한 풀이 » $C_{70}H_{130}O_{40}N_5 + 21.25H_2O \rightarrow 39.375CH_4 + 30.625CO_2 + 5NH_3$

1680kg : $5 \times 22.4 Sm^3$
100kg : x

$\therefore x = \dfrac{100kg \times 5 \times 22.4 Sm^3}{1,680 kg} = 6.67 Sm^3$

TiP

$C_{70}H_{130}O_{40}N_5$의 분자량 $= 70 \times 12 + 130 \times 1 + 40 \times 16 + 5 \times 14 = 1,680kg$

008

분뇨의 총고형물(TS)이 40,000mg/L이고, 그 중 휘발성 고형물(VS)은 60%이며, CH_4의 발생량은 VS 1kg당 $0.6m^3$이라면 분뇨 $1m^3$당의 CH_4 가스발생량(m^3)을 계산하시오.

친절한 풀이 » CH_4가스 발생량(m^3)

= 분뇨량(m^3)×총고형물 농도(kg/m^3)×휘발성 고형물 함량× $\dfrac{m^3 CH_4 발생량}{kg\ VS}$

= $1m^3 \times 40kg/m^3 \times 0.6 \times 0.6m^3/kg = 14.4m^3$

009

어느 도시의 분뇨 농도는 TS가 6%이고, TS의 65%가 VS이다. 이 분뇨를 혐기성소화 처리를 한다면 분뇨 $10m^3$당 발생하는 CH_4 가스의 양(m^3)을 계산하시오. (단, 비중은 1.0으로 가정하고, 분뇨의 VS 1kg당 $0.4m^3$의 CH_4 가스 발생한다.)

친절한 풀이 » CH_4 가스의 발생량

= 분뇨량(m^3)×고형물량×휘발성고형물량×CH_4가스발생량(m^3/kg)× 분뇨의 비중량(kg/m^3)

= $10m^3 \times 0.06 \times 0.65 \times 0.4m^3/kg \times 1000kg/m^3 = 156m^3$

TIP

비중 $1.0 ton/m^3 = 1000 kg/m^3$

010

100KL 처리용량의 분뇨처리장에서 발생되는 메탄을 사용하는 보일러에서 기대할 수 있는 열생산량(kcal)을 계산하시오.

- 가스생산량 = $8m^3/KL$ (분뇨)
- CH_4 열량 = $9,000 kcal/m^3$
- 기타조건 고려 안함
- CH_4 함량 = 75%
- 보일러 열교환 효율 = 80%

친절한 풀이 » 열생산량(kcal) = 분뇨처리용량(KL)×가스생산량(m^3/KL 분뇨량)×CH_4열량($kcal/m^3$)×CH_4 함량×열교환 효율

= $100KL \times 8m^3/KL \times 9,000 kcal/m^3 \times 0.75 \times 0.8$

= $4.32 \times 10^6\ kcal$

011

분뇨를 혐기성 소화 처리할 때 발생하는 CH_4 gas의 부피는 분뇨투입량의 약 8배라고 다. 1일에 분뇨 600kL씩을 처리하는 소화시설에서 발생하는 CH_4 가스를 에너지원으로 하여 24시간 균등 연소시킬 때 얻을 수 있는 시간당 열량(kcal/hr)을 계산하시오. (단, CH_4가스의 발열량은 6,000 $kcal/m^3$)

친절한 풀이 » 열량(kcal/hr) = 분뇨량(m^3/day) × 1day/24hr × CH_4 발열량(kcal/m^3) × 8배
= 600m^3/day × 1day/24hr × 6,000kcal/m^3 × 8배
= 1.2×10^6 kcal/hr

TIP
① KL = m^3
② 60KL/day = 600m^3/day

012

어떤 분뇨 처리장으로 VS가 1.4g/L인 분뇨가 50KL/일 유입될 때 소화조(1단계 소화 → 2단계 소화, 직렬방식)에서 발생되는 총 CH_4 가스량(m^3/일)을 계산하시오. (단, 1단계 소화조 및 2단계 소화조에서의 VS 제거율은 각각 55%, 20%이고 CH_4 가스 생산량은 각각 1m^3/kg-VS 제거, 0.5m^3/kg-VS 제거이다.)

친절한 풀이 » 소화조에서 CH_4 발생량(m^3/day)

= 유입분뇨량(m^3/day) × VS량 × VS 제거량 × $\dfrac{m^3 CH_4}{kg\,VS\,제거량}$

① 1단계 소화조에서 CH_4 발생량(m^3/day)
= 50m^3/day × 1.4kg/m^3 × 0.55 × 1m^3/kg = 38.5m^3/day

② 2단계 소화조에서 CH_4 발생량(m^3/day)
= 50m^3/day × 1.4kg/m^3 × (1−0.55) × 0.20 × 0.5m^3/kg = 3.15m^3/day

③ 총 CH_4 발생량 = 38.5m^3/day + 3.15m^3/day = 41.65m^3/day

TIP
① KL/day = m^3/day
② g/L = kg/m^3
③ 2단계 소화조에서는 1단계 소화조에서 제거되지 않은 유기물을 제거함에 주의해야 한다.

013

고형물 중 VS 60%이고, 함수율 97%인 농축슬러지 $100m^3$를 소화시켰다. 소화율(VS 대상)이 50%이고, 소화 후 함수율이 95%라면 소화 후의 부피(m^3)를 계산하시오. (단, 모든 슬러지의 비중은 1.0 기준)

친절한 풀이 »

소화 후 슬러지부피(m^3) = $(VS + FS) \times \dfrac{100}{100 - P(\%)}$

여기서, VS : 잔류 휘발성 고형물(유기물)
　　　 FS : 잔류성 고형물(무기물)
　　　 P : 소화후 함수율(%)

① $VS(m^3)$ = 농축슬러지량(m^3) × 고형물량 × VS × (1 − 소화율)
　　　　　 = $100m^3 \times 0.03 \times 0.6 \times (1 - 0.50) = 0.9m^3$

② $FS(m^3)$ = 농축슬러지량(m^3) × 고형물량 × FS
　　　　　 = $100m^3 \times 0.03 \times 0.4 = 1.2m^3$

③ 소화후 슬러지 부피(m^3) = $(0.9m^3 + 1.2m^3) \times \dfrac{100}{100 - 95\%} = 42m^3$

TIP

① 슬러지량(%) = 고형물(%) + 함수율(%)　　② 고형물(%) = 100% − 97% = 3%
③ 고형물(%) = VS(%) + FS(%)　　　　　　　④ FS(%) = 100% − 60% = 40%

014

고형물 중 유기물이 90%이고 함수율이 96%인 슬러지 $500m^3$를 소화시킨 결과 유기물 중 2/3가 제거되고 함수율 92%인 슬러지로 변했다면 소화슬러지의 부피(m^3)를 계산하시오. (단, 모든 슬러지의 비중은 1.0이다.)

친절한 풀이 »

소화슬러지 부피(m^3) = $(VS + FS) \times \dfrac{100}{100 - P}$

① $VS(m^3)$ = 슬러지량(m^3) × 고형물량 × 유기물량 × 유기물 잔류량
　　　　　 = $500m^3 \times 0.04 \times 0.90 \times \left(1 - \dfrac{2}{3}\right) = 6m^3$

② $FS(m^3)$ = 슬러지량(m^3) × 고형물량 × 무기물량
　　　　　 = $500m^3 \times 0.04 \times 0.1 = 2m^3$

③ 소화슬러지 부피(m^3) = $(6m^3 + 2m^3) \times \dfrac{100}{100 - 92\%} = 100m^3$

015

처리용량이 100kL/day인 분뇨처리장에서 가스저장 탱크를 설계하고자 한다. 가스 저류 시간을 6시간으로 하고 생성가스량을 투입량의 10배로 가정할 때 가스탱크의 용량(m^3)을 계산하시오.

친절한 풀이 » 가스탱크의 용량(m^3) = 가스생산량(m^3/day) × 가스저류시간(day)

$$= 100 m^3/day \times 10배 \times \left(\frac{6hr}{24}\right)day = 250 m^3$$

016

분뇨를 혐기성 소화방식으로 처리하기 위하여 직경 10m, 높이 6m의 소화조를 설치하였다. 분뇨 주입량을 1일 $48m^3$로 할 때, 소화조 내 체류시간(일)을 계산하시오.

친절한 풀이 » 소화조내 체류시간(day) = $\dfrac{\text{소화조의 용적}(m^3)}{\text{분뇨주입량}(m^3/day)}$

① 소화조의 용적 = 단면적(m^2) × 높이(m)

$$= \frac{\pi D^2}{4}(m^2) \times H(m) = \frac{\pi \times (10m)^2}{4} \times 6m = 471.24 m^3$$

② 소화조 내 체류시간(day) = $\dfrac{471.24 m^3}{48 m^3/day}$ = 9.82 day

5. 슬러지 개량(Sludge Conditioning)

① 슬러지 개량하는 목적은 탈수성을 향상시킨다.
② 알칼리도를 감소시키기 위해 희석수를 사용하여 슬러지를 개량시키는 방법을 세정법(Elutriation)이라 한다.
③ 농축슬러지나 소화슬러지는 여러 유기물과 형상이 다양한 미세 고형물 및 콜로이드로 구성되고, 물과 강한 친화력으로 탈수가 쉽지 않으므로 슬러지를 개량한다.
④ 진공여과기로 슬러지 탈수시, 슬러지 개량에 투입하는 응집제는 무기계통의 응집제를 사용한다.
⑤ 열처리는 슬러지액을 밀폐된 상황에서 150~200℃ 정도의 온도로 반시간~한시간 정도 처리함으로써 슬러지내의 콜로이드와 겔구조를 파괴하여 탈수성을 개량한다.

6. 기계적인 탈수방법

(1) 원심분리기
슬러지의 고형물 비중이 물보다 작아야 하며, 정기적인 보수가 필요없으며, basket형, disk nozzle형, solid bowl형 등이 있다.

(2) 필터프레스법
여과천으로 덮여있는 판 사이로 슬러지를 공급시켜 가동한다.

(3) 진공탈수법
rotary drum형, belt형, coil형 등이 있다.

(4) 가압탈수법
슬러지 cake 함수율을 가장 낮게 운영할 수 있다.

(5) 벨트프레스(Belt Press)
슬러지 탈수에 널리 이용되는 방법 중 하나로 처음에는 중력에 의해 탈수되다가 롤러에 의해 구동되는 한 개 또는 두 개의 투수성 있는 면 사이의 압력으로 전단 및 압축탈수가 연속적으로 일어나는 형태의 탈수이다.

7. 슬러지 계산식

① 슬러지량 계산

$$V_1 \times (100 - P_1) = V_2 \times (100 - P_2)$$

여기서, V_1 : 농축 전 슬러지량(m^3) P_1 : 농축 전 함수율(%)
V_2 : 농축 후 슬러지량(m^3) P_2 : 농축 후 함수율(%)

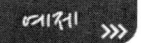 함수율 99%의 슬러지 1000m^3을 농축시켜 300m^3의 농축슬러지가 얻어졌다고하면 농축슬러지의 함수율(%)을 계산하시오. (단, 슬러지의 비중은 1.0)

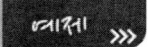 $V_1 \times (100 - P_1) = V_2 \times (100 - P_2)$
$1000m^3 \times (100 - 99) = 300m^3 \times (100 - P_2)$
∴ $P_2 = 96.67\%$

② 슬러지의 부피변화율 계산

$$\text{슬러지의 부피 변화율}\left(\frac{V_2}{V_1}\right) = \left(\frac{100 - P_1}{100 - P_2}\right)$$

여기서, V_1 : 농축 전 슬러지량(m^3) P_1 : 농축 전 함수율(%)
V_2 : 농축 후 슬러지량(m^3) P_2 : 농축 후 함수율(%)

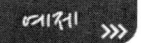 함수율 98%인 슬러지를 농축하여 함수율을 92%로 하였다면 슬러지의 부피 변화율을 계산하시오.

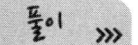 슬러지의 부피변화율 $\left(\frac{V_2}{V_1}\right) = \left(\frac{100 - P_1}{100 - P_2}\right) = \left(\frac{100 - 98}{100 - 92}\right) = \frac{2}{8} = \frac{1}{4}$

따라서 $\frac{1}{4}$ 배로 감소한다.

③ 슬러지량 계산

$$\text{슬러지량}(m^3) = \frac{\text{폐수량}(m^3) \times \text{제거된 슬러지 농도}(kg/m^3)}{\text{비중량}(kg/m^3)} \times \frac{100}{100 - \text{함수율}(\%)}$$

여기서, V_1 : 농축 전 슬러지량(m^3) P_1 : 농축 전 함수율(%)
V_2 : 농축 후 슬러지량(m^3) P_2 : 농축 후 함수율(%)

>>> 예제: 분뇨 100kL에서 SS 24,500mg/L를 제거하였다. SS의 함수율이 96%라고 하면 그 부피(m^3)를 계산하시오. (단, 비중은 1.0 기준)

>>> 풀이: 슬러지량(m^3) = $\dfrac{100m^3 \times 24.5kg/m^3}{1000kg/m^3} \times \dfrac{100}{100-96} = 61.25m^3$

TIP

① 분뇨 $100kL = 100m^3$
② $mg/L \times 10^{-3} \rightarrow kg/m^3$
③ $24,500mg/L = 24.5kg/m^3$
④ 비중 $1.0 ton/m^3 = 1000kg/m^3$

④ 슬러지의 비중계산

$$\dfrac{1}{\rho_{SL}} = \dfrac{W_{TS}}{\rho_{TS}} + \dfrac{W_P}{\rho_P}$$

여기서, ρ_{SL} : 슬러지의 비중 W_{TS} : 고형물 함량
ρ_{TS} : 고형물 비중 W_P : 수분의 함량
ρ_P : 수분의 비중

>>> 예제: 건조된 슬러지 고형분의 비중이 1.28이며, 건조 이전의 슬러지 내 고형분 함량이 41%일 때 건조전 슬러지의 비중을 계산하시오.

>>> 풀이:
$\dfrac{1}{\rho_{SL}} = \dfrac{W_{TS}}{\rho_{TS}} + \dfrac{W_P}{\rho_P}$

$\dfrac{1}{\rho_{SL}} = \dfrac{0.41}{1.28} + \dfrac{0.59}{1.0}$

∴ $\rho_{SL} = 1.10$

TIP

① $W_P = 100 - 41\% = 59\%$ ② $\rho_P = 1.0$

⑤ 분뇨투입구 수 계산

$$투입구수(N) = \frac{수거분뇨량}{수거차량의\ 용량 \times 수거차량\ 작업시간 \times 수거차량의\ 분뇨투입시간}$$

예제 >>> 어느 도시에서 1일 수거되는 분뇨가 600kL, 수거차량의 용량은 3kL/대, 분뇨처리장에서 수거차량 1대의 분뇨투입시간이 30분, 분뇨처리장에서 수거차량 작업시간을 1일 8시간이라 할 때 분뇨처리장에서 수거차량의 분뇨투입을 위한 투입구 수를 계산하시오.

풀이 >>>
$$투입구수(N) = \frac{수거분뇨량}{수거차량의\ 용량 \times 수거차량\ 작업시간 \times 수거차량의\ 분뇨투입시간}$$
$$= \frac{600KL}{3KL/대 \times 8hr/일 \times 1대/30min \times 60min/hr}$$
$$= 13개$$

001

함수율 99%의 잉여슬러지 30m³를 농축하여 함수율 95%로 했을 때 슬러지 부피(m³)를 계산하시오. (단, 비중은 1.0이다.)

친절한 풀이 » $V_1 \times (100 - P_1) = V_2 \times (100 - P_2)$

따라서 $30m^3 \times (100 - 99) = V_2 \times (100 - 95)$

$\therefore V_2 = \dfrac{30m^3 \times (100 - 99)}{(100 - 95)} = 6.0 m^3$

002

5%의 고형물을 함유하는 슬러지를 하루에 100m³씩 침전지로부터 제거하는 처리장에서 운영기술의 숙달로 8%의 고형물을 함유하는 슬러지로 제거할 수 있다면, 제거되는 슬러지의 양(m³)을 계산하시오. (단, 제거되는 고형물의 질량은 같으며 비중은 1.0 기준)

친절한 풀이 » $V_1 \times TS_1 = V_2 \times TS_2$

따라서 $100m^3 \times 5\% = V_2 \times 8\%$

$\therefore V_2 = \dfrac{100m^3 \times 5\%}{8\%} = 62.5 \ m^3$

003

5%의 고형물을 함유하는 500m³/day의 슬러지를 진공 여과시켜 75%의 수분을 함유하는 슬러지 케이크를 만든다면 하루 생산되는 슬러지 케이크의 양(m³)을 계산하시오. (단, 슬러지 케이크의 비중은 1.0 기준이다.)

친절한 풀이 » $V_1 \times (TS_1) = V_2 \times (100 - P_2)$

따라서 $500m^3/day \times (5\%) = V_2 \times (100 - 75)$

$\therefore V_2 = \dfrac{500m^3/day \times (5\%)}{(100 - 75)} = 100m^3$

004

소화 슬러지의 발생량은 1일 투입량의 10%이다. 소화 슬러지의 함수율이 95%라고 하면 1일 탈수된 슬러지의 양(m^3)을 계산하시오. (단, 슬러지의 비중은 모두 1.0이고, 분뇨투입량은 100kL/day이며, 탈수 슬러지의 함수율은 75%이다.)

친절한 풀이 » $V_1 \times (100 - P_1) = V_2 \times (100 - P_2)$

따라서 $100 m^3/day \times 0.1 \times (100 - 95) = V_2 \times (100 - 75)$

$\therefore V_2 = \dfrac{100 m^3/day \times 0.1 \times (100 - 95)}{(100 - 75)} = 2 m^3$

TIP

① 분뇨투입량 100KL/day $= 100 m^3/day$
② $V_1 =$ 분뇨투입량 × 투입량 중 소화슬러지발생량 $= 100 m^3/day \times 0.1$

005

함수율 90%인 슬러지 $1,000 m^3$를 함수율 20%로 처리하여 매립하였다. 매립된 슬러지의 질량(톤)을 계산하시오. (단, 비중은 1.0 기준이다.)

친절한 풀이 » $W_1 \times (100 - P_1) = W_2 \times (100 - P_2)$

따라서 $1,000 톤 \times (100 - 90) = W_2 \times (100 - 20)$

$\therefore W_2 = \dfrac{1,000 톤 \times (100 - 90)}{(100 - 20)} = 125 톤$

TIP

① 비중 $1.0 = 1.0 ton/m^3$
② $1,000 m^3 \times 1.0 ton/m^3 = 1,000 ton$

006

함수율이 50%인 쓰레기를 건조시켜 함수율 20%인 쓰레기를 만들려면 쓰레기 1ton당 수분 증발량(kg)을 계산하시오. (단, 쓰레기 비중은 1.0으로 가정한다.)

친절한 풀이 » ① $W_1 \times (100 - P_1) = W_2 \times (100 - P_2)$

따라서 $1000 kg \times (100 - 50) = W_2 \times (100 - 20)$

$$\therefore W_2 = \frac{1000\text{kg} \times (100-50)}{(100-20)} = 625\,\text{kg}$$

② 수분 증발량 = $W_1 - W_2$ = 1,000kg − 625kg = 375 kg

007

다음과 같은 조건의 음식물쓰레기와 톱밥을 혼합한 후 건조시킨 결과, 함수율 25%의 쓰레기가 만들어졌다면 건조된 쓰레기의 양(ton)을 계산하시오. (단, 비중은 1.0 기준이다.)

성 분	쓰레기량(t)	함수율(%)
음식물 쓰레기	12.0	85.0
톱밥	2.0	5.0

① 함수량(P_1) = $\dfrac{12\text{ton} \times 85\% + 2\text{ton} \times 5\%}{12\text{ton} + 2\text{ton}} = 73.57\%$

② $W_1 \times (100 - P_1) = W_2 \times (100 - P_2)$

따라서 14ton × (100 − 73.57) = W_2 × (100 − 25)

$\therefore W_2 = \dfrac{14\text{ton} \times (100-73.57)}{(100-25)} = 4.93\%$

> **TIP**
> W_1 = 음식쓰레기량 + 톱밥
>   = 12ton + 2ton = 4ton

008

함수율 98%인 슬러지 3,000m³을 함수율 30%로 처리하여 매립하였다면 매립된 슬러지의 질량(톤)을 계산하시오. (단, 비중은 1.0 기준이다.)

① $V_1 \times (100 - P_1) = V_2 \times (100 - P_2)$

따라서 3,000m³ × (100 − 98) = V_2 × (100 − 30)

$\therefore V_2 = \dfrac{3,000\text{m}^3 \times (100-98)}{(100-30)} = 85.71\,\text{m}^3$

② 매립된 슬러지 질량(ton) = 85.71m³ × 1.0ton/m³ = 85.71ton

> **TIP**
> 비중 1.0 = 1.0ton/m³

009

어느 분뇨 처리장에서 잉여슬러지량은 분뇨 처리량의 30%이며 함수율은 99%이다. 이것을 농축조에서 함수율 98%로 농축하여 탈수기로 탈수시키고자 한다. 탈수기는 일주일 중 6일 운전하고 1일 8시간씩 가동한다면 탈수기의 슬러지처리 능력(m^3/hr)을 계산하시오. (단, 비중은 1.0 기준이고, 1일 분뇨 처리량은 200kL 임)

친절한 풀이》 $V_1 \times (100 - P_1) = V_2 \times (100 - P_2)$

① $200m^3/day \times 0.3 \times (100 - 99) = V_2 \times (100 - 98)$

$\therefore V_2 = \dfrac{200m^3/day \times 0.3 \times (100 - 99)}{(100 - 98)} = 30m^3/day$

② 슬러지 처리능력(m^3/hr) $= \dfrac{30m^3}{day} \Big| \dfrac{7day}{1주} \Big| \dfrac{1주}{6day} \Big| \dfrac{1day}{8hr} = 4.38\,m^3/hr$

010

함수율 99%의 슬러지 $1,000m^3$을 농축시켜 $300m^3$의 농축 슬러지가 얻어졌다고 하면, 농축슬러지의 함수율(%)을 계산하시오. (단, 탱크로부터 월류되는 SS는 무시하며, 모든 슬러지의 비중은 1.0이다.)

친절한 풀이》 $V_1 \times (100 - P_1) = V_2 \times (100 - P_2)$

$1000m^3 \times (100 - 99) = 300m^3 \times (100 - P_2)$

$\therefore P_2 = 96.67\%$

011

슬러지 $60m^3$의 함수율이 95%이다. 건조 후 슬러지의 체적을 1/10로 하면 슬러지 함수율(%)을 계산하시오. (단, 모든 슬러지의 비중은 1.0이다.)

친절한 풀이》 $V_1 \times (100 - P_1) = V_2 \times (100 - P_2)$

따라서 $60m^3 \times (100 - 95) = 60m^3 \times \dfrac{1}{10} \times (100 - P_2)$

$\therefore P_2 = 100 - \dfrac{60m^3 \times (100 - 95)}{60m^3 \times \dfrac{1}{10}} = 50\%$

012

분뇨 100kL에서 SS 24,500mg/L을 제거하였다. SS의 함수율이 96%라고 하면 그 부피(m^3)를 계산하시오. (단, 비중은 1.0 이다.)

친절한 풀이 » 슬러지 부피(m^3)

$$= \frac{\text{제거된 SS농도}(kg/m^3) \times \text{분뇨량}(m^3)}{\text{비중량}(kg/m^3)} \times \frac{100}{100 - \text{함수율}(\%)}$$

$$= \frac{24.5 kg/m^3 \times 100 m^3}{1000 kg/m^3} \times \frac{100}{100 - 96} = 61.25 m^3$$

TIP

① $mg/L \times 10^{-3} \rightarrow kg/m^3$
② $SS\ 24{,}500 mg/L \times 10^{-3} = 24.5 kg/m^3$
③ 비중 $1.0 = 1.0 ton/m^3$
④ $1.0 ton/m^3 = 1000 kg/m^3$

013

분뇨처리장 1차침전지에서 1일 슬러지 제거량이 80m^3/day이고, SS농도가 30,000mg/L이었다. 이 슬러지를 탈수했을 때 탈수된 슬러지의 함수율은 80% 이었다면 탈수된 슬러지량(ton/day)을 계산하시오. (단, 슬러지 비중 1.0이다)

친절한 풀이 » 슬러지량(ton/day)

$$= \text{제거된 슬러지량}(m^3/day) \times SS\text{농도}(ton/m^3) \times \frac{100}{100 - \text{함수율}(\%)}$$

$$= 80 m^3/day \times 30 kg/m^3 \times 10^{-3} ton/kg \times \frac{100}{100 - 80\%} = 12 ton/day$$

TIP

$$\text{슬러지량}(m^3/day) = \frac{\text{제거된 SS농도}(kg/m^3) \times \text{폐수량}(m^3/day)}{\text{비중량}(kg/m^3)} \times \frac{100}{100 - \text{함수율}(\%)}$$

014

수분함량이 97%인 슬러지의 비중을 계산하시오. (단, 고형물의 비중은 1.35 이다.)

친절한 풀이 »

$$\frac{1}{\rho_{SL}} = \frac{W_{TS}}{\rho_{TS}} + \frac{W_P}{\rho_P}$$

따라서 $\frac{1}{\rho_{SL}} = \frac{0.03}{1.35} + \frac{0.97}{1.0}$

∴ $\rho_{SL} = \frac{1}{0.9922} = 1.01$

015

건조된 슬러지 고형분의 비중이 1.28이며, 건조 이전의 슬러지 내 고형분 함량이 35%일 때 건조 전 슬러지의 비중을 계산하시오.

친절한 풀이 »

$$\frac{1}{\rho_{SL}} = \frac{W_{TS}}{\rho_{TS}} + \frac{W_P}{\rho_P}$$

따라서 $\frac{1}{\rho_{SL}} = \frac{0.35}{1.28} + \frac{0.65}{1.0}$

∴ $\rho_{SL} = \frac{1}{0.9234} = 1.08$

TIP

① 고형물(%)+수분(%)=100%
② 수분(%)=100−고형물(%)
③ 수분(물)의 비중=1.0

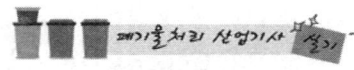

2. 물리, 화학, 생물학적 처분

1. 용매추출법

액상폐기물에서 제거하려는 성분을 용매에 흡수시켜 처리하는 방법이다.

(1) 용매추출방법의 적용대상 폐기물
① 미생물에 의해 분해가 어려운 물질을 처리할 경우
② 활성탄을 이용하기에는 농도가 너무 높은 물질을 처리할 경우
③ 낮은 휘발성으로 인해 Stripping 하기가 곤란한 물질을 처리할 경우
④ 물에 대한 용해도가 낮은 물질을 처리할 경우

(2) 용매추출법에 이용 가능성이 높은 폐기물의 특징
① 높은 분배계수를 가지는 것
② 낮은 끓는점을 가질 것
③ 물에 대한 용해도가 낮은 것
④ 밀도가 물과 다를 것

2. Fenton(펜턴) 산화법

(1) Fenton 산화법의 특징
① Fenton액은 철염과 과산화수소수를 포함한다.
② 최적반응을 위해 침출수 pH를 3~5로 조정한다.
③ Fenton액을 첨가하여 난분해성 유기물질(NBDCOD)을 산화하여 생분해성 유기물질(BDCOD)로 변화시킨다. (COD는 감소하고 BOD는 증가한다.)
④ 슬러지 생산량이 많아질 수 있다.
⑤ 처리시설은 pH조절조, 중화 및 응집조, 침전조로 구성되어 있다.
⑥ 여분의 과산화수소수는 후처리의 미생물 성장에 영향을 줄 수 있다.
⑦ 유입시설의 변화시 탄력적인 대응이 가능하다.
⑧ 시설비는 오존처리나 활성탄 흡착법보다 적게 소요된다.
⑨ 펜턴시약의 반응시간은 철염과 과산화수소수의 주입농도에 따라 변화된다.

(2) Fenton 산화법 정리
① 펜턴시약 : H_2O_2
② 촉매 : 황산제1철
③ 강산화제 : OH 라디칼
④ pH : 3~5
⑤ 특징 : COD감소, BOD 증가

3. 습식 고온 고압 산화처리법(Zimmerman 공법)

① 슬러지를 가열(210℃ at㎝ 정도)시켜 슬러지내의 유기물이 공기에 의해 산화되도록하는 공법이다.
② 시설의 수명이 짧으며 질소의 제거율이 낮다.
③ 투자, 유지비가 높다.
④ 장치의 주요기기는 공기압축기, 고압펌프, 열교환기 등이다.

4. 흡착법

① 흡착제 : 활성탄, 실리카겔, 활성백토 등
② 흡착 메카니즘 : 1단계(경막으로 이동) → 2단계(경막내 확산) → 3단계(공극내 확산) → 4단계(흡착)
③ 흡착의 종류

	물리적 흡착	화학적 흡착
흡착열	작다	물리적 흡착에 비해 크다
재생	재생가능(가역적)	재생 불가능(비가역적)
작용힘	반데스바알스힘	흡착제-용질의 화학반응
흡착특성	다분자 흡착	단분자 흡착

④ Freundlich 등온 흡착식

$$\frac{X}{M} = k \cdot C^{\frac{1}{n}}$$

여기서, X : 농도차(유입수 농도 - 유출수 농도)
       C : 유출수의 농도   M : 흡착제의 농도
       k, n : 경험적 상수

5. 표준활성슬러지법(재래식 활성슬러지법)

① MLSS 1,500~2,500mg/L
② F/M비 0.2~0.4 /day
③ HRT(수리학적 체류시간) 6~8hr
④ SRT(미생물 체류시간) 3~6day
⑤ 반응조 수심 4~6m
⑥ 반응조 형상 : 사각형, 다단 완전혼합형
⑦ 포기방식 : 전면포기식, 선회류식, 미세기포 분사식, 수중 교반식

T i P

> 표준활성슬러지법 운전조건
> 온도 25~30℃, pH 6~8, DO 2mg/L 이상, BOD : N : P = 100 : 5 : 1

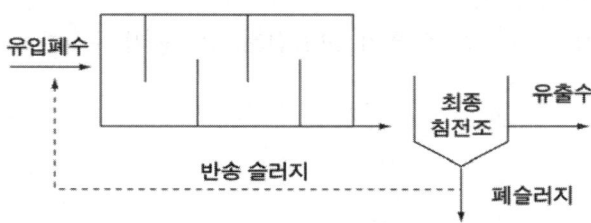

[표준활성슬러지법(재래식 활성슬러지법)]

(1) BOD 제거효율 계산

①
$$희석배수치(P) = \frac{유입수의\ Cl^-}{유출수의\ Cl^-} = \frac{희석후\ 시료량}{희석전\ 시료량}$$

②
$$BOD\ 제거효율(\eta) = \left(1 - \frac{유출수의\ BOD}{유입수의\ BOD}\right) \times 100(\%)$$

예제 >>> 유입수의 BOD가 250ppm이고 정화조의 BOD 제거율이 80%라면 정화조를 거친 방류수의 BOD(ppm)를 계산하시오.

풀이 >>>
$$BOD\ 제거율(\%) = \left(1 - \frac{유출수의\ BOD}{유입수의\ BOD}\right) \times 100$$
$$80\% = \left(1 - \frac{유출수의\ BOD}{250ppm}\right) \times 100$$
∴ 유출수의 BOD = 250ppm × (1 − 0.8) = 50ppm

③
$$\text{BOD 제거효율}(\eta) = \left(1 - \frac{\text{유출수의 BOD} \times P}{\text{유입수의 BOD}}\right) \times 100(\%)$$

예제 >>> 처리장으로 유입되는 생분뇨의 BOD가 15,000ppm 이때의 염소이온 농도가 6,000ppm 이었다. 이 생분뇨를 희석한 후 활성슬러지법으로 처리한 처리수의 BOD는 60ppm, 염소이온농도가 200ppm 이었다면 활성슬러지법에서의 BOD 제거효율(%)을 계산하시오.

풀이 >>>
① 희석배수치(P) = $\frac{\text{유입수의 염소이온농도}}{\text{유출수의 염소이온농도}} = \frac{6,000\text{ppm}}{200\text{ppm}} = 30$

② BOD 제거효율(%) = $\left(1 - \frac{\text{유출수의 BOD} \times P}{\text{유입수의 BOD}}\right) \times 100$
$= \left(1 - \frac{60\text{ppm} \times 30}{15,000\text{ppm}}\right) \times 100 = 88\%$

(2) BOD의 용적부하 계산

$$\text{BOD의 용적부하}(\text{kg/m}^3 \cdot \text{day}) = \frac{\text{분뇨의 유입량}(\text{m}^3/\text{day}) \times \text{BOD 농도}(\text{kg/m}^3)}{\text{포기조의 용적}(\text{m}^3)}$$

예제 >>> BOD 농도가 22,000mg/L인 분뇨를 전처리과정을 거쳐 활성슬러지 공법으로 처리하려고 한다. 분뇨의 유입량이 15kL/day, 전처리과정의 BOD 제거효율이 80%, 포기조의 규격에 폭 4m, 길이 10m, 깊이 4m 라면 포기조의 단위 용적당 BOD 부하($\text{kg/m}^3 \cdot \text{day}$)를 계산하시오. (단, 비중은 1.0)

풀이 >>>
BOD 용적부하($\text{kg/m}^3 \cdot \text{day}$) = $\frac{15\text{m}^3/\text{day} \times 22\text{kg/m}^3 \times (1 - 0.80)}{(4\text{m} \times 10\text{m} \times 4\text{m})}$
$= 0.41\text{kg/m}^3 \cdot \text{day}$

TIP
① 분뇨의 투입량 15kL/day = 15m³/day
② 포기조의 BOD 농도 = 22,000mg/L × (1 − 0.80)
③ mg/L × 10^{-3} → kg/m³
④ BOD 농도 22,000mg/L = 22kg/m³

6. 고도처리법

(1) A/O 공법

① A/O 공법의 공정도

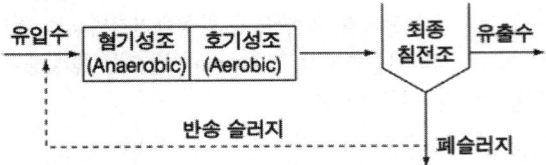

② A/O 공법의 반응조 역할
  ㉠ 혐기성조(Anaerobic) : 인(P)의 방출, 유기물 제거
  ㉡ 호기성조(Aerobic) : 인(P)의 과잉흡수

(2) A_2/O 공법

① A_2/O 공법의 공정도

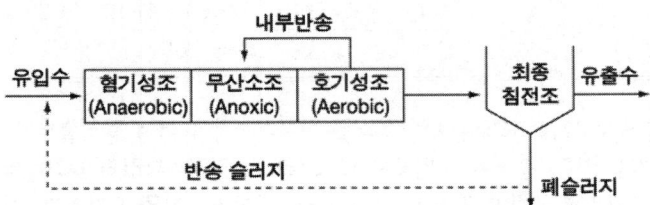

② A_2/O 공법의 반응조 역할
  ㉠ 혐기성조 : 인의 방출, 유기물 제거
  ㉡ 무산소조 : 탈질작용(질소제거)
  ㉢ 호기성조(포기조 또는 폭기조) : 인의 과잉흡수 및 질산화
  ㉣ 내부반송 : 호기성조(폭기조)에서 질산화를 통하여 생성된 질산성 질소를 무산소조로 보내 질소를 제거한다.

(3) 미생물의 에너지원과 탄소원

분류	에너지원	탄소원
광합성 독립영양계 미생물	빛	CO_2
화학합성 독립영양계 미생물	무기물의 산화환원 반응	CO_2
광합성 종속영양계 미생물	빛	유기탄소
화학합성 종속영양계 미생물	유기물의 산화환원 반응	유기탄소

실전연습문제

001
용매추출방법의 적용대상 폐기물을 3가지만 쓰시오.

친절한 풀이 » ① 미생물에 의해 분해가 어려운 물질을 처리할 경우
② 활성탄을 이용하기에는 농도가 너무 높은 물질을 처리할 경우
③ 낮은 휘발성으로 인해 Stripping 하기가 곤란한 물질을 처리할 경우
④ 물에 대한 용해도가 낮은 물질을 처리할 경우

002
용매추출법에 이용 가능성이 높은 폐기물의 특징을 4가지만 쓰시오.

친절한 풀이 » ① 높은 분배계수를 가지는 것   ② 낮은 끓는점을 가질 것
③ 물에 대한 용해도가 낮은 것   ④ 밀도가 물과 다를 것

003
유기물의 산화공법으로 적용되는 Fenton 산화반응에 사용되는 시약과 촉매를 쓰시오.

친절한 풀이 » 시약 : 과산화수소, 촉매 : 철염(황산제1철)

004
종속영양계 미생물과 독립영양계 미생물의 차이점을 탄소원과 에너지원으로 구분하여 나타내시오.

친절한 풀이 »

분류	에너지원	탄소원
광합성 독립영양계 미생물	빛	CO_2
화학합성 독립영양계 미생물	무기물의 산화환원 반응	CO_2
광합성 종속영양계 미생물	빛	유기탄소
화학합성 종속영양계 미생물	유기물의 산화환원 반응	유기탄소

005

매시간 10ton의 폐유를 소각하는 소각로에서 황산화물을 탈황하여 부산물인 80% 황산으로 전량 회수한다면 그 부산물량(kg/hr)을 계산하시오. (단, S : 32, 폐유 중 황성분 2%, 탈황율 90%라 가정함)

친절한 풀이 »

$$S + O_2 \rightarrow SO_2 + \frac{1}{2}O_2 \quad \rightarrow \quad SO_3 + H_2O \rightarrow H_2SO_4$$

$$32\,\text{kg} \quad : \quad 98\,\text{kg}$$

$$10 \times 10^3 \text{kg/hr} \times 0.02 \times 0.90 \quad : \quad 0.8 \times X$$

$$\therefore X = \frac{10 \times 10^3 \text{kg/hr} \times 0.02 \times 0.90 \times 98\,\text{kg}}{32\,\text{kg} \times 0.8} = 689.06\,\text{kg/hr}$$

TIP

회수되는 H_2SO_4(황산)의 순도가 주어지면 반드시 보정해야 함에 주의!!!!

006

처리장으로 유입되는 생분뇨의 BOD가 15,000ppm, 이때의 염소이온 농도가 6,000ppm이었다. 이 생분뇨를 희석한 후 활성슬러지법으로 처리한 처리수의 BOD는 60ppm, 염소 이온은 200ppm이었다면 활성슬러지법에서의 BOD 제거율(%)을 계산하시오.

친절한 풀이 »

$$\text{BOD 제거율}(\%) = \left(1 - \frac{\text{유출수의 BOD} \times P}{\text{유입수의 BOD}}\right) \times 100$$

$$P(\text{희석배수치}) = \frac{\text{유입수의 Cl 농도}}{\text{유출수의 Cl 농도}} = \frac{6,000\,\text{ppm}}{200\,\text{ppm}} = 30$$

따라서 $\text{BOD 제거율}(\%) = \left(1 - \frac{60\,\text{ppm} \times 30}{15,000\,\text{ppm}}\right) \times 100 = 88\%$

TIP

염소농도가 주어지면 반드시 희석배수치(P)를 구해야 함.

007

수거 분뇨를 혐기성 처리하고 유출수를 20배 희석한 후 2차 처리를 하여 BOD 20mg/L인 방류수를 배출하였다. 2차 처리시설의 BOD 제거율(%)을 계산하시오. (단, 혐기성 소화조 유입 분뇨의 BOD는 20,000mg/L, BOD 제거율은 80%이고, 희석수의 BOD 농도는 무시한다.)

친절한 풀이 »

$$\text{BOD 제거율}(\%) = \left(1 - \frac{BOD_o \times P}{BOD_i}\right) \times 100$$

① BOD_i(유입수 BOD) = 혐기성 소화조의 유입 분뇨의 BOD 농도 × (1-제거율)
  = $20,000\,mg/L \times (1-0.8) = 4,000\,mg/L$
② BOD_o(유출수 BOD) = $20\,mg/L$
③ 희석배수치(P) = 20
④ BOD 제거율(%) = $\left(1 - \dfrac{20\,mg/L \times 20}{4,000\,mg/L}\right) \times 100 = 90\%$

008

유입되는 축산폐수를 1차로 25배 희석한 후 2차로 활성슬러지법으로 처리하고자 한다. 활성슬러지 공법의 BOD제거 효율은 97%, 유입축산분뇨 BOD는 30,000mg/L라 할 때 1, 2차 처리공정을 거친 처리수의 BOD(mg/L)를 계산하시오.

친절한 풀이 »

$$\text{BOD 제거효율}(\%) = \left(1 - \frac{\text{유출수의 BOD} \times P}{\text{유입수의 BOD}}\right) \times 100$$

따라서 $97\% = \left(1 - \dfrac{\text{유출수의 BOD} \times 25}{30,000\,mg/L}\right) \times 100$

∴ 유출수의 BOD = $\dfrac{30,000\,mg/L \times (1-0.97)}{25} = 36\,mg/L$

009

전처리에서의 SS 제거율은 50%, 1차 처리에서 SS 제거율이 80%일 때 방류수 수질기준 이내로 처리하기 위한 2차 처리 최소 효율(%)을 계산하시오. (단, 분뇨 SS : 10,000mg/L이고 SS 방류수 수질기준은 70mg/L이다.)

친절한 풀이 »

$$\text{제거효율}(\%) = \left(1 - \frac{SS_o}{SS_i}\right) \times 100$$

① $SS_i = 10,000\,mg/L \times (1-0.5) \times (1-0.8) = 1000\,mg/L$
② $SS_o = 70\,mg/L$
③ 제거효율(%) = $\left(1 - \dfrac{70\,mg/L}{1000\,mg/L}\right) \times 100 = 93\%$

010

BOD 농도가 22,000mg/L인 분뇨를 전처리 과정을 거쳐 활성슬러지 공법으로 처리하려고 한다. 분뇨의 유입량이 15KL/day, 전처리 과정의 BOD 제거효율이 80%, 포기조의 규격이 폭 4m, 길이 10m, 깊이 4m라면 포기조의 단위용적당 BOD부하($kg/m^3 \cdot day$)를 계산하시오. (단, 비중은 1.0으로 가정한다.)

친절한 풀이 »

BOD의 용적부하($kg/m^3 \cdot day$)

$$= \frac{\text{BOD 농도}(kg/m^3) \times \text{분뇨유입량}(m^3/day)}{\text{포기조 용적(폭} \times \text{길이} \times \text{깊이)}(m^3)}$$

$$= \frac{22kg/m^3 \times (1-0.80) \times 15m^3/day}{(4m \times 10m \times 4m)} = 0.41 \, kg/m^3 \cdot day$$

TIP

① $mg/L \times 10^{-3} \rightarrow kg/m^3$
② BOD 농도: $22,000mg/L \times 10^{-3} = 22kg/m^3$
③ 분뇨 유입량 : $15KL/day = 15m^3/day$
④ 포기조로 유입되는 BOD 농도 $= 22kg/m^3 \times (1-0.80)$

011

호기성 소화방법에 의하여 100KL/d의 분뇨를 처리할 경우 처리장에 필요한 송풍량(m^3/hr)을 계산하시오. (단, BOD 20,000ppm, 제거율 60%, 제거 BOD당 필요풍량 $100m^3/BODkg$, 분뇨비중은 1.0이다.)

친절한 풀이 »

① 제거된 BOD 총량(kg/hr)
 $= \text{BOD 농도}(kg/m^3) \times \text{분뇨량}(m^3/day) \times \text{제거율}$
 $= 20kg/m^3 \times 100m^3/day \times 1day/24hr \times 0.6$
 $= 50kg/hr$

② 필요한 송풍량(m^3/hr)
 $= \text{제거된 BOD 총량}(kg/hr) \times \text{제거 BOD당 필요풍량}(m^3/kg)$
 $= 50kg/hr \times 100m^3/kg = 5,000m^3/hr$

012

분뇨 저류 포기조에 400KL의 분뇨를 유입시켜 5일 동안 연속 포기하였더니 BOD가 40% 제거되었다. BOD 제거 kg당 공기공급량 $50m^3$으로 하였을 때 공급 공기량(m^3/hr)을 계산하시오. (단, 분뇨의 BOD는 20,000mg/L이고, 비중은 1.0기준이다.)

친절한 풀이 »

공급공기량(m^3/hr) = 유입분뇨량(m^3) × $\dfrac{1}{\text{포기시간(day)}}$ × BOD 농도(kg/m^3)
　　　　　　　　× BOD 제거율 × 공기공급량(m^3)/BOD 제거량(kg)

$= 400m^3 \times \dfrac{1}{5\text{day}} \times 1\text{day}/24\text{hr} \times 20kg/m^3 \times 0.4 \times 50m^3/kg$

$= 1,333.33\, m^3/hr$

013

희석 분뇨량 $2,000m^3$/일, BOD 240mg/L, 포기조의 부하량 $0.4\,BODkg/m^3 \cdot$일, 포기조프기량 $2.0m^3/hr \cdot m^3$이다. 포기조의 산기관 수를 계산하시오. (단, 개당 산기관의 용량은 120L/분 기준)

친절한 풀이 » 포기조의 산기관 수

$= \dfrac{\text{분뇨량}(m^3/day) \times \text{BOD 농도}(kg/m^3) \times \dfrac{1}{\text{BOD 용적부하}(kg/m^3 \cdot day)} \times \text{포기량}(m^3/m^3 \cdot min)}{\text{산기관의 용량}(m^3/min \cdot 개)}$

$= \dfrac{2000m^3/day \times 0.24kg/m^3 \times \dfrac{1}{0.4kg/m^3 \cdot day} \times 2.0m^3/m^3 \cdot hr \times 1hr/60min}{0.12m^3/min \cdot 개}$

$= 334$개

014

분뇨를 호기성 소화방식으로 처리하고자 한다. 소화조의 처리용량이 $50m^3/day$인 처리장에 필요한 산기관 수를 계산하시오. (단, 분뇨의 BOD 20,000mg/L, BOD 처리효율은 75%, 소모 공기량은 $100m^3/BOD \cdot kg$, 산기관 1개당 통풍량 $0.2m^3/min$, 연속산기방식을 이용한다.)

친절한 풀이 »

산기관 수 $= \dfrac{\text{처리 용량}(m^3/day) \times \text{BOD 농도}(kg/m^3) \times \text{처리 효율} \times \text{소모 공기량}(m^3/kg)}{\text{산기관 1개당 통풍량}(m^3/day \cdot 개)}$

$= \dfrac{50m^3/day \times 20kg/m^3 \times 0.75 \times 100m^3/kg}{0.2m^3/min \cdot 개 \times 60min/hr \times 24hr/day} = 261$개

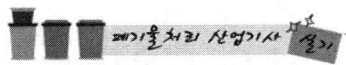

3. 고형화 처분

1. 유해폐기물을 고형화하는 목적

① 폐기물을 다루기가 용이하다.
② 폐기물내 오염물질의 용해도가 감소한다.
③ 폐기물 표면적의 감소에 따른 폐기물 성분의 손실을 줄인다.
④ 폐기물의 독성이 감소한다.

2. 유기성 고형화 및 무기성 고형화

(1) 유기성 고형화 방법의 특징

① 수밀성이 크며 다양한 폐기물에 적용할 수 있다.
② 방사성 폐기물 처리에 적용된다.
③ 최종 고화체의 체적 증가가 다양하다.
④ 처리비용이 고가이다.
⑤ 미생물 및 자외선에 대한 안정성이 약하다.
⑥ 상업화된 처리법의 현장자료가 빈약하다.
⑦ 고도의 기술이 필요하며 촉매 등 유해물질이 사용된다.

(2) 무기성 고형화 방법의 특징

① 처리비용이 싸다.
② 장기적으로 안정성이 지속된다.
③ 고화재료 구입이 용이하며, 재료가 무독성이다.
④ 상온, 상압에서 처리가 용이하다.
⑤ 수용성이 작고, 수밀성이 양호하다.
⑥ 다양한 산업폐기물에 적용할 수 있다.
⑦ 고형화재료에 따라 고화체의 체적 증가가 다양하다.

3. 폐기물의 고화처리방법

(1) 시멘트 기초법

① 장점
- ㉠ 다양한 폐기물을 처리할 수 있다.
- ㉡ 폐기물의 건조 또는 탈수가 필요 없다.
- ㉢ 사용되는 시멘트의 양을 조절함으로써 폐기물 콘크리트의 강도를 높일 수 있다.
- ㉣ 가장 널리 사용되는 방법 중의 하나로 포틀랜드 시멘트를 이용한다.
- ㉤ 고농도 중금속 폐기물에 적합하다.
- ㉥ 가장 흔히 사용되는 보통 포틀랜드 시멘트의 주성분은 CaO, SiO_2이다.
- ㉦ 장치이용이 쉽고 고도의 기술이 필요치 않다.
- ㉧ 재료의 가격이 싸고 풍부하게 존재한다.

② 단점
- ㉠ 낮은 pH에서 폐기물 성분의 용출가능성이 있다.
- ㉡ 고형화된 시료의 $\dfrac{표면적}{부피}$ 비를 감소시키거나 특수성을 감소시키는 것이 중요하다.

> **TIP**
>
> **포틀랜드 시멘트의 주성분**
> ① 석회(CaO) : 60~65%정도
> ② 규산(SiO_2) : 22%정도
> ③ 기타 : 13%정도

(2) 석회 기초법

① 장점
- ㉠ 석회의 가격이 싸고 널리 이용되고 있다.
- ㉡ 탈수가 필요하지 않은 경우가 많다.
- ㉢ 석회-포졸란 화학반응이 간단하고 용이하다.
- ㉣ 공정운전이 간단하고 용이하다.
- ㉤ 두 가지 폐기물을 동시에 처리할 수 있다.

② 단점
- ㉠ pH가 낮을 경우 폐기물 성분의 용출가능성이 증가한다.
- ㉡ 최종처분 물질의 양이 증가한다.

(3) 자가시멘트법
① 장점
  ㉠ 혼합률(MR)이 낮다.
  ㉡ 중금속 저지에 효과적이다.
  ㉢ 탈수 등의 전처리가 필요없다.
  ㉣ 고농도 황화물 함유 폐기물에 적용한다.(연소가스 탈황시 발생된 슬러지(FGD 슬러지) 처리에 적용)
  ㉤ 탈수 등 전처리가 필요 없다.
  ㉥ 폐기물이 스스로 고형화되는 성질을 이용하여 개발되었다.
② 단점
  ㉠ 보조에너지가 필요하다.
  ㉡ 장치비가 크며 숙련된 기술을 요한다.

(4) 피막형성법
① 장점
  ㉠ 낮은 혼합률(MR)을 가진다.
  ㉡ 침출성이 낮다.
② 단점
  ㉠ 에너지 소요가 크다.
  ㉡ 화재의 위험성이 있다.
  ㉢ 피막형성을 위한 수지값이 비싸다.

(5) 열가소성 플라스틱법
① 장점
  ㉠ 용출손실률은 시멘트기초법에 비해 매우 낮다.
  ㉡ 대부분의 메트릭스 물질은 수용액의 침투에 저항성이 매우 크다.
  ㉢ 고화처리된 폐기물성분을 나중에 회수하여 재활용할 수 있다.
② 단점
  ㉠ 혼합률(MR)이 비교적 높다.
  ㉡ 높은 온도에서 분해되는 물질에는 사용할 수 없다.
  ㉢ 처리과정에서 화재의 위험성이 있다.
  ㉣ 에너지 요구량이 크다.
  ㉤ 폐기물을 건조시켜야 한다.

(6) 유리화법
  ① 장점
    ㉠ 첨가제의 비용이 비교적 싸다.
    ㉡ 2차 오염물질의 발생이 적다.
  ② 단점
    ㉠ 에너지 집약적이다.
    ㉡ 특수장치와 숙련된 인원이 필요하다.

4. 폐기물의 부피변화율 공식

$$부피변화율(VCF) = (1 + MR) \times \frac{\rho_1}{\rho_2}$$

여기서, MR : 혼합율 $\left(MR = \dfrac{첨가제의\ 질량}{폐기물의\ 질량}\right)$

ρ_1 : 고화처리 전 폐기물의 밀도 ρ_2 : 고화처리 후 폐기물의 밀도

예제 >>> 유해폐기물 고화처리시 흔히 사용하는 지표인 혼합률(MR)은 고화제 첨가량과 폐기물 양의 질량비로 정의된다. 고화처리전 폐기물의 밀도가 1.0g/cm³, 고화처리된 폐기물의 밀도가 1.3g/cm³이라면 혼합률(MR)이 0.755일 때 고화처리된 폐기물의 부피변화율(VCF)를 계산하시오.

풀이 >>> $VCF = (1 + MR) \times \dfrac{\rho_1}{\rho_2} = (1 + 0.755) \times \dfrac{1.0 g/cm^3}{1.3 g/cm^3} = 1.35$

실전연습문제

001
유해폐기물을 고형화하는 목적을 4가지를 쓰시오.

» ① 폐기물을 다루기가 용이하다.
② 폐기물내 오염물질의 용해도가 감소한다.
③ 폐기물 표면적의 감소에 따른 폐기물 성분의 손실을 줄인다.
④ 폐기물의 독성이 감소한다.

002
유기성 고형화 방법의 특징을 5가지를 쓰시오.

» ① 수밀성이 크며 다양한 폐기물에 적용할 수 있다.
② 방사성 폐기물 처리에 적용된다.
③ 최종 고화체의 체적 증가가 다양하다.
④ 처리비용이 고가이다.
⑤ 미생물 및 자외선에 대한 안정성이 약하다.

003
유기성 고형화 방법의 장·단점을 각각 2가지씩 쓰시오.

» (1) 장점
① 수밀성이 크며 다양한 폐기물에 적용할 수 있다.
② 방사성 폐기물 처리에 적용된다.
(2) 단점
① 처리비용이 고가이다.
② 미생물 및 자외선에 대한 안정성이 약하다.

004
무기성 고형화 방법의 장점을 5가지를 쓰시오.

친절한 풀이 »
① 처리비용이 싸다.
② 장기적으로 안정성이 지속된다.
③ 고화재료 구입이 용이하며, 재료가 무독성이다.
④ 상온, 상압에서 처리가 용이하다.
⑤ 수용성이 작고, 수밀성이 양호하다.

005
폐기물의 고화처리방법 중 시멘트 기초법의 장·단점 2가지씩 각각 쓰시오.

친절한 풀이 »
(1) 장점
① 다양한 폐기물을 처리할 수 있다.
② 폐기물의 건조 또는 탈수가 필요없다.
(2) 단점
① 낮은 pH에서 폐기물 성분의 용출가능성이 있다.
② 고형화된 시료의 $\frac{표면적}{부피}$ 비를 감소시키거나 투수성을 감소시키는 것이 중요하다.

006
폐기물의 고화처리방법 중 석회 기초법의 장·단점 2가지씩 각각 쓰시오.

친절한 풀이 »
(1) 장점
① 석회의 가격이 싸고 널리 이용되고 있다.
② 탈수가 필요하지 않은 경우가 많다.
(2) 단점
① pH가 낮을 경우 폐기물 성분의 용출가능성이 증가한다.
② 최종처분 물질의 양이 증가한다.

007

폐기물의 고화처리방법 중 자가시멘트법의 장·단점 2가지씩 각각 쓰시오.

(1) 장점
　① 탈수 등의 전처리가 필요 없다.
　② 고농도 황화물 함유 폐기물에 적용한다.
(2) 단점
　① 보조에너지가 필요하다.
　② 장치비가 크며 숙련된 기술을 요한다.

008

폐기물의 고화처리방법 중 피막형성법의 장·단점 2가지씩 각각 쓰시오.

(1) 장점
　① 낮은 혼합율(MR)을 가진다.　② 침출성이 낮다.
(2) 단점
　① 에너지 소요가 크다.　② 화재의 위험성이 있다.

009

폐기물의 고화처리방법 중 열가소성 플라스틱법의 장·단점 2가지씩 각각 쓰시오.

(1) 장점
　① 용출손실률은 시멘트기초법에 비해 매우 낮다.
　② 대부분의 메트릭스 물질은 수용액의 침투에 저항성이 매우 크다.
(2) 단점
　① 높은 온도에서 분해되는 물질에는 사용할 수 없다.
　② 처리과정에서 화재의 위험성이 있다.

010

폐기물의 고화처리방법 중 유리화법의 장·단점 2가지씩 각각 쓰시오.

(1) 장점
　① 첨가제의 비용이 비교적 싸다.
　② 2차 오염물질의 발생이 적다.

(2) 단점
　① 에너지 집약적이다.
　② 특수장치와 숙련된 인원이 필요하다.

011

밀도가 1.0t/m³인 지정폐기물 100m³을 시멘트고화처리방법에 의해 고화처리하여 매립하고자 한다. 고화제인 시멘트량을 규정에 의하여 혼합하였다면 고화제의 혼합률을 계산하시오. (단, 규정 : 고화제 투입량은 폐기물 1m³당 150kg이다.)

친절한 풀이 »

고화제의 혼합률(MR) = $\dfrac{첨가제의\ 질량}{폐기물의\ 질량}$ = $\dfrac{150kg/m^3 \times 100m^3}{1000kg/m^3 \times 100m^3}$ = 0.15

TIP

질량(kg) = 밀도(kg/m³)×체적(m³)

012

유해폐기물 고화 처리시 흔히 사용하는 지표인 혼합률(MR)은 고화제 첨가량과 폐기물양의 질량비로 정의된다. 고화 처리 전 폐기물의 밀도가 1.0g/cm³, 고화 처리된 폐기물의 밀도가 1.3g/cm³이라면 혼합률(MR)이 0.755일 때 고화처리된 폐기물의 부피변화율(VCF)을 계산하시오.

친절한 풀이 »

부피변화율(VCF) = $(1+MR) \times \dfrac{\rho_1}{\rho_2}$

여기서, MR : 혼합율 $\left(MR = \dfrac{첨가제의\ 질량}{폐기물의\ 질량}\right)$

　　　ρ_1 : 고화처리 전 폐기물의 밀도
　　　ρ_2 : 고화처리 후 폐기물의 밀도

따라서 부피변화율(VCF) = $(1+0.755) \times \dfrac{1.0g/cm^3}{1.3g/cm^3}$ = 1.35

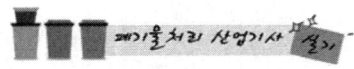

4. 소각 및 열분해의 열적처분

1. 연소장치

(1) 유동층 소각로

① 장점
- ㉠ 기계적 구동부분이 적어 고장률이 낮다.
- ㉡ 가스의 온도가 낮고 과잉공기량이 적어 질소산화물(NO_X)도 적게 배출된다.
- ㉢ 로내의 온도의 자동제어와 열회수가 용이하다.
- ㉣ 반응시간이 빨라 소각시간이 짧다.(로 부하율이 높다.)
- ㉤ 유동매체의 축열량이 높아 단기간 정지 후 가동시에 보조연료 사용 없이 정상 가동이 가능하다.
- ㉥ 연소효율이 높아 미연소분의 배출이 적고 2차 연소실이 필요 없다.
- ㉦ 유동매체의 열용량이 커서 액상, 기상, 고형폐기물의 전소 및 혼소가 가능하다.

② 단점
- ㉠ 로내로 투입 전 파쇄 등의 전처리가 필요하다.(투입이나 유동화를 위해 파쇄가 필요하다.)
- ㉡ 상(床)으로부터 찌꺼기 분리가 어렵다.
- ㉢ 유동매체의 손실로 인한 보충이 필요하다.

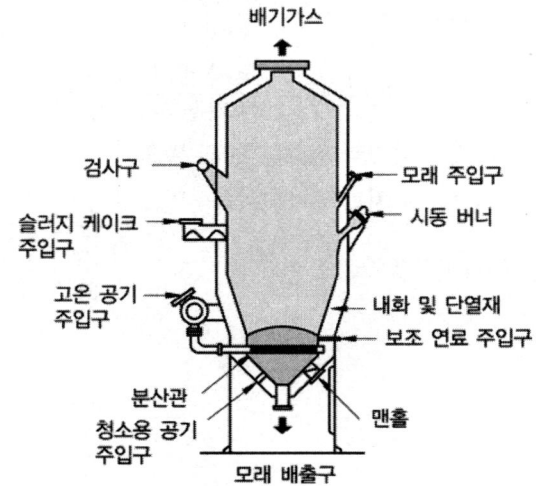

③ 유동상 소각로에서 유동층 물질의 조건
  ㉠ 불활성일 것
  ㉡ 융점이 높을 것
  ㉢ 비중이 작을 것
  ㉣ 내마모성이 있을 것
  ㉤ 열충격에 강할 것
  ㉥ 가격이 쌀 것

(2) 화격자식(Stoker) 소각로

휘발성이 많고 열분해하기 쉬운 물질을 태울 경우에는 공기를 위쪽에서 아래쪽으로 통과시키는 하향식 연소방식을 쓴다.

① 장점
  ㉠ 연속적인 소각과 배출이 가능하다.
  ㉡ 수분이 많거나 발열량이 낮은 폐기물도 어느 정도 소각이 가능하다.

② 단점
  ㉠ 체류시간이 길고 교반력이 약하여 국부가열이 발생할 염려가 있다.
  ㉡ 고온중에서 기계적으로 구동하기 때문에 금속부의 마모손실이 심하다.
  ㉢ 플라스틱 등과 같이 열에 쉽게 용해되는 물질은 화격자가 막힐 염려가 있다.

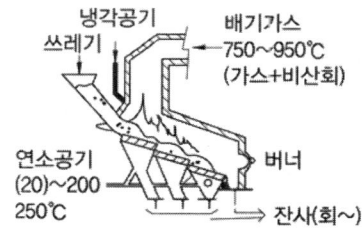

(3) Rotary Kiln(로터리 킬른)

① 장점
  ㉠ 습식가스 세정시스템과 함께 사용할 수 있다.
  ㉡ 용융상태의 물질에 의하여 방해를 받지 않는다.
  ㉢ 폐기물의 체류시간은 로의 회전속도를 조절함으로써 제어할 수 있다.
  ㉣ 고형폐기물에 높은 난류도와 공기에 대한 접촉을 크게 할 수 있다.
  ㉤ 대체로 예열, 혼합, 파쇄 등의 전처리 없이 폐기물 주입이 가능하다.
  ㉥ 액상이나 고상의 여러 가지 폐기물을 동시에 처리할 수 있다.
  ㉦ 드럼이나 대형용기를 그대로 집어넣을 수 있다.

② 단점
　㉠ 비교적 열효율이 낮은 편이다.
　㉡ 로 내에서의 공기유출이 크므로 종종 대량의 과잉공기가 필요하다.
　㉢ 처리량이 적은 경우 설치비가 많이 든다.
　㉣ 분진 발생량이 많다.
　㉤ 구형 및 원통형 물질은 완전연소가 끝나기 전에 굴러 떨어질 수 있다.
　㉥ 대기오염 제어 시스템에 분진 부하율이 높다.

(4) 다단로

다단로는 내화물을 입힌 가열판, 중앙의 회전축, 일령의 평판상을 구성하는 교반팔로 구성되어 있다.

① 장점
　㉠ 다량의 수분이 증발되므로 수분함량이 높은 폐기물의 연소가 가능하다.
　㉡ 체류시간이 길어 특히 휘발성이 적은 폐기물 연소에 유리하다.
　㉢ 많은 연소영역이 있으므로 연소효율을 높일 수 있다.
　㉣ 천연가스, 프로판, 오일, 폐유 등 다양한 연료를 사용할 수 있다.
　㉤ 물리, 화학적으로 성분이 다른 각종 폐기물을 처리할 수 있다.
　㉥ 액상 및 기상 폐기물의 이용은 보조연료의 양을 감소시켜 운전비용을 절감할 수 있다.

② 단점
　㉠ 열적 충격이 발생되고 내화물 등의 손상이 발생된다.
　㉡ 늦은 온도반응 때문에 보조연료 사용을 조절하기가 어렵다.
　㉢ 유해폐기물의 완전분해를 위한 2차 연소실이 필요하다.
　㉣ 분진 발생량이 높다.
　㉤ 체류시간이 길기 때문에 온도반응이 더디다.

(5) 액상분사 소각로(Liquid Injection Incincrator) = 액체 주입형 연소기

액체 주입형 연소기의 가장 일반적인 형식은 수평점화식이다.

① 장점
　㉠ 구동장치가 간단하고 고장이 적다.
　㉡ 하방점화방식의 경우에는 염이나 입상물질을 포함한 폐기물의 소각도 가능하다.

② 단점
　㉠ 완전히 연소시켜야 하며 내화물의 파손을 막아 주어야 한다.

ⓒ 고형분의 농도가 높으면 버너가 막히기 쉽다.
ⓒ 대량처리가 불가능하다.
ⓔ 버너노즐 없이 액체의 미립화가 어렵다.

(6) 회전로 소각로
① 장점
ⓐ 경사진 구조로 용융상태의 물질은 소각에 방해 받지 않는다.
ⓑ 대체로 예열, 혼합, 파쇄 등 전처리 없이 주입이 가능하다.
② 단점
ⓐ 비교적 열효율이 낮은 편이다.
ⓑ 대기오염 제어시스템에 분진부하율이 높다.

2. 로 본체의 형식

(1) 역류식(향류식)
① 연소가스에 의한 방사열이 폐기물에 유효하게 적용한다.
② 수분이 많고 저위발열량이 낮은 쓰레기에 적합하다.
③ 후연소내의 온도저하 및 불완전연소가 발생할 수 있다.
④ 연소실내의 연소가스의 흐름방향과 폐기물의 이송방향이 반대인 형식이다.

(2) 병류식
① 수분이 적고 저위발열량이 높은 폐기물에 적합하다.
② 폐기물의 이송방향과 연소가스의 흐름방향이 같은 형식이다.
③ 건조대에서 건조효율이 저하될 수 있다.

(3) 교류식(중간류식)
① 역류식(향류식)과 병류식의 중간적인 형식이다.
② 폐기물 질의 변동이 심한 경우에 사용한다.

(4) 복류식
① 2개의 출구를 가지고 있다.
② 댐퍼의 개폐로 역류식, 병류식, 교류식으로 조절할 수 있다.
③ 폐기물의 질이나 저위발열량의 변동이 심할 경우에 사용한다.

3. 소각시 부피감소율과 소각재 밀도 계산

(1) 소각시 부피감소율(%) 계산공식

$$부피감소율(\%) = \left(1 - \frac{V_2}{V_1}\right) \times 100$$

여기서, V_1 : 소각 전 쓰레기 부피(m^3) V_2 : 소각 후 소각재의 부피(m^3)

예제 >>> 밀도가 600kg/m^3인 도시형 쓰레기 200ton을 소각한 결과 밀도가 1000 kg/m^3인 소각재가 60ton이 되었다면 소각시 부피감소율(%)을 계산하시오.

풀이 >>> 부피감소율(%) $= \left(1 - \frac{V_2}{V_1}\right) \times 100$

$V_1 = 200\text{ton} \times \frac{1}{0.6\text{ton}/m^3} = 333.33 m^3$

$V_2 = 60\text{ton} \times \frac{1}{1\text{ton}/m^3} = 60 m^3$

따라서 부피감소율(%) $= \left(1 - \frac{60 m^3}{333.33 m^3}\right) \times 100 = 82.0\%$

(2) 소각재의 밀도 계산식

①
$$소각재의 밀도(kg/m^3) = 폐기물의 밀도(kg/m^3) \times \frac{100 - 질량\ 감소율(\%)}{100 - 부피\ 감소율(\%)}$$

예제 >>> 밀도가 800kg/m^3인 폐기물을 처리하는 소각로에서 질량 감소율은 85% 이고 부피 감소율은 90% 이었을 경우 이 소각로에서 발생하는 소각재의 밀도 (kg/m^3)를 계산하시오.

풀이 >>> 소각재의 밀도(kg/m^3) = 폐기물의 밀도(kg/m^3) $\times \frac{100 - 질량\ 감소율(\%)}{100 - 부피\ 감소율(\%)}$

$= 800\text{kg}/m^3 \times \frac{100 - 85}{100 - 90}$

$= 1,200\text{kg}/m^3$

②
$$\text{재의 밀도}(ton/m^3) = \frac{\text{재의 질량}(ton)}{\text{재의 용적}(m^3)}$$

예제 >>> 쓰레기를 1일 100ton 소각하여 소각 후 남은 재는 전체 소각한 쓰레기 질량의 20%라고 한다. 남은 재의 용적이 15m³일 때 재의 밀도(ton/m³)를 계산하시오.

풀이 >>> 재의 밀도(ton/m^3) = $\frac{\text{재의 질량}(ton)}{\text{재의 용적}(m^3)}$ = $\frac{100ton \times 0.2}{15m^3}$
= $1.33ton/m^3$

4. 열분해

(1) 열분해의 특징
① 열분해의 방법은 저온법과 고온법이 있다.
② 열분해에서 일반적으로 저온이라 함은 500~900℃, 고온은 1100~1500℃를 말한다.
③ 고온열분해에서 1700℃까지 온도를 올리면 생산되는 모든 재는 슬래그(Slag)로 배출된다.
④ 고온의 열분해에서는 가스상태의 연료가 많이 생성된다.
⑤ 열분해 온도에 따른 가스의 구성비가 좌우되는데 고온이 될수록 CO_2 함량이 감소하고, 수소함량이 증가한다.
⑥ 열분해를 통하여 얻어지는 연료의 성질을 결정짓는 요소로는 운전온도, 가열속도, 폐기물의 성질 등으로 알려져 있다.
⑦ 연소가 고도의 발열반응에 비해 열분해는 고도의 흡열반응이다.
⑧ 폐기물을 산소의 공급없이 가열하여 기체, 액체, 고체의 3성분으로 분리한다.
⑨ 열분해에 의해 생성되는 액체물질에는 아세트산, 아세톤, 메탄올, 오일, 타르, 방향성 물질이 있다.
⑩ 열분해 장치는 고정상, 유동상, 부유상태 등의 장치로 구분되어질 수 있다.

(2) 열분해가 소각처리에 비해 갖는 장점
① 황 및 중금속이 회분 속에 고정되는 비율이 크다.
② 저장 및 수송이 가능한 연료를 회수할 수 있다.
③ 환원성 분위기가 유지되어 Cr^{3+}가 Cr^{6+}로 변화되기 어렵다.
④ 배기가스량이 적어 가스처리 장치가 소형이다.
⑤ 소각처리에 비해 상대적으로 저온이기 때문에 NO_X 발생량이 적다.

⑥ 지속적 환원 분위기로 효과적 에너지 회수 가능하다.

5. 열교환기

열교환기의 구성은 과열기, 재열기, 절탄기(이코노마이저), 공기예열기로 구성되어 있다.

(1) 과열기
① 과열기는 보일러에서 발생하는 포화증기에 다수의 수분이 함유되어 있으므로 이것을 과열하여 수분을 제거하고 과열도가 높은 증기를 얻기 위해 설치한다.
② 과열기의 재료는 탄소강을 비롯하여 니켈, 몰리브덴, 바나듐, 크롬 등을 함유한 특수 내열 강관을 사용한다.
③ 과열기는 부착위치에 따라 전열형태가 다르며, 방사형, 대류형, 방사대류형 과열기로 구분된다.
④ 방사형 과열기는 화실의 천장부 또는 노벽에 배치한다.
⑤ 일반적으로 보일러의 부하가 높아질수록 방사과열기에 의한 과열온도가 낮아진다.
⑥ 일반적으로 보일러의 부하가 높아질수록 대류과열기에 의한 과열온도가 상승한다.
⑦ 방사·대류형 과열기는 대류 전달면 입구 가까이에 설치하고 방사열과 대류전달열을 동시에 이용하는 과열기이다.

(2) 재열기
① 과열기와 같은 구조로 되어 있다.
② 설치위치는 과열기의 중간 또는 뒤쪽에 배치되어 있다.
③ 증기터빈 속에서 팽창하여 포화증기에 도달한 증기를 도중에서 이끌어내어 그 압력으로 다시 가열하여 터빈에 되돌려 팽창시키는 장치이다.

(3) 절탄기(이코노마이저)
① 설치위치는 연도에 설치한다.
② 폐열회수를 위한 열교환기이다.
③ 보일러 전열면을 통하여 연소가스의 여열로 보일러 급수를 예열하여 보일러 효율을 높이는 장치이다.
④ 급수 예열에 의해 보일러수와의 온도차가 감소하므로 보일러 드럼에 발생하는 열응력이 경감된다.

⑤ 급수온도가 낮을 경우, 굴뚝가스 온도가 저하하면 절탄기 저온부에 접하는 가스온도가 노점에 달하여 절탄기를 부식시킨다.
⑥ 굴뚝의 가스온도 저하로 인한 굴뚝 통풍력의 감소에 주의 하여야 한다.

(4) 공기예열기
① 굴뚝가스 여열을 이용하여 연소용 공기를 예열하여 보일러의 효율을 높이는 장치이다.
② 연료의 착화와 연소를 양호하게 하고 연소온도를 높이는 부대효과가 있다.
③ 대표적인 판상 공기예열기, 관형 공기예열기 및 자생식 공기예열기 등이 있다.
④ 이코노마이저(절탄기)와 병용 설치하는 경우에는 공기예열기를 저온측에 설치한다.

001

유동층 소각로의 특징 5가지를 쓰시오.

① 기계적 구동부분이 적어 고장율이 낮다.
② 가스의 온도가 낮고 과잉공기량이 적어 질소산화물(NO_x)도 적게 배출된다.
③ 로내의 온도의 자동제어와 열회수가 용이하다.
④ 반응시간이 빨라 소각시간이 짧다.
⑤ 유동매체의 축열량이 높아 단기간 정지 후 가동시에 보조연료 사용 없이 정상가동이 가능하다.

002

유동층 소각로의 장·단점을 각각 3가지씩 쓰시오.

(1) 장점
① 기계적 구동부분이 적어 고장율이 낮다.
② 가스의 온도가 낮고 과잉공기량이 적어 질소산화물(NO_x)도 적게 배출된다.
③ 로내의 온도의 자동제어와 열회수가 용이하다.

(2) 단점
① 로내로 투입전 파쇄 등의 전처리가 필요하다.
② 상(床)으로부터 찌꺼기 분리가 어렵다.
③ 유동매체의 손실로 인한 보충이 필요하다.

003

유동상 소각로에서 유동층 물질의 조건을 5가지를 쓰시오.

① 불활성일 것   ② 융점이 높을 것
③ 비중이 작을 것   ④ 내마모성이 있을 것
⑤ 열충격에 강할 것 ⑥ 가격이 쌀 것

004

화격자 소각로의 장·단점을 각각 2가지씩 쓰시오.

친절한 풀이 » (1) 장점
　　　　　① 연속적인 소각과 배출이 가능하다.
　　　　　② 수분이 많거나 발열량이 낮은 폐기물도 어느 정도 소각이 가능하다.
　　　(2) 단점
　　　　　① 체류시간이 길고 교반력이 약하여 국부가열이 발생할 염려가 있다.
　　　　　② 고온중에서 기계적으로 구동하기 때문에 금속부의 마모손실이 심하다.
　　　　　③ 플라스틱 등과 같이 열에 쉽게 용해되는 물질은 화격자가 막힐 염려가 있다.

005

Rotary Kiln 소각로의 장·단점을 각각 3가지씩 쓰시오.

친절한 풀이 » (1) 장점
　　　　　① 습식가스 세정시스템과 함께 사용할 수 있다.
　　　　　② 용융상태의 물질에 의하여 방해를 받지 않는다.
　　　　　③ 폐기물의 체류시간은 로의 회전속도를 조절함으로써 제어할 수 있다.
　　　(2) 단점
　　　　　① 비교적 열효율이 낮은 편이다.
　　　　　② 로 내에서의 공기유출이 크므로 종종 대량의 과잉공기가 필요하다.
　　　　　③ 처리량이 적은 경우 설치비가 많이 든다.

006

Rotary Kiln 소각로의 단점을 6가지 쓰시오.

친절한 풀이 » ① 비교적 열효율이 낮은 편이다.
　　　　② 로 내에서의 공기유출이 크므로 종종 대량의 과잉공기가 필요하다.
　　　　③ 처리량이 적은 경우 설치비가 많이 든다.
　　　　④ 분진 발생량이 많다.
　　　　⑤ 구형 및 원통형 물질은 완전연소가 끝나기 전에 굴러 떨어질 수 있다.
　　　　⑥ 대기오염 제어 시스템에 분진 부하율이 높다.

007

다단로 소각로의 장·단점을 각각 3가지씩 쓰시오.

친절한 풀이 » (1) 장점
　　　① 다량의 수분이 증발되므로 수분함량이 높은 폐기물의 연소가 가능하다.
　　　② 체류시간이 길어 특히 휘발성이 적은 폐기물 연소에 유리하다.
　　　③ 많은 연소영역이 있으므로 연소효율을 높일 수 있다.
(2) 단점
　　　① 열적 충격이 발생되고 내화물 등의 손상이 발생된다.
　　　② 유해폐기물의 완전분해를 위한 2차 연소실이 필요하다.
　　　③ 분진 발생량이 높다.

008

액상분사 소각로의 장·단점을 각각 2가지씩 쓰시오.

친절한 풀이 » (1) 장점
　　　① 구동장치가 간단하고 고장이 적다.
　　　② 하방점화방식의 경우에는 염이나 입상물질을 포함한 폐기물의 소각도 가능하다.
(2) 단점
　　　① 완전히 연소시켜야 하며 내화물의 파손을 막아 주어야 한다.
　　　② 고형분의 농도가 높으면 버너가 막히기 쉽다.

009

회전로 소각로의 장·단점을 각각 2가지씩 쓰시오.

친절한 풀이 » (1) 장점
　　　① 경사진 구조로 용융상태의 물질은 소각에 방해 받지 않는다.
　　　② 대체로 예열, 혼합, 파쇄 등 전처리 없이 주입이 가능하다.
(2) 단점
　　　① 비교적 열효율이 낮은 편이다.
　　　② 대기오염 제어시스템에 분진부하율이 높다.

010

다음에서 설명하는 로 본체의 형식을 쓰시오.

> 연소가스에 의한 방사열이 폐기물에 유효하게 적용하며, 수분이 많고 저위발열량이 낮은 쓰레기에 적합하다. 그리고 후연소 내의 온도저하 및 불완전연소가 발생할 수 있으며 연소실내의 연소가스의 흐름방향과 폐기물의 이송방향이 반대인 형식이다.

친절한 풀이 » 역류식(향류식)

011

다음에서 설명하는 로 본체의 형식을 쓰시오.

> 수분이 적고 저위발열량이 높은 폐기물에 적합하며, 폐기물의 이송방향과 연소가스의 흐름방향이 같은 형식이며, 건조대에서 건조효율이 저하될 수 있다.

친절한 풀이 » 병류식

012

열분해가 소각처리에 비해 갖는 장점을 5가지를 쓰시오.

친절한 풀이 »
① 황 및 중금속이 회분속에 고정되는 비율이 크다.
② 저장 및 수송이 가능한 연료를 회수할 수 있다.
③ 환원성 분위기가 유지되어 Cr^{3+}가 Cr^{6+}로 변화되기 어렵다.
④ 배기가스량이 적어 가스처리 장치가 소형이다.
⑤ 소각처리에 비해 상대적으로 저온이기 때문에 NO_x 발생량이 적다.
⑥ 지속적 환원 분위기로 효과적 에너지 회수 가능하다.

013

열교환기의 구성 4가지를 쓰고 간단히 설명하시오.

친절한 풀이 »
① 과열기 : 보일러에서 발생하는 포화증기에 다수의 수분이 함유되어 있으므로 이것을 과열하여 수분을 제거하고 과열도가 높은 증기를 얻기 위해 설치하며, 부착위치에 따라 전열형태가 다르며, 방사형, 대류형, 방사·대류형 과열기로 구분된다.
② 재열기 : 증기터빈 속에서 팽창하여 포화증기에 도달한 증기를 도중에서 이끌어내어 그 압력으로 다시 가열하여 터빈에 되돌려 팽창시키는 장치이다.

③ 절탄기(이코노마이저) : 보일러 전열면을 통하여 연소가스의 여열로 보일러 급수를 예열하여 보일러 효율을 높이는 장치로 설치위치는 연도에 설치하며 폐열회수를 위한 열교환기이다.
④ 공기예열기 : 굴뚝가스 여열을 이용하여 연소용 공기를 예열하여 보일러의 효율을 높이는 장치이다.

014

다음은 열교환기 중 절탄기(이코노마이저)에 대한 설명이다. ( )안에 알맞은 말을 쓰시오.

> 보일러 (①)을 통하여 연소가스의 (②)로 보일러 (③)를 예열하여 보일러 (④)을 높이는 장치이다. 설치위치는 (⑤)에 설치하며, (⑥)를 위한 열교환기이다.

친절한 풀이 »
① 전열면
② 여열
③ 급수
④ 효율
⑤ 연도
⑥ 폐열회수

015

밀도가 600kg/m³인 도시형 쓰레기 200ton을 소각한 결과 밀도가 1000kg/m³인 소각재가 60ton이 되었다면 소각 시 부피 감소율(%)을 계산하시오.

친절한 풀이 »

부피감소율(%) $= \left(1 - \dfrac{V_2}{V_1}\right) \times 100$

여기서, V_1 : 압축전 부피(m^3) V_2 : 압축후 부피(m^3)

$V_1 = 200,000 kg \times \dfrac{1}{600 kg/m^3} = 333.33 m^3$

$V_2 = 60,000 kg \times \dfrac{1}{1000 kg/m^3} = 60 m^3$

따라서 부피감소율(%) $= \left(1 - \dfrac{60 m^3}{333.33 m^3}\right) \times 100 = 82\%$

016

쓰레기를 소각하였을 때 남는 재의 질량은 쓰레기의 10%이고 재의 밀도는 1.05g/cm³이라면 쓰레기 50톤을 소각할 경우 남는 재의 부피(m³)를 계산하시오.

친절한 풀이 »

$$\text{소각 후 남는 재의 부피}(m^3) = \frac{\text{쓰레기량}(kg) \times \dfrac{\text{쓰레기중 재의 함량}(\%)}{100}}{\text{재의 밀도}(kg/m^3)}$$

$$= \frac{50 \times 10^3 kg \times 0.1}{1,050 kg/m^3} = 4.76 m^3$$

TIP

① $g/cm^3 \times 10^3 \to kg/m^3$
② 비중 1.05 g/cm³는 1,050 kg/m³이다.
③ 밀도는 단위를 환산하기 위해 사용한다.

017

밀도가 350kg/m³인 폐기물 중 비가연분이 질량비로 40%이다. 폐기물 10m³ 중 가연분의 양(kg)을 계산하시오.

친절한 풀이 » 가연분의 양(kg) = 폐기물량(m³) × 밀도(kg/m³) × (1−비가연분의 함량)
$$= 10m^3 \times 350kg/m^3 \times (1 - 0.40) = 2100 kg$$

제 2 장 매립

 **1 매립**

1. 매립공법의 종류

(1) 내륙매립공법의 종류

① 샌드위치 공법(Sandwich system)
② 셀 공법(Cell system)
③ 압축매립 공법(Baling system)
④ 도랑형 공법(Trench system)

(2) 해안매립공법의 종류

① 박층뿌림공법
② 순차투입공법
③ 내수배제 및 수중투기공법

(3) 매립지 선정시 고려사항

① 육상 매립지 선정시 고려사항
  ㉠ 경관의 손상이 적을 것
  ㉡ 집수면적이 작을 것
  ㉢ 지하수의 흐름이 없을 것
② 해안 매립지 선정시 고려사항
  ㉠ 조류특성에 변화를 주기 쉬운 장소를 피할 것
  ㉡ 물질확산에 영향을 주는 장소를 피할 것
  ㉢ 침식이 일어나는 장소를 피할 것
  ㉣ 수심이 깊고 조류의 변화가 큰 장소를 피할 것

2. 내륙매립공법

(1) 샌드위치 공법

쓰레기를 수평으로 고르게 깔아서 압축한 다음 그 위에 복토를 하여 쓰레기와 복토를 번갈아 하면서 쌓는 방법이다.

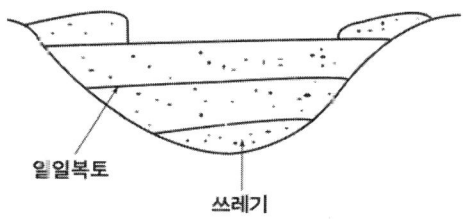

(2) 셀공법

① 쓰레기 비탈면의 경사를 20% 전후(15 ~ 25%)로 하여 쓰레기를 셀모양으로 쌓고 각각의 셀에 복토하는 방법이다.
② 화재의 발생 및 확산을 방지할 수 있다.
③ 1일 작업하는 셀 크기는 매립 처분량에 따라 결정된다.
④ 발생가스와 매립층 내 수분의 이동이 용이하지 못하다.

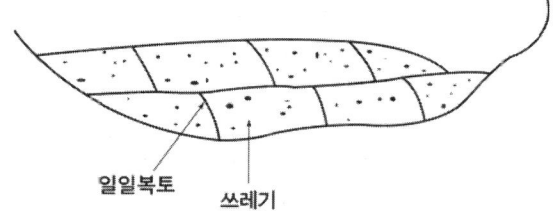

(3) 압축매립공법

쓰레기를 매립하기 전에 이의 감량화를 목적으로 먼저 쓰레기를 일정한 더미형태로 압축하여 부피를 감소시킨 후 포장을 실시하여 매립하는 방법이다.

〈특징〉
① 쓰레기 발생량 증가와 매립지 확보 및 사용연한 문제에 있어서 유리하다.
② 운송이 간편하고 안정성이 있다.
③ 지가(地價)가 비쌀 경우에 유효한 방법이다.
④ 층별로 정렬하는 것이 보편적이며 매립 각 층별로 일일복토를 실시하여야 한다.

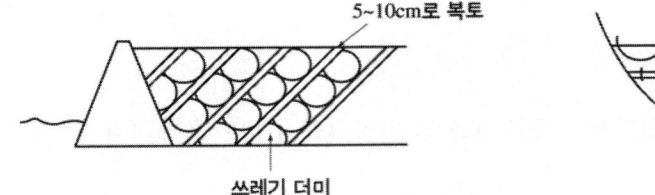
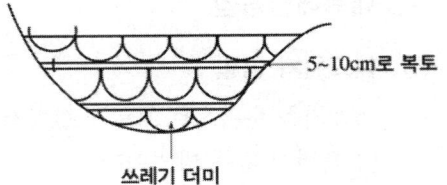

(4) 도랑형 공법

① 폭 20m, 깊이 10m 정도의 도랑을 판 다음 일정한 두께로 쓰레기를 매립한 다음 인근 도랑에서 굴착한 흙으로 복토하는 방법이다.
② 매립지 바닥이 두껍고(지하수면이 지표면으로부터 깊은 곳에 있는 경우) 또한 복토로 적합한 지역에 이용하는 방법으로 단층매립만 가능한 공법이다.

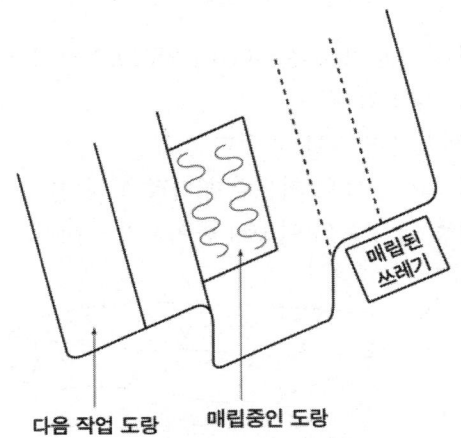

3. 해안매립공법

(1) 해안매립공법의 특징

① 처분장은 면적이 크고 1일 처분량이 많다.
② 수중에 쓰레기를 깔고 압축작업과 복토를 실시하기가 어려워 근본적으로 내륙매립과 다르다.

(2) 박층뿌림공법

① 개량된 지반이 붕괴될 위험이 있을 때 밑면이 뚫린 바지선을 이용하여 쓰레기를 박층으로 떨어뜨려 뿌려주어 바닥의 지반하중을 균등하게 하기 위해 사용하는 방법이다.
② 쓰레기 지반 안정화 및 매립부지 조기이용 등에 유리하지만 매립효율이 떨어진다.

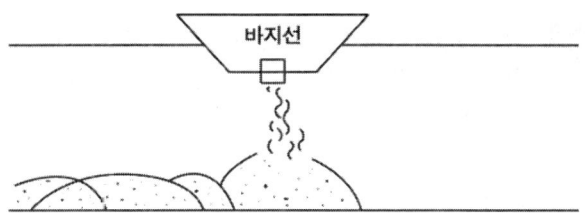

(3) 순차투입공법

① 호안측으로부터 순차적으로 쓰레기를 투입하여 육지화하는 방법이다.
② 수심이 깊은 처분장에서는 건설비 과다로 내수를 완전히 배제하기가 곤란한 경우 사용한다.
③ 부유성 쓰레기의 수면확산에 의해 수면부와 육지부 경계구분이 어려워 매립장비가 매몰되기도 한다.

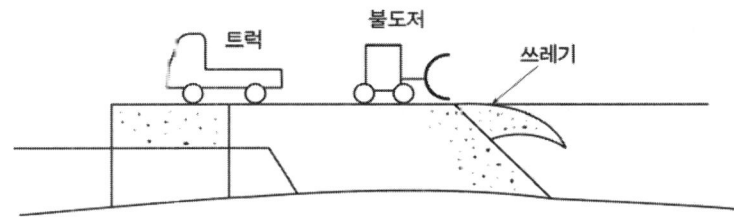

(4) 매립면적 계산 및 매립지 사용연수 계산

①

$$매립면적(m^2/년) = \frac{쓰레기\ 발생량(kg/년)}{쓰레기\ 밀도(kg/m^3) \times 매립지\ 깊이(m)}$$

예제 >>> 인구가 200,000명인 어느 도시에 매립지를 조성하고자 한다. 1일 1인 쓰레기 발생량은 1.3kg이고 쓰레기 밀도는 0.5ton/m^3이며, 이 쓰레기를 압축하면 그 용적이 $\frac{2}{3}$로 줄어든다. 압축한 쓰레기를 매립할 경우, 연간 필요한 매립면적(m^2/년)을 계산하시오. (단, 매립지 깊이는 2m이다.)

풀이 >>>
$$매립면적(m^2/년) = \frac{1.3kg/인 \cdot 일 \times 200,000인 \times 365day/년}{500kg/m^3 \times 2m} \times \frac{2}{3}$$
$$= 63,266.67m^2/년$$

② 매립지의 사용연수(매립기간) 계산

$$매립기간(년) = \frac{매립\ 용적(m^3)}{쓰레기\ 발생량(m^3/년) \times (1-부피\ 감소율)}$$

예제 ≫ 어느 매립지 쓰레기 수용량은 1,635,200m³이고 수거대상인구는 100,000명, 1인 1일 쓰레기발생량은 2.0kg 매립시의 쓰레기 부피감소율은 30%라고 할 때 매립지의 사용연수(년)를 계산하시오. (단, 쓰레기의 밀도는 500kg/m³이다.)

풀이 ≫ 매립기간(년)

$$= \frac{1,635,200 \text{m}^3}{2.0\text{kg/인} \cdot \text{day} \times 100,000\text{인} \times 365\text{day/년} \times \frac{1}{500\text{kg/m}^3} \times (1-0.3)}$$

$$= 16년$$

5. 복토

(1) 복토의 종류

① 당일복토
  ㉠ 복토의 최소두께 : 15cm 이상
  ㉡ 복토 실시시기 : 매립작업이 끝난 후
② 중간복토
  ㉠ 복토의 최소두께 : 30cm 이상
  ㉡ 복토 실시시기 : 매립작업이 7일 이상 중단될 때
③ 최종복토
  ㉠ 복토의 최소두께 : 60cm 이상
  ㉡ 복토 실시시기 : 매립시설의 사용이 종료되었을 때

(2) 인공복토재의 조건

① 투수계수가 낮아야 한다.
② 연소가 잘되지 않아야 한다.
③ 생분해가 가능하여야 한다.
④ 살포가 용이해야 한다.
⑤ 미관상 좋아야 한다.
⑥ 위생문제를 해결하여야 한다.
⑦ 매립지 공간을 절약할 수 있어야 한다.

001
내륙매립공법의 종류 4가지를 쓰시오.

친절한 풀이 » ① 샌드위치 공법 ② 셀 공법
③ 압축매립 공법 ④ 도랑형 공법

002
해안매립공법의 종류 3가지를 쓰시오.

친절한 풀이 » ① 박층뿌림공법
② 순차투입공법
③ 내수배제 및 수중투기공법

003
육상 매립지 선정시 고려사항을 3가지만 쓰시오.

친절한 풀이 » ① 경관의 손상이 적을 것 ② 집수면적이 작을 것
③ 지하수의 흐름이 없을 것

004
해안 매립지 선정시 고려사항을 4가지만 쓰시오.

친절한 풀이 » ① 조류특성에 변화를 주기 쉬운 장소를 피할 것
② 물질확산에 영향을 주는 장소를 피할 것
③ 침식이 일어나는 장소를 피할 것
④ 수심이 깊고 조류의 변화가 큰 장소를 피할 것

005
내륙매립공법 중 샌드위치 공법에 대해 간단히 설명하시오.

» 쓰레기를 수평으로 고르게 깔아서 압축한 다음 그 위에 복토를 하여 쓰레기와 복토를 번갈아 하면서 쌓는 방법이다.

006
내륙매립공법 중 셀 공법에 대해 간단히 설명하시오.

» 쓰레기 비탈면의 경사를 20% 전후(15 ~ 25%)로 하여 쓰레기를 셀모양으로 쌓고 각각의 셀에 복토하는 방법이다.

007
내륙매립공법 중 압축매립 공법에 대해 간단히 설명하시오.

» 쓰레기를 매립하기 전에 이의 감량화를 목적으로 먼저 쓰레기를 일정한 더미형태로 압축하여 부피를 감소시킨 후 포장을 실시하여 매립하는 방법이다.

008
내륙매립공법 중 도랑형 공법에 대해 간단히 설명하시오.

» 폭 20m, 깊이 10m 정도의 도랑을 판 다음 일정한 두께로 쓰레기를 매립한 다음 인근 도랑에서 굴착한 흙으로 복토하는 방법이다.

009
해안매립공법 중 박층뿌림공법에 대해 간단히 설명하시오.

» 개량된 지반이 붕괴될 위험이 있을 때 밑면이 뚫린 바지선을 이용하여 쓰레기를 박층으로 떨어뜨려 뿌려주어 바닥의 지반하중을 균등하게 하기 위해 사용하는 방법이다.

010

해안매립공법 중 순차투입공법에 대해 간단히 설명하시오.

친절한 풀이 » 호안측으로부터 순차적으로 쓰레기를 투입하여 육지화하는 방법으로 수심이 깊은 처분장에서는 건설비 과다로 내수를 완전히 배제하기가 곤란한 경우 사용한다.

011

복토의 종류 중 당일복토에서 복토의 최소두께와 복토실시시기를 쓰시오.

- 복토의 최소두께 : (①)
- 복토 실시시기 : (②)

친절한 풀이 » ① 15cm 이상 ② 매립작업이 끝난 후

012

복토의 종류 중 중간복토에서 복토의 최소두께와 복토실시시기를 쓰시오.

- 복토의 최소두께 : (①)
- 복토 실시시기 : (②)

친절한 풀이 » ① 30cm 이상 ② 매립작업이 7일 이상 중단될 때

013

복토의 종류 중 최종복토에서 복토의 최소두께와 복토실시시기를 쓰시오.

- 복토의 최소두께 : (①)
- 복토 실시시기 : (②)

친절한 풀이 » ① 60cm 이상 ② 매립시설의 사용이 종료되었을 때

014

인공복토재의 조건을 6가지를 쓰시오

친절한 풀이 »
① 투수계수가 낮아야 한다.
② 연소가 잘되지 않아야 한다.
③ 생분해가 가능하여야 한다.
④ 살포가 용이해야 한다.
⑤ 미관상 좋아야 한다.
⑥ 매립지 공간을 절약할 수 있어야 한다.
⑦ 위생문제를 해결하여야 한다.

015

인구가 300,000인 도시의 폐기물 매립지를 선정하고자 한다. 도시의 1인당 폐기물 발생량은 1.5kg/day이었으며 폐기물의 밀도는 $500\,kg/m^3$ 이었다. 매립지는 지형상 2m 정도 굴착 가능하다면 매립지 선정에 필요한 최소한의 면적(m^2/year)을 계산하시오.

친절한 풀이 »

$$\text{매립면적}(m^2/\text{년}) = \frac{\text{폐기물 발생량}(kg/\text{년})}{\text{폐기물 밀도}(kg/m^3) \times \text{매립지 깊이}(m)}$$

$$= \frac{1.5\,kg/\text{인} \cdot \text{일} \times 300,000\,\text{인} \times 365\,\text{일}/\text{년}}{500\,kg/m^3 \times 2m}$$

$$= 164,250\,m^2/\text{년}$$

016

인구가 10,000명인 도시에서 발생한 폐기물을 압축하여 도랑식 위생매립 방법으로 처리하고자 한다. 1년 동안 매립에 필요한 매립지의 부지면적(m^2)을 계산하시오.

- 도랑깊이 : 3.5m
- 발생 폐기물의 밀도 : $500\,kg/m^3$
- 1인·1일 발생량 : 1.5kg
- 쓰레기부피 감소율(압축) : 30%

친절한 풀이 »

$$\text{매립지의 부지면적}(m^2/\text{년}) = \frac{\text{쓰레기 발생량}(kg/\text{년}) \times (1 - \text{부피감소율})}{\text{쓰레기 밀도}(kg/m^3) \times \text{매립지 깊이}(m)}$$

$$= \frac{1.5\,kg/\text{인} \cdot \text{일} \times 10,000\,\text{인} \times 365\,\text{일}/\text{년} \times (1 - 0.30)}{500\,kg/m^3 \times 3.5m} = 2190\,m^2/\text{년}$$

017

어떤 도시에서 1일 50톤의 폐기물이 발생되었고 이 때 밀도가 $400\,kg/m^3$ 이었다. 3m 깊이인 도랑식(trench)으로 매립하고자 할 때 1년 동안 필요한 부지면적(m^2/년)을 계산하시오. (단, 도량점유율이 100%, 매립 시 압축에 따른 쓰레기 부피 감소율은 50%로 한다.)

친절한 풀이 »

$$\text{매립면적}(m^2/\text{년}) = \frac{\text{폐기물 발생량}(kg/\text{년}) \times (1 - \text{부피감소율})}{\text{폐기물 밀도}(kg/m^3) \times \text{매립지 깊이}(m)}$$

$$= \frac{50\,ton/day \times 10^3\,kg/ton \times 365\,day/\text{년} \times (1 - 0.5)}{400\,kg/m^3 \times 3m}$$

$$= 7,604.17\,m^2/\text{년}$$

018

1일 쓰레기 발생량이 29.8t인 도시의 쓰레기를 깊이 2.5m의 도랑식(Trench)으로 매립하고자 한다. 쓰레기 밀도 $500kg/m^3$, 도랑 점유율 60%, 부피감소율 40%일 경우 1년간 필요한 부지면적(m^2)을 계산하시오.

친절한 풀이 ≫ 필요한 부지면적(m^2/년)

$$= \frac{쓰레기\ 발생량(kg/년) \times (1-부피감소율)}{쓰레기\ 밀도(kg/m^3) \times 깊이(m)} \times \frac{1}{도랑\ 점유율}$$

$$= \frac{29.8 \times 10^3 kg/일 \times 365일/년 \times (1-0.4)}{500kg/m^3 \times 2.5m} \times \frac{1}{0.6} = 3701.6\,m^2/년$$

019

인구 10,000명인 도시에서 1인 1일 쓰레기 배출량이 1.5kg이고 밀도가 $0.45ton/m^3$인 쓰레기를 매립용량이 $20,000m^3$인 트랜치에 매립, 처분하고자 할 때 트랜치의 사용 일수(일)를 계산하시오. (단, 매립시 쓰레기 부피 감소율은 35%)

친절한 풀이 ≫ 트랜치의 사용일수(일)

$$= \frac{매립용적(m^3)}{쓰레기\ 발생량(kg/day) \times \frac{1}{밀도(kg/m^3)} \times (1-부피감소율)}$$

$$= \frac{20,000m^3}{1.5kg/인 \cdot 일 \times 10,000인 \times \frac{1}{450kg/m^3} \times (1-0.35)} = 924\,일$$

020

어느 매립지의 쓰레기 수용량은 $1,635,200m^3$이고, 수거 대상인구는 100,000명, 1인 1일 쓰레기 발생량은 2.0kg, 매립시의 쓰레기 부피 감소율은 30%라 할 때 매립지의 사용연수(년)를 계산하시오. (단, 쓰레기 밀도는 $500kg/m^3$으로 수거시의 밀도이다.)

친절한 풀이 ≫ 매립지 사용년수(년) $= \dfrac{매립용적(m^3)}{쓰레기\ 발생량(m^3/년) \times (1-부피감소율)}$

$$= \frac{1,635,200m^3}{2.0kg/인 \cdot 일 \times 100,000인 \times 365일/년 \times \frac{1}{500kg/m^3} \times (1-0.3)} = 16\,년$$

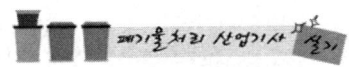

2. 차수시설 및 침출수

1. 차수시설의 특징

① 매립지의 침출수 유출을 방지한다.
② 지하수가 매립지 내부로 유입되는 것을 방지한다.
③ 매립지내에서의 물의 이동은 다르시(Darcy)법칙으로 나타낸다.
④ 투수방지를 위해 불투수층 차수막 또는 점토를 사용한다.

2. 연직차수막 공법의 종류

① 강널말뚝　　　　　　　　　② 굴착에 의한 차수시트 매설법
③ 어스댐 코어　　　　　　　　④ 그라우트 공법

3. 차수시설의 종류

(1) 연직차수막

① 차수막 보강시공이 가능하다.
② 지중에 수평방향의 차수층이 존재할 때 사용한다.
③ 지하수 집배수 시설이 불필요하다.
④ 단위면적당 공사비는 비싸지만 총공사비는 싸다.
⑤ 지하매설로써 차수성 확인이 어렵다.
⑥ 연직차수막은 지중에 암반 및 점성토로 구성된 불투수층이 수평방향으로 넓게 분포하고 있는 경우 수직 또는 경사로 시공한다.

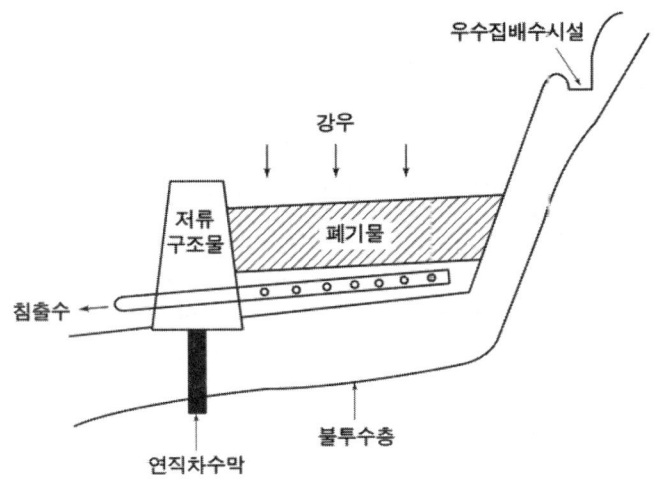

(2) **표면차수막**
① 시공시에는 눈으로 차수성 확인이 가능하나 매립 후에는 곤란하다.
② 지하수 집배수시설이 필요하다.
③ 차수막 단위면적당 공사비는 싸지만 매립지 전체를 시공하는 경우가 많아 총공사비는 비싸다.
④ 보수 가능성면에 있어서는 매립 전에는 용이하나 매립 후에는 어렵다.
⑤ 매립지 필요범위에 차수재료로 덮인 바닥이 있을 때 사용한다.
⑥ 매립지 지반의 투수계수가 큰 경우에 사용한다.

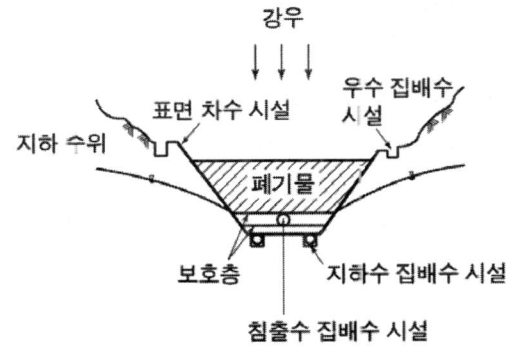

> **TIP**
>
> 연직차수막과 표면차수막의 비교
>
> | | 연직차수막 | 표면차수막 |
> |---|---|---|
> | 차수성 확인 | 지하에 매설하기 때문에 확인이 어렵다. | • 시공 시에는 가능하다.
• 매립 후에는 곤란하다. |
> | 경제성 | 단위면적당 공사비가 비싼 반면 총공사비는 싸다. | 단위면적당 공사비는 싸지만 매립지 전체를 시공하는 경우가 많아 총공사비는 비싸다. |
> | 보수성 | 차수막 보강시공이 가능 | 매립 전에는 가능하나 매립 후에는 어렵다. |
> | 지하수 집배수시설 | 필요 없다. | 필요하다. |

4. 합성차수막의 Crystallinity(결정도)가 증가할수록 나타나는 성질

① 충격에 약하다.
② 화학물질에 대한 저항성이 증가한다.
③ 인장강도가 증가한다.
④ 투수계수가 감소한다.
⑤ 열에 대한 저항성이 증가한다.

5. 합성차수막의 종류

(1) CR(Choroprene Rubber)

① 장점
  ㉠ 대부분의 화학물질에 대한 저항성이 높다.
  ㉡ 마모 및 기계적 충격에 강하다.
② 단점
  ㉠ 접합이 용이하지 못하다.   ㉡ 가격이 비싸다.

(2) PVC(Polyvinyl Chloride)

① 장점
  ㉠ 가격이 저렴하다.   ㉡ 작업이 용이하다.
  ㉢ 강도가 크다.   ㉣ 접합이 용이하다.

② 단점
   ㉠ 대부분의 유기화학물질에 약하다.
   ㉡ 자외선, 오존, 기후에 약하다.

(3) CSPE(Chlorosulfonated Polyethylene)
   ① 장점
      ㉠ 접합이 용이하다.   ㉡ 미생물에 강하다.
      ㉢ 산 및 알칼리에 강하다.
   ② 단점
      ㉠ 기름, 탄화수소, 용매류에 약하다.   ㉡ 강도가 약하다.

(4) HDPE & LDPE(High Density Polyethylene & Low Density Polyethylene)
   ① 대부분의 화학물질에 대한 저항성이 높다.
   ② 접합상태가 양호하다.
   ③ 온도에 대한 저항성이 높다.
   ④ 강도가 높다.
   ⑤ 유연하지 못하고 손상의 우려가 높다.

(5) EPDM(Ethylene Propylene Diene Monomer)
   ① 장점
      ㉠ 수분의 함량이 낮다.   ㉡ 강도가 높다.
   ② 단점
      ㉠ 접합상태가 양호하지 못하다.
      ㉡ 기름, 방향족 탄화수소, 용매류에 약하다.

(6) CPE(Chlorinated Polyethylene)
   ① 강도가 높다.
   ② 접합상태가 양호하지 못하다.
   ③ 방향족 탄화수소 및 기름종류에 약하다.

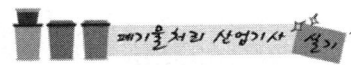

6. 점토의 차수막 적합조건

① 투수계수 : 10^{-7} cm/sec 미만
② 소성지수 : 10% 이상 30% 미만
③ 액성한계 : 30% 이상
④ 점토 및 미사토 함량 : 20% 이상
⑤ 자갈 함유량 : 10% 미만

> **TIP**
>
> 합성차수계 차수막과 점토차수막의 비교
> ① 합성차수계 차수막은 점토에 비해 내구성이 높으나 열화위험이 있다.
> ② 합성차수계 차수막은 점토에 비해 가격은 비싸나 시공이 용이하다.
> ③ 점토차수막은 벤토나이트 첨가시 차수성이 더 좋아진다.
> ④ 점토차수막은 바닥처리가 나쁘면 부등침하 및 균열의 위험이 있다.

7. 매립지 저류 구조물의 조건

① 옹벽, 성토(흙댐), 콘크리트댐으로 크게 구분할 수 있다.
② 침출수의 유출이나 누출을 방지하여야 한다.
③ 강우발생에 대비하여 계획 최고 수위를 미리 결정해둔다.
④ 필요에 따라 차수기능을 갖추어야 한다.

8. 침출수 농도에 미치는 영향인자

① 매립된 쓰레기의 높이
② 매립된 쓰레기의 질
③ 연간 평균강수량
④ 매립된 쓰레기의 조성
⑤ 매립된 쓰레기의 경과시간
⑥ 쓰레기의 매립방법

9. 침출수 계산

(1) Darcy의 법칙

$$t = \frac{d^2 n}{k(d+h)}$$

여기서, t : 침출수가 점토층을 통과하는 시간(년) d : 점토층의 두께(m)
　　　　n : 유효공극률　　　　　　　　　　　　　k : 투수계수(m/년)
　　　　h : 침출수 수두(m)

> **예제** >>> 유효공극률 0.2, 점토층위의 침출수 수두 1.5m인 점토차수층 1.0m를 통과하는데 10년이 걸렸다면 점토차수층의 투수계수(cm/sec)를 계산하시오.
>
> **풀이** >>> ① $t = \dfrac{d^2 n}{k(d+h)}$
>
> $10년 = \dfrac{(1.0m)^2 \times 0.2}{k \times (1.0m + 1.5m)}$
>
> $\therefore k = \dfrac{(1.0m)^2 \times 0.2}{10년 \times (1.0m + 1.5m)} = 0.008 m/년$
>
> ② $k(cm/sec) = \dfrac{0.008\,m}{년} \Big| \dfrac{10^2\,cm}{1\,m} \Big| \dfrac{1년}{365\,day} \Big| \dfrac{1\,day}{24\,hr} \Big| \dfrac{1\,hr}{3600\,sec}$
> $= 2.54 \times 10^{-8}\,cm/sec$

(2) 도달시간 계산

$$도달시간(년) = \dfrac{이동거리(m) \times 유효공극률}{유출속도(m/년)}$$

> **예제** >>> 오염된 지하수의 Darcy속도(유출속도)가 0.1m/day이고 유효공극률이 0.4일 때 오염원으로부터 500m 떨어진 지점에 도달하는데 걸리는 시간(년)을 계산하시오. (단, 유출속도는 단위시간에 흙의 전체 단면적을 통하여 흐르는 물의 속도)
>
> **풀이** >>> 도달시간(년) $= \dfrac{이동거리(m) \times 유효공극률}{유출속도(m/년)}$
>
> $= \dfrac{500m \times 0.4}{0.1m/day \times 365day/년} = 5.48년$

(3) 침출수 발생량 계산

$$침출수\ 발생량(ton/년) = 침출수량(m/년) \times 매립장의\ 면적(m^2) \times 비중(ton/m^3)$$

> **예제** >>> 인구 400,000명에 1인당 하루 1.15kg의 쓰레기를 배출하는 지역에 면적이 2,000,000m²의 매립장을 건설하려고 한다. 강우량이 1,250mm/년인 경우 강우로 인한 침출수 발생량(ton/년)을 계산하시오. (단, 강우량 중 60%는 증발되고, 40%만 침출수로 발생된다고 가정하며, 침출수의 비중은 1.0 이다.)
>
> **풀이** >>> 침출수 발생량(ton/년) $= 1,250 \times 10^{-3}\,m/년 \times 0.4 \times 2,000,000\,m^2 \times 1.0\,ton/m^3$
> $= 1,000,000\,ton/년$
>
> **TIP**
>
> 침출수 비중 $1.0\,g/cm^3 = 1.0\,Kg/L = 1.0\,ton/m^3$

(4) 반응속도식

① 1차반응속도식

$$\ln \frac{C_t}{C_o} = -k \times t$$

여기서, C_o : 초기농도 C_t : t시간 후의 농도
k : 상수 t : 시간

② 1차 반응속도식(반감기 사용)

$$\ln \frac{C_o}{C_t} = -k \times t \xrightarrow[C_t = \frac{1}{2}C_o]{\text{반감기 사용}} \ln \frac{\frac{1}{2}C_o}{C_o} = -k \times t \Rightarrow \ln \frac{1}{2} = -k \times t$$

예제 >>> 1차반응속도에서 반감기(농도가 50% 줄어드는 시간)가 10분이다. 초기농도의 75%가 줄어드는데 걸리는 시간(min)을 계산하시오.

풀이 >>>
① 반감기 사용하여 k를 계산한다.
$$\ln \frac{1}{2} = -k \times 10\text{min}$$
$$\therefore k = \frac{\ln \frac{1}{2}}{-10\text{min}} = 0.0693/\text{min}$$

② 1차반응식을 사용하여 t(min)를 계산한다.
$$\ln \frac{25}{100} = -0.0693/\text{min} \times t$$
$$\therefore t = \frac{\ln \frac{25}{100}}{-0.0693/\text{min}} = 20.0\text{min}$$

TIP

$C_t = 100\% - 75\% = 25\%$

실전연습문제

001
연직차수막 공법의 종류를 4가지를 쓰시오.

친절한 풀이 » ① 강널말뚝 ② 굴착에 의한 차수시트 매설법
③ 어스댐 코어 ④ 그라우트 공법

002
차수시설의 종류 중 연직차수막에 대한 내용이다. ( )를 채우시오.

| ① 차수성확인 : ( ) | ② 경제성 : ( ) |
| ③ 보수성 : ( ) | ④ 지하수 집배수시설 : ( ) |

친절한 풀이 » ① 차수성확인 : (지하에 매설하기 때문에 확인이 어렵다.)
② 경제성 : (단위면적당 공사비가 비싼 반면 총공사비는 싸다.)
③ 보수성 : (차수막 보강시공이 가능하다.)
④ 지하수 집배수시설 : (필요없다.)

003
차수시설의 종류 중 표면차수막에 대한 내용이다. ( )를 채우시오.

| ① 차수성확인 : ( ) | ② 경제성 : ( ) |
| ③ 보수성 : ( ) | ④ 지하수 집배수시설 : ( ) |

친절한 풀이 » ① 차수성확인 : (시공시에는 가능하나 매립 후에는 곤란하다.)
② 경제성 : (단위면적당 공사비는 싸지만 매립지 전체를 시공하는 경우가 많아 총공사비는 비싸다.)
③ 보수성 : (매립전에는 가능하나 매립 후에는 어렵다.)
④ 지하수 집배수시설 : (필요하다.)

제2장 매립 149

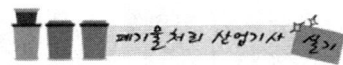

004

합성차수막의 종류 중 CR의 장·단점을 2가지씩 각각 쓰시오.

>> (1) 장점
　　① 대부분의 화학물질에 대한 저항성이 높다.
　　② 마모 및 기계적 충격에 강하다.
(2) 단점
　　① 접합이 용이하지 못하다.
　　② 가격이 비싸다.

005

합성차수막의 종류 중 PVC의 장·단점을 2가지씩 각각 쓰시오.

>> (1) 장점
　　① 가격이 저렴하다.
　　② 작업이 용이하다.
(2) 단점
　　① 대부분의 유기화학물질에 약하다.
　　② 자외선, 오존, 기후에 약하다.

006

합성차수막의 종류 중 CSPE의 장·단점을 2가지씩 각각 쓰시오.

>> (1) 장점
　　① 접합이 용이하다.
　　② 미생물, 산 및 알칼리에 강하다.
(2) 단점
　　① 기름, 탄화수소, 용매류에 약하다.
　　② 강도가 약하다.

007

합성차수막의 종류 중 HDPE & LDPE의 장점 4가지를 쓰시오.

친절한 풀이 » ① 대부분의 화학물질에 대한 저항성이 높다.
② 접합상태가 양호하다.
③ 온도에 대한 저항성이 높다.
④ 강도가 높다.

008

합성차수막의 종류 중 EPDM의 장·단점을 2가지씩 각각 쓰시오.

친절한 풀이 » (1) 장점
① 수분의 함량이 낮다.
② 강도가 높다.
(2) 단점
① 접합상태가 양호하지 못하다.
② 기름, 방향족 탄화수소, 용매류에 약하다.

009

다음은 점토의 차수막의 적합조건이다. ( )를 채우시오.

① 투수계수 : ( )   ② 소성지수 : ( )
③ 액성한계 : ( )   ④ 점토 및 미사토 함량 : ( )
⑤ 자갈 함유량 : ( )

친절한 풀이 » (1) 투수계수 : (10^{-7} cm/sec 미만)
(2) 소성지수 : (10% 이상 30% 미만)
(3) 액성한계 : (30% 이상)
(4) 점토 및 미사토 함량 : (20% 이상)
(5) 자갈 함유량 : (10% 미만)

010

침출수 농도에 미치는 영향인자 5가지를 쓰시오.

① 매립된 쓰레기의 높이　② 매립된 쓰레기의 질
③ 연간 평균강수량　④ 매립된 쓰레기의 조성
⑤ 매립된 쓰레기의 경과시간　⑥ 쓰레기의 매립방법

011

유효공극율 0.2, 점토층 위의 침출수 수두 1.5m인 점토 차수층 1.0m를 통과하는데 10년이 걸렸다면 점토 차수층의 투수계수(cm/sec)를 계산하시오.

① $t = \dfrac{d^2 \cdot n}{k(d+h)}$

여기서, t : 침출수가 점토층을 통과하는 시간(년)
　　　　d : 점토층의 두께(m)　　n : 유효공극률
　　　　k : 투수계수(m/년)　　h : 침출수 수두(m)

따라서 $k = \dfrac{d^2 \cdot n}{t(d+h)} = \dfrac{(1.0m)^2 \times 0.2}{10년 \times (1.0m + 1.5m)} = 0.008 m/년$

② $k(cm/sec) = \dfrac{0.008m}{년} \times \dfrac{10^2 cm}{1m} \times \dfrac{1년}{365일} \times \dfrac{1일}{24hr} \times \dfrac{1hr}{3,600sec}$

　　　　　　$= 2.54 \times 10^{-8} cm/sec$

012

다음과 같은 매립지 내 침출수가 차수층을 통과하는데 소요되는 시간(년)을 계산하시오.

- 점토층 두께 : 1.0m
- 투수계수 : 10^{-7} cm/sec
- 유효공극률 : 0.2
- 상부침출수 수두 : 0.4m

$t = \dfrac{d^2 \cdot n}{k(d+h)}$

① $k(m/년) = \dfrac{10^{-7} cm}{sec} \times \dfrac{1m}{10^2 cm} \times \dfrac{3,600sec}{1hr} \times \dfrac{24hr}{1day} \times \dfrac{365day}{1년}$

　　　　　　$= 3.15 \times 10^{-2} m/년$

② $t = \dfrac{(1.0m)^2 \times 0.2}{3.15 \times 10^{-2} m/년 \times (1.0m + 0.4m)} = 4.54년$

013

폐기물 매립지 표면적이 50,000m²이며 침출수량은 연간 강우량의 15%라면 1년간 침출수에 의한 BOD 유출량(kg)을 계산하시오. (단, 연간 평균 강우량은 1,200mm, 침출수 BOD 5,000mg/L이다.)

친절한 풀이 » 침출수에 의한 BOD 유출량(kg/년) = 침출수의 BOD농도(kg/m³) × 침출수량(m³/년)

① 침출수의 BOD 농도 = $5,000mg/L \times 10^{-3} = 5kg/m^3$

② 침출수량(m³/년) = $50,000m^2 \times 1,200mm/년 \times 10^{-3} m/mm \times 0.15$
$= 9,000 m^3/년$

③ 침출수에 의한 BOD 유출량 = $5kg/m^3 \times 9,000m^3/년 = 45,000 kg/년$

TIP
① $mg/L \times 10^{-3} \rightarrow kg/m^3$
② 침출수량 = 연간 강우량 × 0.15

014

매립지 침출수의 발생량을 추정하는 일일 강우량에 의한 식을 이용하는 경우 다음 조건에서 일일 발생하는 침출수의 양(m³/day)을 계산하시오. (단, 침투된 강우는 모두 침출수로 발생되며 기타 조건은 고려하지 않는다.)

- 침투율 : 0.3
- 연평균 일강우량 : 5mm
- 매립지 면적 : 300,000 m²

친절한 풀이 » 발생되는 침출수의 양(m³/day) = 매립지면적(m²) × 강우량(m/day) × 침투율
$= 300,000m^2 \times 5 \times 10^{-3} m/day \times 0.3 = 450 m^3/day$

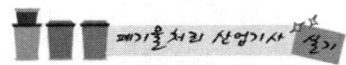

015

인구 400,000명에 1인당 하루 1.15kg의 쓰레기를 배출하는 지역에 면적이 2,000,000m²의 매립장을 건설하려고 한다. 강우량이 1,250mm/year인 경우 강우로 인한 침출수 발생량(ton/년)을 계산하시오. (단, 강우량 중 60%는 증발되고, 40%만 침출수로 발생된다고 가정하며, 침출수 비중은 1.0 기준이다.)

친절한 풀이 » 침출수 발생량(ton/년) = 침출수량(m/년) × 매립장의면적(m²) × 비중(ton/m³)
$$= 1250\text{mm/년} \times 10^{-3}\text{m/mm} \times 0.4 \times 2,000,000\text{m}^2$$
$$\times 1.0\text{ton/m}^3$$
$$= 1,000,000\text{ton/년}$$

TIP
침출수 비중 $1.0\text{ g/cm}^3 = 1.0\text{kg/L} = 1.0\text{ton/m}^3$

016

어느 매립지의 침출수 농도가 반으로 감소하는데 4년이 걸린다면 이 침출수 농도가 90% 분해되는데 걸리는 시간(년)을 계산하시오. (단, 1차 반응기준이다.)

친절한 풀이 »

1차반응식 : $\ln \dfrac{C_t}{C_o} = -k \times t$

여기서, C_o : 초기농도 C_t : t시간 후의 농도
　　　　 k : 상수　　　　　t : 시간

① $\ln \dfrac{1}{2} = -k \times 4\text{년}$　　　∴ $k = \dfrac{\ln \dfrac{1}{2}}{-4\text{년}} = 0.1733/\text{년}$

② $\ln \dfrac{10}{100} = -0.1733/\text{년} \times t$　　　∴ $t = \dfrac{\ln \dfrac{10}{100}}{-0.1733/\text{년}} = 13.29\text{년}$

TIP
$C_t = 100 - 90\% = 10\%$

3 가스발생 및 처분

1. 폐기물 매립 후 발생되는 생성가스 농도변화

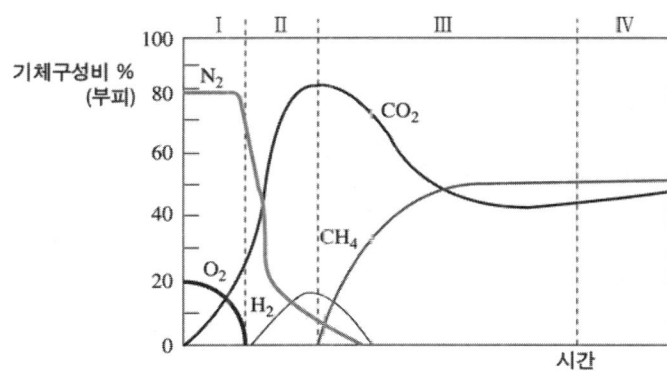

① Ⅰ단계(호기성단계)
   ㉠ 산소가 급감하여 거의 사라지고 이산화탄소(탄산가스)가 생성되기 시작한다.
   ㉡ 가스의 발생량이 적다.
   ㉢ 질소가 감소한다.
   ㉣ 매립물의 분해속도에 따라 수일에서 수개월 동안 지속된다.
   ㉤ 폐기물 내 수분이 많은 경우 반응이 빨라져 호기성 단계가 짧아진다.
② Ⅱ단계(혐기성 비메탄단계) : 혐기성 단계지만 CH_4가 형성되지 않고, H_2가 생성되기 시작하고 SO_4^{2-}, NO_3^- 등이 환원된다.
③ Ⅲ단계(메탄생성축적단계) : 혐기성 단계이며 CH_4가 발생하기 시작한다.
④ Ⅳ단계(정상적인 혐기단계) : 정상적인 혐기단계로 CH_4와 CO_2의 함량이 거의 일정하다. (CH_4 55%, CO_2 45%로 구성)

2 매립지의 매립폐기물 및 발생가스 조건

① 폐기물 중에는 약 50%의 분해 가능한 물질이어야 한다.
② 폐기물 중 분해가능한 물질의 50% 이상이 실제 분해하여 기체를 발생시켜야 한다.
③ 발생기체의 50% 이상을 포집할 수 있어야 한다.
④ 기체의 발열량은 $2200\,kcal/Sm^3$ 이상이어야 한다.

3. 매립지의 메탄가스 발생량 계산

$$\text{메탄가스 발생량}(m^3) = \text{총 쓰레기양}(kg) \times \frac{\text{유기물(VS) 함량(\%)}}{100} \times \frac{\text{메탄함량(\%)}}{100}$$

예제 >>> 다음과 같은 조건을 이용하여 매립지에서 발생한 가스중의 메탄의 양(m^3)을 계산하시오.

〈조건〉
- 총 쓰레기양 : 50ton
- 쓰레기중 유기물 함량 : 35%(질량기준)
- 발생가스 중 메탄함량 : 40%(부피기준)
- 1kg당 가스발생량 : $0.6\,m^3$
- 유기물의 비중 : 1.0

풀이 >>> 메탄가스 발생량(m^3) = $50 \times 10^3 kg \times 0.35 \times 0.6 m^3/kg \times 0.4$
 = $4200\,m^3$

4. 매립지 내 유기물의 혐기성 분해 반응식

$$C_aH_bO_cN_dS_e + \left(\frac{4a-b-2c+3d+2e}{4}\right)H_2O$$
$$\rightarrow \left(\frac{4a+b-2c-3d-2e}{8}\right)CH_4 + \left(\frac{4a-b+2c+3d+2e}{8}\right)CO_2 + dNH_3 + eH_2S$$

예제 >>> $C_4H_6O_2N$이 물과 함께 혐기성 반응할 때 완전반응식을 서술하시오.

풀이 >>> 혐기성 완전분해식을 이용한다.
$$C_aH_bO_cN_d + \left(\frac{4a-b-2c+3d}{4}\right)H_2O$$
$$\rightarrow \left(\frac{4a+b-2c-3d}{8}\right)CH_4 + \left(\frac{4a-b+2c+3d}{8}\right)CO_2 + dNH_3$$
따라서 $C_4H_6O_2N \rightarrow 1.875CH_4 + 2.125CO_2 + NH_3$

001

폐기물 매립 후 발생되는 생성가스 농도변화를 4단계로 나누어 간단히 설명하시오.

① Ⅰ단계(호기성단계) : 산소와 질소가 감소하고, 이산화탄소가 생성되기 시작한다.
② Ⅱ단계(혐기성 비메탄단계) : 혐기성 단계지만 CH_4가 형성되지 않고, H_2가 생성되기 시작하고 SO_4^{2-}, NO_3^- 등이 환원된다.
③ Ⅲ단계(메탄생성축적단계) : 혐기성 단계이며 CH_4가 발생하기 시작한다.
④ Ⅳ단계(정상적인 혐기단계) : 정상적인 혐기 단계로 CH_4와 CO_2의 함량이 거의 일정하다. (CH_4 55%, CO_2 45%로 구성)

002

침출수를 혐기성여상으로 처리할 때 유입유량 3,000 m^3/day이고 BOD가 600mg/L이며 처리효율이 95%이다. 이때 발생되는 메탄가스의 양(m^3/day)을 계산하시오. (단, 1.5 m^3 가스/BOD kg, 가스 중 메탄 함량 60%, 표준상태 기준이다.)

CH_4 가스의 발생량(m^3/day)
= 유입유량(m^3/day) × BOD 농도(kg/m^3) × 처리효율 × CH_4 함량 × 가스발생량 (m^3/kg)
= 3,000 m^3/day × 0.6 kg/m^3 × 0.95 × 0.60 × 1.5 m^3/kg = 1,539 m^3/day

003

매립지에 매립된 쓰레기양이 1,000ton이고 이 중 유기물 함량이 40%이며, 유기물에서 가스로의 전환율이 70%이다. 만약 유기물 kg당 $1m^3$의 가스가 생성되고 가스 중 메탄 함량이 40%라면 발생되는 총 메탄의 부피(m^3)를 계산하시오. (단, 표준상태로 가정)

친절한 풀이 ≫ 메탄의 부피 (m^3)
= 매립된쓰레기량(kg)×유기물함량×유기물중가스전환율×유기물 중 가스 생성량(m^3/kg)×가스중메탄의함량
= $1,000 \times 10^3 kg \times 0.40 \times 0.70 \times 1m^3/kg \times 0.40 = 112,000 m^3$

004

고형폐기물의 처리시 1kg의 포도당($C_6H_{12}O_6$) 성분의 폐기물이 혐기성분해를 한다면 이론적인 메탄가스발생량(kg)을 계산하시오.

친절한 풀이 ≫
$C_6H_{12}O_6 \rightarrow 3CO_2 + 3CH_4$
180kg : 3×16kg
1kg : X(CH_4)

∴ X(CH_4) = $\dfrac{1kg \times 3 \times 16kg}{180g}$ = 0.27kg

005

$C_{50}H_{100}O_{42}N$으로 표현되는 폐기물 2몰이 혐기성 상태에서 분해될 때 발생하는 메탄의 양(몰)을 계산하시오.

친절한 풀이 ≫ $C_{50}H_{100}O_{42}N + 4.75H_2O \rightarrow 26.625CH_4 + 23.375CO_2 + NH_3$
1몰 : 26.625몰
2몰 : X

따라서 X = $\dfrac{2몰 \times 26.625몰}{1몰}$ = 53.25몰

006

$C_{50}H_{100}O_{42}N$ 으로 표현되는 폐기물 2몰이 혐기성 상태에서 분해될 때 발생하는 메탄의 양(L)을 계산하시오. (단, 온도는 30℃ 기준)

친절한 풀이 » ① $C_{50}H_{100}O_{42}N + 4.75H_2O \rightarrow 26.625CH_4 + 23.375CO_2 + NH_3$

　　1mol　　　　　　　　　　:　26.625×22.4L
　　2mol　　　　　　　　　　:　　　X

따라서 $X = \dfrac{2\text{mol} \times 26.625 \times 22.4\text{L}}{1\text{mol}} = 1,192.8\text{L}$

② 표준상태의 메탄량(L)을 30℃로 전환한다.

$CH_4(L) = \dfrac{1,192.8\text{L}}{} \Big| \dfrac{273 + 30℃}{273} = 1,323.88\text{L}$

007

폐기물의 원소조성이 질량비로 C : 60%, H : 8%, O : 32%이다. 분자량이 100인 이 폐기물 1kg이 혐기성 조건에서 완전분해된다고 할 때 발생하는 CH_4 가스량(kg)을 계산하시오.
(단, $C_xH_yO_z + aH_2O \rightarrow bCH_4 + cCO_2$ 를 이용할 것)

친절한 풀이 » ① 폐기물의 화학식을 계산한다.

$C = \dfrac{100 \times 0.6}{12} = 5$ 　　　　$H = \dfrac{100 \times 0.08}{1} = 8$

$O = \dfrac{100 \times 0.32}{16} = 2$

따라서 폐기물의 화학식은 $C_5H_8O_2$가 된다.

② 발생하는 CH_4 가스량(kg)을 계산한다.

$C_5H_8O_2 + 2H_2O \rightarrow 3CH_4 + 3CO_2$

　100kg　　　　　　:　3×16kg
　　1kg　　　　　　:　　X

∴ $X = \dfrac{1\text{kg} \times 3 \times 16\text{kg}}{100\text{kg}} = 0.48\text{kg}$

자원화

 퇴비화

1. 퇴비화 기술의 특징

① 우리나라 음식물 쓰레기를 퇴비로 재활용하는데 있어서 가장 큰 문제점은 염분함량이다.
② 퇴비화를 정상적으로 유도하기 위해서 공급하는 적정공기량은 5~15% 정도이다.
③ 유기성폐기물이 대상이며 함수율이 60% 전후인 원료가 적합하다.
④ 분해를 위해서는 대상 원료별 적합한 탄질소비(C/N비)를 맞추어 주는 것이 필요하다.
⑤ 통기 개량제는 톱밥 등을 사용하며 수분조절, 탄질소비 조절기능을 겸한다.
⑥ 생산된 퇴비는 비료의 가치가 낮고 퇴비완성시 부피 감소율이 50% 이하로 낮은 편이다.
⑦ 초기 시설 투자비가 낮고 운영시 소요에너지도 낮은 편이다.
⑧ 다른 폐기물 처리기술에 비해 고도의 기술수준이 요구되지 않는다.
⑨ 퇴비제품의 품질표준화가 어렵고, 부지가 많이 필요한 편이다.
⑩ 퇴비화 후에는 C/N비가 10 정도이다.
⑪ 생산품인 퇴비는 토양개량제로 사용할 수 있다.

2. 퇴비화의 영향인자 중 C/N비(탄질비)의 특징

① 질소는 미생물 생장에 필요한 단백질 합성에 주로 쓰인다.
② 적정 C/N비는 30정도이다.
③ C/N비가 너무 낮으면 암모니아 가스 발생으로 악취가 발생한다.
④ C/N비가 너무 높으면 질소분의 함량이 적어 퇴비화가 잘 안되고 소요시간이 길어진다.
⑤ 일반적으로 퇴비화 탄소가 많으면 퇴비의 pH를 낮춘다.

> **TIP**
>
> **C/N비가 낮은 경우(20이하)의 특징**
> ① 암모니아 가스가 발생할 가능성이 높아진다.
> ② 질소원 손실이 커서 비료효과가 저하될 가능성이 높다.
> ③ 퇴비화 과정 중 좋지 않은 냄새가 발생된다.

3. 친산소성 퇴비화 공정의 설계 운영의 고려인자

① 입자크기 : 폐기물의 적정 입자크기는 25~75mm 정도이다.
② 초기 C/N비는 25~50이 적당하다.
③ C/N비가 너무 높으면 : 질소분의 함량이 적어 퇴비화가 잘 안되고 소요시간이 길어진다.
④ C/N비가 너무 낮으면 : 암모니아 가스 발생으로 악취가 발생한다.
⑤ 병원균제어 : 병원균 사멸을 위해서는 60~70℃에서 24시간 이상 유지하여야 한다.
⑥ pH 조절 : 암모니아 가스에 의한 질소손실을 줄이기 위해서 pH 8.5 이상 올라가지 않도록 주의한다.
⑦ 퇴비화 기간 동안 수분함량은 50~60% 범위에서 유지되어야 한다.
⑧ 퇴비단의 온도는 초기 며칠간은 50~55℃를 유지하여야 하며 활발한 분해를 위해서는 55~60℃가 적당하다.

4. 퇴비화를 위한 설비

① 공기공급시설   ② 수분조절시설   ③ 교반시설

5. 퇴비화의 장점과 단점

(1) 장점

① 운영시에 소요되는 에너지가 낮다.
② 다른 폐기물처리 기술에 비하여 고도의 기술수준이 요구되지 않는다.
③ 초기시설 투자가 적다.
④ 퇴비는 토양의 이화학성질을 개선시키는 토양개량제로 사용할 수 있다.
⑤ 초기 시설 투자가 적으므로 운영시에 소요되는 에너지도 낮다.

(2) 단점
① 생산된 퇴비는 비료의 가치가 낮다.
② 퇴비가 완성되어도 부피가 크게 감소되지 않는다. (감용률 50% 이하)
③ 다양한 재료를 이용하므로 퇴비품질의 표준화가 어렵다.

6. Bulking Agent(팽화제)의 특징
① 수분조절제라고도 한다.
② 처리대상물질의 수분함량을 조절한다.
③ 퇴비의 질(C/N비) 개선에 영향을 준다.
④ 처리대상물질 내의 공기가 원활히 유동될 수 있도록 한다.
⑤ 퇴비생산에 필요한 탄소나 질소를 함유시켜 제공할 수도 있다.
⑥ 톱밥, 볏짚, 낙엽에 기존 퇴비를 혼합하여 퇴비화시키는 것을 말한다.

7. 통기 개량제의 특성
① 볏짚 : 칼륨(K)분이 높다.
② 톱밥 : 톱밥의 종류에 따라서 분해속도가 다양하다.
③ 파쇄목편 : 폐목재 내에 퇴비화에 영향을 줄 수 있는 유해물질의 함유 가능성이 있다.
④ 왕겨(파쇄) : 발생기간이 한정되어 있기 때문에 저류 공간이 필요하다.

2 폐기물처리시 에너지를 회수할 수 있는 처리방법

① RDF　　② 열분해　　③ 혐기성소화

001

C/N비가 낮은 경우(20이하)의 특징을 3가지만 쓰시오.

친절한 풀이 » ① 암모니아 가스가 발생할 가능성이 높아진다.
② 질소원 손실이 커서 비료효과가 저하될 가능성이 높다.
③ 퇴비화 과정 중 좋지 않은 냄새가 발생된다.

002

팽화제의 종류를 3가지 쓰시오.

친절한 풀이 » 톱밥, 볏짚, 낙엽

003

폐기물의 분석결과 함수율이 70%이고, 총휘발성 고형물은 총고형물의 80%, 총유기탄소량은 총휘발성 고형물의 85%이다. 또한 총질소량은 총고형물의 4%라 할 때 폐기물의 C/N비를 계산하시오.

친절한 풀이 » $C/N비 = \dfrac{탄소량}{질소량} = \dfrac{(1-0.7) \times 0.8 \times 0.85}{(1-0.7) \times 0.04} = 17$

TIP
총고형물(%) = 100 − 함수율(%)

004

다음 조성을 가진 분뇨와 음식물을 질량비 3:5로 혼합 처리시 C/N비(탄질소비)를 계산하시오.

구 분	함수율	유기탄소/TS	총질소량/TS
분뇨	95%	40%	20%
음식물	35%	87%	5%

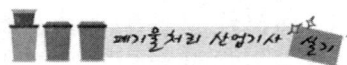

친절한 풀이 »»

$$C/N비 = \frac{탄소량}{질소량} = \frac{(1-0.95)\times 0.4 \times \frac{3}{8} + (1-0.35)\times 0.87 \times \frac{5}{8}}{(1-0.95)\times 0.2 \times \frac{3}{8} + (1-0.35)\times 0.05 \times \frac{5}{8}} = 15$$

005

함수율이 각각 90%, 70%인 하수슬러지를 질량비 3:1로 혼합하였다면 혼합 하수 슬러지의 함수율(%)을 계산하시오. (단, 하수 슬러지 비중은 1.0 기준이다.)

친절한 풀이 »» 함수율(%) = $\frac{(90\% \times 3) + (70\% \times 1)}{(3+1)}$ = 85%

006

함수율 80%인 슬러지 100m³과 함수율 40%인 1,000m³의 쓰레기를 혼합했을 때 함수율(%)을 계산하시오.

친절한 풀이 »» 함수율(%) = $\frac{100m^3 \times 80\% + 1,000m^3 \times 40\%}{100m^3 + 1,000m^3}$ = 43.64%

007

어느 도시의 쓰레기를 수집한 후 각 성분별로 함수량을 측정한 결과가 다음 표와 같았다. 쓰레기 전체의 함수율(%)을 계산하시오. (단, 질량 기준이다.)

성분	구성질량(kg)	함수율(%)
식품폐기물	10	70
플라스틱류	5	2
종이류	7	6
금속류	3	3
연탄재	25	8

친절한 풀이 »» 함수율 = $\frac{합\{구성질량(kg) \times 함수율(\%)\}}{합\{구성질량(kg)\}}$

$= \frac{10kg \times 70\% + 5kg \times 2\% + 7kg \times 6\% + 3kg \times 3\% + 25kg \times 8\%}{10kg + 5kg + 7kg + 3kg + 25kg}$

$= 19.22\%$

토양오염

1 토양

1. 토양오염의 특성

① 토양오염은 대기, 수질, 폐기물 등 1차 오염물질에 의한 축적성 오염이다.
② 오염경로의 다양성
③ 피해발현의 완만성 및 만성적인 형태
④ 타 환경인자와의 영향관계의 모호성
⑤ 오염(영향)의 국지성 및 비인지성
⑥ 원상복구가 어렵다.

2. 토양수분의 물리학적 분류

(1) 흡습수

① 흡습수는 pF 4.5 이상으로 강하게 흡착되어 있다.
② 식물이 직접 이용할 수 없다.
③ 부식토에서의 흡습수의 양은 질량비로 70%에 달한다.

(2) 결합수

① 토양 분자중에 존재하는 수분으로 화학적으로 결합되어 있다.
② pF는 7.0 이상이다.
③ 식물의 성장에 직접 이용될 수 없는 물이다.

(3) 모세관수
① 중력수 외부에 표면장력과 중력이 평형을 유지하며 존재하는 물이다.
② pF는 2.7~4.2 정도이다.
③ 식물에 의해 이용되는 수분이다.

(3) pF(potential force)
① 토양수가 입자에 흡착되어 있는 세기로 토양수를 구분한다.
② 흡착력에 상응하는 수주(cm)의 역수를 pF라 한다.
③ $pF = \log[HcmH_2O]$

(5) 유효공극률 계산

①
$$유효공극률 = \frac{겉보기\ 속도}{침출수\ 속도}$$

예제 ▶▶▶ 토양중에서 1분동안 12m를 침출수가 이동(겉보기 속도)하였다면, 이때 토양 공극내의 침출수속도(m/sec)를 계산하시오. (단, 유효공극률은 0.4)

풀이 ▶▶▶
$$유효공극률 = \frac{겉보기\ 속도}{침출수\ 속도}$$
$$0.4 = \frac{12m/min \times 1min/60sec}{침출수\ 속도}$$
$$\therefore 침출수\ 속도 = \frac{12m/min \times 1min/60sec}{0.4} = 0.5 m/sec$$

②
$$공극률(\%) = \left(1 - \frac{용적밀도}{입자밀도}\right) \times 100$$

예제 ▶▶▶ 토양의 용적밀도가 $1.67g/cm^3$이고, 입자밀도가 $2.55g/cm^3$일 때 공극률(%)을 계산 하시오.

풀이 ▶▶▶
$$공극률(\%) = \left(1 - \frac{1.67g/cm^3}{2.55g/cm^3}\right) \times 100$$
$$= 34.51\%$$

2 토양처리방법

1. 토양증기추출법(Soil vaper Extraction : SVE)

압력 및 농도구배를 형성하기 위하여 추출정을 굴착하여 진공상태로 만들어 줌으로써 토양내의 휘발성 오염물질을 휘발, 추출하는 기술이다.

(1) 장점
 ① 굴착이 필요 없다.
 ② 짧은 시간에 설치할 수 있다.
 ③ 분해에 소요되는 시간이 짧다.
 ④ 결과를 즉시 알 수 있다.
 ⑤ 일반적으로 널리 사용되는 장치 재료로 충분하다.
 ⑥ 지하수의 깊이에 제한을 받지 않는다.
 ⑦ 생물학적 처리효율을 높여준다.
 ⑧ 다른 시약이 필요 없다.
 ⑨ 유지 및 관리비가 적게 소요된다.

(2) 단점
 ① 오염물질의 독성은 처리 후에도 변화가 없다.
 ② 증기압이 낮은 오염물질의 제거효율이 낮다.
 ③ 추출된 기체는 대기오염 방지를 위하여 후처리가 필요하다.
 ④ 토양층이 치밀하여 기체 흐름이 어려운 곳에서는 적용이 어렵다.
 ⑤ 지반구조가 복잡하여 총 처리시간을 예측하기가 어렵다.

2. 토양세척법(Soil Washing Treatment)

(1) 장점
 ① 비휘발성 물질, 생물학적으로 분해성 물질, 중금속 등에 적용된다.
 ② 광범위한 지역에 균일한 적용이 가능하다.
 ③ 에너지 소모가 적다.

④ 처리비용이 싸다.
⑤ 처리효과가 가장 높은 토양입경은 자갈이다.
⑥ 외부 환경의 조건변화에 대한 영향이 적다.
⑦ 부지 내에서 유해 오염물의 이송없이 바로 처리할 수 있다.
⑧ 오염토양 부피의 단시간 내의 효율적인 급감으로 2차 처리비용을 절감할 수 있다.

(2) 단점
① 비수용성 유기용매에 적용이 어렵다.
② 점토와 같이 미세입자에 흡착된 유기오염물질의 처리효과는 매우 낮다.
③ 자체적인 조절이 가능한 폐쇄형 공정이며, 고농도의 휴믹질이 존재하는 경우에는 전처리가 필요하다.

3. 바이오벤팅(Bioventing)

(1) 바이오벤팅(Bioventing)의 특징
① 휘발성이 강하거나 분자량이 큰 유기물질을 처리할 수 있다.
② 불포화 토양층 내에 산소를 공급함으로써 미생물의 분해를 통해 유기물질을 분해 처리한다.
③ 주로 불포화층에 적용한다.
④ 기술 적용시에는 대상부지에 대한 정확한 산소 소모율의 산정이 중요하다.
⑤ 토양 투수성은 공기를 토양 내에 강제 순환시킬 때 매우 중요한 영향인자이다.

(2) 바이오벤팅(Bioventing)의 장·단점
① 장점
  ㉠ 배출가스 처리의 추가비용이 없다.
  ㉡ 장치가 간단하고 설치가 용이하다.
  ㉢ 일반적으로 토양증기추출에 비하여 토양공기의 추출량이 약 1/10 수준이다.
② 단점
  ㉠ 추가적인 영양염류의 공급이 필요하다.
  ㉡ 용해도가 큰 오염물질은 많은 양이 토양수분 내에 용해상태로 존재하게 되어 처리효율이 떨어진다.
  ㉢ 현장 지반 구조 및 오염물 분포에 따른 처리기간의 변동이 심하다.
  ㉣ 오염부지 주변의 공기 및 물의 이동에 의한 오염물질의 확산이 일어날 수 있다.

실전연습문제

001

토양증기추출법(Soil vaper Extraction : SVE)의 장·단점을 5가지씩 각각 쓰시오.

(1) 장점
  ① 굴착이 필요없다.
  ② 짧은 시간에 설치할 수 있다.
  ③ 분해에 소요되는 시간이 짧다.
  ④ 결과를 즉시 알 수 있다.
  ⑤ 일반적으로 널리 사용되는 장치 재료로 충분하다.

(2) 단점
  ① 오염물질의 독성은 처리 후에도 변화가 없다.
  ② 증기압이 낮은 오염물질의 제거효율이 낮다.
  ③ 추출된 기체는 대기오염 방지를 위하여 후처리가 필요하다.
  ④ 토양층이 치밀하여 기체 흐름이 어려운 곳에서는 적용이 어렵다.
  ⑤ 지반구조가 복잡하여 총 처리시간을 예측하기가 어렵다.

002

토양세척법(Soil Washing Treatment)의 장점을 5가지를 쓰시오.

① 비휘발성 물질, 생물학적으로 분해성 물질, 중금속 등에 적용된다.
② 광범위한 지역에 균일한 적용이 가능하다.
③ 에너지 소모가 크다.
④ 처리비용이 싸다.
⑤ 처리효과가 가장 높은 토양입경은 자갈이다.

003
바이오벤팅(Bioventing)의 특징을 5가지를 쓰시오.

① 휘발성이 강하거나 분자량이 큰 유기물질을 처리할 수 있다.
② 불포화 토양층내에 산소를 공급함으로써 미생물의 분해를 통해 유기물질을 분해 처리한다.
③ 주로 불포화층에 적용한다.
④ 기술 적용시에는 대상부지에 대한 정확한 산소 소모율의 산정이 중요하다.
⑤ 토양 투수성은 공기를 토양 내에 강제 순환시킬 때 매우 중요한 영향인자이다.

004
바이오벤팅(Bioventing)의 장·단점을 2가지씩을 각각 쓰시오.

(1) 장점
① 배출가스 처리의 추가비용이 없다.
② 장치가 간단하고 설치가 용이하다.
(2) 단점
① 추가적인 영양염류의 공급이 필요하다.
② 현장 지반 구조 및 오염물 분포에 따른 처리기간의 변동이 심하다.

005
토양수분장력이 10기압에 해당되는 경우 pF의 값을 계산하시오.

$1atm = 1033 cmH_2O$ 이므로 $10atm = 10330 cmH_2O$

따라서 $pF = \log[H\,cmH_2O] = \log[10330\,cmH_2O] = 4$

제 3 편 폐기물 소각 및 열회수

- **제1장** 연료 및 소각로
- **제2장** 연소
- **제3장** 오염물질 처리법
- **제4장** 오염물질 제거장치

폐기물처리
산업기사 **실기**

Industrial Engineer Wastes Treatment

제 1 장 연료 및 소각로

 **연료**

1. 고체연료

(1) 고체연료의 특징

① 고체연료의 C/H비는 15~20 범위이다.
② 고체연료는 액체연료에 비하여 수소함유량이 적다.
③ 고체연료는 액체연료에 비하여 산소함유량이 크다.
④ 고체연료의 연소속도는 연료단위 표면적당 단위시간당 연료량을 의미한다.
⑤ 점화와 소화가 용이하지 못하다.
⑥ 인화, 폭발의 위험성이 적다.
⑦ 가격이 저렴하다
⑧ 저장, 운반시 노천 야적이 가능하다.

(2) 석탄의 탄화도

① 석탄의 탄화도가 증가하면 고정탄소가 증가한다.
② 석탄의 탄화도가 증가하면 발열량이 증가한다.
③ 석탄의 탄화도가 증가하면 착화온도가 증가한다.
④ 석탄의 탄화도가 증가하면 연료비$\left(\dfrac{고정탄소}{휘발분}\right)$이 증가한다.
⑤ 석탄의 탄화도가 증가하면 매연 발생량이 감소한다.
⑥ 석탄의 탄화도가 증가하면 비열은 감소한다.
⑦ 석탄의 탄화도가 증가하면 휘발분은 감소한다.
⑧ 석탄의 탄화도가 증가하면 수분은 감소한다.
⑨ 석탄의 탄화도가 증가하면 산소의 양이 감소한다.

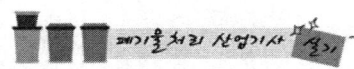

⑩ 석탄의 탄화도가 증가하면 연소속도가 작아진다.

2. 액체연료의 특징

① 발열량이 크고 품질이 비교적 균일하다.
② 회분이 거의 없고 점화, 소화 및 연소의 조절이 비교적 쉽다.
③ 계량, 기록이 수월하다.
④ 저장, 운반이 용이하며 배관공사 등에 걸리는 비용도 적게 소요된다.
⑤ 단위질량당의 발열량이 커, 화력이 강하다.
⑥ 비교적 저가로 안정하게 공급되고 품질에도 큰차가 없다.
⑦ 화재, 역화 등의 위험이 크며, 연소온도가 높아 국부가열을 일으키기 쉽다.
⑧ 회분은 적지만, 재속의 금속산화물이 장해원인이 될 수 있다.

3. 기체연료의 특징

① 장점
  ㉠ 연소효율이 높고 안정된 연소가 된다.
  ㉡ 적은 과잉공기(10~20%)로 완전연소가 가능하다.
  ㉢ 연료의 예열이 쉽고 유황 함유량이 적어 SO_X 발생량이 적다.
  ㉣ 점화, 소화가 용이하고 연소조절이 쉽다.
  ㉤ 발열량이 높다.
  ㉥ 회분이나 유해물질의 배출이 적다.
  ㉦ 부하의 변동 범위가 넓다.
② 단점
  ㉠ 설비비가 많이들고 비싸다.
  ㉡ 취급시 위험성이 크다.
  ㉢ 수송이나 저장이 용이하지 못하다.

2 연소 및 연소형태

1. 소각로의 완전연소 조건(3T)

① 충분한 체류시간(Time)
② 충분한 난류(Turbulence)
③ 적당한 온도(Temperature)

(2) 연소형태

(1) 표면연소

① 코크스나 목탄과 같은 휘발성 성분이 거의 없는 연료의 연소형태를 말한다.
② 코오크스 또는 분해연소가 끝난 석탄은 열분해가 일어나기 어려운 탄소가 주성분으로, 그것 자체가 연소하는 과정으로 적열할 따름이지 화염이 없는 분해 형태이다.

(2) 분해연소

① 고체연료가 화염을 정상적으로 내면서 연소하는 것이다.
② 장작, 석탄, 중유 등이 열분해하여 발생한 증기와 함께 연소초기에 불꽃을 내면서 반응하는 것이다.

(3) 발연연소

화염의 표면에서 산소와의 결합이 일어나는 연소이다.

(4) 증발연소

㉠ 오일의 표면에서 오일이 기화하여 일어나는 연소이다.
㉡ 화염으로부터 열을 받으던 가연성 증기가 발생하는 연소로써 휘발유, 등유, 알콜, 벤젠 등의 액체연료의 형태이다.

(5) 그을림연소

숯불과 같이 불꽃을 동반하지 않는 열분해와 표면연소의 복합형태라 볼 수 있다.

(6) 자기연소(내부연소)

니트로글리세린이 여기에 속한다.

3 증기터빈의 분류

① 증기작동방식으로 분류하면 충동터빈, 반동터빈, 혼합식터빈으로 나누어진다.
② 증기이용방식으로 분류하면 배압터빈, 복수터빈, 혼합터빈으로 나누어진다.
③ 증기유동방향으로 분류하면 축류터빈, 반경류터빈으로 나누어진다.
④ 흐름수로 분류하면 단류터빈, 복류터빈으로 나누어진다.
⑤ 피구동기로 분류하면 감속형 터빈, 직결형 터빈으로 나누어진다.

4 연소영향인자

1. 착화온도

(1) 착화온도의 정의

충분한 공기의 공급하에서 고체연료를 가열해가면 어떤 온도에 달하여 더 가열하지 않아도 연료자신의 연소열에 의하여 연소를 계속하게 되는 온도이다.

(2) 착화온도의 특징

① 가연물의 증발량이 많을수록 낮아진다.
② 화학결합의 활성도가 클수록 낮아진다.
③ 산소와의 친화성이 클수록 낮아진다.
④ 활성화에너지가 작을수록 낮아진다.
⑤ 분자구조가 복잡할수록 낮아진다.

⑥ 발열량이 높을수록 낮아진다.
⑦ 공기중의 산소농도가 클수록 낮아진다.
⑧ 화학반응성이 클수록 낮아진다.
⑨ 공기의 압력이 높을수록 착화온도는 낮아진다.
⑩ 탄화수소의 착화온도는 분자량이 클수록 낮아진다.
⑪ 비표면적이 클수록 낮아진다.

2. 등가비(ϕ ; equivalent ratio)

① $\phi = \dfrac{\text{실제의 연료량/산화제}}{\text{완전연소를 위한 이상적 연료량/산화제}}$

② $\phi = \dfrac{1}{\text{공기비}(m)}$ 이다.

③ $\phi = 1$ 경우는 완전연소로 연료와 산화제의 혼합이 이상적이다.
④ $\phi > 1$ 경우는 연료가 과잉이며 불완전 연소로 CO, HC 최대이고 NO_X 최소가 된다.
⑤ $\phi < 1$ 경우는 공기가 과잉, 완전연소가 기대되며 CO가 최소가 된다.

3. 탄수소비(C/H)의 특징

① 석유계 연료의 탄수소비는 연소용 공기량과 발열량 그리고 연료의 연소특성에도 영향을 미친다.
② 탄수소비가 크면 비교적 비점이 높은 연료는 매연이 발생되기 쉽다.
③ 기체연료의 탄수소비는 올레핀계 > 나프텐계 > 아세틸계 > 프로필계 > 프로판 > 메탄 순으로 감소한다.
④ 중질 연료일수록 C/H비는 크다.
⑤ C/H비가 클수록 이론공연비는 감소된다.
⑥ C/H비는 휘발유 < 등유 < 경유 < 중유 순으로 증가한다.
⑦ C/H비가 클수록 휘도가 높고 방사율이 크다.

4. 그을음(매연) 발생의 특징

① 분해나 산화하기 쉬운 탄화수소는 그을음 발생이 적다.
② C/H비가 큰 연료일수록 그을음이 잘 발생된다.

③ 발생빈도의 순서는 천연가스 < LPG < 제조가스 < 석탄가스 < 코크스 이다.
④ -C-C-의 탄소결합을 절단하기 보다 탈수소가 쉬운 쪽이 매연이 생기기 쉽다.
⑤ 탈수소, 중합 및 고리화합물 등과 같이 반응이 일어나기 쉬운 탄화수소일수록 매연이 잘 생긴다.
⑥ 연소실의 체적이 작을 때 매연이 발생한다.
⑦ 중유연소에서 공기비가 클수록 검댕이 적게 생긴다.
⑧ 중유연소에서 생성되는 검댕의 입경은 메탄연소의 경우보다 크다.
⑨ 석탄 연소에서는 석탄의 휘발분이 많을수록 검댕이 생기기 쉽다.
⑩ 통풍력이 부족할 때 매연이 발생한다.
⑪ 무리하게 연소시킬 때 매연이 발생한다.
⑫ 방향족 생성반응이 일어나기 쉬운 탄화수소일수록 발생하기 쉽다.

5 RDF(Refuse Derived Fuel)

입경 등을 조절하여 연료화 시킨 것이다.

1. RDF(고형화연료)를 소각로에서 사용시 문제점

① RDF의 조성은 주로 유기물질이므로 수분함량에 따라 부패되기 쉽다.
② RDF 중에 Cl 함량이 크면 다이옥신 발생 위험성이 높다.
③ 소각시설의 부식발생으로 시설수명이 단축될 수 있다.
④ 시설비 및 동력비가 고가이며, 운전에 숙련된 기술이 요구된다.
⑤ 연료공급의 신뢰성 문제가 있을 수 있다.

2. RDF의 특징

① 수분함량이 증가하면 부패하여 연료로서의 가치를 상실한다.
② PVC 등이 함유되면 연소시 배기가스 처리에 유의해야 한다.
③ 쓰레기를 연료로 전환하기 위한 전처리에 동력 및 투자비가 많이 소요된다.

④ 배합 조성률이 균일하여야 한다.
⑤ 저장 및 수송이 편리하도록 개질되어야 한다.
⑥ RDF용 소각로 제작이 용이해야 하며, 발열량이 높아야 한다.
⑦ 쓰레기 원료중에 비가연성 성분이나 연소후 잔류하는 재의 양이 적어야 한다.
⑧ 조성 배합률이 균일하여야 하고 대기오염이 적어야 한다.

3. RDF의 종류

(1) Powder RDF

① 열용량(발열량)이 4300 Kcal/kg으로 가장 높다.
② 회분량이 10~20% 이다.
③ 수분함량이 4% 이하이다.

(2) Pellet RDF

① 발열량이 3300~4000 Kcal/kg이다.
② 회분량이 12~25%이다.
③ 수분함량이 12~18% 정도이다.

(3) Fluff RDF

① 발열량은 약 2500~3500 Kcal/kg 이다.
② 회분량이 22~30%이다.
③ 수분함량이 15~20% 정도이다.

(4) RDF의 구비조건

① 재의 양이 적을 것   ② 대기오염이 적을 것
③ 함수율이 낮을 것   ④ 균일한 조성을 가질 것
⑤ 발열량(칼로리)이 높을 것

001
고체연료의 특징을 4가지를 쓰시오.

① 점화와 소화가 용이하지 못하다.
② 인화, 폭발의 위험성이 적다.
③ 가격이 저렴하다
④ 저장, 운반시 노천 야적이 가능하다.

002
액체연료의 특징을 5가지를 쓰시오.

① 발열량이 크고 품질이 비교적 균일하다.
② 회분이 거의 없고 점화, 소화 및 연소의 조절이 비교적 쉽다.
③ 계량, 기록이 수월하다.
④ 저장, 운반이 용이하며 배관공사 등에 걸리는 비용도 적게 소요된다.
⑤ 단위질량당의 발열량이 커, 화력이 강하다.

003
기체연료의 특징을 5가지를 쓰시오.

① 연소효율이 높고 안정된 연소가 된다.
② 적은 과잉공기(10 ~ 20%)로 완전연소가 가능하다.
③ 연료의 예열이 쉽고 유황 함유량이 적어 SO_X 발생량이 적다.
④ 점화, 소화가 용이하고 연소조절이 쉽다.
⑤ 발열량이 높다.

004
소각로의 완전연소 조건(3T)을 쓰시오.

친절한 풀이 » ① 충분한 체류시간(Time)
② 충분한 난류(Turbulence)
③ 적당한 온도(Temperature)

005
연소형태 4가지를 쓰고 간단히 설명하시오.

친절한 풀이 » ① 표면연소 : 코오크스 또는 분해연소가 끝난 석탄은 열분해가 일어나기 어려운 탄소가 주성분으로, 그것 자체가 연소하는 과정으로 적열할 따름이지 화염이 없는 분해 형태이다.
② 분해연소 : 고체연료가 화염을 정상적으로 내면서 연소하는 것이다.
③ 발연연소 : 화염의 표면에서 산소와의 결합이 일어나는 연소이다.
④ 증발연소 : 화염으로부터 열을 받으면 가연성 증기가 발생하는 연소로써 휘발유, 등유, 알콜, 벤진 등의 액체연료의 형태이다.

006
증기터빈을 증기작동방식으로 분류할 때의 종류 3가지를 쓰시오.

친절한 풀이 » ① 충동터빈   ② 반동터빈   ③ 혼합식터빈

007
증기터빈을 증기이용방식으로 분류할 때의 종류 3가지를 쓰시오.

친절한 풀이 » ① 배압터빈   ② 복수터빈   ③ 혼합터빈

008
증기터빈을 유동방향으로 분류할 때의 종류 2가지를 쓰시오.

친절한 풀이 » ① 축류터빈   ② 반경류터빈

009
증기터빈을 흐름수로 분류할때의 종류 2가지를 쓰시오.

① 단류터빈 ② 복류터빈

010
RDF의 구비조건을 5가지를 쓰시오.

① 재의 양이 적을 것
② 대기오염이 적을 것
③ 함수율이 낮을 것
④ 균일한 조성을 가질 것
⑤ 발열량(칼로리)이 높을 것

011
인구 200만명의 도시에서 발생되는 폐기물의 가연성분을 이용하여 RDF를 생산하고자 한다. 최대 생산량(ton/일)을 계산하시오. (단, 폐기물 중 가연성분 80%(질량기준), 가연 성분 회수율 50%(질량기준), 폐기물 발생량 1.3kg/인·일이다.)

최대생산량(ton/일)
= 폐기물발생량(kg/인·일) × 인구수(인) × 10^{-3} ton/kg × 가연성분 × 가연성분회수율

= 1.3kg/인·일 × 2,000,000인 × 10^{-3} ton/kg × 0.8 × 0.5 = 1,040 ton/day

012
어느 도시 폐기물 중 가연성 성분이 65%이고 불연성 성분이 35%일 때 다음의 조건하에서 RDF를 생산한다면 일주일 동안의 생산량(m^3)을 계산하시오. (단, 회수된 가연성 폐기물의 80%가 RDF로 전환된다.)

[조건]
- 폐기물 발생량 : 2kg/인·일
- 세대당 평균 인구수 : 5명
- 가옥수 : 10,000 세대
- RDF 밀도 : 1,500kg/m^3

RDF 생산량(m^3) = $\dfrac{\text{폐기물 발생량(kg/주)} \times \text{가연성 성분함량} \times \text{RDF 전환율}}{\text{RDF 밀도(kg/}m^3)}$

= $\dfrac{2\text{kg/인·일} \times 10,000\text{세대} \times 5\text{인/세대} \times 7\text{일/주} \times 0.65 \times 0.80}{1,500\text{kg/}m^3}$ = 242.67 m^3

제2장 연소

1 발열량 계산

1. 발열량의 정의

① 고위발열량(Hh) : 연료 연소시 발생되는 총 발열량
② 저위발열량(Hl) : 고위발열량에서 수분의 증발잠열을 제외한 값

> **TIP**
> 소각로 설계의 기준이 되고 있는 발열량은 저위발열량이다.

2. 고체연료 및 액체연료의 발열량 계산식

$$Hl = Hh - 600(9H + W)$$

여기서, Hl : 저위발열량(kcal/kg)   Hh : 고위발열량(kcal/kg)
         H : 수소의 함량   W : 수분의 함량

예제 >>> 수소 12%, 수분 0.3%가 포함된 고체연료의 고위 발열량이 10,000kcal/kg 일 때 이 연료의 저위발열량(kcal/kg)을 계산하시오.

풀이 >>> $Hl = Hh - 600(9H + W)(kcal/kg)$
따라서 $Hl = 10,000 kcal/kg - 600 \times (9 \times 0.12 + 0.003) = 9,350.2 kcal/kg$

3. 듀롱(Dulong)식에 의한 고위발열량(Hh) 계산식

$$Hh = 8100C + 34000\left(H - \frac{O}{8}\right) + 2500S \, (kcal/kg)$$

여기서, Hh : 고위발열량(kcal/kg) C : 탄소의 함량
H : 수소의 함량 O : 산소의 함량
S : 황의 함량 $H - \frac{O}{8}$: 유효수소
$\frac{O}{8}$: 무효수소

예제 ≫ 액체연료의 성분분석결과 탄소 84%, 수소 11%, 황 2.4%, 산소 1.3%, 수분 1.3%이었다면 이 연료의 저위발열량(kcal/kg)을 계산하시오. (단, Dulong식을 이용)

풀이 ≫ ① Dulong식에 의한 고위발열량(Hh)공식
$$Hh = 8100C + 34000\left(H - \frac{O}{8}\right) + 2500S \, (kcal/kg)$$
$$= 8100 \times 0.84 + 34000 \times \left(0.11 - \frac{0.013}{8}\right) + 2500 \times 0.024$$
$$= 10548.75 \, kcal/kg$$
② 저위발열량(Hl) = 고위발열량(Hh) − 600(9H + W)(kcal/kg)
$$= 10548.75 \, kcal/kg - 600(9 \times 0.11 + 0.013)$$
$$= 9946.95 \, kcal/kg$$

4. 기체연료의 발열량 계산식

① 기체연료의 완전연소반응식

$$C_mH_n + \left(m + \frac{n}{4}\right)O_2 \rightarrow mCO_2 + \frac{n}{2}H_2O$$

② 기체연료의 저위발열량(Hl) 계산식

$$Hl = Hh - 480 \times H_2O량 \, (kcal/Sm^3)$$

여기서, Hl : 저위발열량($kcal/Sm^3$)
Hh : 고위발열량($kcal/Sm^3$)
H_2O량 : 완전연소반응식에서 H_2O 개수

 메탄의 고위발열량이 9900kcal/Sm³이라면 저위발열량(kcal/Sm³)을 계산하시오.

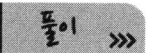 $CH_4 + 2O_2 \rightarrow CO_2 + 2H_2O$
$Hl = Hh - 480 \times H_2O$량$(kcal/Sm^3)$
따라서 $Hl = 9900 kcal/Sm^3 - 480 \times 2 = 8940 kcal/Sm^3$

2 고체연료 및 액체연료의 연소계산식

1. 가연성분의 연소반응식

① $C + O_2 \rightarrow CO_2$
　12kg　22.4Sm³　22.4Sm³
　　　　32kg　　44kg

② $H_2 + 1/2O_2 \rightarrow H_2O$
　2kg　11.2Sm³　22.4Sm³
　　　　16kg　　18kg

③ $S + O_2 \rightarrow SO_2$
　32kg　22.4Sm³　22.4Sm³
　　　　32kg　　64kg

2. 연소계산식(kg/kg ; 질량비)

① $O_o(\text{이론산소량}) = \dfrac{32kg}{12kg}C + \dfrac{16kg}{2kg}\left(H - \dfrac{O}{8}\right) + \dfrac{32kg}{32kg}S$

$\qquad = 2.667C + 8\left(H - \dfrac{O}{8}\right) + 1S$

② $A_o(\text{이론공기량}) = O_o(\text{이론산소량}) \times \dfrac{1}{0.232}$

$\qquad = \left\{2.667C + 8\left(H - \dfrac{O}{8}\right) + S\right\} \times \dfrac{1}{0.232}$

3. 연소계산식(Sm^3/kg ; 체적비)

① O_o(이론산소량) $= \dfrac{22.4Sm^3}{12kg}C + \dfrac{11.2Sm^3}{2kg}\left(H - \dfrac{O}{8}\right) + \dfrac{22.4Sm^3}{32kg}S$

$= 1.867C + 5.6\left(H - \dfrac{O}{8}\right) + 0.7S$

② A_o(이론공기량) $= O_O$(이론산소량) $\times \dfrac{1}{0.21}$

$= \left\{1.867C + 5.6\left(H - \dfrac{O}{8}\right) + 0.7S\right\} \times \dfrac{1}{0.21}$

$= 8.89C + 26.67\left(H - \dfrac{O}{8}\right) + 3.33S$

여기서, C : 연료 중 탄소의 함량   H : 연료 중 수소의 함량
O : 연료 중 산소의 함량   S : 연료 중 황의 함량

$\left(H - \dfrac{O}{8}\right)$: 유효수소 $\dfrac{O}{8}$: 무효수소

③ God(이론건연소가스량) $= A_o - 5.6H + 0.7O + 0.8N$

$= Gow - \{1.244(9H + W)\}$

④ Gd(실제건연소가스량) $= mA_o - 5.6H + 0.7O + 0.8N$

$= God + \{(m-1)A_o\}$

$= Gw - \{1.244(9H + W)\}$

⑤ Gow(이론습연소가스량) $= A_o + 5.6H + 0.7O + 0.8N + 1.244W$

$= God + \{1.244(9H + W)\}$

$= Gw - \{(m-1)A_o\}$

⑥ Gw(실제습연소가스량) $= mA_o + 5.6H + 0.7O + 0.8N + 1.244W$

$= Gd + \{1.244(9H + W)\}$

$= Gow + \{(m-1)A_o\}$

> **TIP**
> ① 실제 − 이론 = 과잉공기량의차이 = $(m-1)A_o (Sm^3/kg)$
> ② 습가스량 − 건가스량 = 수분량의차이 = $1.244(9H + W)(Sm^3/kg)$

고체연료 및 액체연료의 연소계산식 중 필수암기사항

(1) 연소계산식(kg/kg ; 질량비)

① O_o(이론산소량) $= 2.667C + 8\left(H - \dfrac{O}{8}\right) + 1S$

② A_o(이론공기량) $= \left\{2.667C + 8\left(H - \dfrac{O}{8}\right) + 1S\right\} \times \dfrac{1}{0.232}$

(2) 연소계산식(Sm^3/kg ; 체적비)

① O_o(이론산소량) $= 1.867C + 5.6\left(H - \dfrac{O}{8}\right) + 0.7S$

② A_o(이론공기량) $= 8.89C + 26.67\left(H - \dfrac{O}{8}\right) + 3.33S$

③ G_{od}(이론건연소가스량) $= A_o - 5.6H + 0.7O + 0.8N$

④ G_d(실제건연소가스량) $= mA_o - 5.6H + 0.7O + 0.8N$

⑤ G_{ow}(이론습연소가스량) $= A_o + 5.6H + 0.7O + 0.8N + 1.244W$

⑥ G_w(실제습연소가스량) $= mA_o + 5.6H + 0.7O + 0.8N + 1.244W$

⑦ CO_2량 $= \dfrac{22.4 Sm^3}{12 kg} C = 1.867C\,(Sm^3/kg)$

⑧ SO_2량 $= \dfrac{22.4 Sm^3}{32 kg} S = 0.7S\,(Sm^3/kg)$

예제 ≫ 탄소 85%, 수소 13%, 황 2%로 조성된 중유의 연소에 필요한 이론공기량(Sm^3/kg)을 계산하시오.

풀이 ≫
$A_o = 8.89C + 26.67\left(H - \dfrac{O}{8}\right) + 3.33S\,(Sm^3/kg)$
$= 8.89 \times 0.85 + 26.67 \times 0.13 + 3.33 \times 0.02 = 11.09\,Sm^3/kg$

TIP

문제의 조건에서 산소(O)의 함량이 없으므로 $\dfrac{O}{8}$를 생각한다.

예제 ≫ 메탄올(CH_3OH) 3kg을 완전연소하는 데 필요한 이론공기량(Sm^3)을 계산하시오.

풀이 ≫
① $CH_3OH + 1.5O_2 \rightarrow CO_2 + 2H_2O$
32kg : $1.5 \times 22.4\,Sm^3$
3kg : X(이론산소량)

∴ X(이론산소량) $= \dfrac{3kg \times 1.5 \times 22.4\,Sm^3}{32kg} = 3.15\,Sm^3$

② 이론공기량(Sm^3) = 이론산소량$(Sm^3) \times \dfrac{1}{0.21}$

$\qquad\qquad\qquad = 3.15 Sm^3 \times \dfrac{1}{0.21} = 15 Sm^3$

TIP

이론공기량(A_o) 및 이론가스량(G_o)

	이론공기량(A_o) 및 이론가스량(G_o)	Rosin	고체 및 액체
고체연료 (석탄) (Sm^3/kg)	A_o	$1.01 \times \dfrac{Hl}{1,000} + 0.5$	$1.05 \times \dfrac{Hl}{1,000} + 0.1$
	G_o	$0.89 \times \dfrac{Hl}{1,000} + 1.65$	$1.11 \times \dfrac{Hl}{1,000} + 0.3$
액체연료 (Sm^3/kg)	A_o	$0.85 \times \dfrac{Hl}{1,000} + 2$	$1.04 \times \dfrac{Hl}{1,000} + 0.02$
	G_o	$1.1 \times \dfrac{Hl}{1,000}$	$1.11 \times \dfrac{Hl}{1,000} + 0.04$

(4) 공기비(m)

① 오르잣트 분석법에 의한 배출가스 분석시

($CO_2\%$, $O_2\%$, $N_2\%$ 주어질 때)

$$m = \dfrac{N_2\%}{N_2\% - 3.76 \times O_2\%}$$

예제 >>> 석탄 사용 가열로의 배기가스를 분석한 결과 CO_2 : 15%, O_2 : 5%, N_2 : 80%였다. 이 때 공기비를 계산하시오. (단, 연료 중 질소는 무시한다.)

풀이 >>> 공기비$(m) = \dfrac{N_2\%}{N_2\% - 3.76 \times O_2\%} = \dfrac{80}{80 - 3.76 \times 5} = 1.31$

② 배출가스 중 $O_2\%$가 존재할 때

$$m = \dfrac{21}{21 - O_2\%}$$

예제 >>> 배기가스중에 일산화탄소가 전혀 없는 완전연소가 일어나고, 이 때 공기비가 2.0이라면 배기가스중의 산소량(O_2%)를 계산하시오.

풀이 >>> O_2%만 존재시 공기비(m) 구하는 공식

$$m = \frac{21}{21 - O_2\%}$$

$$2.0 = \frac{21}{21 - O_2\%}$$

$$\therefore O_2 = 10.5\%$$

④ 실제공기량($mA_o = A$)과 이론공기량(A_o)이 존재할 때

$$m = \frac{A}{A_o}$$

⑤ $CO_2max(\%)$와 $CO_2(\%)$가 존재할 때

$$m = \frac{CO_2max(\%)}{CO_2(\%)}$$

4. 공기비(m)의 특징

(1) 공기비(m)가 작을 경우 발생하는 현상

① 연소가스 중의 CO와 HC의 농도가 증가한다.
② 매연이나 검댕의 발생량이 증가한다.
③ 연소효율이 저하한다.

(2) 공기비(m)가 클 경우 발생하는 현상

① 연소실에서 연소온도가 낮아진다.(연소실의 냉각효과를 가져옴)
② 통풍력이 강하여 배기가스에 의한 열손실이 증대된다.
③ 황산화물과 질소산화물의 함량이 증가하여 부식이 촉진된다.
④ CH_4, CO 및 C 등 물질의 농도가 감소한다.
⑤ 방지시설의 용량이 커지고 에너지 손실이 증가한다.
⑥ 희석효과가 높아져 연소 생성물의 농도가 감소한다.

(3) 고체(쓰레기)에서 공급공기량 계산식

① $$\text{실제공기량(A)} = m \times A_o (Sm^3/kg)$$

여기서, m : 공기비(과잉공기계수) A_o : 이론공기량(Sm^3/kg)

예제 >>> 쓰레기를 소각처리하고자 한다. 질량분율로 탄소성분이 11%, 수소 3%, 산소 13%이고, 기타 성분(불연소분)이 73%일 때 소각로에 공급해야 할 실제공기량(Sm^3/kg)을 계산하시오. (단, 과잉공기계수(m) = 1.5)

풀이 >>> 이론공기량$(A_o) = 8.89C + 26.67\left(H - \dfrac{O}{8}\right) + 3.33S (Sm^3/kg)$

$\qquad\qquad = 8.89 \times 0.11 + 26.67 \times \left(0.03 - \dfrac{0.13}{8}\right) = 1.3446 Sm^3/kg$

따라서 실제공기량(A) = $m \times A_o = 1.5 \times 1.3446 Sm^3/kg = 2.02 Sm^3/kg$

② $$\text{공급공기량}(Sm^3/hr) = m \times A_o \times Gf$$

여기서, m : 공기비(과잉공기계수) A_o : 이론공기량(Sm^3/kg)
       Gf : 연료량(kg/hr)

예제 >>> 탄소, 수소 및 황의 질량비가 83%, 14%, 3%인 폐유 3kg/hr을 소각시키는 경우 배기가스의 분석치가 CO_2 12.5%, O_2 3.5%, N_2 84%이었다면 매시 필요한 공기량(Sm^3/hr)을 계산하시오.

풀이 >>>
① $m = \dfrac{84\%}{84\% - 3.76 \times 3.5\%} = 1.1858$

② $A_o = 8.89C + 26.67\left(H - \dfrac{O}{8}\right) + 3.33S (Sm^3/kg)$

$\qquad = 8.89 \times 0.83 + 26.67 \times 0.14 + 3.33 \times 0.03 = 11.2124 Sm^3/kg$

③ 필요한 공기량(Sm^3/hr) = $1.1858 \times 11.2124 Sm^3/kg \times 3 kg/hr$

$\qquad\qquad\qquad\qquad = 39.89 Sm^3/hr$

3 기체연료의 연소계산식

(1) 기체연료 중 주요 연료의 완전연소반응식

① $C_mH_n + \left(m + \dfrac{n}{4}\right)O_2 \rightarrow mCO_2 + \dfrac{n}{2}H_2O$

② $H_2 + 1/2O_2 \rightarrow H_2O$

③ $CO + 1/2O_2 \rightarrow CO_2 + 2H_2O$

④ $CH_4 + 2O_2 \rightarrow CO_2 + 2H_2O$

⑤ $C_2H_6 + 3.5O_2 \rightarrow 2CO_2 + 3H_2O$

⑥ $C_3H_8 + 5O_2 \rightarrow 3CO_2 + 4H_2O$

⑦ $C_4H_{10} + 6.5O_2 \rightarrow 4CO_2 + 5H_2O$

⑧ $C_6H_{14} + 9.5O_2 \rightarrow 6CO_2 + 7H_2O$

⑨ $C_8H_{18} + 12.5O_2 \rightarrow 8CO_2 + 9H_2O$

⑩ $C_9H_{20} + 14O_2 \rightarrow 9CO_2 + 10H_2O$

⑪ $CH_3OH + 1.5O_2 \rightarrow CO_2 + 2H_2O$

(2) 기체연료의 연소계산식(Sm^3/Sm^3)

① O_o(이론산소량) = 산소의 수

② A_o(이론공기량) = O_o(이론산소량) $\times \dfrac{1}{0.21}$

③ God(이론건연소가스량) = $(1 - 0.21)A_o + CO_2$량

④ Gd(실제건연소가스량) = $(m - 0.21)A_o + CO_2$량

⑤ Gow(이론습연소가스량) = $(1 - 0.21)A_o + CO_2$량 + H_2O량

⑥ Gw(실제습연소가스량) = $(m - 0.21)A_o + CO_2$량 + H_2O량

(3) C_3H_8의 연소계산식(Sm^3/Sm^3)

$$C_3H_8 + 5O_2 \rightarrow 3CO_2 + 4H_2O$$

① $O_o = \dfrac{5 \times 22.4 Sm^3}{1 \times 22.4 Sm^3} = 5$

② $A_o = O_o(Sm^3/Sm^3) \times \dfrac{1}{0.21} = \dfrac{5 \times 22.4 Sm^3}{1 \times 22.4 Sm^3} \times \dfrac{1}{0.21} = 5 \times \dfrac{1}{0.21}$

③ $God = (1-0.21) \times \dfrac{5 \times 22.4 Sm^3}{1 \times 22.4 Sm^3 \times 0.21} + \dfrac{3 \times 22.4 Sm^3}{1 \times 22.4 Sm^3}$

$\quad\quad = (1-0.21) \times \dfrac{5}{0.21} + 3$

④ $Gd = (m-0.21) \times \dfrac{5 \times 22.4 Sm^3}{1 \times 22.4 Sm^3 \times 0.21} + \dfrac{3 \times 22.4 Sm^3}{1 \times 22.4 Sm^3}$

$\quad\quad = (m-0.21) \times \dfrac{5}{0.21} + 3$

⑤ $Gow = (1-0.21) \times \dfrac{5 \times 22.4 Sm^3}{1 \times 22.4 Sm^3 \times 0.21} + \dfrac{3 \times 22.4 Sm^3}{1 \times 22.4 Sm^3} + \dfrac{4 \times 22.4 Sm^3}{1 \times 22.4 Sm^3}$

$\quad\quad = (1-0.21) \times \dfrac{5}{0.21} + 3 + 4$

⑥ $Gw = (m-0.21) \times \dfrac{5 \times 22.4 Sm^3}{1 \times 22.4 Sm^3 \times 0.21} + \dfrac{3 \times 22.4 Sm^3}{1 \times 22.4 Sm^3} + \dfrac{4 \times 22.4 Sm^3}{1 \times 22.4 Sm^3}$

$\quad\quad = (m-0.21) \times \dfrac{5}{0.21} + 3 + 4$

(4) C_3H_8의 연소계산식(kg/kg)

$$C_3H_8 + 5O_2 \rightarrow 3CO_2 + 4H_2O$$

① $O_o = \dfrac{5 \times 32 kg}{1 \times 44 kg}$

② $A_o = O_o(kg/kg) \times \dfrac{1}{0.232} = \dfrac{5 \times 32 kg}{1 \times 44 kg} \times \dfrac{1}{0.232}$

③ $God = (1-0.232) \times \dfrac{5 \times 32 kg}{1 \times 44 kg \times 0.232} + \dfrac{3 \times 44 kg}{1 \times 44 kg}$

④ $Gd = (m-0.232) \times \dfrac{5 \times 32 kg}{1 \times 44 kg \times 0.232} + \dfrac{3 \times 44 kg}{1 \times 44 kg}$

⑤ $Gow = (1-0.232) \times \dfrac{5 \times 32 kg}{1 \times 44 kg \times 0.232} + \dfrac{3 \times 44 kg}{1 \times 44 kg} + \dfrac{4 \times 18 kg}{1 \times 44 kg}$

⑥ $Gw = (m-0.232) \times \dfrac{5 \times 32 kg}{1 \times 44 kg \times 0.232} + \dfrac{3 \times 44 kg}{1 \times 44 kg} + \dfrac{4 \times 18 kg}{1 \times 44 kg}$

예제 >>> 프로판(C_3H_8) $5Sm^3$을 연소시킬 때 필요한 이론공기량(Sm^3/Sm^3)을 계산하시오.

풀이 >>> ① 완전연소 반응식
$$C_3H_8 + 5O_2 \rightarrow 3CO_2 + 4H_2O$$
② A_o = 이론산소량 $\times \dfrac{1}{0.21}$
$$= 5 \times \dfrac{1}{0.21}(Sm^3/Sm^3) \times 5Sm^3 = 119.05\,Sm^3$$

예제 >>> 메탄 $1Sm^3$을 공기과잉계수 1.8로 연소시킬 경우, 실제 습윤연소가스량(Sm^3) 계산하시오.

풀이 >>> $CH_4 + 2O_2 \rightarrow CO_2 + 2H_2O$
$Gw = (m - 0.21)A_o + CO_2$량 $+ H_2O$량
$$= (1.8 - 0.21) \times \dfrac{2}{0.21} + 1 + 2$$
$$= 18.14\,Sm^3/Sm^3$$

001

메탄(CH_4)의 고위 발열량이 9,530kcal/Sm^3일 때 저위 발열량(kcal/Sm^3)을 계산하시오.

친절한 풀이 » $Hl = Hh - 480 \times H_2O$ 갯수 (kcal/Sm^3)

여기서, Hl : 저위발열량(kcal/Sm^3) Hh : 고위발열량(kcal/Sm^3)

H_2O 개수 : 완전연소반응식의 H_2O 개수

$CH_4 + 2O_2 \rightarrow CO_2 + 2H_2O$

따라서 $Hl = 9,530$kcal/$Sm^3 - 480 \times 2 = 8,570$ kcal/Sm^3

002

탄소 85%, 수소 13%, 황 2%를 함유하는 중유 10kg 연소에 필요한 이론 산소량(Sm^3)을 계산하시오.

친절한 풀이 » ① 이론산소량(Sm^3/kg) $= 1.867C + 5.6\left(H - \dfrac{O}{8}\right) + 0.7S$

$= 1.867 \times 0.85 + 5.6 \times 0.13 + 0.7 \times 0.02$

$= 2.329 Sm^3/kg$

② $2.329 Sm^3/kg \times 10kg = 23.29 Sm^3$

003

탄소 81%, 수소 16%, 황 3%로 구성된 중유 10kg의 연소에 필요한 이론공기량(Sm^3)을 계산하시오.

친절한 풀이 » ① 이론공기량(A_o) $= 8.89C + 26.67\left(H - \dfrac{O}{8}\right) + 3.33S\,(Sm^3/kg)$

$= 8.89 \times 0.81 + 26.67 \times 0.16 + 3.33 \times 0.03$

$= 11.568 Sm^3/kg$

② $11.568 Sm^3/kg \times 10kg = 115.68 Sm^3$

004

CH_3OH 3kg이 완전연소하는데 필요한 이론공기량(Sm^3)을 계산하시오.

친절한 풀이 » ① $CH_3OH + 1.5O_2 \rightarrow CO_2 + 2H_2O$

　　　　32kg　:　$1.5 \times 22.4 Sm^3$
　　　　3kg　:　O_o(이론산소량)

$$\therefore O_o(\text{이론산소량}) = \frac{3kg \times 1.5 \times 22.4 Sm^3}{32kg} = 3.15 Sm^3$$

② 이론공기량(Sm^3) = 이론산소량(Sm^3) $\times \dfrac{1}{0.21}$ = $3.15 Sm^3 \times \dfrac{1}{0.21}$ = $15 Sm^3$

TIP

① CH_3OH = 메탄올 = 메틸알콜
② CH_3OH의 분자량(kg) = $12 + (3 \times 1) + 16 + 1 = 32kg$
③ 체적(Sm^3) = 계수 $\times 22.4(Sm^3)$
④ 질량(kg) = 계수 $\times$ 분자량(kg)

005

다음과 건조기준 연소가스 조성에서 공기 과잉계수를 계산하시오. (단, 표준상태기준)

배출가스 조성 : CO_2 : 12%, O_2 : 6%, N_2 : 82%

친절한 풀이 » $m = \dfrac{N_2\%}{N_2\% - 3.76 \times O_2\%} = \dfrac{82\%}{82\% - 3.76 \times 6\%} = 1.38$

TIP

m = 공기비 = 공기과잉계수

006

탄소, 수소 및 황의 질량비가 83%, 14%, 3%인 폐유 3kg/hr을 소각시키는 경우 배기가스의 분석치가 CO_2 12.5%, O_2 3.5%, N_2 84%이었다면 매시 필요한 공기량(Sm^3/hr)을 계산하시오.

친절한 풀이 » 공급공기량(Sm^3/hr) = 공기비(m) $\times$ 이론공기량(A_o) $\times$ 연료량(kg/hr)

① 공기비(m) = $\dfrac{N_2\%}{N_2\% - 3.76 \times O_2\%}$ = $\dfrac{84\%}{84\% - 3.76 \times 3.5\%}$ = 1.1858

② 이론공기량(A_o) = $8.89C + 26.67\left(H - \dfrac{O}{8}\right) + 3.33S\,(Sm^3/kg)$

　　　　　　　　= $8.89 \times 0.83 + 26.67 \times 0.14 + 3.33 \times 0.03$

　　　　　　　　= $11.2124\,Sm^3/kg$

③ 공급공기량 = $1.1858 \times 11.2124\,Sm^3/kg \times 3kg/hr = 39.89\,Sm^3/hr$

TIP

배출가스 분석치 $CO_2\%$, $O_2\%$, $N_2\%$

공기비(m) = $\dfrac{N_2\%}{N_2\% - 3.76 \times O_2\%}$

007

프로판(C_3H_8) $5Sm^3$이 완전연소 할 때 필요한 이론공기량(Sm^3)을 계산하시오.

친절한 풀이 » ① C_3H_8 + $5O_2$ → $3CO_2 + 4H_2O$
　　　　　　　$22.4Sm^3$: $5 \times 22.4Sm^3$
　　　　　　　$5Sm^3$: 이론산소량(Sm^3)

∴ 이론산소량 = $\dfrac{5 \times 22.4Sm^3 \times 5Sm^3}{22.4Sm^3}$ = $25Sm^3$

② 이론공기량(Sm^3) = $\dfrac{\text{이론 산소량}(Sm^3)}{0.21}$ = $\dfrac{25Sm^3}{0.21}$ = $119.05Sm^3$

TIP

① 체적(Sm^3) = 계수 × 22.4(Sm^3)
② 질량(kg) = 계수 × 분자량(kg)

008

60g의 에탄(C_2H_6)을 완전연소 시키기 위한 이론공기량(L)을 계산하시오. (단, 표준상태 기준이다.)

친절한 풀이 » ① C_2H_6 + $3.5O_2$ → $2CO_2 + 3H_2O$
　　　　　　　30g : $3.5 \times 22.4L$
　　　　　　　60g : 이론산소량(O_o)

$$\therefore O_0(\text{이론산소량}) = \frac{60g \times 3.5 \times 22.4L}{30g} = 156.8L$$

② 이론공기량(Sm^3) = 이론산소량$(Sm^3) \times \dfrac{1}{0.21}$ = $156.8L \times \dfrac{1}{0.21}$ = $746.67L$

009

CO 10kg을 완전 연소시킬 때 필요한 이론적 산소량(Sm^3)을 계산하시오.

친절한 풀이 »

$$CH + 0.5O_2 \rightarrow CO_2$$

$28kg : 0.5 \times 22.4 Sm^3$
$10kg : O_0(\text{이론적 산소량})$

$$\therefore O_0(\text{이론적 산소량}) = \frac{10kg \times 0.5 \times 22.4 Sm^3}{28kg} = 4Sm^3$$

010

메탄 $1Sm^3$를 공기과잉계수 1.8로 연소시킬 경우, 실제 습윤 연소가스량(Sm^3)을 계산하시오.

친절한 풀이 »

$$CH_4 + 2O_2 \rightarrow CO_2 + 2H_2O$$

$Gw = (m - 0.21)A_0 + CO_2\text{량} + H_2O\text{량}(Sm^3/Sm^3)$

$= (1.8 - 0.21) \times \dfrac{2}{0.21} + 1 + 2 = 18.14 Sm^3/Sm^3$

TIP

① Gw : 실제 습윤 연소가스량
② m : 공기비(과잉공기계수)
③ A_0(이론공기량) $= \dfrac{\text{이론산소량}}{0.21}$
④ Sm^3/Sm^3 = 체적비 = 개수비

4 공연비(AFR)

① 완전연소 반응식

$$C_mH_n + \left(m + \frac{n}{4}\right)O_2 \to mCO_2 + \frac{n}{2}H_2O$$

②
$$AFR(Sm^3/Sm^3) = \frac{산소개수 \times 22.4Sm^3 \times \frac{1}{0.21}}{연료개수 \times 22.4Sm^3} = \frac{산소개수}{0.21}$$

③
$$AFR(kg/kg) = \frac{산소개수 \times 32kg \times \frac{1}{0.232}}{연료개수 \times 연료의\ 분자량(kg)}$$

예제 >>> 옥탄(C_8H_{18})이 완전연소되는 경우에 공기연료비(AFR, 질량기준)를 계산하시오.

풀이 >>> $C_8H_{18} + 12.5O_2 \to 8CO_2 + 9H_2O$

$$AFR(kg/kg) = \frac{12.5 \times 32kg \times \frac{1}{0.232}}{114kg} = 15.12$$

TIP

C_8H_{18}의 분자량 $= 8 \times 12 + 18 \times 1 = 114kg$

5 이론연소온도 계산공식

$$H1 = G \times C \times (t_2 - t_1) \quad \therefore t_2 = \frac{H1}{G \times C} + t_1$$

여기서, $H1$: 저위발열량($kcal/Sm^3$) C : 비열($kcal/Sm^3 \cdot ℃$)
  G : 가스량(Sm^3/Sm^3) t_2 : 이론연소온도(℃)
  t_1 : 기준온도(℃)

예제 >>> 저위발열량이 $7000kcal/Sm^3$의 가스연료의 이론연소온도는 몇 ℃인가? (단, 이론연소가스량은 $20Sm^3/Sm^3$, 연료연소가스의 평균정압비열 $0.35kcal/Sm^3 \cdot ℃$, 기준온도 15℃, 공기는 예열하지 않으며, 연소가스는 해리되지 않음.)

풀이 >>> $t_2 = \dfrac{7000kcal/Sm^3}{20Sm^3/Sm^3 \times 0.35kcal/Sm^3 \cdot ℃} + 15℃ = 1015℃$

6 연소실 열발생율 계산 공식

① 고체 및 액체연료의 연소실 열발생율 계산공식

연소실 열발생율($kcal/m^3 \cdot hr$) = $\dfrac{\text{저위발열량}(kcal/kg) \times \text{연료량}(kg/hr)}{\text{연소실의 체적}(m^3)}$

② 기체연료의 연소실 열발생율 계산공식

연소실 열발생율($kcal/m^3 \cdot hr$) = $\dfrac{\text{저위발열량}(kcal/Sm^3) \times \text{연료량}(Sm^3/hr)}{\text{연소실의 체적}(m^3)}$

예제 >>> 가로 1.2m, 세로 2.0m, 높이 12m의 연소실에서 저위발열량 10,000kcal/kg의 중유를 1시간에 100kg 연소한다면 연소실의 열발생율($kcal/m^3 \cdot hr$)을 계산하시오.

풀이 >>>
$$열발생율(kcal/m^3 \cdot hr) = \frac{저위발열량(kcal/kg) \times 연료량(kg/hr)}{연소실의\ 체적(m^3)}$$
$$= \frac{10,000kcal/kg \times 100kg/hr}{1.2m \times 2.0m \times 12m}$$
$$= 34,722.22 kcal/m^3 \cdot hr$$

7. 소각로의 화격자 소각능력 계산공식

$$화격자\ 소각능력(kg/m^2 \cdot hr) = \frac{소각할\ 쓰레기의\ 양(kg/hr)}{화격자\ 면적(m^2)}$$

예제 >>> 소각로의 화격자 연소능력이 $340kg/m^2 \cdot hr$이고 1일 소각할 쓰레기의 양이 20,000kg이다. 1일 8시간 소각하면 필요한 화격자의 면적(m^2)을 계산하시오.

풀이 >>>
$$340kg/m^2 \cdot hr = \frac{20,000kg/day \times 1day/8hr}{화격자의\ 면적(m^2)}$$
$$\therefore 화격자의\ 면적 = \frac{20,000kg/day \times 1day/8hr}{340kg/m^2 \cdot hr} = 7.35m^2$$

 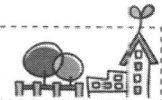

8 소요동력 계산

$$kW = \frac{Ps \times Q}{102 \times \eta} \times \alpha \qquad Hp = \frac{Ps \times Q}{75 \times \eta} \times \alpha$$

여기서, Ps : 전압력손실(mmH_2O)   Q : 가스량(m^3/sec)
 η : 처리효율 α : 여유율
 $1kW = 102 kg \cdot m/sec$ $1Hp(Ps) = 75 kg \cdot m/sec$

예제 >>> 폐처리가스량이 $5,400 Sm^3/hr$인 스토크식 소각시설의 정압을 측정하였더니 $20 mmH_2O$였다. 여유율이 20%인 송풍기를 사용할 경우 필요한 소요동력(kW)을 계산하시오. (단, 송풍기의 정압효율은 80%, 전동기효율은 70%이다.)

풀이 >>> $Kw = \dfrac{20\,mmH_2O \times 5,400\,Sm^3/hr \times 1\,hr/3600\,sec}{102 \times 0.8 \times 0.7} \times 1.2 = 0.63$

8 최대탄산가스량($CO_2 max$)

(1) $CO_2 max$의 특징

① 최대탄산가스량은 연료의 조성에 따라 정해지며, 연료에 따라 서로 다른 값을 갖는다.
② 최대탄산가스량은 과잉공기를 사용하지 않고 가연물을 산화시켰을 때 발생되는 건조가스량을 기준으로 한 CO_2의 부피 백분율이다.
③ 최대탄산가스량의 산출법은 연료의 원소조성을 이용하는 방법과 배기가스의 조성을 이용하는 방법이 있다.

(2) 고체 및 액체 연료에서 $CO_2 max$(최대탄산가스량) 계산식

①
$$CO_2 max(\%) = \frac{1.867C}{God} \times 100(\%)$$

여기서, $CO_2 max(\%)$: 최대탄산가스량(%)
 God : 이론건연소가스량(Sm^3/kg)
 $1.867C$: CO_2량(Sm^3/kg)

$God = A_o - 5.6H + 0.7O + 0.8N\,(Sm^3/kg)$

②
$$CO_2 max(\%) = \frac{21 \times (CO_2\% + CO\%)}{21 - O_2\% + 0.395 \times CO\%}$$

③
$$CO_2 max(\%) = \frac{21 - CO_2\%}{21 - O_2\%}$$

(3) 기체연료에서 $CO_2 max$(최대탄산가스량) 계산식

$$CO_2 max(\%) = \frac{CO_2량}{God} \times 100(\%)$$

여기서, $CO_2 max(\%)$: 최대탄산가스량(%)
 God : 이론건연소가스량(Sm^3/Sm^3)
 $God = (1 - 0.21)A_o + CO_2량\,(Sm^3/Sm^3)$
 CO_2량 : 완전연소반응식에서의 CO_2발생 개수(Sm^3/Sm^3)
 A_o(이론공기량) = 산소의 갯수(Sm^3/Sm^3) $\times \dfrac{1}{0.21}$

예제 >>> 공기를 이용하여 일산화탄소를 완전연소시킬 때 건조가스 중 최대탄산가스량(%)을 계산하시오. (단, 표준상태 기준)

풀이 >>> $CO + 0.5O_2 \rightarrow CO_2$

$CO_2 \max(\%) = \dfrac{CO_2량}{God} \times 100$

$God = (1-0.21)A_o + CO_2량 \, (Sm^3/Sm^3)$

$\quad = (1-0.21) \times \dfrac{0.5}{0.21} + 1 = 2.881 \, Sm^3/Sm^3$

따라서 $CO_2 \max(\%) = \dfrac{1 \, Sm^3/Sm^3}{2.881 \, Sm^3/Sm^3} \times 100 = 34.71\%$

001

옥탄 C_8H_{18}이 완전 연소되는 경우에 공기연료비(AFR, 질량기준)를 계산하시오.

친절한 풀이 » $C_8H_{18} + 12.5O_2 \rightarrow 8CO_2 + 9H_2O$

$$AFR(kg/kg) = \frac{\text{산소 개수} \times 32kg \times \frac{1}{0.232}}{\text{연료 개수} \times \text{연료의 분자량}(kg)}$$

$$= \frac{12.5 \times 32kg \times \frac{1}{0.232}}{114kg} = 15.12$$

TIP

① 완전연소 반응식 : $C_mH_n + \left(m+\dfrac{n}{4}\right)O_2 \rightarrow mCO_2 + \dfrac{n}{2}H_2O$

② 체적(Sm^3) = 계수 × 22.4(Sm^3)   ③ 질량(kg) = 계수 × 분자량(kg)

④ 공기량(kg) = 산소량(kg) × $\dfrac{1}{0.232}$ ⑤ C_8H_{18}의 분자량 = $(8 \times 12) + (18 \times 1) = 114kg$

002

저위 발열량이 7,000kcal/Sm^3의 가스연료의 이론연소온도(℃)를 계산하시오. (단, 이론연소가스량은 20Sm^3/Sm^3, 연료연소가스의 평균정압비열 0.35kcal/$Sm^3 \cdot$℃, 기준온도는 15℃, 공기는 예열하지 않으며, 연소가스는 해리되지 않는다.)

친절한 풀이 » $t_2 = \dfrac{Hl}{G \times C} + t_1$

여기서, Hl : 저위발열량(kcal/Sm^3) G : 이론연소가스량(Sm^3/Sm^3)

C : 평균정압비열(kcal/$Sm^3 \cdot$℃) t_2 : 이론연소온도(℃)

t_1 : 기준온도(℃)

따라서 $t_2 = \dfrac{7,000kcal/Sm^3}{20Sm^3/Sm^3 \times 0.35kcal/Sm^3 \cdot ℃} + 15℃ = 1,015℃$

003

아래와 같이 운전되는 Batch Type 소각로의 쓰레기 kg당 전체발열량(저위발열량 + 공기예열에 소모된 열량, kcal)을 계산하시오.

- 과잉공기비 : 2.4
- 공기예열온도 : 180℃
- 쓰레기 저위발열량 : 2,000kcal/kg
- 이론공기량 : 1.8Sm³/kg 쓰레기
- 공기정압비열 : 0.32kcal/Sm³·℃
- 공기온도 : 0℃

친절한 풀이 » ① 쓰레기의 발열량(kcal/kg) = $G \times C \times (t_2 - t_1)$

여기서, G : 실제공기량(mA_o)(Sm^3/kg)
C : 공기정압비열($kcal/Sm^3 \cdot ℃$)
t_2 : 공기예열온도(℃)
t_1 : 공기온도(℃)

따라서 쓰레기의 발열량
$= 2.4 \times 1.8 Sm^3/kg \times 0.32 kcal/Sm^3 \cdot ℃ \times (180-0)℃ = 248.832 kcal/kg$

② 전체 발열량(kcal/kg) = 쓰레기의 발열량 + 쓰레기의 저위발열량
$= 248.832 kcal/kg + 2,000 kcal/kg$
$= 2,248.83 kcal/kg$

004

중유 300kg/hr를 과잉공기계수 1.2로 연소시킬 때 연소실로 주입되는 공기 온도를 20℃에서 120℃로 올리기 위하여 요구되는 열량(kcal/hr)를 계산하시오. (단, 중유의 저위발열량 10,000 kcal/kg, 이론 공기량은 10Sm³/kg, 공기의 평균 비열은 0.31kcal/Sm³·℃)

친절한 풀이 » ① 열량(kcal/kg) = 실제공기량(Sm^3/kg) × 비열($kcal/Sm^3 \cdot ℃$) × $(t_2 - t_1)$
$= 1.2 \times 10 Sm^3/kg \times 0.31 kcal/Sm^3 \cdot ℃ \times (120-20)℃$
$= 372 kcal/kg$

② 열량(kcal/hr) = $372 kcal/kg \times 300 kg/hr = 111,600 kcal/kg$

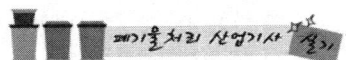

005

가로 1.2m, 세로 2.0m, 높이 12m의 연소실에서 저위발열량 10,000kcal/kg의 중유를 1시간에 100kg 연소한다면 연소실 열발생률(kcal/m³·h)을 계산하시오.

친절한 풀이 » 열발생율(kcal/m³·hr) = $\dfrac{\text{저위발열량(kcal/kg)} \times \text{중유량(kg/hr)}}{\text{가로} \times \text{세로} \times \text{높이}(m^3)}$

= $\dfrac{10{,}000\text{kcal/kg} \times 100\text{kg/hr}}{1.2\text{m} \times 2.0\text{m} \times 12\text{m}}$ = 34,722.22kcal/kg

006

세로, 가로, 높이가 각각 1.0m, 1.2m, 1.5m인 연소실에서 연소실 열 발생률을 3×10^5 kcal/m³·h으로 유지하려면 저위발열량이 30,000kcal/kg인 중유를 몇 kg 연소시켜야 하는지 계산하시오.

친절한 풀이 » 연소실 열발생율(kcal/m³·hr) = $\dfrac{\text{저위발열량(kcal/kg)} \times \text{중유량(kg/hr)}}{\text{세로} \times \text{가로} \times \text{높이}(m^3)}$

따라서 $3 \times 10^5 \text{kcal/m}^3 \cdot \text{hr} = \dfrac{30{,}000\text{kcal/kg} \times \text{중유량(kg/hr)}}{(1.0\text{m} \times 1.2\text{m} \times 1.5\text{m})}$

∴ 중유량 = $\dfrac{3 \times 10^5 \text{kcal/m}^3 \cdot \text{hr} \times (1.0\text{m} \times 1.2\text{m} \times 1.5\text{m})}{30{,}000\text{kcal/kg}}$ = 18kg/hr

007

소각로 내의 열부하가 50,000kcal/m³·hr이며 쓰레기의 발열량이 1,400kcal/kg이다. 쓰레기의 양이 10,000kg/day이라고 하면 로의 부피(m³)를 계산하시오. (단, 1일 8시간만 가동)

친절한 풀이 » 소각로내의 열부하(kcal/m³·hr)

= $\dfrac{\text{발열량(kcal/kg)} \times \text{쓰레기의 양(kg/hr)}}{\text{로의 부피}(m^3)}$

따라서 50,000kcal/m³·hr = $\dfrac{1{,}400\text{kcal/kg} \times 10{,}000\text{kg/day} \times 1\text{day/8hr}}{\text{로의 부피}(m^3)}$

∴ 로의 부피 = $\dfrac{1{,}400\text{kcal/kg} \times 10{,}000\text{kg/day} \times 1\text{day/8hr}}{50{,}000\text{kcal/m}^3 \cdot \text{hr}}$ = 35m³

008

소각로의 연소능력이 250kg/m²·h 이며, 쓰레기량이 30,000kg/일이다. 1일 8시간 소각할 때 로의 면적(m²)을 계산하시오.

친절한 풀이 »

소각로의 연소능력$(kg/m^2 \cdot hr) = \dfrac{쓰레기량(kg/hr)}{로의\ 면적(m^2)}$

따라서 $250kg/m^2 \cdot hr = \dfrac{30,000kg/일 \times 1일/8hr}{로의\ 면적(m^2)}$

∴ 로의 면적 $= \dfrac{30,000kg/일 \times 1일/8hr}{250kg/m^2 \cdot hr} = 15m^2$

009

폐기물의 연소능력이 300kg/m²−hr 이며 연소할 폐기물의 양이 250m³/day 이다. 1일 8시간 소각로를 가동시킨다고 할 때 로스톨의 면적(m²)을 계산하시오. (단, 폐기물의 밀도는 150kg/m³ 이다.)

친절한 풀이 »

폐기물의 연소능력$(kg/m^2 \cdot hr) = \dfrac{폐기물의\ 양(kg/hr)}{로스톨의\ 면적(m^2)}$

$300kg/m^2 \cdot hr = \dfrac{250m^3/day \times 150kg/m^3 \times 1day/8hr}{로스톨의\ 면적(m^2)}$

∴ 로스톨의 면적 $= \dfrac{250m^3/day \times 150kg/m^3 \times 1day/8hr}{300kg/m^2 \cdot hr} = 15.63\,m^2$

010

어느 도시에서 소각대상 폐기물이 1일 100톤 발생되고 있다. 스토커 소각로에서 화상부하율은 200 kg/m²·hr로 설계하고자 하는 경우 소요되는 스토커의 화상면적(m²)을 계산하시오. (단, 소각로는 연속 운행한다.)

친절한 풀이 »

화상 부하율$(kg/m^2 \cdot hr) = \dfrac{폐기물량(kg/hr)}{화상면적(m^2)}$

따라서 $200kg/m^2 \cdot hr = \dfrac{100 \times 10^3 kg/day \times 1day/24hr}{화상면적(m^2)}$

∴ 화상면적 $= \dfrac{100 \times 10^3 kg/day \times 1day/24hr}{200kg/m^2 \cdot hr} = 20.83m^2$

011

이론 공기량을 사용하여 C_4H_{10}을 완전 연소시킨다면 발생 되는 건 연소가스 중의 $(CO_2)_{max}\%$를 계산하시오.

친절한 풀이 » $C_4H_{10} + 6.5O_2 \rightarrow 4CO_2 + 5H_2O$

① God(이론건연소가스량) $= (1-0.21)A_o + CO_2$량

$$= (1-0.21) \times \frac{6.5}{0.21} + 4 = 28.4524 \, Sm^3/Sm^3$$

② CO_2량 $= CO_2$ 개수 $= 4 \, Sm^3/Sm^3$

③ $CO_{2max}(\%) = \dfrac{CO_2량}{God} \times 100 = \dfrac{4 \, Sm^3/Sm^3}{28.4524 \, Sm^3/Sm^3} \times 100 = 14.06\%$

> **TIP**
> ① CO_{2max}는 이론건연소가스량(God) 기준
> ② Sm^3/Sm^3 = 부피비 = 개수비
> ③ 완전연소 반응식 : $C_mH_n + \left(m+\dfrac{n}{4}\right)O_2 \rightarrow mCO_2 + \dfrac{n}{2}H_2O$

012

이론공기량을 사용하여 C_3H_8을 연소시킨다. 건조가스 중 $(CO_2)_{max}$를 계산하시오.

친절한 풀이 » $C_3H_8 + 5O_2 \rightarrow 3CO_2 + 4H_2O$

$CO_{2max} = \dfrac{CO_2량}{God} \times 100$

① $God = (1-0.21)A_o + CO_2$량

$$= (1-0.21) \times \frac{5}{0.21} + 3 = 21.8095 \, Sm^3/Sm^3$$

② CO_2량 $= 3 \, Sm^3/Sm^3$

③ $CO_{2max}(\%) = \dfrac{3 \, Sm^3/Sm^3}{21.8095 \, Sm^3/Sm^3} \times 100 = 13.76\%$

013

공기를 이용하여 일산화탄소를 완전 연소시킬 때 건조가스 중 최대 탄산가스량(%)를 계산하시오. (단, 표준상태 기준이다.)

친절한 풀이 »

$$CO_{2\max}(\%) = \frac{CO_2 량}{God} \times 100$$

$$CO + 0.5O_2 \rightarrow CO_2$$

$$God(이론건연소가스량) = (1-0.21)A_o + CO_2량$$

$$= (1-0.21) \times \frac{0.5}{0.21} + 1 = 2.881 \, Sm^3/Sm^3$$

따라서 $CO_2\max(\%) = \dfrac{1 \, Sm^3/Sm^3}{2.881 \, Sm^3/Sm^3} \times 100 = 34.71\%$

제 3 장

오염물질 처리법

1 황산화물(SO_x) 처리

1. 중유 탈황법

① 금속산화물에 의한 흡착탈황　　② 미생물에 의한 생화학적 탈황
③ 방사선화학에 의한 탈황　　　　④ 접촉수소화 탈황법

2. 배기가스 탈황법 중 습식탈황법

(1) 종류

① 석회법(석회세정법)　　② 아황산소오다법
③ 암모니아법　　　　　　④ 가성소다 흡수법
⑤ 산화마그네슘 세정법

(2) 배연탈황법 중 습식법의 특징

① 배출가스가 굴뚝으로 배출될때 확산이 나쁘다.
② 반응 효율은 높다
③ 수질오염의 문제가 심하다.

3. 배기가스 탈황법 중 건식탈황법

(1) 종류

① 건식 석회석 주입법　　② 활성산화망간법
③ 알칼리성 알루미나 흡수법　　④ 활성탄흡착법

(2) 배연탈황법 중 건식법의 특징
① 장치가 대규모로 크다.
② 배출가스 온도저하가 없다.
③ 대용량 처리가 가능하다.

 ## 2 질소산화물(NO_x) 처리

1. 선택적 촉매(접촉)환원법(SCR)-건식법

배기가스 중에 존재하는 산소와는 무관하게 NO_X를 선택적으로 접촉환원시키는 방법이다.
① 질소산화물이 촉매에 의하여 선택적으로 환원되어 질소분자와 물로 전환된다.
② 환원제로는 NH_3가 사용된다.
③ 질소산화물 전환율은 반응온도에 따라 종모양(bel shape)을 나타낸다.
④ 선택적 환원제로는 NH_3, H_2S 등이 있다.
⑤ 선택적인 접촉환원법에서 Al_2O_3계의 촉매는 SO_2, SO_3, O_2와 반응하여 황산염이 되기쉽고, 촉매의 활성이 저하된다.
⑥ H_2S를 사용하는 선택적 촉매환원법은 Claus 반응에 따라 아황산가스 제거도 가능한 NO_X, SO_X 동시제거법으로 제안되기도 하였다.
⑦ 선택적 촉매환원법에서 NH_3를 환원제로 사용하는 탈질법은 산소존재에 의해 반응속도가 증대하는 특이한 반응이고, 2차 공해의 문제도 적은 편이므로 광범위하게 적용된다.

2. 비선택적 접촉환원법(NCR)

배가스중의 산소를 환원제로 소비한 다음 NO_X를 접촉환원시키는 방법이다.
① 촉매로는 Pt 뿐만아니라 Co, Ni, Cu, Cr등의 산화물도 이용 가능하다.
② 비선택적 촉매환원법에서 NO 환원제는 아세틸렌계 > 올레핀계 > 방향족계 > 파라핀계 순으로 불포화도가 높은만큼 반응성이 좋다.
③ 비선택적 촉매환원법에서 NO_X와 환원제의 반응서열은 $CH_4 < H_2 < CO$이며, 탄화수소의 경우 탄소수의 증가에 따라 일반적으로 반응성이 개선된다고 볼 수 있다.

3. 무촉매환원법

① NO의 암모니아에 의한 환원에는 보통 산소의 공존이 필요하다.
② 1000℃ 정도의 고온과 NH_3/NO가 2 이상의 암모니아의 첨가가 필요하다.
③ NO_X의 제거율은 30~70%로 대체로 낮은 편이다.
④ 반응기 등의 설비가 필요하지 않아 설비비는 작고, 특히 더러운 NO_X의 제거에 적합하다.

4. NO_X 처리방법 중 촉매환원법

선택적으로 환원반응에서는 첨가된 반응물이 NO_X만 환원시키고, 비선택적 환원반응에서는 배출가스중의 과잉의 O_2가 소모된다.

5. NO_X(질소산화물)의 발생억제법

① 저산소 연소법(저과잉공기량 연소법)
② 2단 연소법
③ 배기가스 재순환법
④ 연소부분의 냉각법
⑤ 버너 및 연소실의 구조 개선
⑥ 저온도 연소법
⑦ 연소영역에서 연소가스의 체류시간을 짧게
⑧ 촉매(TiO_2, V_2O_5)를 이용하여 제거하는 방법
⑨ 촉매를 이용하지 않고 암모니아수 또는 요소수를 주입하여 제거하는 방법

6. NO_X(질소산화물)의 종류

① fuel NO_X(연료적인 측면의 NO_X) : 연소시 연료중의 질소성분으로부터 발생되는 질소산화물
② thermal NO_X(온도적인 측면의 NO_X) : 고온에서 공기 중의 질소와 산소가 반응하여 생기는 질소산화물
③ prompt NO_X(프롬프트 NO_X) : 화염에서 일어나는 전기적인 이온교환에 의해 생성되는 질소산화물

3 다이옥신류

1. 다이옥신류 저감방안 및 제거기술

① 소각로 배출가스의 재연소기에 의한 제거기술을 도입한다.
② 다이옥신 분해 촉매에 의한 제거기술을 도입한다.
③ 활성탄에 의한 흡착기술을 도입한다.
④ 로내 온도를 1000℃ 이상으로 운전하여 다이옥신 성분 발생량을 최소화 한다.
⑤ 배기가스 conditioning시 칼슘 및 활성탄분말 투입시설을 설치하여 다이옥신과 반응 후 집진함으로써 줄일 수 있다.
⑥ 유기염소계 화합물(PVC 제품류) 반입을 제한한다.
⑦ 페인트가 칠해져 있거나 페인트로 처리된 목재, 가구류 반입을 억제 제한한다.
⑧ 활성탄과 백필터를 같이 사용하는 경우에는 분무된 활성탄이 필터 백 표면에 코팅되어 백 필터에서도 흡착이 활발하게 일어난다.
⑨ 촉매에 의한 다이옥신 분해 방식은 활성탄 흡착 처리방법에 비해 다이옥신을 무해화하기 위한 후처리가 필요없는 것이 장점이다.
⑩ 촉매에 의한 다이옥신 분해 방식에 사용되는 촉매는 반응성이 높은 금속 산화물이 주로 사용된다.

2. 활성탄 + 백필터

① 파손여과포의 교체회수가 많아 인력 및 경비 부담이 크고 설비의 연속운전에 지장을 줄 수 있다.
② 다이옥신과 함께 중금속 등이 흡착된다.
③ 활성탄 주입량을 변경하던 제거효율을 어느 정도 변경 가능하다.
④ 체류시간이 작아 다이옥신 재형성 방지가 어렵다.

오염물질 제거장치

 **전기집진장치**

코로나 방전에 의해 발생하는 기전력으로 입자를 대전시켜 집진한다.

1. 전기집진장치의 특징

(1) 장점
① 집진효율이 높다.
② 유지관리가 용이하고 운전비, 유지비가 적게 소요된다.
③ 압력손실이 적고 대량의 분진함유가스를 처리할 수 있다.
④ 회수할 가치가 있는 입자의 포집이 가능하다.
⑤ 부식성가스가 함유된 먼지도 처리가 가능하다.
⑥ 고온가스, 대량의 가스처리가 가능하다.
⑦ 미세입자 제거가 가능하다.
⑧ 배출가스의 온도 강하가 작다.

(2) 단점
① 설치시 소요 부지면적이 크다.
② 초기시설비가 크다.
③ 전압변동과 같은 조건변동에 쉽게 적응하기 어렵다.

2 여과집진장치

1. 여과집진장치의 특징

(1) 장점
① 1μm 이상의 미세입자의 제거가 용이하다.
② 세정집진장치보다 압력손실과 동력소모가 적다.
③ 다양한 여과재의 사용으로 인하여 설계시 융통성이 있다.

(2) 단점
① 폭발성, 점착성 및 흡습성 먼지의 제거가 어렵다.
② 수분이나 여과속도에 대한 적응성이 낮다.
③ 여과재의 교환으로 유지비가 고가이다.

2. 여과집진장치의 집진 원리

① 확산작용
② 관성충돌
③ 차단작용
④ 중력작용

3 세정집진장치의 특징

액적 또는 액막을 형성시켜 함진가스와의 접촉에 의해 오염물질을 제거시키는 장치이다.

(1) 장점
① 2차적 분진처리가 불필요하다.
② 전기, 여과집진장치 보다 좁은 공간에 설치가 가능하다.
③ 한번 제거된 입자는 다시 처리가스 속으로 재비산되지 않는다.
④ 고온 다습한 가스나 연소성 및 폭발성 가스의 처리가 가능하다.

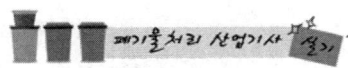

⑤ 가동부분이 작고 조작이 간단하다.
⑥ 입자상 물질과 가스상 물질을 동시에 제거가 가능하다.
⑦ 접착성 및 조해성 분진의 처리가 가능하다.
⑧ 친수성 더스트의 집진효과가 높다.

(2) 단점
① 냉한기에 세정수의 동결에 의한 대책 수립이 필요하다.
② 부식성 가스의 흡수로 재료 부식이 발생할 수 있다.
③ 소수성 먼지의 집진효과가 낮다.
④ 압력손실과 동력소비량이 크고 많은 물이 필요하다.

 **4** 사이클론(원심력 집진장치)의 특징

① 압력손실($80 \sim 100\,mmH_2O$)이 비교적 적다.
② 고온가스의 처리가 가능하다.
③ 분진량과 유량의 변화에 민감하다.
④ 미세입자의 집진효율이 낮다.
⑤ 고농도는 병렬로 연결하고, 응집성이 강한 먼지는 직렬연결(단수 3단 한계)하여 주로 사용한다.
⑥ 일반적으로 축류식 직진형, 접선 유입식, 소구경 multiclone에서 blow down 효과를 얻을 수 있다.
⑦ 함진가스의 온도가 높아지면 집진율은 저하되나 그 영향은 크지 않다.
⑧ 가동부(moving part)가 없는 것이 기계적 특징이다.
⑨ 원심력과 중력이 동시에 작용하며 중력은 보다 큰 입자의 분진에 작용한다.
⑩ 유입속도 변화없이 입구면적이 증가하면 압력손실은 증가하고 효율은 감소한다.

5 관성력 집진장치의 특징

① 충돌식과 반전식이 있으며, 일반적으로 고온가스의 처리가 가능하므로 굴뚝 또는 배관 내에 적용될 때가 있다.
② 액체입자의 포집에 사용되는 multibaffle형을 $1\mu m$ 전후의 미립자 제거가 가능하나, 완전하게 처리하기 위해 가스출구에 충전층을 설치하는 것이 좋다.
③ 집진가능한 입자는 주로 $10\mu m$ 이상의 조대입자이며 일반적으로 집진율은 50~70% 정도이다.

6 중력집진장치의 특징

① 중력에 의한 자연침강의 방법으로 주로 입자의 크기가 $50\mu m$ 이상의 입자상물질을 처리하는데 사용된다.
② 함진가스의 온도변화에 의한 영향을 거의 받지 않는다.
③ 전처리(1차처리장치)로 사용된다.
④ 유지비 및 설치비가 적게드나 신뢰도가 낮다.

001

NOₓ(질소산화물)의 발생억제법을 6가지를 쓰시오.

친절한 풀이 » ① 저산소 연소법(저과잉공기량 연소법)
② 2단 연소법
③ 배기가스 재순환법
④ 연소부분의 냉각법
⑤ 버너 및 연소실의 구조 개선
⑥ 저온도 연소법

002

NOₓ(질소산화물)의 종류를 3가지 쓰고 간단히 설명하시오.

친절한 풀이 » ① fuel NOₓ(연료적인 측면의 NOₓ) : 연소시 연료중의 질소성분으로부터 발생되는 질소산화물
② thermal NOₓ(온도적인 측면의 NOₓ) : 고온에서 공기 중의 질소와 산소가 반응하여 생기는 질소산화물
③ prompt NOₓ(프롬프트 NOₓ) : 화염에서 일어나는 전기적인 이온교환에 의해 생성되는 질소산화물

003

다이옥신류 저감방안 및 제거기술을 5가지 쓰시오.

친절한 풀이 » ① 소각로 배출가스의 재연소기에 의한 제거기술을 도입한다.
② 다이옥신 분해 촉매에 의한 제거기술을 도입한다.
③ 활성탄에 의한 흡착기술을 도입한다.
④ 로내 온도를 1000℃이상으로 운전하여 다이옥신 성분 발생량을 최소화 한다.
⑤ 유기염소계 화합물(PVC 제품류) 반입을 제한한다.

004

전기집진장치의 특징을 5가지를 쓰시오.

친절한풀이 » ① 집진효율이 높다.
② 유지관리가 용이하고 운전비, 유지비가 적게 소요된다.
③ 압력손실이 적고 대량의 분진함유가스를 처리할 수 있다.
④ 회수할 가치가 있는 입자의 포집이 가능하다.
⑤ 부식성가스가 함유된 먼지도 처리가 가능하다.

005

전기집진장치의 장·단점 3가지씩 각각 쓰시오.

친절한풀이 » (1) 장점
① 집진효율이 높다.
② 고온가스, 대량의 가스처리가 가능하다.
③ 미세입자 제거가 가능하다.
(2) 단점
① 설치시 소요 부지면적이 크다.
② 초기시설비가 크다.
③ 전압변동과 같은 조건변동에 쉽게 적응하기 어렵다.

006

여과집진장치의 장·단점 3가지씩 각각 쓰시오.

친절한풀이 » (1) 장점
① $1\mu m$ 이상의 미세입자의 제거가 용이하다.
② 세정집진장치보다 압력손실과 동력소모가 적다.
③ 다양한 여과재의 사용으로 인하여 설계시 융통성이 있다.
(2) 단점
① 폭발성, 점착성 및 흡습성 먼지의 제거가 어렵다.
② 수분이나 여과속도에 대한 적응성이 낮다.
③ 여과재의 교환으로 유지비가 고가이다.

007
여과집진장치의 집진원리 4가지를 쓰시오.

① 확산작용   ② 관성충돌
③ 차단작용   ④ 중력작용

008
세정집진장치의 장·단점 3가지씩 각각 쓰시오.

(1) 장점
① 가동부분이 작고 조작이 간단하다.
② 고온 다습한 가스나 연소성 및 폭발성 가스의 처리가 가능하다.
③ 접착성 및 조해성 분진의 처리가 가능하다.

(2) 단점
① 압력손실과 동력소비량이 크고 많은 물이 필요하다.
② 부식성 가스의 흡수로 재료 부식이 발생할 수 있다.
③ 소수성 먼지의 집진효과가 낮다.

제 4 편

공정시험기준

- 제1장   총칙
- 제2장   시료의 채취
- 제3장   일반항목편

폐기물처리
산업기사 **실기**

Industrial Engineer Wastes Treatment

총칙

1 총칙

1. 온도

① 온도의 표시는 셀시우스(Celcius) 법에 따라 아라비아 숫자의 오른쪽에 ℃를 붙인다. 절대온도는 K로 표시하며, 절대온도 0 K는 −273 ℃로 한다.
② 표준온도 : 0 ℃, 상온 : 15~25 ℃, 실온은 1~35 ℃, 찬곳 : 0~15 ℃
③ 냉수 : 15 ℃ 이하, 온수 : 60~70 ℃, 열수 : 약 100 ℃
④ 수욕상 또는 수욕 중에서 가열한다 : 따로 규정이 없는 한 수온 100 ℃에서 가열함을 뜻하고 약 100 ℃의 증기욕을 쓸 수 있다.
⑤ 각각의 시험은 따로 규정이 없는 한 상온에서 조작하고 조작 직후에 그 결과를 관찰한다. 단, 온도의 영향이 있는 것의 판정은 표준온도를 기준으로 한다.

2. 관련 용어의 정의

① 액상폐기물 : 고형물의 함량이 5% 미만
② 반고상폐기물 : 고형물의 함량이 5% 이상 15% 미만
③ 고상폐기물 : 고형물의 함량이 15% 이상
④ 함침성 고상폐기물 : 종이, 목재 등 기름을 흡수하는 변압기 내부부재(종이, 나무와 금속이 서로 혼합되어 있어 분리가 어려운 경우를 포함)를 말한다.
⑤ 비함침성 고상폐기물 : 금속판, 구리선 등 기름을 흡수하지 않는 평면 또는 비평면형태의 변압기 내부부재를 말한다.
⑥ 즉시 : 30초 이내에 표시된 조작을 하는 것
⑦ 감압 또는 진공 : 따로 규정이 없는 한 15mmHg 이하
⑧ 방울수 : 20 ℃에서 정제수 20방울을 적하할 때, 그 부피가 약 1mL 되는 것
⑨ 항량으로 될 때까지 건조한다 : 같은 조건에서 1시간 더 건조할 때 전후 무게의 차가 g당

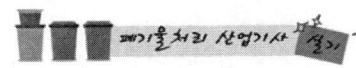

  0.3mg 이하일 때를 말한다.
⑩ 정밀히 단다 : 규정된 양의 시료를 취하여 화학저울 또는 미량저울로 칭량함
⑪ 정확히 단다 : 규정된 수치의 질량을 0.1mg까지 다는 것
⑫ 정확히 취하여 : 규정한 양의 액체를 홀피펫으로 눈금까지 취하는 것
⑬ 약 : 기재된 양에 대하여 ± 10%이상의 차가 있어서는 안 된다.

 **1**   **정도보증/정도관리(QA/QC)**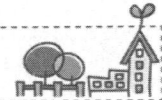

1. 검정곡선

검정곡선(calibration curve)은 분석물질의 농도변화에 따른 지시값을 나타낸 것으로 시료 중 분석 대상 물질의 농도를 포함하도록 범위를 설정하고, 검정곡선 작성용 표준용액은 가급적 시료의 매질과 비슷하게 제조하여야 한다.

① 절대검정곡선법(external standard method) : 시료의 농도와 지시값과의 상관성을 검정곡선 식에 대입하여 작성하는 방법이다.
② 표준물질첨가법(standard addition method) : 시료와 동일한 매질에 일정량의 표준물질을 첨가하여 검정곡선을 작성하는 방법으로써, 매질효과가 큰 시험 분석 방법에서 분석 대상 시료와 동일한 매질의 표준시료를 확보하지 못한 경우에 매질효과를 보정하여 분석할 수 있는 방법이다.
③ 상대검정곡선법(internal standard calibration) : 검정곡선 작성용 표준용액과 시료에 동일한 양의 내부표준물질을 첨가하여 시험분석 절차, 기기 또는 시스템의 변동으로 발생하는 오차를 보정하기 위해 사용하는 방법이다. 상대검정곡선법은 시험 분석하려는 성분과 물리·화학적 성질은 유사하나 시료에는 없는 순수 물질을 내부표준물질로 선택한다. 일반적으로 내부표준물질로는 분석하려는 성분에 동위원소가 치환된 것을 많이 사용한다.

2. 검출한계

① 기기검출한계(IDL) : 시험분석 대상물질을 기기가 검출할 수 있는 최소한의 농도 또는 양으로서, 일반적으로 S/N 비의 2~5배농도 또는 바탕시료를 반복 측정 분석한 결과의

표준편차에 3배한 값 등을 말한다.
② **정량한계**(LOQ) : 시험분석 대상을 정량화할 수 있는 측정값으로서, 제시된 정량한계 부근의 농도를 포함하도록 시료를 준비하고 이를 반복 측정하여 얻은 결과의 표준편차(S)에 10배한 값을 사용한다.
③ 정량한계 = 10 × 표준편차(S)

시료의 채취

 시료의 채취

1. 시료 용기

① 채취용기는 시료를 변질시키거나 흡착하지 않는 것이어야 하며 기밀하고 누수나 흡습성이 없어야 한다.
② 시료용기는 무색경질의 유리병 또는 폴리에틸렌병, 폴리에틸렌백을 사용
③ 노말헥산 추출물질, 유기인, 폴리클로리네이티드비페닐(PCBs) 및 휘발성 저급 염소화 탄화수소류는 갈색경질 유리병만 사용
④ 시료 중에 다른 물질의 혼입이나 성분의 손실을 방지하기 위하여 밀봉할 수 있는 마개를 사용하며 코르크 마개를 사용하여서는 안 된다. 다만, 고무나 코르크 마개에 파라핀지, 유지 또는 셀로판지를 씌워 사용할 수도 있다.
⑤ 시료용기에는 폐기물의 명칭, 대상 폐기물의 양, 채취장소, 채취시간 및 일기, 시료번호, 채취책임자 이름, 시료의 양, 채취방법, 기타 참고자료(보관상태 등)를 기재한다.

2. 시료의 채취방법

(1) 폐기물 소각시설의 소각재 시료 채취.

① 연속식 연소방식의 소각재 반출 설비에서 시료채취
  ㉠ 연속식 연소방식의 소각재 반출설비에서 채취하는 경우 바닥재 저장조에서는 부설된 크레인을 이용하여 채취하고, 비산재 저장조에서는 낙하구 밑에서 채취하며, 소각재가 운반차량에 적재되어 있는 경우에는 적재 차량에서 채취하는 것을 원칙으로 하고, 부지 내에 야적되어 있는 경우에는 야적더미에서 각 층별로 채취하는 것을 원칙으로 한다.

ⓒ 소각재 저장조에서 채취하는 경우는 저장조에 쌓여 있는 소각재를 평면상에서 5등분한 후 각 등분마다 크레인을 이용하여 소각재를 상하층으로 잘 섞은 다음 크레인으로 일정량을 저장즈 밖으로 운반한다. 다만, 시료채취장소가 좁아 작업하기 힘든 경우에는 크레인으르부터 직접 일정량을 채취하는 것으로 한다. 시료는 운반된 소각재중 대표성이 있다고 판단되는 곳에서 각 등분마다 500g 이상을 채취한다.
ⓒ 낙하구 밑에서 채취하는 경우는 시료의 양이 1회에 500g 이상이 되도록 채취한다.
ⓔ 야적더미에서 채취하는 경우는 야적더미를 2m 높이마다 각각의 층으로 나누고 각 층별로 적절한 지점에서 500g 이상의 시료를 채취한다.
ⓜ 소각재가 적재되어 있는 운반차량에서 시료를 채취하는 경우 5톤 미만의 차량에 적재되어 있을 때에는 적재폐기물을 평면상에서 6등분한 후 각 등분마다 시료를 채취한다. 반면, 5톤 이상의 차량에 적재되어 있을 대에는 적재폐기물을 평면상에서 9등분한 후 각 등분마다 시료를 채취한다.

② 회분식 연소방식의 소각재 반출 설비에서 시료채취

회분식 연소방식의 소각재 반출설비에서 채취하는 경우에는 하루 동안의 운전횟수에 따라 매 운전 시마다 2회 이상 채취하는 것을 원칙으로 하고, 시료의 양은 1회에 500g 이상으로 한다.

3. 시료의 양

시료의 양은 1회에 100g 이상 채취한다. 다만, 소각재의 경우에는 1회에 500g 이상을 채취한다.

4. 시료의 수

① 대상폐기물의 양과 시료의 최소 수

대상폐기물의 양(단위 : ton)	시료의 최소 수	대상폐기물의 양(단위 : ton)	시료의 최소 수
~ 1미만	6	100이상 ~ 500미만	30
1이상 ~ 5미만	10	500이상 ~ 1000미만	36
5이상 ~ 30미만	14	1000이상 ~ 5000미만	50
30이상 ~ 100미만	20	5000이상	60

② 폐기물이 적재되어 있는 운반차량에서 시료를 채취할 경우에는 적재 폐기물의 성상이 균일하다고 판단되는 깊이에서 시료를 채취한다.
㉠ 5톤 미만의 차량에 적재되어 있을 때에는 적재폐기물을 평면상에서 6등분한 후 각

등분마다 시료를 채취한다.
ⓒ 5톤 이상의 차량에 적재되어 있을 때에는 적재폐기물을 평면상에서 9등분한 후 각 등분마다 시료를 채취한다.

5. 시료의 분할 채취 방법

(1) 구획법
① 모아진 대시료를 네모꼴로 엷게 균일한 두께로 편다.
② 이것을 가로 4등분 세로 5등분하여 20개의 덩어리로 나눈다.
③ 20개의 각 부분에서 균등량 씩을 취하여 혼합하여 하나의 시료로 한다.

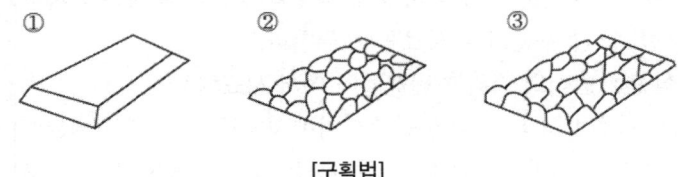

[구획법]

(2) 교호삽법
① 분쇄한 대시료를 단단하고 깨끗한 평면위에 원추형으로 쌓는다.
② 원추를 장소를 바꾸어 다시 쌓는다.
③ 원추에서 일정량을 취하여 장방형으로 도포하고 계속해서 일정량을 취하여 그 위에 입체로 쌓는다.
④ 육면체의 측면을 교대로 돌면서 균등량씩을 취하여 두개의 원추를 쌓는다.
⑤ 하나의 원추는 버리고 나머지 원추를 앞의 조작을 반복하면서 적당한 크기까지 줄인다.

[교호삽법]

(3) 원추 4분법
① 분쇄한 대시료를 단단하고 깨끗한 평면위에 원추형으로 쌓아 올린다.
② 앞의 원추를 장소를 바꾸어 다시 쌓는다.
③ 원추의 꼭지를 수직으로 눌러서 평평하게 만들고 이것을 부채꼴로 사등분한다.
④ 마주 보는 두 부분을 취하고 반은 버린다.
⑤ 반으로 준 시료를 앞의 조작을 반복하여 적당한 크기까지 줄인다.

① ② ③ ④ ⑤

[원추 4분법]

2. 시료의 준비

1. 함량 시험방법

지정폐기물여부 판정을 위한 기름성분, 폴리클로리네이티드비페닐(PCBs) 및 정제유의 품질검사를 위한 실험에 적용한다. 또한 폐기물관리법에서 규정하고 있지 않으나, 폐기물 중에 함유된 오염물질의 농도를 측정하는 시료에 적용한다.

2. 용출 시험방법

고상 또는 반고상 폐기물에 대하여 폐기물관리법에서 규정하고 있는 지정폐기물의 판정 및 지정폐기물의 중간처리방법 또는 매립방법을 결정하기 위한 실험에 적용한다.

(1) 시료용액의 조제

시료의 조제방법에 따라 조제한 시료 100g 이상을 정확히 달아 정제수에 염산을 넣어 pH를 5.8~6.3으로 한 용매(mL)를 시료 : 용매 = 1 : 10(W : V)의 비로 2,000mL 삼각플라스크에 넣어 혼합한다.

(2) 용출조작

① 시료용액의 조제가 끝난 혼합액을 상온 상압에서 진탕회수가 매분 당 약 200회, 진폭이 4~5cm의 진탕기를 사용하여 6시간 연속 진탕한다.
② 1.0μm의 유리섬유 여과지로 여과하고 여과액을 적당량 취하여 용출실험용 시료용액으로 한다.
③ 여과가 어려운 경우에는 원심분리기를 사용하여 매분당 3,000회전 이상으로 20분 이상 원심분리한 다음 상징액을 적당량 취하여 용출실험용 시료용액으로 한다.

(3) 실험결과의 보정

항목별 시험기준 중 각항의 규정에 따라 실험한 용출실험의 결과는 시료 중의 수분함량 보정을 위해 함수율 85%이상인 시료에 한하여 $\dfrac{15}{100-\text{시료의 함유율}(\%)}$을 곱하여 계산된 값으로 한다.

3. 산분해법

(1) 질산 분해법 : 유기물 함량이 낮은 시료에 적용

(2) 질산 – 염산 분해법
유기물 함량이 비교적 높지 않고 금속의 수산화물, 산화물, 인산염 및 황화물을 함유하고 있는 시료에 적용

(3) 질산 – 황산 분해법
① 유기물 등을 많이 함유하고 있는 대부분의 시료에 적용
② 칼슘, 바륨, 납 등을 다량 함유한 시료는 난용성의 황산염을 생성하여 다른 금속성분을 흡착하므로 주의하여야 한다.

(4) 질산 – 과염소산 분해법
유기물을 높은 비율로 함유하고 있으면서 산화분해가 어려운 시료에 적용

(5) 질산-과염소산 – 불화수소산 분해법
점토질 또는 규산염이 높은 비율로 함유된 시료에 적용

(6) 회화법
① 목적성분이 400℃ 이상에서 휘산되지 않고 쉽게 회화될 수 있는 시료에 적용
② 시료 중에 염화암모늄, 염화마그네슘, 염화칼슘 등이 다량 함유된 경우에는 납, 철, 주석, 아연, 안티몬 등이 휘산되어 손실을 가져오므로 주의하여야 한다.

001

다음 괄호에 들어갈 온도를 순서대로 바르게 쓰시오.

> 표준온도는 0℃, 상온은 (①)℃, 실온은 (②)℃로 하며, 찬 곳은 따로 규정이 없는 한 (③)℃의 곳을 뜻한다.
> 온수는 60~70℃, 열수는 약 100℃, 냉수는 (④)℃ 이하로 한다. "수욕상(水浴上) 또는 물중탕에서 가열한다."라 함은 따로 규정이 없는 한 수온 (⑤)℃에서 가열함을 뜻하고 약 100℃의 증기욕을 쓸 수 있다.

친절한 풀이 »   ① 15~25   ② 1~35
                  ③ 0~15   ④ 15
                  ⑤ 100

002

폐기물공정시험기준상 총칙에 대한 내용 중 폐기물을 종류를 쓰고 간단히 설명하시오.

친절한 풀이 »   ① 액상폐기물 : 고형물의 함량이 5% 미만
                  ② 반고상폐기물 : 고형물의 함량이 5% 이상 15% 미만
                  ③ 고상폐기물 : 고형물의 함량이 15% 이상

003

폐기물공정시험기준상 총칙에 대한 내용 중 함침성 고상폐기물을 간단히 서술하시오.

친절한 풀이 »   종이, 목재 등 기름을 흡수하는 변압기 내부부재(종이, 나무와 금속이 서로 혼합되어 있어 분리가 어려운 경우를 포함)를 말한다.

004

폐기물공정시험기준상 총칙에 대한 내용 중 비함침성 고상폐기물을 간단히 서술하시오.

» 금속판, 구리선 등 기름을 흡수하지 않는 평면 또는 비평면형태의 변압기 내부부재를 말한다.

005

시료를 채취할 때 사용하는 용기의 종류를 3가지만 쓰시오.

» ① 무색경질의 유리병
② 폴리에틸렌병
③ 폴리에틸렌백

006

시료를 채취할 때 사용하는 용기 중 반드시 갈색경질 유리병만 사용하여야 하는 물질을 4가지를 쓰시오.

» ① 노말헥산 추출물질
② 유기인
③ 폴리클로리네이티드비페닐(PCBs)
④ 휘발성 저급 염소화 탄화수소류

007

시료를 채취할 때 사용하는 용기에 기재하는 사항 6가지를 쓰시오.

» ① 폐기물의 명칭   ② 대상 폐기물의 양
③ 채취장소   ④ 채취시간 및 일기
⑤ 시료 번호   ⑥ 채취책임자 이름
⑦ 시료의 양   ⑧ 채취방법

008

다음은 시료의 양에 대한 내용이다. ( )를 알맞게 채우시오.

> 시료의 양은 1회에 (①)g 이상 채취한다. 다만, 소각재의 경우에는 1회에 (②)g 이상을 채취한다.

친절한 풀이 >>> ① 100 ② 500

009

대상폐기물의 양이 1,500톤인 경우, 시료의 최소수는 얼마인가?

친절한 풀이 >>> 50

TIP

대상폐기물의 양과 시료의 최소 수

대상폐기물의 양 (단위 : ton)	시료의 최소 수	대상폐기물의 양 (단위 : ton)	시료의 최소 수
~ 1미만	6	100이상 ~ 500미만	30
1이상 ~ 5미만	10	500이상 ~ 1000미만	36
5이상 ~ 30미만	14	1000이상 ~ 5000미만	50
30이상 ~ 100미만	20	5000이상	60

010

대상폐기물의 양이 600톤인 경우, 시료의 최소수는 얼마인가?

친절한 풀이 >>> 36

011

폐기물공정시험기준에 규정된 시료의 축소방법의 종류 3가지를 쓰시오.

친절한 풀이 >>> ① 구획법 ② 교호삽법
③ 원추4분법

012

다음은 시료의 분할 채취 방법 중 구획법에 대한 설명이다. (   )안을 알맞게 채우시오.

① 모아진 대시료를 네모꼴로 얇게 균일한 두께로 편다.
② 이것을 가로 4등분 세로 5등분하여 20개의 덩어리로 나눈다.
③ (   )

친절한 풀이 ≫ ③ 20개의 각 부분에서 균등량 씩을 취하여 혼합하여 하나의 시료로 한다.

013

다음은 시료의 분할채취하여 균일화 하는 방법에 관한 설명이다. 어떤 방법에 대한 설명인가?

• 모아진 대시료를 네모꼴로 얇게 균일한 두께로 편다.
• 이것을 가로 4등분, 세로 5등분하여 20개의 덩어리로 나눈다.
• 20개의 각 부분에서 균등량 씩을 취하여 혼합하여 하나의 시료로 한다.

친절한 풀이 ≫ 구획법

014

다음에서 설명하고 있는 시료 축소방법을 쓰시오.

① 분쇄한 대시료를 단단하고 깨끗한 평면위에 원추형으로 쌓는다.
② 그 원추를 장소를 바꾸어 다시 쌓는다.
③ 원추에서 일정량을 취하여 장방형으로 도포하고 계속해서 일정량을 취하여 그 위에 입체로 쌓는다.
④ 육면체의 측면을 교대로 돌면서 균등량씩을 취하여 두 개의 원추를 쌓고 이 중 하나는 버리는 방식으로 시료를 계속 적당한 크기로 줄인다.

친절한 풀이 ≫ 교호삽법

015

다음에서 설명하고 있는 시료 축소방법을 쓰시오.

> ① 분쇄한 대시료를 단단하고 깨끗한 평면위에 원추형으로 쌓아 올린다.
> ② 앞의 원추를 장소를 바꾸어 다시 쌓는다.
> ③ 원추의 꼭지를 수직으로 눌러서 평평하게 만들고 이것을 부채꼴로 사등분한다.
> ④ 마주 보는 두 부분을 취하고 반은 버린다.
> ⑤ 반으로 준 시료를 앞의 조작을 반복하여 적당한 크기까지 줄인다.

친절한 풀이 » 원추4분법

016

다음은 용출 시험을 위한 시료 용액 조제에 관한 내용이다. ( )안에 알맞게 채우시오.

> 시료의 조제방법에 따라 조제한 시료 100g 이상을 정확히 달아 정제수에 염산을 넣어 ( )(으)로 한 용매(mL)를 시료 : 용매 = 1 : 10(W/V)의 비로 2000mL 삼각플라스크에 넣어 혼합한다.

친절한 풀이 » pH 5.8~6.3

017

다음은 용출시험 방법 중 시료의 조제에 관한 내용이다. ( )를 알맞게 채우시오.

> 시료의 조제방법에 따라 조제한 시료 100g 이상을 달아 정제수에 염산을 넣어 pH(①)으로 한 용매(mL)를 (②)의 비율로 2,000mL 삼각플라스크에 넣어 혼합한다.

친절한 풀이 » ① 5.8~6.3　　② 시료 : 용매 = 1 : 10(W : V)

018

다음 용출조작에 대한 내용이다. ( )를 알맞게 채우시오.

> 여과가 어려운 경우에는 원심분리기를 사용하여 매분당 (①) 이상으로 (②) 이상 원심 분리한 다음 상징액을 적당량 취하여 용출시험용 검액으로 한다.

친절한 풀이 » ① 3000회전　　② 20분

019

다음은 용출시험의 결과 산출 시 시료 중의 수분함량 보정에 관한 설명이다. ( )를 알맞게 채우시오.

> 함수율 85% 이상인 시료에 한하여 ( )을 곱하여 계산된 값으로 한다.

친절한 풀이 » $\dfrac{15}{\{100 - 시료의\ 함수율(\%)\}}$

020

폐기물의 용출시험결과에 대해서 함수율 95%인 시료의 수분 함량을 보정하기 위하여 곱해주는 값을 계산하시오.

친절한 풀이 » 실험한 용출실험의 결과는 시료중의 수분함량 보정을 위해 함수율 85% 이상인 시료에 한하여 $\dfrac{15}{100 - 시료의\ 함수율(\%)}$ 을 곱하여 계산된 값으로 한다.

따라서 $\dfrac{15}{100 - 95\%} = 3$

021

함수율이 90%인 오니를 용출시험하여 구리의 농도를 측정하니 1.0mg/L로 나타났다. 수분함량을 보정한 용출시험 결과치(mg/L)를 계산하시오.

친절한 풀이 » ① 용출실험의 결과는 시료중의 수분함량 보정을 위해 함수율 85%이상인 시료에 한하여 $\dfrac{15}{100 - 시료의\ 함유율(\%)}$ 을 곱하여 계산된 값으로 한다.

따라서 $\dfrac{15}{100 - 90\%} = 1.5$

② $1.0\text{mg/L} \times 1.5 = 1.5\text{mg/L}$

022

유기물 함량이 낮은 시료에 적용하는 유기물분해방법을 쓰시오.

친절한 풀이 » 질산 분해법

023
유기물 함량이 비교적 높지 않고 금속의 수산화물, 산화물, 인산염 및 황화물을 함유하고 있는 시료에 적용하는 유기물 분해방법을 쓰시오.

친절한 풀이 » 질산-염산 분해법

024
유기물 등을 많이 함유하고 있는 대부분의 시료에 적용하는 유기물 분해방법을 쓰시오.

친절한 풀이 » 질산-황산 분해법

025
유기물을 높은 비율로 함유하고 있으면서 산화분해가 어려운 시료에 적용하는 유기물 분해방법을 쓰시오.

친절한 풀이 » 질산-과염소산 분해법

026
점토질 또는 규산염이 높은 비율로 함유된 시료에 적용하는 유기물 분해방법을 쓰시오.

친절한 풀이 » 질산-과염소산-불화수소산 분해법

일반항목편

1. 강열감량 및 유기물함량-중량법

(1) 목적
시료에 질산암모늄용액(25%)을 넣고 가열하여 (600±25)℃의 전기로 안에서 3시간 강열한 다음 데시케이터에서 식힌 후 무게를 달아 증발접시의 무게차로부터 강열감량 및 유기물함량의 양(%)을 구한다.

(2) 적용범위 : 이 시험기준은 0.1%까지 측정한다.

(3) 분석절차
① 도가니 또는 접시를 미리 (600±25)℃에서 30분간 강열하고 데시케이터 안에서 식힌 후 사용하기 직전에 무게를 단다.
② 시료 적당량(20g 이상)을 취하여 도가니 또는 접시와 시료의 무게를 정확히 단다.
③ 질산암모늄용액(25%)을 넣어 시료에 적시고 천천히 가열하여 (600±25)℃의 전기로 안에서 3시간 강열하고 실리카겔이 담겨있는 데시케이터 안에 넣어 식힌 후 무게를 정확히 단다.

(4) 결과
①
$$강열감량(\%) = \frac{(W_2 - W_3)}{(W_2 - W_1)} \times 100$$

② $$유기물함량(\%) = \frac{휘발성\ 고형물(\%)}{고형물(\%)} \times 100$$

여기서, 휘발성고형물(%) = 강열감량(%) − 수분(%)
W_1 : 도가니 또는 접시의 무게
W_2 : 강열 전의 도가니 또는 접시와 시료의 무게
W_3 : 강열 후의 도가니 또는 접시와 시료의 무게

2. 수분 및 고형물-중량법

(1) 목적

시료를 105~110 ℃에서 4시간 건조하고 데시케이터에서 식힌 후 무게를 달아 증발접시의 무게차로부터 수분 및 고형물의 양(%)을 구한다.

(2) 적용범위 : 이 시험기준은 0.1%까지 측정한다.

(3) 분석절차

① 평량병 또는 증발접시를 미리 105~110 ℃에서 1시간 건조시킨 다음 데시케이터 안에서 식힌 후 사용하기 직전에 무게를 단다.
② 시료 적당량을 취하여 평량병 또는 증발접시와 시료의 무게를 정확히 단다.
③ 물중탕에서 수분의 대부분을 날려 보내고 105~110℃의 건조기 안에서 4시간 완전 건조시킨 다음 실리카겔이 담겨있는 데시케이터 안에 넣어 식힌 후 무게를 정확히 단다.

(4) 결과

① $$수분(\%) = \frac{(W_2 - W_3)}{(W_2 - W_1)} \times 100$$

② $$고형물(\%) = \frac{(W_3 - W_1)}{(W_2 - W_1)} \times 100$$

여기서, W_1 : 평량병 또는 증발접시의 무게
  W_2 : 건조 전의 평량병 또는 증발접시와 시료의 무게
  W_3 : 건조 후의 평량병 또는 증발접시와 시료의 무게

001

시료의 강열감량(%)를 측정하기 위해 10g의 도가니에 20g의 시료를 취한 후 25% 질산암모늄용액을 넣어 600±25℃의 전기로 안에서 3시간 강열한 후 데시케이터에서 식힌 후 무게는 25g이었다면 강열감량(%)을 계산하시오.

친절한 풀이 »

강열감량(%) = $\dfrac{W_2 - W_3}{W_2 - W_1} \times 100$

여기서, W_1 : 도가니의 무게
W_2 : 경열 전의 도가니와 시료의 무게
W_3 : 강열 후의 도가니와 시료의 무게

따라서 강열감량(%) = $\dfrac{(20g + 10g) - (25g)}{(20g + 10g) - (10g)} \times 100 = 25\%$

002

강열감량 시험에서 얻어진 다음 데이터로부터 강열감량(%)을 계산하시오.

- 접시무게(W_1) = 30.5238g
- 접시와 시료의 무게(W_2) = 58.2695g
- 강열 방냉 후 무게(W_3) = 43.3767g

친절한 풀이 »

강열감량(%) = $\left(\dfrac{W_2 - W_3}{W_2 - W_1}\right) \times 100$

여기서, W_1 : 접시의 질량
W_2 : 강열 전 접시와 시료의 무게
W_3 : 강열 후 접시와 시료의 무게

따라서 강열감량(%) = $\dfrac{58.2695g - 43.3767g}{58.2695g - 30.5238g} \times 100 = 53.68\%$

003

수분 40%, 고형물 60%, 휘발성고형물 30%인 쓰레기의 유기물 함량(%)을 계산하시오.

친절한 풀이 » 유기물 함량(%) = $\dfrac{휘발성\ 고형물(\%)}{고형물(\%)} \times 100 = \dfrac{30\%}{60\%} \times 100 = 50\%$

004

고형물함량이 50%, 수분함량이 50%, 강열감량이 95%인 폐기물의 경우 폐기물의 고형물 중 유기함량(%)을 계산하시오.

친절한 풀이 » 유기물 함량(%) = $\dfrac{휘발성\ 고형물(\%)}{고형물(\%)} \times 100$

휘발성 고형물(%) = 강열감량(%) − 수분(%) = 95% − 50% = 45%

따라서 유기물 함량(%) = $\dfrac{45\%}{50\%} \times 100 = 90\%$

005

고형물 함량이 50%, 강열감량이 80%인 폐기물의 유기물 함량(%)을 계산하시오.

친절한 풀이 » 유기물 함량(%) = $\dfrac{휘발성\ 고형물(\%)}{고형물(\%)} \times 100$

① 수분(%) = 100 − 고형물(%) = 100 − 50% = 50%
② 휘발성고형물(%) = 강열감량(%) − 수분(%) = 80% − 50% = 30%
③ 유기물 함량(%) = $\dfrac{30\%}{50\%} \times 100 = 60\%$

006

수분 40%, 고형물 60%인 쓰레기의 강열감량 및 유기물 함량을 분석한 결과가 다음과 같았다. 이 쓰레기의 유기물 함량(%)을 계산하시오.

- 도가니의 무게(W_1) = 22.5 g
- 강열 전의 도가니와 시료의 무게(W_2) = 65.8 g
- 강열 후의 도가니와 시료의 무게(W_3) = 38.8 g

친절한 풀이 »

① 강열감량(%) $= \left(\dfrac{W_2 - W_3}{W_2 - W_1}\right) \times 100$

여기서, W_1 : 도가니의 무게
W_2 : 강열 전의 도가니와 시료의 무게
W_3 : 강열 후의 도가니와 시료의 무게

따라서 강열감량(%) $= \left(\dfrac{65.8\text{g} - 38.8\text{g}}{65.8\text{g} - 22.5\text{g}}\right) \times 100$
$= 62.36\%$

② 휘발성 고형물(%) = 강열감량(%) − 수분(%) = 62.36% − 40% = 22.36%

③ 유기물 함량(%) $= \dfrac{\text{휘발성 고형물}(\%)}{\text{고형물}(\%)} \times 100 = \dfrac{22.36\%}{60\%} \times 100 = 37.27\%$

MeMo

노력하는 당신은 언제나 아름답습니다.

제5편

폐기물 관계법규

제1장 폐기물 법규

폐기물처리
산업기사 실기

Industrial Engineer Wastes Treatment

폐기물 법규

1. 지정폐기물의 종류

1. 특정시설에서 발생되는 폐기물
   (1) 폐합성 고분자화합물
       ① 폐합성 수지(고체상태의 것은 제외)
       ② 폐합성 고무(고체상태의 것은 제외)
   (2) 오니류(수분함량이 95퍼센트 미만이거나 고형물함량이 5퍼센트 이상인 것 한정)
       ① 폐수처리 오니(환경부령으로 정하는 물질을 함유한 것으로 환경부장관이 고시한 시설에서 발생되는 것으로 한정)
       ② 공정 오니(환경부령으로 정하는 물질을 함유한 것으로 환경부장관이 고시한 시설에서 발생되는 것으로 한정)
       ③ 폐농약(농약의 제조·판매업소에서 발생되는 것으로 한정)

2. 부식성 폐기물
   (1) 폐산(액체상태의 폐기물로서 수소이온 농도지수가 2.0 이하인 것으로 한정)
   (2) 폐알칼리(액체상태의 폐기물로서 수소이온 농도지수가 12.5 이상인 것으로 한정하며, 수산화칼륨 및 수산화나트륨을 포함)

3. 유해물질함유 폐기물(환경부령으로 정하는 물질을 함유한 것으로 한정)
   (1) 광재(철광 원석의 사용으로 인한 고로슬래그는 제외)
   (2) 분진(대기오염 방지시설에서 포집된 것으로 한정하되, 소각시설에서 발생되는 것은 제외)
   (3) 폐주물사 및 샌드블라스트 폐사
   (4) 폐내화물 및 재벌구이 전에 유약을 바른 도자기 조각
   (5) 소각재
   (6) 안정화 또는 고형화·고화 처리물

(7) 폐촉매
(8) 폐흡착제 및 폐흡수제[광물유·동물유 및 식물유(폐식용유 및 식품 재료와 원료를 조리·가공하면서 발생하는 기름은 제외)의 정제에 사용된 폐토사를 포함]

4. 폐유기용제
   (1) 할로겐족(환경부령으로 정하는 물질 또는 이를 함유한 물질로 한정)
   (2) 그 밖의 폐유기용제(가목 외의 유기용제를 말한다)

5. 폐페인트 및 폐래커(다음 각 목의 것을 포함)
   (1) 페인트 및 래커와 유기용제가 혼합된 것으로서 페인트 및 래커 제조업, 용적 5세제곱미터 이상 또는 동력 3마력 이상의 도장시설, 폐기물을 재활용하는 시설에서 발생되는 것
   (2) 페인트 보관용기에 남아 있는 페인트를 제거하기 위하여 유기용제와 혼합된 것
   (3) 폐페인트 용기(용기 안에 남아 있는 페인트가 건조되어 있고, 그 잔존량이 용기 바닥에서 6밀리미터를 넘지 아니하는 것은 제외)

6. 폐유[기름성분을 5퍼센트 이상 함유한 것을 포함하며, 폴리클로리네이티드비페닐(PCBs)함유 폐기물, 폐식용유(식용을 목적으로 식품 재료와 원료를 제조·조리·가공하거나 식용유를 유통·사용하는 과정에서 발생하는 기름을 말한다)와 그 잔재물, 폐흡착제 및 폐흡수제는 제외]

7. 폐석면
   (1) 건조고형물의 함량을 기준으로 하여 석면이 1퍼센트 이상 함유된 제품·설비(뿜칠로 사용된 것은 포함) 등의 해체·제거 시 발생되는 것
   (2) 슬레이트 등 고형화된 석면 제품 등의 연마·절단·가공 공정에서 발생된 부스러기 및 연마·절단·가공 시설의 집진기에서 모아진 분진
   (3) 석면의 제거작업에 사용된 바닥비닐시트(뿜칠로 사용된 석면의 해체·제거작업에 사용된 경우에는 모든 비닐시트)·방진마스크·작업복 등

8. 폴리클로리네이티드비페닐 함유 폐기물
   (1) 액체상태의 것(1리터당 2밀리그램 이상 함유한 것으로 한정)
   (2) 액체상태 외의 것(용출액 1리터당 0.003밀리그램 이상 함유한 것으로 한정)

9. 폐유독물(「유해화학물질관리법」 제2조 제3호에 따른 유독물을 폐기하는 경우로 한정)

10. 의료폐기물(환경부령으로 정하는 의료기관이나 시험·검사 기관 등에서 발생되는 것으로 한정)

11. 그 밖에 주변 환경을 오염시킬 수 있는 유해한 물질로서 환경부장관이 정하여 고시하는 물질

2. 지정폐기물과 사업장폐기물의 분류번호

1. 지정폐기물의 세부분류 및 분류번호
- 01 : 특정시설에서 발생하는 폐기물
- 02 : 부식성폐기물
- 03 : 유해물질 함유 폐기물
- 04 : 폐유기용제
- 05 : 폐페인트 및 폐락카
- 06 : 폐유
- 07 : 폐석면
- 08 : 폴리클로리네이티드비페닐 함유 폐기물
- 09 : 폐유독물
- 10 : 의료폐기물
- 30 : 그 밖에 환경부장관이 정하여 고시하는 폐기물

2. 사업장일반폐기물의 세부분류 및 분류번호
- 51-01 유기성오니류
- 51-02 무기성오니류
- 51-03 폐합성고분자화합물
- 51-04 광재류
- 51-05 분진(대기오염방지시설에서 포집된 것에 한정하되, 소각시설에서 발생되는 것은 제외)
- 51-06 폐주물사 및 폐사
- 51-07 폐내화물 및 폐도자기 조각
- 51-08 소각재
- 51-09 안정화 또는 고형화·고화 처리물
- 51-10 폐촉매
- 51-11 폐흡착제 및 폐흡수제
- 51-12 폐석고 및 폐석회
- 51-13 연소잔재물
- 51-14 폐석재류

51-15	폐타이어
51-16	폐식용유(식용을 목적으로 식품 재료와 원료를 제조·조리·가공하거나 식용유를 유통·사용하는 과정에서 발생하는 기름을 말한다)
51-17	동·식물성잔재물(식품 재료와 원료를 제조·조리·가공하거나 음식료품을 제조·유통·사용하는 과정에서 발생하는 잔재물을 포함)
51-18	폐전기전자제품류
51-19	왕겨 및 쌀겨
51-20	폐목재류(원목의 용도 그대로 사용하는 나무뿌리·가지 등을 제거한 원줄기는 제외)
51-21	폐토사류
51-22	폐콘크리트
51-23	폐아스팔트콘크리트
51-24	폐벽돌
51-25	폐블록
51-26	폐기와
51-27	폐섬유
51-28	폐지류
51-29	폐금속류
51-30	폐유리
51-31	폐타일
51-32	폐보드류
51-33	폐판넬
51-35	폐전주(폐전주를 철거할 때 발생하는 폐애자, 폐근가 및 폐합성수지제 커버류 등을 포함)
51-36	폐가스 포집물
51-37	폐냉매물질
51-99	그 밖의 폐기물

3. 의료폐기물

1. **격리의료폐기물**
   전염병예방법에 따른 전염병으로부터 타인을 보호하기 위하여 격리된 사람에 대한 의료행위에서 발생한 일체의 폐기물

2. **위해의료폐기물**
   (1) 조직물류폐기물 : 인체 또는 동물의 조직·장기·기관·신체의 일부, 동물의 사체, 혈액·고름 및 혈액생성물(혈청, 혈장, 혈액제제)
   (2) 병리계폐기물 : 시험·검사 등에 사용된 배양액, 배양용기, 보관균주, 폐시험관, 슬라이드, 커버 글라스, 폐배지, 폐장갑
   (3) 손상성폐기물 : 주사바늘, 봉합바늘, 수술용 칼날, 한방침, 치과용침, 파손된 유리재질의 시험기구
   (4) 생물·화학폐기물 : 폐백신, 폐항암제, 폐화학치료제
   (5) 혈액오염폐기물 : 폐혈액백, 혈액투석 시 사용된 폐기물, 그 밖에 혈액이 유출될 정도로 포함되어 있어 특별한 관리가 필요한 폐기물

3. **일반의료폐기물**
   혈액·체액·분비물·배설물이 함유되어 있는 탈지면, 붕대, 거즈, 일회용 기저귀, 생리대, 일회용 주사기, 수액세트

001

부식성 폐기물 중 폐산에 대한 설명이다. (　)를 알맞게 채우시오.

폐산은 액체상태의 폐기물로서 수소이온 농도지수가 (　)인 것으로 한정한다.

친절한 풀이 ≫ 2.0 이하

002

부식성 폐기물 중 폐알칼리에 대한 설명이다. (　)를 알맞게 채우시오.

폐알칼리는 액체상태의 폐기물로서 수소이온 농도지수가 (　)인 것으로 한정하며, 수산화칼륨 및 수산화나트륨을 포함한다.

친절한 풀이 ≫ 12.5 이상

003

부식성 폐기물 중 폐유에 대한 설명이다. (　)를 알맞게 채우시오.

기름성분을 (　) 함유한 것을 포함하며, 폴리클로리네이티드비페닐(PCBs)함유 폐기물, 폐식용유(식용을 목적으로 식품 재료와 원료를 제조·조리·가공하거나 식용유를 유통·사용하는 과정에서 발생하는 기름을 말한다)와 그 잔재물, 폐흡착제 및 폐흡수제는 제외한다.

친절한 풀이 ≫ 5퍼센트 이상

004

다음은 지정폐기물의 분류번호이다. ( )를 알맞게 채우시오.

```
01 : 특정시설에서 발생하는 폐기물
02 : ( ① )
03 : 유해물질 함유 폐기물
04 : ( ② )
05 : 폐페인트 및 폐락카
06 : ( ③ )
07 : 폐석면
08 : 폴리클로리네이티드비페닐 함유 폐기물
09 : 폐유독물
10 : ( ④ )
```

친절한 풀이 » ① 부식성폐기물 ② 폐유기용제
　　　　　　③ 폐유 　　　　④ 의료폐기물

005

지정폐기물인 폐유기용제의 분류번호를 쓰시오.

친절한 풀이 » 04

006

사업장일반폐기물인 유기성오니류의 분류번호를 쓰시오.

친절한 풀이 » 51-01

MeMo

노력하는 당신은 언제나 아름답습니다.

제6편 기출 복원 문제

※ 알림 ※

기출복원문제는 수강생들의 도움으로 복원된 문제이므로 실제문제와 다소 차이가 있을 수 있음을 양지 바랍니다. 실기시험을 친 수험생은 저자메일(kwe7002@hanmail.net)로 문제를 복원해 보내 주시면 폐기물처리 산업기사 실기의 대표수험서를 만드는데 큰 도움이 되겠습니다.

폐기물처리
산업기사 **실기**

Industrial Engineer Wastes Treatment

기출복원문제
- 2010년 4월 시행

01 연료로 사용하는 중유의 저위발열량이 9,000kcal/kg이다. 중유의 저위발열량 1,000kcal 당 이론공기량(Sm^3/kg)을 계산하시오. (단, Rosin식을 적용하여 계산할 것)

명쾌한 풀이

$$A_o(\text{이론 공기량}) = 0.85 \times \frac{Hl(\text{저위발열량})}{1,000} + 2$$

$$= 0.85 \times \frac{9,000\text{kcal/kg}}{1,000} + 2$$

$$= 9.65 Sm^3/kg$$

TIP

이론공기량(A_o) 및 이론가스량(G_o)			
	이론공기량(A_o) 및 이론가스량(G_o)	Rosin	고체 및 액체
고체연료(석탄) (Sm^3/kg)	A_o	$1.01 \times \frac{Hl}{1,000} + 0.5$	$1.05 \times \frac{Hl}{1,000} + 0.1$
	G_o	$0.89 \times \frac{Hl}{1,000} + 1.65$	$1.11 \times \frac{Hl}{1,000} + 0.3$
액체연료 (Sm^3/kg)	A_o	$0.85 \times \frac{Hl}{1,000} + 2$	$1.04 \times \frac{Hl}{1,000} + 0.02$
	G_o	$1.1 \times \frac{Hl}{1,000}$	$1.11 \times \frac{Hl}{1,000} + 0.04$

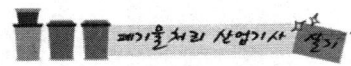

02 프로판 $1Sm^3$을 공기과잉계수 1.2로 완전연소시킬 경우, 건조 연소가스량(Sm^3)을 계산하시오.

명쾌한 풀이

$C_3H_8 + 5O_2 \rightarrow 3CO_2 + 4H_2O$ 에서

$Gd = (m - 0.21)A_o + CO_2량(Sm^3/Sm^3)$

$= (1.2 - 0.21) \times \dfrac{5}{0.21} + 3 = 26.57 Sm^3/Sm^3$

TIP

① 프로판 = C_3H_8
② 공기과잉계수가 주어지면 실제 가스량 기준

03 쓰레기를 100톤 소각하였을 때 남은 재의 질량이 소각전 쓰레기 질량의 20wt%이고 재의 용적이 $16m^3$이라면 재의 밀도(kg/m^3)를 계산하시오.

명쾌한 풀이

재의 밀도(kg/m^3) = $\dfrac{재의\ 질량(kg)}{재의\ 용적(m^3)}$

$= \dfrac{100 \times 10^3 kg \times 0.20}{16 m^3} = 1,250 kg/m^3$

TIP

$100 ton = 100 \times 10^3 kg = 100,000 kg$

04 고형물 중 VS 60%이고, 함수율 97%인 농축슬러지 100ton를 소화시켰다. 소화율(VS 대상)이 50%이고, 소화 후 함수율이 95%라면 소화 후의 부피(ton)를 계산하시오. (단, 모든 슬러지의 비중은 1.0 기준)

명쾌한 풀이

소화 후 슬러지부피(ton) = $(VS+FS) \times \dfrac{100}{100-P(\%)}$

여기서, VS : 잔류 후발성 고형물(유기물) FS : 잔류성 고형물(무기물)
       P : 소화후 함수율(%)

① 잔류 VS(ton) = 농축슬러지량(ton) × 고형물량 × VS × (1−소화율)
   = $100\text{ton} \times 0.03 \times 0.6 \times (1-0.50) = 0.9\text{ton}$

② FS(ton) = 농축슬러지량(ton) × 고형물량 × FS
   = $100\text{ton} \times 0.03 \times 0.4 = 1.2\text{ton}$

③ 소화후 슬러지 부피(ton) = $(0.9\text{ton} + 1.2\text{ton}) \times \dfrac{100}{100-95\%} = 42\text{ton}$

TIP
① 슬러지량(%) = 고형물(%) + 함수율(%)
② 고형물(%) = 100% − 97% = 3%
③ 고형물(%) = VS(%) + FS(%)
④ FS(%) = 100% − VS(%) = 100% − 60% = 40%

---

05 어느 도시에서 1일 수거되는 분뇨가 600KL, 수거차량의 용량은 3KL/대, 분뇨처리장에서 수거차량 1대의 분뇨투입시간이 30분, 분뇨처리장에서 수거차량 작업시간을 1일 8시간이라 할 때 분뇨처리장에서 수거차량의 분뇨투입을 위한 투입구 수를 계산하시오. (단, 안전계수는 1.2이다.)

명쾌한 풀이

투입구수 = $\dfrac{\text{분뇨 수거량}}{\text{수거차량 1대 반입량}} \times \text{안전계수}$

= $\dfrac{\text{수거분뇨량}}{\text{수거차량의 용량} \times \text{수거차량 작업시간} \times \text{수거차량의 분뇨투입시간}} \times \text{안전계수}$

= $\dfrac{600\text{KL/일}}{3\text{KL/대} \times 8\text{hr/day} \times 1\text{대}/30\text{min} \times 60\text{min/hr}} \times 1.2 = 15$

06 도시의 폐기물을 소각하는데 폐기물 1kg당 산소량이 1.5kg이라고 하면, 동일한 조건에서 250kg/hr의 폐기물을 소각하는 경우에 소요되는 실제 공기량(Sm^3/hr)을 계산하시오. (단, 과잉공기계수는 1.8이다.)

> **명쾌한 풀이**
>
> ① 이론 산소량(Sm^3/kg)을 계산한다.
>
> $$\frac{1.5kgO_2}{1kg폐기물} \times \frac{22.4Sm^3}{32kg} = 1.05 Sm^3/kg$$
>
> ② 이론 공기량(Sm^3/kg)을 계산한다.
>
> 이론산소량(Sm^3/kg) $\times \dfrac{1}{0.21} = 1.05 Sm^3/kg \times \dfrac{1}{0.21} = 5 Sm^3/kg$
>
> ③ 실제 공급공기량(Sm^3/hr)을 계산한다.
>
> 공기비(m) × 이론공기량(Sm^3/kg) × 폐기물량(kg/hr)
> $= 1.8 \times 5 Sm^3/kg \times 250 kg/hr = 2{,}250 Sm^3/hr$

07 2차 파쇄를 위해 5cm의 폐기물을 1cm로 파쇄 하는데 소요되는 에너지(kWh/ton)를 계산하시오. (단, Kick의 법칙을 이용하고, 동일한 파쇄기를 이용하여 10cm의 폐기물을 1cm로 파쇄하는 데에는 에너지가 50kWh/ton 소모된다.)

> **명쾌한 풀이**
>
> Kick의 법칙 : $E = C \ln\left(\dfrac{dp_1}{dp_2}\right)$
>
> 여기서, E : 동력 dp_1 : 평균크기
> dp_2 : 최종크기
>
> ① $50 kWh/ton = C \times \ln\left(\dfrac{10cm}{1cm}\right)$
>
> $\therefore C = \dfrac{50 kWh/ton}{\ln\left(\dfrac{10cm}{1cm}\right)} = 21.7147 kWh/ton$
>
> ② $E = 21.7147 kWh/ton \times \ln\left(\dfrac{5cm}{1cm}\right) = 34.95 kWh/ton$

08 소각로 내의 열부하가 50,000kcal/m³·hr이며 쓰레기의 발열량이 1,400kcal/kg이다. 쓰레기의 양이 10,000kg/day이라고 하면 소각로의 부피(m³)를 계산하시오. (단, 1일 8시간 가동)

명쾌한 풀이

소각로내의 열부하(kcal/m³·hr) = $\dfrac{\text{발열량}(kcal/kg) \times \text{쓰레기의 양}(kg/hr)}{\text{소각로의 부피}(m^3)}$

따라서 50,000kcal/m³·hr = $\dfrac{1,400kcal/kg \times 10,000kg/day \times 1day/8hr}{\text{소각로의 부피}(m^3)}$

∴ 소각로의 부피 = $\dfrac{1,400kcal/kg \times 10,000kg/day \times 1day/8hr}{50,000kcal/m^3 \cdot hr}$ = 35m³

---

09 어느 매립지의 침출수 농도가 반으로 감소하는데 걸리는 시간(년)을 계산하시오. (단, 속도상수는 0.1733/hr이다.)

명쾌한 풀이

반감기 사용식 : $\ln\dfrac{1}{2} = -k \times t$

따라서 $\ln\dfrac{1}{2} = -0.1733/hr \times t$

∴ $t = \dfrac{\ln\dfrac{1}{2}}{-0.1733/hr}$ = 4.0hr

---

10 아세트산과 포도당이 각각 1mol씩 혐기성으로 분해할 때 발생하는 메탄량을 비교하시오.(발생되는 메탄은 처적기준)

명쾌한 풀이

발생되는 메탄량(L)을 계산한다.
① $CH_3COOH \rightarrow CH_4 + CO_2$
    1mol   : 22.4L

발생되는 CH_4량 = $\dfrac{22.4L}{1mol}$

② $C_6H_{12}O_6 \rightarrow 3CH_4 + 3CO_2$
　　　1mol　　：　$3 \times 22.4L$

발생되는 CH_4량 $= \dfrac{3 \times 22.4L}{1\,mol}$

③ 따라서 메탄 발생량은 포도당이 아세트산보다 3배 많다.

11.

$C_{50}H_{100}O_{42}N$ 으로 표현되는 폐기물 2몰이 혐기성 상태에서 분해될 때 발생하는 메탄의 양(L)을 계산하시오. (단, 온도는 30℃기준)

명쾌한 풀이

① $C_{50}H_{100}O_{42}N + 4.75H_2O \rightarrow 26.625CH_4 + 23.375CO_2 + NH_3$
　　1mol　　　　　　　　：　$26.625 \times 22.4L$
　　2mol　　　　　　　　：　X

$X = \dfrac{2\,mol \times 26.625 \times 22.4L}{1\,mol} = 1,192.8L$

② 표준상태의 메탄량(L)을 30℃로 전환한다.

$CH_4(L) = 1,192.8L \times \dfrac{273 + 30℃}{273} = 1,323.88L$

TIP

혐기성 완전분해식

$C_aH_bO_cN_d + \left(\dfrac{4a-b-2c+3d}{4}\right)H_2O$

$\rightarrow \left(\dfrac{4a+b-2c-3d}{8}\right)CH_4 + \left(\dfrac{4a-b+2c+3d}{8}\right)CO_2 + dNH_3$

12.

어느 도시쓰레기의 조성이 탄소 48%, 수소 12%, 기타 무기성분 40%로 구성되어 있을 때 고위 발열량(kcal/kg)을 계산하시오. (단, Dulong식을 적용 하시오.)

명쾌한 풀이

Dulong식에서 고위발열량(Hh)을 계산한다.

$Hh = 8,100C + 34,000\left(H - \dfrac{O}{8}\right) + 2,500S\,(kcal/kg)$

　　$= 8,100 \times 0.48 + 34,000 \times 0.12$

　　$= 7,968\,kcal/kg$

13. 폐기물 소각로 중 회전로(Rotary Kiln)의 단점을 6가지 쓰시오.

명쾌한 풀이

① 비교적 열효율이 낮은 편이다.
② 로 내에서의 공기유출이 크므로 종종 대량의 과잉공기가 필요하다.
③ 처리량이 적은 경우 설치비가 많이 든다.
④ 분진 발생량이 많다.
⑤ 구형 및 원통형 물질은 완전연소가 끝나기 전에 굴러 떨어질 수 있다.
⑥ 대기오염 제어 시스템에 분진 부하율이 높다.

14. 다음의 조건이 주어질때의 상태를 간단히 쓰시오.

(가) 등가비(ϕ)=1
(나) 등가비(ϕ)>1
(다) 등가비(ϕ)<1

명쾌한 풀이

(가) 등가비(ϕ)=1 : 완전연소로 연료와 산화제의 혼합이 이상적이다.
(나) 등가비(ϕ)>1 : 연료가 과잉이며 불완전 연소로 CO, HC 최대이고 NO_X 최소가 된다.
(다) 등가비(ϕ)<1 : 공기가 과잉, 완전연소가 기대되며 CO가 최소가 된다.

15. 슬러지에서 수분의 함유형태 4가지를 쓰고 간단히 설명하시오.

명쾌한 풀이

① 간극수(간극모관결합수) : 큰 고형물입자 간극에 존재하는 수분으로 슬러지내의 수분 중 일반적으로 가장 많은 양을 차지한다.
② 모관결합수 : 미세한 슬러지 고형물의 입자사이의 얇은 틈에 존재하는 수분으로 모세관압으로 결합되어 있는 수분이다.
③ 부착수(표면부착수) : 콜로이드상 결합수로 수분제거가 용이하지 못하다.
④ 내부수 : 세포내부에 강하게 결합된 수분으로 슬러지 건조시 증발이 가장 어려운 수분이다.

기출복원문제 - 2010년 7월 시행

01 슬러지량이 2,000m³/day, 수분의 함량이 97%, 고형물 중 휘발성 고형물은 65%이며, 이 중에서 휘발성 고형물은 55%가 제거된다. 이때 발생되는 가스량(m³/day)을 계산하시오. (단, 슬러지의 비중은 1.03, 가스 발생량은 0.4m³/kg·유기물)

명쾌한 풀이

가스발생량(m^3/day)

= 슬러지량(m^3/일) × 고형물의 농도 × 유기물의 함량 × 유기물의 제거율 × $\dfrac{\text{가스발생량}(m^3)}{\text{유기물}(kg)}$

= 2,000m^3/day × (1 − 0.97) × 0.65 × 0.55 × 0.4m^3/kg × 1030kg/m^3

= 8,837.4m^3/일

TIP
① 고형물 = 100 − 함수율(%) = 100 − 97% = 1 − 0.97
② 휘발성 고형물 = 유기물 = VS
③ 슬러지의 비중 1.03ton/m^3 = 1030kg/m^3

02 고형물 중 VS 60%이고, 함수율 97%인 농축슬러지 100m^3를 소화시켰다. 소화율(VS 대상)이 50%이고, 소화 후 함수율이 95%라면 소화 후의 부피(m^3)를 계산하시오. (단, 모든 슬러지의 비중은 1.0 기준)

명쾌한 풀이

소화 후 슬러지부피(m^3) = (VS + FS) × $\dfrac{100}{100 - P(\%)}$

여기서, VS : 잔류 휘발성 고형물(유기물)
　　　　FS : 잔류성 고형물(무기물)
　　　　P : 소화후 함수율(%)

① 잔류 $VS(m^3)$ = 농축슬러지량(m^3) × 고형물량 × VS × (1−소화율)
   $= 100m^3 \times 0.03 \times 0.6 \times (1-0.50) = 0.9m^3$

② $FS(m^3)$ = 농축슬러지량(m^3) × 고형물량 × FS
   $= 100m^3 \times 0.03 \times 0.4 = 1.2m^3$

③ 소화후 슬러지 부피$(m^3) = (0.9m^3 + 1.2m^3) \times \dfrac{100}{100-95\%} = 42m^3$

TIP

① 슬러지량(%) = 고형물(%) + 함수율(%)
② 고형물(%) = 100% − 97% = 3%
③ 고형물(%) = VS(%) + FS(%)
④ FS(%) = 100% − VS(%) = 100% − 60% = 40%

03
화학식이 $C_{24}H_{90}O_{16}S \cdot 190H_2O$인 폐기물이 있다. 이 폐기물의 저위발열량(kcal/kg)을 계산하시오. (단, Dulong식을 이용할 것)

명쾌한 풀이

① $C_{24}H_{90}O_{16}S \cdot 190H_2O$ 의 분자량을 계산한다.
   $C_{24}H_{90}O_{16}S \cdot 190H_2O = 24 \times 12 + 90 \times 1 + 16 \times 16 + 32 + 190 \times 18 = 4,086$

② 폐기물 중 각 원소의 성분비를 계산한다.

   $C = \dfrac{24 \times 12}{4,086} \times 100 = 7.05\%$ 　　$H = \dfrac{90 \times 1}{4,086} \times 100 = 2.2\%$

   $O = \dfrac{16 \times 16}{4,086} \times 100 = 6.27\%$ 　　$S = \dfrac{1 \times 32}{4,086} \times 100 = 0.78\%$

   $H_2O = \dfrac{190 \times 18}{4,086} \times 100 = 83.70\%$

③ Dulong식을 이용해 고위발열량(Hh)을 계산한다.

   $Hh = 8,100C + 34,000\left(H - \dfrac{O}{8}\right) + 2,500S \; (kcal/kg)$

   $= 8,100 \times 0.0705 + 34,000 \times \left(0.022 - \dfrac{0.0627}{8}\right) + 2,500 \times 0.0078$

   $= 1,072.075 \, kcal/kg$

④ 저위발열량(Hl)을 계산한다.

   $Hl = Hh - 600(9H + W) \; (kcal/kg)$

   $= 1,072.075 \, kcal/kg - 600 \times (9 \times 0.022 + 0.837)$

   $= 451.08 \, kcal/kg$

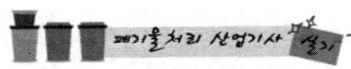

04 인구가 300,000인 도시의 폐기물 매립지를 선정하고자 한다. 도시의 1인당 폐기물 발생량은 1.5kg/day이었으며 폐기물의 밀도는 500kg/m³이었다. 매립지의 매립깊이는 2m일 때 매립지 선정에 필요한 최소한의 면적(m²/년)을 계산하시오.

명쾌한 풀이

$$\text{매립면적}(m^2/\text{년}) = \frac{\text{폐기물 발생량}(kg/\text{년})}{\text{폐기물 밀도}(kg/m^3) \times \text{매립지 깊이}(m)}$$

$$= \frac{1.5kg/\text{인} \cdot \text{일} \times 300,000\text{인} \times 365\text{일}/\text{년}}{500kg/m^3 \times 2m}$$

$$= 164,250 m^2/\text{년}$$

05 인구 200,000명인 중소도시에서 1인 1일 쓰레기 배출량은 1.2kg/인·일이고 운반차량의 적재용량이 10m³인 운반차량을 이용하여 운반한다. 현재 주 3회 쓰레기를 수거하던 것을 주 2회로 쓰레기 수거횟수를 줄이려고 할 때 추가로 소요되는 쓰레기 수거차량을 계산하시오. (단, 쓰레기의 밀도는 750kg/m³이며, 예비차량은 전체 소요차량의 10%로 함)

명쾌한 풀이

$$\text{수거차량 대수}(\text{대}) = \frac{\text{쓰레기 발생량}(m^3)}{\text{적재차량 용량}(m^3/\text{대})} \times \text{예비차량비}$$

① 주 3회 수거시 수거차량 대수

$$\text{대} = \frac{1.2kg/\text{인} \cdot \text{일} \times 200,000\text{인} \times \frac{1}{750kg/m^3}}{10m^3/\text{대} \cdot 1\text{회} \times 3\text{회}/7\text{일}} \times 1.1 = 83\text{대}$$

② 주 2회 수거시 수거차량 대수

$$\text{대} = \frac{1.2kg/\text{인} \cdot \text{일} \times 200,000\text{인} \times \frac{1}{750kg/m^3}}{10m^3/\text{대} \cdot 1\text{회} \times 2\text{회}/7\text{일}} \times 1.1 = 124\text{대}$$

③ 추가로 소요되는 쓰레기 수거차량 = 124대 - 83대 = 41대

06 탄소, 수소 및 황의 질량비가 83%, 14%, 3%인 폐유 300kg/hr을 소각시키는 경우 배기가스의 분석치가 CO_2 12.5%, O_2 3.5%, N_2 84%이었다면 매시 필요한 공기량(Sm^3/hr)을 계산하시오.

명쾌한 풀이

공급공기량(Sm^3/hr) = 공기과잉계수(m) × 이론공기량(A_o) × 연료량(kg/hr)

① 공기과잉계수(m) = $\dfrac{N_2\%}{N_2\% - 3.76 \times O_2\%}$ = $\dfrac{84\%}{84\% - 3.76 \times 3.5\%}$ = 1.1858

② 이론공기량(A_o) = $8.89C + 26.67\left(H - \dfrac{O}{8}\right) + 3.33S\ (Sm^3/kg)$

$= 8.89 \times 0.83 + 26.67 \times 0.14 + 3.33 \times 0.03$

$= 11.2124\ Sm^3/kg$

③ 공급공기량 = $1.1858 \times 11.2124\ Sm^3/kg \times 300\ kg/hr = 3,988.70\ Sm^3/hr$

TIP

배출가스 분석치 $CO_2\%$, $O_2\%$, $N_2\%$

공기비(m) = $\dfrac{N_2\%}{N_2\% - 3.76 \times O_2\%}$

---

07 프로판 $1Sm^3$을 공기과잉계수 1.2로 완전연소시킬 경우, 건조 연소가스량(Sm^3)을 계산하시오.

명쾌한 풀이

$C_3H_8 + 5O_2 \rightarrow 3CO_2 + 4H_2O$ 에서

실제건연소가스량(G_d) = $(m - 0.21)A_o + CO_2$량(Sm^3/Sm^3)

$= (1.2 - 0.21) \times \dfrac{5}{0.21} + 3 = 26.57\ Sm^3/Sm^3$

TIP

① 프로판 = C_3H_8
② 공기과잉계수가 주어지면 실제 가스량 기준

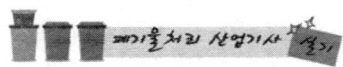

08 다음은 폐기물의 수분을 측정한 결과치이다. 변이계수(%)를 계산하시오.

결과치:
- 표준편차 : 5.5
- 폐기물 중 수분량 : 51, 54, 56, 64, 59, 60

명쾌한 풀이

① 평균 수분량 $= \dfrac{51+54+56+64+59+60}{6} = 57.3333$

② 변이계수(%) $= \dfrac{표준편차}{평균\ 수분량} \times 100 = \dfrac{5.5}{57.3333} \times 100 = 9.59\%$

09 화격자 소각로의 연소능력이 $250 kg/m^2 \cdot h$ 이며, 쓰레기량이 30톤/일이다. 1일 8시간 소각할 때 화격자의 면적(m^2)을 계산하시오.

명쾌한 풀이

화격자 소각로의 연소능력($kg/m^2 \cdot hr$) $= \dfrac{쓰레기량(kg/hr)}{화격자의\ 면적(m^2)}$

따라서 $250 kg/m^2 \cdot hr = \dfrac{30,000 kg/일 \times 1일/8hr}{화격자의\ 면적(m^2)}$

∴ 화격자의 면적 $= \dfrac{30,000 kg/일 \times 1일/8hr}{250 kg/m^2 \cdot hr} = 15 m^2$

TIP

쓰레기량=30톤/일=30,000kg/일

10 질량비로 80% 수분을 함유한 폐수에 응집제를 가하여 침전시켰더니 상등액과 침전 슬러지의 용적비가 1 : 2로 되었다. 이 때의 침전 슬러지의 수분(%)을 계산하시오.(단, 응집제의 질량은 무시할 정도로 작으며 상등액의 SS 농도는 무시한다.)

명쾌한 풀이

$V_1 \times (100 - P_1) = V_2 \times (100 - P_2)$

$3 \times (100 - 80) = 2 \times (100 - P_2)$

∴ $P_2 = 100 - \left\{ \dfrac{3 \times (100-80)}{2} \right\} = 70\%$

> **TIP**
>
> 상등액 : 침전슬러지 = 1 : 2이므로 $V_1 = 3$, $V_2 = 27$- 된다.

11 폐기물 파쇄(분쇄)에 대한 이론에서 에너지소모량을 예측하는 방법 3가지를 쓰시오.

명쾌한 풀이

① Rettinger 이론   ② Kick의 이론   ③ Bond 이론

12 폐기물을 소각할 때 발생되는 질소산화물(NO_X)을 제거하는 방법 중 건식 배연탈질법이 있다. 건식 배연탈질법의 종류를 3가지 쓰고 간단히 설명하시오.

명쾌한 풀이

① 선택적 촉매환원법 : 배기가스 중에 존재하는 산소와는 무관하게 질소산화물(NO_X)을 촉매에 의해 선택적으로 환원시켜 질소분자와 물로 전환하는 방법이다.
② 선택적 무촉매환원법 : 촉매를 이용하지 않고 환원제에 의해서 고온에서 질소산화물(NO_X)을 선택적으로 환원하여 질소분자와 물로 전환하는 방법이다.
③ 접촉분해법 : NO가 함유된 배기가스를 산화 코발트(Co_3O_4)에 접촉시켜 N_2와 O_2로 분해시키는 방법이다.

13 아래의 내용은 폐기물공정시험기준상 지정폐기물의 용출실험 시료 용액 조제방법이다. (   ) 들어갈 적당한 값을 쓰시오.

보기
시료의 조제방법에 따라 조제한 시료 (①)g 이상을 정확히 달아 정제수에 (②)을(를) 넣어 pH를 (③)으로 한 용매(mL)를 시료:용매=(④)(W:V)의 비로 (⑤)mL 삼각플라스크에 넣어 혼합한다.

명쾌한 풀이

① 100g
③ 5.8~6.3
⑤ 2,000mL
② 염산
④ 1 : 10

14. 폐기물의 발생량 조사방법 3가지를 쓰고 간단히 설명하시오.

① 물질수지법 : 시스템에 유입되는 쓰레기양과 유출되는 쓰레기양에 대해서 물질 수지를 세워 발생되는 쓰레기의 양을 추정하는 방법이다.
② 직접계근법 : 국내 대형소각장 및 위생매립장에 반입되는 쓰레기의 양을 주로 측정하는데 이용한다.
③ 적재차량계수법 : 일정기간동안 특정지역의 쓰레기 수거차량의 대수를 조사하여 이 값에 폐기물의 겉보기 비중을 보정하여 질량으로 환산하여 폐기물의 발생량을 조사하는 방법이다.

15. 용매추출법의 장점을 4가지 쓰시오.

① 미생물에 의해 분해가 어려운 물질을 처리할 수 있다.
② 활성탄을 이용하기에는 농도가 너무 높은 물질을 처리할 수 있다.
③ 낮은 휘발성으로 인해 Stripping 하기가 곤란한 물질을 처리할 수 있다.
④ 물에 대한 용해도가 낮은 물질을 처리할 수 있다.

> **TIP**
> Stripping : 액체 속에 용해되어 있는 기체를 분리, 제거하는 조작이다.

16. Worrell식과 Rietema식을 이용하여 폐기물에 대한 선별효율을 구하고자 한다. Worrell식과 Rietema식을 쓰시오. (단, X_i : 투입량 중 회수대상 물질, X_c : 회수량 중 회수대상 물질, X_o : 제거량 중 회수대상 물질, Y_i : 투입량 중 비회수대상 물질, Y_c : 회수량 중 비회수대상 물질, Y_o : 제거량 중 비회수대상 물질을 적용하여 식을 구성할 것.)

① Worrell의 선별효율 공식

$$\text{선별효율}(E) = \left(\frac{X_C}{X_i} \times \frac{Y_o}{Y_i}\right) \times 100 (\%)$$

② Rietema의 선별효율 공식

$$선별효율(E) = \left| \left(\frac{X_C}{X_i} - \frac{Y_C}{Y_i} \right) \right| \times 100(\%)$$

17 압축비(CR)와 부피감소율(VR)의 관계를 식으로 설명하고, 세로축을 압축비(CR), 가로축을 부피감소율(VR)로 하여 두 인자의 상관관계를 그래프로 도식하시오.

명쾌한 풀이

① CR과 VR의 관계식

$$VR(부피감소율) = \left(1 - \frac{V_2}{V_1}\right) \times 100 = \left\{1 - \frac{1}{\left(\frac{V_1}{V_2}\right)}\right\} \times 100 = \left(1 - \frac{1}{CR}\right) \times 100$$

여기서, V_1 : 압축 전 부피 V_2 : 압축 후 부피

$$CR(압축비) = \frac{V_1}{V_2}$$

② CR과 VR의 관계 그래프

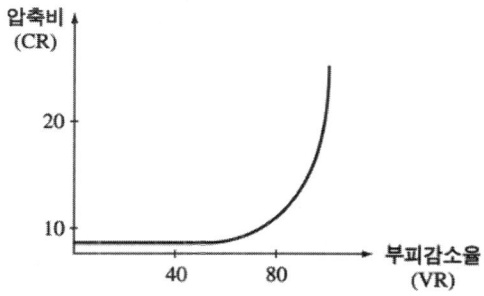

TIP

부피감소율(VR)이 증가함으로써 압축비(CR)는 서서히 증가하기 시작하여 부피감소율이 80%이상이 되면 급격히 증가하게 된다.

기출복원문제
- 2010년 10월 시행

01 탄소 85%, 수소 3%, 산소 10%, 황 2%를 함유하는 석탄 1kg을 연소할 때 필요한 이론산소량(Sm^3/kg)과 이론공기량(Sm^3/kg)을 계산하시오.

명쾌한 풀이

① 이론산소량(Sm^3/kg) = $1.867C + 5.6\left(H - \dfrac{O}{8}\right) + 0.7S$

$= 1.867 \times 0.85 + 5.6 \times \left(0.03 - \dfrac{0.1}{8}\right) + 0.7 \times 0.02$

$= 1.70 Sm^3/kg$

② 이론 공기량(Sm^3/kg) = 이론 산소량(Sm^3/kg) × $\dfrac{1}{0.21}$

$= 1.70 Sm^3/kg \times \dfrac{1}{0.21} = 8.10 Sm^3/kg$

TIP

질량(kg/kg) 계산공식

① 이론산소량(O_o) = $2.667C + 8\left(H - \dfrac{O}{8}\right) + 1S$

② 이론공기량(A_o) = $\left\{2.667C + 8\left(H - \dfrac{O}{8}\right) + 1S\right\} \times \dfrac{1}{0.232}$

02. 쓰레기의 습윤질량 기준으로 함수율이 40%일 경우 건조질량 기준으로 함수율(%)을 계산하시오.

명쾌한 풀이

건조질량 기준 함수율(%) $= \dfrac{\text{함수율(\%)}}{\text{건조중량(\%)}} \times 100$

$= \dfrac{\text{함수율(\%)}}{100 - \text{함수율(\%)}} \times 100$

$= \dfrac{40\%}{100 - 40\%} \times 100 = 66.67\%$

03. 어떤 도시에서 1일 50톤의 폐기물이 발생되었고 이 때 밀도가 400kg/m^3 이었다. 3m 깊이인 도랑식(trench)으로 매립하고자 할 때 1년 동안 필요한 부지면적(m^2)을 계산하시오. (단, 매립 시 압축에 따른 쓰레기 부피감소율은 50%로 한다.)

명쾌한 풀이

매립면적(m^2/년) $= \dfrac{\text{폐기물 발생량(kg/년)} \times (1 - \text{부피감소율})}{\text{폐기물 밀도(kg/m}^3) \times \text{매립지 깊이(m)}}$

$= \dfrac{50 \text{ton/day} \times 10^3 \text{kg/ton} \times (1 - 0.5) \times 365 \text{day/년}}{400 \text{kg/m}^3 \times 3\text{m}}$

$= 7,604.17 \text{m}^2/\text{년}$

04. 혐기성 소화조에서 유기물질 90%, 무기물질 10%의 슬러지(고형물 기준)를 소화 처리한 결과 소화슬러지(고형물 기준)는 유기물질 70%, 무기물질 30%로 되었다. 이 때 소화율(%)을 계산하시오.

명쾌한 풀이

소화율(%) $= \left\{ 1 - \dfrac{\text{소화후}\left(\dfrac{\text{유기물질}}{\text{무기물질}}\right)}{\text{소화전}\left(\dfrac{\text{유기물질}}{\text{무기물질}}\right)} \right\} \times 100(\%)$

$= \left\{ 1 - \dfrac{\dfrac{70\%}{30\%}}{\dfrac{90\%}{10\%}} \right\} \times 100 = 74.07\%$

05 Worrell식을 이용하여 선별효율을 계산할 때 유리와 캔 중에서 선별효율이 큰 것은 어느 것인지 계산하시오.

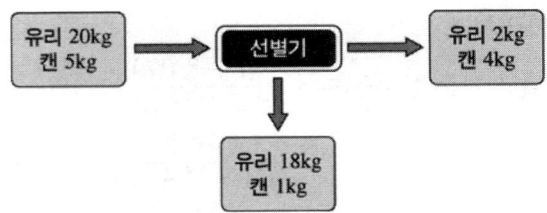

명쾌한 풀이

Worrell 선별효율$(E) = \left(\dfrac{X_c}{X_i} \times \dfrac{Y_o}{Y_i}\right) \times 100$

여기서, X_c : 회수량 중 회수대상물질
   X_i : 투입량 중 회수대상물질
   Y_o : 제거량 중 비회수대상물질
   Y_i : 투입량 중 비회수대상물질

① 유리를 회수대상물질로 할 때의 선별효율(%)을 계산

유리의 선별효율$(\%) = \left(\dfrac{18\text{kg}}{20\text{kg}} \times \dfrac{4\text{kg}}{5\text{kg}}\right) \times 100 = 72\%$

② 캔을 회수대상물질로 할 때의 선별효율(%)을 계산

캔의 선별효율$(\%) = \left(\dfrac{1\text{kg}}{5\text{kg}} \times \dfrac{2\text{kg}}{20\text{kg}}\right) \times 100 = 2\%$

③ 따라서 유리의 선별효율이 캔의 선별효율보다 더 크다.

TIP
① 유리의 선별효율을 계산할 때에는 유리가 회수대상물질, 캔이 비회수대상물질이 된다.
② 캔의 선별효율을 계산할 때에는 캔이 회수대상물질, 유리가 비회수대상물질이 된다.

06. 함수율이 35%인 쓰레기를 함수율이 7%로 감소시키면 감소시킨 후의 쓰레기의 질량은 처음 질량의 몇 %인지 계산하시오. (단, 쓰레기 비중은 1.0 기준이다.)

명쾌한 풀이

$W_1 \times (100 - P_1) = W_2 \times (100 - P_2)$

여기서, W_1 : 처음 쓰레기량, P_1 : 처음 함수율(%)
W_2 : 감소 후 쓰레기량, P_2 : 감소 후 함수율(%)

따라서 $W_1 \times (100 - 35) = W_2 \times (100 - 7)$

$\therefore \dfrac{W_2}{W_1} = \dfrac{(100-35)}{(100-7)} = 0.6989$

$\therefore W_2 = 0.6989 W_1$ 이므로 처음의 69.89%가 된다.

07. CO 1kg을 완전 연소시킬 때 필요한 이론 공기량(kg)을 계산하시오. (단, 공기 중 산소의 질량비는 23.2%이다.)

명쾌한 풀이

① 이론 산소량(kg)을 계산한다.

$CO + 0.5O_2 \rightarrow CO_2$
28kg : 0.5×32kg
1kg : O_o

따라서 O_o(이론 산소량) $= \dfrac{1\text{kg} \times 0.5 \times 32\text{kg}}{28\text{kg}} = 0.5714\text{kg}$

② A_o(이론 공기량) $= O_o$(이론 산소량) $\times \dfrac{1}{0.232}$

$= 0.5714\text{kg} \times \dfrac{1}{0.232} = 2.46\text{kg}$

08 1차 반응속도에서 반감기(농도가 50% 줄어드는 시간)가 10분이다. 감소속도상수(/min)를 계산하시오.

> **명쾌한 풀이**

반감기 반응식 : $\ln\frac{1}{2} = -k \times t$

여기서, k : 상수   t : 시간

따라서 $\ln\frac{1}{2} = -k \times 10\text{min}$

∴ $k = \dfrac{\ln\frac{1}{2}}{-10\text{min}} = 0.07/\text{min}$

09 인구 10,000명인 어느 지역에서 1인 1일 1.2kg의 폐기물이 발생되고 있다. 발생되는 폐기물의 수거율이 90%이고 수거에 사용되는 트럭 1대의 용적은 8m³일 때 수거에 필요한 청소차량 대수를 계산하시오. (단, 폐기물의 적재밀도는 0.45ton/m³, 차량은 1일 2회 운행, 예비차량은 2대이다.)

> **명쾌한 풀이**

청소차량 대수(대) = $\dfrac{\text{폐기물의 총 발생량}(m^3/\text{일}) \times \text{수거율}}{\text{차량의 적재용량}(m^3/\text{대})}$ + 예비차량

$= \dfrac{1.2\text{kg/인·일} \times 10{,}000\text{인} \times \dfrac{1}{450\text{kg}/m^3} \times 0.90}{8m^3/1\text{회·대} \times 2\text{회}/1\text{일}} + 2 = 4\text{대}$

10 다음 조성을 가진 분뇨와 음식물을 질량비 3:5로 혼합 처리시 C/N비(탄질소비)를 계산하시오.

구 분	함수율	유기탄소량/TS	총질소량/TS
분뇨	95%	40%	20%
음식물	35%	87%	5%

명쾌한 풀이

$$C/N비 = \frac{탄소량}{질소량} = \frac{(1-0.95)\times 0.4 \times \frac{3}{8} + (1-0.35)\times 0.87 \times \frac{5}{8}}{(1-0.95)\times 0.2 \times \frac{3}{8} + (1-0.35)\times 0.05 \times \frac{5}{8}} = 15$$

TIP

고형물(TS) = 100 − 함수율(%)

---

11 공기를 이용하여 일산화탄소를 완전 연소시킬 때 건조가스 중 최대 탄산가스량(%)을 계산하시오. (단, 표준상태 기준이다.)

명쾌한 풀이

$$CO_{2\max}(\%) = \frac{CO_2량}{God} \times 100$$

$$CO + 0.5O_2 \rightarrow CO_2$$

God(이론건연소가스량) $= (1-0.21)A_o + CO_2량$

$$= (1-0.21)\times \frac{0.5}{0.21} + 1 = 2.881 \, Sm^3/Sm^3$$

따라서 $CO_2\max(\%) = \dfrac{1\,Sm^3/Sm^3}{2.881\,Sm^3/Sm^3} \times 100 = 34.71\%$

TIP

① Sm^3/Sm^3 = 부피비 = 개수비　　② CO_2량 = $1Sm^3/Sm^3$

12. 폐기물의 발생량 조사방법 3가지를 쓰고 간단히 설명하시오.

① 물질수지법 : 시스템에 유입되는 쓰레기양과 유출되는 쓰레기양에 대해서 물질수지를 세워 발생되는 쓰레기의 양을 추정하는 방법이다.
② 직접계근법 : 국내 대형소각장 및 위생매립장에 반입되는 쓰레기의 양을 주로 측정하는데 이용한다.
③ 적재차량계수법 : 일정기간동안 특정지역의 쓰레기 수거차량의 대수를 조사하여 이 값에 폐기물의 겉보기 비중을 보정하여 질량으로 환산하여 폐기물의 발생량을 조사하는 방법이다.

13. 압축비(CR)와 부피감소율(VR)의 관계를 식으로 설명하고, 세로축을 압축비(CR), 가로축을 부피감소율(VR)로 하여 두 인자의 상관관계를 그래프로 도식하시오.

① CR과 VR의 관계식

$$VR(부피감소율) = \left(1 - \frac{V_2}{V_1}\right) \times 100 = \left\{1 - \frac{1}{\left(\frac{V_1}{V_2}\right)}\right\} \times 100 = \left(1 - \frac{1}{CR}\right) \times 100$$

여기서, V_1 : 압축 전 부피 V_2 : 압축 후 부피

$$CR(압축비) = \frac{V_1}{V_2}$$

② CR과 VR의 관계 그래프

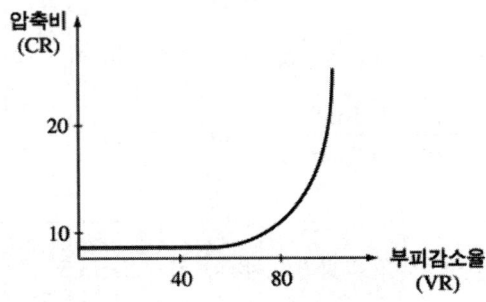

TIP
부피감소율(VR)이 증가함으로써 압축비(CR)는 서서히 증가하기 시작하여 부피감소율이 80%이상이 되면 급격히 증가하게 된다.

14 쓰레기를 수거하는 작업, 즉 청소작업이 끝난 후 이에 대한 상태를 평가하는 방법으로는 CEI와 USI를 이용한다. CEI와 USI 각각에 대하여 간단히 기술하시오.

명쾌한 풀이

① CEI : 청소상태의 평가법 중 가로의 청소상태를 기준으로 하는 지역사회 효과지수를 말한다.
② USI : 청소상태를 평가하는 방법 중 서비스를 받는 시민들의 만족도를 설문조사하여 나타내어지는 사용자 만족도 지수를 말한다.

15 합성차수막의 종류 중 HDPE의 장점 4가지를 쓰시오.

명쾌한 풀이

① 대부분의 화학물질에 대한 저항성이 높다.
② 접합상태가 양호하다.
③ 온도에 대한 저항성이 높다.
④ 강도가 높다.

16 폐기물의 발생량 예측방법 3가지를 쓰고 간단히 설명하시오.

명쾌한 풀이

① 다중회귀모델 : 하나의 수식으로 각 인자들이 효과를 총괄적으로 나타내어 복잡한 시스템의 분석에 유용하게 사용할 수 있는 쓰레기 발생량을 예측하는 방법이다.
② 동적모사모델 : 쓰레기 배출에 영향을 주는 모든 인자를 시간에 대한 함수로 나타낸 후 시간에 대한 함수로 각 영향인자들 간에 상관관계를 수식화 한 것이다.
③ 경향모델 : 폐기물 발생량 예측방법 중 모든 인자를 시간에 대한 함수로 하여 모델화시켜 예측하는 방법으로 단지 시간과 그에 따른 폐기물 발생량 간의 상관관계만을 고려하는 방법이다.

17 팽화제(Bulking Agent)의 종류를 3가지 쓰시오.

명쾌한 풀이

① 톱밥　　　　　② 볏짚　　　　　③ 낙엽

기출복원문제
- 2011년 5월 시행

01 함수율 80%인 음식물 폐기물 50톤과 함수율 40%인 톱밥 20톤을 혼합하였다. 이때 혼합된 물질의 함수율(%)을 계산하시오.

명쾌한 풀이

함수율(%) = $\dfrac{50톤 \times 80\% + 20톤 \times 40\%}{50톤 + 20톤}$ = 68.57%

02 침출수가 고여있는 매립지 바닥 면적이 5,000m², 투수계수는 0.02L/m²·hr. 바닥의 기울기(수리학적 구배)가 1.5일 때 Darcy 공식을 이용하여 1일동안 유출되는 침출수의 양(m³/day)을 계산하시오.

명쾌한 풀이

유출되는 침출수의 양 (m³/day) = $\dfrac{0.02\text{L}}{\text{m}^2 \cdot \text{hr}} \times \dfrac{1\text{m}^3}{10^3\text{L}} \times \dfrac{24\,\text{hr}}{1\text{day}} \times 5,000\text{m}^2 \times 1.5$

= 3.6 m³/day

03 아래의 표를 이용하여 다음 물음에 답하시오.

종류	플라스틱류	종이류	음식물류	금속류	유리류
조성비(%)	40	30	20	5	5
발열량(kcal/kg)	8,500	4,000	1,500	0	0

(가) 재활용을 하기 전 가연성 물질의 평균 발열량(kcal/kg)을 계산하시오.
(나) 플라스틱류 50%, 종이류 60%, 금속류 30%, 유리류 30%를 회수하여 재활용 하고자 한다. 이때 남아있는 가연성 물질의 발열량(kcal/kg)을 계산하시오.

> **명쾌한 풀이**

(1) 재활용을 하기 전 가연성 물질의 평균 발열량(kcal/kg) 계산
   평균 발열량(kcal/kg)
   $= 8,500 \text{kcal/kg} \times 0.4 + 4,000 \text{kcal/kg} \times 0.3 + 1,500 \text{kcal/kg} \times 0.2$
   $= 4,900 \text{kcal/kg}$

(2) 남아있는 가연성 물질의 발열량(kcal/kg) 계산
   플라스틱류 $= 40\% \times (1-0.5) = 20\%$
   종이류 $= 30\% \times (1-0.6) = 12\%$
   음식물류 $= 20\%$
   남아있는 가연성 물질의 총조성비(%) $= 20\% + 12\% + 20\% = 52\%$
   따라서 발열량(kcal/kg)
   $= \left(8,500 \text{kcal/kg} \times \dfrac{20\%}{52\%}\right) + \left(4,000 \text{kcal/kg} \times \dfrac{12\%}{52\%}\right) - \left(1,500 \text{kcal/kg} \times \dfrac{20\%}{52\%}\right)$
   $= 4,769.23 \text{kcal/kg}$

04. 고형폐기물의 처리시 1kg의 포도당($C_6H_{12}O_6$) 성분의 폐기물이 혐기성분해를 한다면 이론적인 메탄가스발생량(kg)을 계산하시오.

> **명쾌한 풀이**

$C_6H_{12}O_6 \rightarrow 3CO_2 + 3CH_4$
 180kg : 3×16kg
  1kg :   X(CH_4)

$\therefore X(CH_4) = \dfrac{1\text{kg} \times 3 \times 16\text{kg}}{180\text{kg}} = 0.27 \text{kg}$

TIP

혐기성 완전분해식

$C_aH_bO_cN_d + \left(\dfrac{4a-b-2c+3d}{4}\right)H_2O$
$\rightarrow \left(\dfrac{4a+b-2c-3d}{8}\right)CH_4 + \left(\dfrac{4a-b+2c+3d}{8}\right)CO_2 + dNH_3$

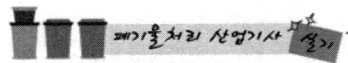

05 생분뇨의 SS가 20,000mg/L이고, 1차 침전지에서 SS제거율은 80%이다. 1일 100KL 분뇨를 투입할 때 1차 침전지에서 발생되는 슬러지량(ton/day)을 계산하시오. (단, 발생슬러지 함수율은 97%이고, 비중은 1.0 기준.)

명쾌한 풀이

발생되는 슬러지량(ton/day)

$$= \frac{투입분뇨량}{(m^3/day)} \times \frac{SS량}{(kg/m^3)} \times 10^{-3} ton/kg \times SS제거율 \times \frac{100}{100-함수율(\%)}$$

$$= 100 m^3/day \times 20 kg/m^3 \times 10^{-3} ton/kg \times 0.8 \times \frac{100}{100-97}$$

$$= 53.33 \, ton/day$$

TIP

발생되는 슬러지량(m^3/day)

$$= \frac{투입분뇨량(m^3/day) \times SS량(kg/m^3) \times 제거율}{비중량(kg/m^3)} \times \frac{100}{100-함수율(\%)}$$

06 함수율 40%인 폐기물 2톤을 건조시켜 함수율을 15%로 하였다. 건조시키는데 소요되는 열량이 2,500kcal/kg일 때 요구되는 총에너지량(kcal)을 계산하시오.

명쾌한 풀이

① $W_1 \times (100 - P_1) = W_2 \times (100 - P_2)$

여기서, W_1 : 건조 전 폐기물(kg) P_1 : 건조 전 함수율(%)
W_2 : 건조 후 폐기물(kg) P_2 : 건조 후 함수율(%)

따라서 $2,000 kg \times (100 - 40) = W_2 \times (100 - 15)$

∴ $W_2 = \frac{2,000 kg \times (100 - 40)}{(100 - 15)} = 1,411.76 \, kg$

② 수분 증발량 $= W_1 - W_2 = 2,000 kg - 1,411.76 kg = 588.24 \, kg$

③ 총에너지량(kcal) $= 2,500 kcal/kg \times 588.24 kg = 1,470,600 \, kcal$

07. 폐기물의 화학식이 $C_{30}H_{50}O_{20}N_2S$를 이용하여 고위발열량을 계산하시오. (단, Dulong식을 적용하시오.)

명쾌한 풀이

① 화합물($C_{30}H_{50}O_{20}N_2S$)중 각 원소의 구성비를 계산한다.

$C_{30}H_{50}O_{20}N_2S$의 분자량 = 30×12+50×1+20×16+2×14+32=790

$C = \dfrac{30 \times 12}{790} \times 100 = 45.57\%$ $\quad$ $H = \dfrac{50 \times 1}{790} \times 100 = 6.33\%$

$O = \dfrac{20 \times 16}{790} \times 100 = 40.51\%$ $\quad$ $S = \dfrac{1 \times 32}{790} \times 100 = 4.05\%$

② Dulong식을 이용하여 고위발열량을 계산한다.

$Hh = 8,100C + 34,000\left(H - \dfrac{O}{8}\right) + 2,500S \,(\text{kcal/kg})$

$= 8,100 \times 0.4557 + 34,000 \times \left(0.0633 - \dfrac{0.4051}{8}\right) + 2,500 \times 0.0405$

$= 4,222.95 \,\text{kcal/kg}$

08. 폐기물 80%를 5cm보다 작게 파쇄하고자 할 때 특성입자의 크기(dp_2)를 계산하시오. (단, Rosin-Rammler 모델 기준, n = 1 이다.)

명쾌한 풀이

$Y = 1 - \exp\left[-\left(\dfrac{dp_1}{dp_2}\right)^n\right]$

여기서, dp_1 : 폐기물 입자의 크기 $\quad$ dp_2 : 특성입자의 크기
$\quad\quad\quad$ n : 상수

따라서 $0.80 = 1 - \exp\left[-\left(\dfrac{5\,\text{cm}}{dp_2}\right)^1\right]$

$\therefore dp_2 = \dfrac{-5\,\text{cm}}{LN(1-0.80)} = 3.11\,\text{cm}$

09 이론공기량을 사용하여 C_3H_8을 연소시킨다. 건조가스 중 $(CO_2)_{max}$를 계산하시오.

명쾌한 풀이

$C_3H_8 + 5O_2 \rightarrow 3CO_2 + 4H_2O$

$CO_{2max} = \dfrac{CO_2량}{God} \times 100$

① $God = (1 - 0.21)A_o + CO_2량$

$= (1 - 0.21) \times \dfrac{5}{0.21} + 3 = 21.8095 \, Sm^3/Sm^3$

② $CO_2량 = 3 \, Sm^3/Sm^3$

③ $CO_{2max}(\%) = \dfrac{3 \, Sm^3/Sm^3}{21.8095 \, Sm^3/Sm^3} \times 100 = 13.76\%$

TIP

① CO_{2max}는 이론건연소가스량(God) 기준
② Sm^3/Sm^3 = 부피비 = 개수비
③ 완전연소 반응식 : $C_mH_n + \left(m + \dfrac{n}{4}\right)O_2 \rightarrow mCO_2 + \dfrac{n}{2}H_2O$

10 탄소 85%, 수소 11.3%, 황 2%, 질소 0.2%, 수분 1.5%로 조성된 중유를 연소할때 실제습연소가스량(Sm^3/kg)을 계산하시오. (단, 공기과잉계수(m)=1.2)

명쾌한 풀이

이론공기량$(A_o) = 8.89C + 26.67\left(H - \dfrac{O}{8}\right) + 3.33S \, (Sm^3/kg)$

$= 8.89 \times 0.85 + 26.67 \times 0.113 + 3.33 \times 0.02$

$= 10.6368 \, Sm^3/kg$

실제습연소가스량$(Gw) = mA_o + 5.6H + 0.7O + 0.8N + 1.244W \, (Sm^3/kg)$

$= 1.2 \times 10.6368 \, Sm^3/kg + 5.6 \times 0.113 + 0.8 \times 0.002$

$+ 1.244 \times 0.015 \, (Sm^3/kg)$

$= 13.42 \, Sm^3/kg$

11 인구가 20만명인 지역에서 1인 1일 폐기물 배출량이 1.5kg이며, 이 중 가연성분이 30%를 차지한다. 폐기물 운반차량의 적재용량이 8m³이며, 가연성 폐기물의 밀도가 450kg/m³일 때 가연성 폐기물을 30일 동안 수거하고자 할 때 수거에 필요한 운반차량의 대수(대)를 계산하시오.

명쾌한 풀이

$$\text{대} = \frac{\text{가연성 폐기물의 총량(kg)} \times \dfrac{1}{\text{밀도(kg/m}^3)}}{\text{차량의 적재용량(m}^3/\text{대)}}$$

$$= \frac{1.5\text{kg/인·일} \times 200{,}000\text{인} \times 0.3 \times 30\text{일} \times \dfrac{1}{450\text{kg/m}^3}}{8\text{m}^3/\text{대}} = 750\text{대}$$

12 밀도가 500kg/m³인 폐기물 5ton을 압축비(CR) 2.5로 압축시켰다면 부피감소율(%)을 계산하시오.

명쾌한 풀이

$$\text{부피감소율(\%)} = \left(1 - \frac{1}{\text{압축비}}\right) \times 100 = \left(1 - \frac{1}{2.5}\right) \times 100 = 60\%$$

13 저위 발열량이 7,000kcal/Sm³의 가스연료의 이론연소온도(℃)를 계산하시오. (단, 이론연소가스량은 20Sm³/Sm³, 연료연소가스의 평균정압비열 0.35kcal/Sm³·℃, 기준온도는 15℃, 공기는 예열하지 않으며, 연소가스는 해리되지 않는다.)

명쾌한 풀이

$$t_2 = \frac{Hl}{G \times C} + t_1$$

여기서, Hl : 저위발열량(kcal/Sm³)
  G : 이론연소가스량(Sm³/Sm³)
  C : 평균정압비열(kcal/Sm³·℃)
  t_2 : 이론연소온도(℃)
  t_1 : 기준온도(℃)

따라서 $t_2 = \dfrac{7{,}000\text{kcal/Sm}^3}{20\text{Sm}^3/\text{Sm}^3 \times 0.35\text{kcal/Sm}^3\cdot℃} + 15℃ = 1{,}015℃$

14. 슬러지 개량의 목적과 개량방법 4가지를 각각 쓰시오.

명쾌한 풀이

(1) 슬러지 개량의 목적
① 슬러지의 탈수성을 향상시킨다.   ② 탈수시 약품소모량을 줄인다.
③ 탈수시 소요동력을 줄인다.   ④ 슬러지를 안정화 시킨다.

(2) 슬러지의 개량방법
① 슬러지 세정법   ② 약품 처리법
③ 열 처리법   ④ 생물학적 처리법

15. 유동층 소각로의 장·단점을 각각 3가지씩 쓰시오.

명쾌한 풀이

(1) 장점
① 기계적 구동부분이 적어 고장율이 낮다.
② 가스의 온도가 낮고 과잉공기량이 적어 질소산화물(NO_x)도 적게 배출된다.
③ 로내 온도의 자동제어와 열회수가 용이하다.

(2) 단점
① 로내로 투입전 파쇄 등의 전처리가 필요하다.
② 상(床)으로부터 찌꺼기 분리가 어렵다.
③ 유동매체의 손실로 인한 보충이 필요하다.

16. 폐기물의 고화처리방법 중 석회기초법에 대해 설명하시오.

명쾌한 풀이

(1) 정의 : 석회와 포졸란을 이용하여 폐기물을 고형화시키는 방법이다.
(2) 장점
① 석회의 가격이 싸고 널리 이용되고 있다.
② 탈수가 필요하지 않은 경우가 많다.
③ 공정운전이 간단하고 용이하다.
④ 두 가지 폐기물을 동시에 처리할 수 있다.

(3) 단점
① pH가 낮을 경우 폐기물 성분의 용출가능성이 증가한다.
② 최종처분 물질의 양이 증가한다.

17. 소각로의 완전연소 조건(3T)을 쓰시오.

명쾌한 풀이

① 충분한 체류시간(Time)
② 충분한 난류(Turbulence)
③ 적당한 온도(Temperature)

18. 합성차수막의 종류 4가지를 쓰고 장점 2가지씩을 각각 쓰시오.

명쾌한 풀이

① CR
  ㉠ 대부분의 화학물질에 대한 저항성이 높다.
  ㉡ 마모 및 기계적 충격에 강하다.
② PVC
  ㉠ 강도가 크다.
  ㉡ 접합이 용이하다.
③ CSPE
  ㉠ 접합이 용이하다.
  ㉡ 미생물에 강하다.
④ HDPE & LDPE
  ㉠ 대부분의 화학물질에 대한 저항성이 높다.
  ㉡ 온도에 대한 저항성이 높다.

기출복원문제
- 2011년 7월 시행

01 직경이 5m인 트롬멜 스크린의 임계속도(rpm)를 계산하시오.

명쾌한 풀이

$$N_c = \sqrt{\frac{g}{4\pi^2 r}} \times 60$$

여기서, N_c : 임계속도(rpm)　　　　g : 중력가속도($9.8m/\sec^2$)
　　　　r : 스크린 반경(m)

따라서 $N_c = \sqrt{\dfrac{9.8m/\sec^2}{4 \times \pi^2 \times 2.5m}} \times 60 = 18.91\,rpm$

TIP

① rpm=회/min　　　　② rpm=회/sec×60sec/min

02 폐기물 80%를 5cm보다 작게 파쇄하고자 할 때 특성입자의 크기(dp_2)를 계산하시오. (단, Rosin-Rammler 모델 기준, n = 1이다.)

명쾌한 풀이

$$Y = 1 - \exp\left[-\left(\frac{dp_1}{dp_2}\right)^n\right]$$

여기서, dp_1 : 폐기물 입자의 크기　　　dp_2 : 특성입자의 크기
　　　　n : 상수

따라서 $0.80 = 1 - \exp\left[-\left(\dfrac{5\,cm}{dp_2}\right)^1\right]$

∴ $dp_2 = \dfrac{-5\,cm}{LN(1-0.80)} = 3.11\,cm$

03 10kg의 탄소를 완전연소 시키는데 필요한 이론 공기량(kg)을 계산하시오.

명쾌한 풀이

① $C + O_2 \rightarrow CO_2$
  12kg : 32kg
  10kg : O_o

  $\therefore O_o(\text{이론산소량}) = \dfrac{10\,kg \times 32\,kg}{12\,kg} = 26.6667\,kg$

② 이론공기량(kg) = 이론산소량(kg) × $\dfrac{1}{0.232}$

  $= 26.6667\,kg \times \dfrac{1}{0.232} = 114.94\,kg$

---

04 $C_{50}H_{100}O_{42}N$ 으로 표현되는 폐기물 2몰이 혐기성 상태에서 분해될 때 발생하는 메탄의 양(몰)을 계산하시오.

명쾌한 풀이

$C_{50}H_{100}O_{42}N + 4.75H_2O \rightarrow 26.625CH_4 + 23.375CO_2 + NH_3$
  1몰   :   26.625몰
  2몰   :   X

따라서 $X = \dfrac{2몰 \times 26.625몰}{1몰} = 53.25몰$

TIP

혐기성 완전분해식

$C_aH_bO_cN_d + \left(\dfrac{4a-b-2c+3d}{4}\right)H_2O$

$\rightarrow \left(\dfrac{4a+b-2c-3d}{8}\right)CH_4 + \left(\dfrac{4a-b+2c+3d}{8}\right)CO_2 + dNH_3$

05 1인당 쓰레기 발생량이 1.0kg/일, 인부의 작업시간은 1일 8시간, 인구수가 20만 명인 도시의 MHT를 1.5로 유지하고자 할 때 쓰레기 수거 인부수를 계산하시오.

명쾌한 풀이

$$MHT = \frac{수거인부수 \times 작업시간}{쓰레기 수거실적} \text{에서}$$

$$수거\ 인부수 = \frac{MHT \times 쓰레기\ 수거실적(ton/일)}{작업시간(hr/일)}$$

$$= \frac{1.5MHT \times 1.0kg/인 \cdot 일 \times 200,000인 \times 10^{-3}ton/kg}{8hr/일}$$

$$= 38 명$$

06 함수율이 55% 주방쓰레기 10톤을 소각하기 위해 함수율이 15% 되도록 건조시켰다. 건조 후 쓰레기의 질량(톤)을 계산하시오. (단, 비중은 1.0이다.)

명쾌한 풀이

$$W_1 \times (100 - P_1) = W_2 \times (100 - P_2)$$

여기서, W_1 : 건조 전 주방쓰레기(톤) P_1 : 건조 전 함수율(%)
       W_2 : 건조 후 주방쓰레기(톤) P_2 : 건조 후 함수율(%)

따라서 $10톤 \times (100 - 55) = W_2 \times (100 - 15)$

$$\therefore W_2 = \frac{10톤 \times (100 - 55)}{(100 - 15)} = 5.29톤$$

07 고형물 중 VS 60%이고, 함수율 97%인 농축슬러지 100m³를 소화시켰다. 소화율(VS 대상)이 50%이고, 소화 후 함수율이 95%라면 소화 후의 부피(m³)를 계산하시오. (단, 모든 슬러지의 비중은 1.0 기준)

명쾌한 풀이

$$소화\ 후\ 슬러지부피(m^3) = (VS + FS) \times \frac{100}{100 - P(\%)}$$

여기서, VS : 잔류 휘발성 고형물(유기물)
       FS : 잔류성 고형물(무기물)
       P : 소화 후 함수율(%)

① 잔류VS(m³) = 농축슬러지량(m³) × 고형물량 × VS × (1-소화율)
   $= 100m^3 × 0.03 × 0.6 × (1 - 0.50) = 0.9m^3$
② FS(m³) = 농축슬러지량(m³) × 고형물량 × FS
   $= 100m^3 × 0.03 × 0.4 = 1.2m^3$
③ 소화후 슬러지 부피(m³) $= (0.9m^3 + 1.2m^3) × \dfrac{100}{100-95\%} = 42m^3$

> ① 슬러지량(%) = 고형물(%) + 함수율(%)
> ② 고형물(%) = 100% - 97% = 3%
> ③ 고형물(%) = VS(%) + FS(%)
> ④ FS(%) = 100% - VS(%) = 100% - 60% = 40%

08  함수율이 35%인 쓰레기를 함수율이 7%로 감소시키면 감소시킨 후의 쓰레기의 질량은 처음 질량의 몇 %인지 계산하시오. (단, 쓰레기 비중은 1.0 기준이다.)

$W_1 × (100 - P_1) = W_2 × (100 - P_2)$

여기서, W_1 : 처음 쓰레기량 P_1 : 처음 함수율(%)
      W_2 : 감소 후 쓰레기량 P_2 : 감소 후 함수율(%)

따라서 $W_1 × (100 - 35) = W_2 × (100 - 7)$

∴ $\dfrac{W_2}{W_1} = \dfrac{(100-35)}{(100-7)} = 0.6989$

∴ $W_2 = 0.6989 W_1$ 이므로 처음의 69.89%가 된다.

09.

어떤 도시에서 1일 50톤의 폐기물이 발생되었고 이 때 밀도가 400kg/m³이었다. 깊이 3m인 도랑식(trench)으로 매립하고자 할 때 1년 동안 필요한 부지면적(m²/년)을 계산하시오. (단, 매립시 압축에 따른 쓰레기 부피감소율은 50%이다.)

명쾌한 풀이

$$\text{매립면적}(m^2/\text{년}) = \frac{\text{폐기물 발생량}(kg/\text{년}) \times (1-\text{부피감소율})}{\text{폐기물 밀도}(kg/m^3) \times \text{매립지 깊이}(m)}$$

$$= \frac{50\text{ton/day} \times 10^3 \text{kg/ton} \times 365\text{day/년} \times (1-0.5)}{400\text{kg/m}^3 \times 3\text{m}}$$

$$= 7,604.17\text{m}^2/\text{년}$$

10.

다음의 조건을 이용하여 Rietema식에 의한 선별효율(%)을 각각 계산하시오.

조건:
- 총 투입 폐기물 : 100ton
- 회수량 : 80ton
- 회수량 중 회수대상물질 : 70ton
- 제거량 중 회수대상물질 : 10ton

명쾌한 풀이

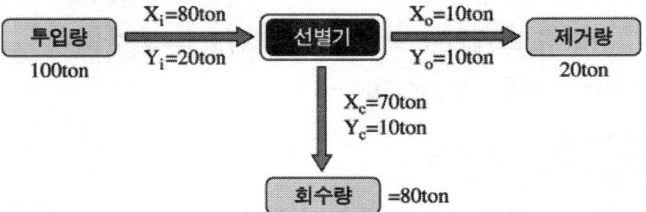

Rietema에 의한 선별효율(%) $= \left| \left(\frac{X_C}{X_i} - \frac{Y_C}{Y_i} \right) \right| \times 100(\%)$

$$= \left(\frac{70\text{ton}}{80\text{ton}} - \frac{10\text{ton}}{20\text{ton}} \right) \times 100 = 37.5\%$$

11 생활폐기물을 소각처리할 때 다이옥신의 발생량을 저감시킬 수 있는 방법 4가지를 기술하시오.

> **명쾌한 풀이**
>
> ① 로내 온도를 1000℃이상으로 운전하여 다이옥신 성분 발생량을 최소화한다.
> ② 배기가스 conditioning시 칼슘 및 활성탄분말 투입시설을 설치하여 다이옥신과 반응후 집진함으로써 줄일 수 있다.
> ③ 유기염소계 화합물(PVC 제품류) 반입을 제한한다.
> ④ 페인트가 칠해져 있거나 페인트로 처리된 목재, 가구류 반입을 억제 제한한다.

12 압축비(CR)와 부피감소율(VR)의 관계를 식으로 설명하고, 세로축을 압축비(CR), 가로축을 부피감소율(VR)로 하여 두 인자의 상관관계를 그래프로 도식하시오.

> **명쾌한 풀이**
>
> ① CR과 VR의 관계식
>
> $$VR(부피감소율) = \left(1 - \frac{V_2}{V_1}\right) \times 100 = \left\{1 - \frac{1}{\left(\frac{V_1}{V_2}\right)}\right\} \times 100 = \left(1 - \frac{1}{CR}\right) \times 100$$
>
> 여기서, V_1 : 압축 전 부피 V_2 : 압축 후 부피
>
> $$CR(압축비) = \frac{V_1}{V_2}$$
>
> ② CR과 VR의 관계 그래프

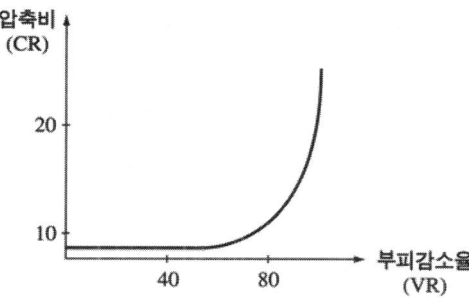

> **TIP**
>
> 부피감소율(VR)이 증가함으로써 압축비(CR)는 서서히 증가하기 시작하여 부피감소율이 80%이상이 되면 급격히 증가하게 된다.

13 폐기물의 고화처리방법 중 시멘트 기초법의 장점 4가지를 쓰시오.

> **명쾌한 풀이**
> ① 다양한 폐기물을 처리할 수 있다.
> ② 폐기물의 건조 또는 탈수가 필요없다.
> ③ 고농도 중금속 폐기물에 적합하다.
> ④ 재료의 가격이 싸고 풍부하게 존재한다.

14 유동상 소각로에서 유동층 물질의 조건을 5가지를 쓰시오. (단, 가격이 싸고, 구입이 쉬울 것은 답란에서 제외 함)

> **명쾌한 풀이**
> ① 불활성일 것   ② 융점이 높을 것
> ③ 비중이 작을 것   ④ 내마모성이 있을 것
> ⑤ 열충격에 강할 것

15 슬러지에서 수분의 함유형태 4가지를 쓰고 간단히 설명하시오.

> **명쾌한 풀이**
> ① 간극수(간극모관결합수) : 큰 고형물입자 간극에 존재하는 수분으로 슬러지내의 수분 중 일반적으로 가장 많은 양을 차지한다.
> ② 모관결합수 : 미세한 슬러지 고형물의 입자사이의 얇은 틈에 존재하는 수분으로 모세관압으로 결합되어 있는 수분이다.
> ③ 부착수(표면부착수) : 콜로이드상 결합수로 수분제거가 용이하지 못하다.
> ④ 내부수 : 세포내부에 강하게 결합된 수분으로 슬러지 건조시 증발이 가장 어려운 수분이다.

16 매립시설에서 주요 시설물 중 하나인 덮게설비의 주요기능을 5가지 쓰시오.

① 강우의 침투를 방지한다.
② 쓰레기의 날림을 방지한다.
③ 병원균 매개체의 서식을 방지한다.
④ 쓰레기 매립시 악취를 방지한다.
⑤ 유독가스 확산을 방지한다.

17 열분해의 정의를 간단하게 기술하고 열분해 시 생성되는 기체상, 고체상, 액체상 물질을 각각 2가지씩 쓰시오.

① 열분해 정의 : 폐기물을 무산소 또는 산소가 부족한 상태에서 고온으로 가열하여 기체, 액체, 고체 상태의 연료를 생산하는 공정이다.
② ㉠ 기체상 물질 : 수소(H_2), 메탄(CH_4), 일산화탄소(CO)
　㉡ 액체상 물질 : 아세톤, 메탄올, 오일
　㉢ 고체상 물질 : 탄화물(Char), 불활성 물질

18 폐기물의 발생량 예측방법 3가지를 쓰고 간단히 설명하시오.

① **다중회귀모델** : 하나의 수식으로 각 인자들이 효과를 총괄적으로 나타내어 복잡한 시스템의 분석에 유용하게 사용할 수 있는 쓰레기 발생량을 예측하는 방법이다.
② **동적모사모델** : 쓰레기 배출에 영향을 주는 모든 인자를 시간에 대한 함수로 나타낸 후 시간에 대한 함수로 각 영향인자들 간에 상관관계를 수식화 한 것이다.
③ **경향모델** : 폐기물 발생량 예측방법 중 모든 인자를 시간에 대한 함수로 하여 모델화시켜 예측하는 방법으로 단지 시간과 그에 따른 폐기물 발생량 간의 상관관계만을 고려하는 방법이다.

기출복원문제
– 2011년 11월 시행

01 수소(H_2) 1kg을 완전연소 하는데 필요한 공기량은 탄소(C) 1kg을 완전연소 하는데 필요한 공기량의 몇 배가 되는지 계산하시오.

명쾌한 풀이

① 수소(H_2) 1kg을 완전연소 하는데 필요한 이론 공기량을 계산

$H_2 + 0.5O_2 \rightarrow H_2O$
2kg : 0.5×32kg
1kg : O_o

∴ O_o(이론산소량) = $\dfrac{0.5 \times 32\,kg \times 1\,kg}{2\,kg} = 8\,kg$

따라서 이론공기량(kg) = $\dfrac{이론\ 산소량(kg)}{0.232} = \dfrac{8\,kg}{0.232} = 34.48\,kg$

② 탄소(C) 1kg을 완전연소 하는데 필요한 이론 공기량을 계산

$C + O_2 \rightarrow CO_2$
12kg : 32kg
1kg : O_o

∴ O_o(이론산소량) = $\dfrac{32\,kg \times 1\,kg}{12\,kg} = 2.6667\,kg$

따라서 이론공기량(kg) = $\dfrac{이론\ 산소량(kg)}{0.232} = \dfrac{2.6667\,kg}{0.232} = 11.49\,kg$

③ $\dfrac{수소의\ 이론\ 공기량(kg)}{탄소의\ 이론\ 공기량(kg)} = \dfrac{34.48\,kg}{11.49\,kg} = 3.0배$

02

쓰레기 발생량이 1.0kg/인·일, 인수구는 5만명, 쓰레기의 밀도가 $650 kg/m^3$, 매립장의 복토 높이는 4m, 매립연한은 10년일 경우 필요한 매립장의 용량(m^3)을 계산하시오.

명쾌한 풀이

매립장의 용량(m^3) = 폐기물발생량(kg/년) × $\dfrac{1}{쓰레기의\ 밀도(kg/m^3)}$

$= 1.0 kg/인 \cdot 일 \times 50,000인 \times 10년 \times 365일/년 \times \dfrac{1}{650 kg/m^3}$

$= 280,769.23 m^3$

03

폐기물발생량이 $2,000 m^3$/일, 밀도 $840 kg/m^3$일 때, 5톤 트럭으로 운반하려면 1일 필요한 차량 수(대)를 계산하시오. (단, 예비차량 2대 포함, 기타 조건은 고려하지 않는다.)

명쾌한 풀이

차량수(대) = $\dfrac{쓰레기의\ 총\ 발생량(톤/일)}{차량의\ 적재용량(톤/대)}$ + 예비차량

$= \dfrac{2,000 m^3/일 \times 0.84 톤/m^3}{5톤/대} + 2 = 338대$

TIP

① 밀도 $840 kg/m^3 = 0.84 ton/m^3$ ② 질량(kg) = 체적(m^3) × 밀도(kg/m^3)

04

쓰레기의 습윤질량 기준으로 함수율이 40%일 경우 건조질량 기준으로 함수율(%)을 계산하시오.

명쾌한 풀이

건조질량 기준 함수율(%) = $\dfrac{함수율(\%)}{건조중량(\%)} \times 100 = \dfrac{함수율(\%)}{100 - 함수율(\%)} \times 100$

$= \dfrac{40\%}{100 - 40\%} \times 100 = 66.67\%$

05 탄소 81%, 수소 16%, 황 3%로 구성된 중유 10kg의 연소에 필요한 이론공기량(Sm^3)을 계산하시오.

① 이론공기량(A_o) = $8.89C + 26.67\left(H - \dfrac{O}{8}\right) + 3.33S$ (Sm^3/kg)

= $8.89 \times 0.81 + 26.67 \times 0.16 + 3.33 \times 0.03$

= $11.568 \, Sm^3/kg$

② $11.568 \, Sm^3/kg \times 10kg = 115.68 \, Sm^3$

06 질량 100톤, 밀도 $700kg/m^3$인 폐기물을 밀도 $1200kg/m^3$로 압축하였을 때 부피감소율(%)을 계산하시오.

부피감소율(%) = $\left(1 - \dfrac{V_2}{V_1}\right) \times 100$

여기서, V_1 : 압축전의 부피(m^3)

V_2 : 압축후의 부피(m^3)

$V_1 = 100 \, ton \times \dfrac{1}{0.70 \, ton/m^3} = 142.857 m^3$

$V_2 = 100 \, ton \times \dfrac{1}{1.2 \, ton/m^3} = 83.333 m^3$

따라서 부피감소율(%) = $\left(1 - \dfrac{V_2}{V_1}\right) \times 100 = \left(1 - \dfrac{83.333 m^3}{142.857 m^3}\right) = 41.67\%$

07 저위 발열량이 7,000kcal/Sm³의 가스연료의 이론연소온도(℃)를 계산하시오. (단, 이론연소가스량은 20Sm³/Sm³, 연료연소가스의 평균정압비열 0.35kcal/Sm³·℃, 기준온도는 15℃, 공기는 예열하지 않으며, 연소가스는 해리되지 않는다.)

명쾌한 풀이

$$t_2 = \frac{Hl}{G \times C} + t_1$$

여기서, Hl : 저위발열량(kcal/Sm³)   G : 이론연소가스량(Sm³/Sm³)
　　　　C : 평균정압비열(kcal/Sm³·℃)
　　　　t_2 : 이론연소온도(℃)   　t_1 : 기준온도(℃)

따라서, $t_2 = \dfrac{7,000\text{kcal/Sm}^3}{20\text{Sm}^3/\text{Sm}^3 \times 0.35\text{kcal/Sm}^3\cdot℃} + 15℃ = 1,015℃$

08 건조된 슬러지 고형분의 비중이 1.28이며, 건조 이전의 슬러지 내 고형분 함량이 35%일 때 건조 전 슬러지의 비중을 계산하시오.

명쾌한 풀이

$$\frac{1}{\rho_{SL}} = \frac{W_{TS}}{\rho_{TS}} + \frac{W_P}{\rho_P}$$

여기서, ρ_{SL} : 슬러지 비중　　　　ρ_{TS} : 고형물의 비중
　　　　W_{TS} : 고형물의 함량　　　ρ_P : 수분의 비중
　　　　W_P : 수분의 함량

따라서 $\dfrac{1}{\rho_{SL}} = \dfrac{0.35}{1.28} + \dfrac{0.65}{1.0}$ 　　　　 $\therefore \rho_{SL} = \dfrac{1}{0.9234} = 1.08$

TIP

① 고형물(%) + 수분(%) = 100%　　② 수분(%) = 100 - 고형물(%)
③ 수분(물)의 비중 = 1.0

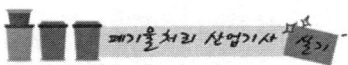

09 폐기물을 분석한 결과 수분 20%, 회분 15%, 고정탄소 25%, 휘발분이 40%이고 휘발분을 원소 분석한 결과 수소 20%, 황 5%, 산소 25%, 탄소 50%이었다. 이 때 폐기물의 고위발열량(kcal/kg)을 계산하시오. (단, Dulong공식을 적용하시오.)

명쾌한 풀이

고위 발열량(Hh) $= 8{,}100C + 34{,}000\left(H - \dfrac{O}{8}\right) + 2{,}500S \,(\text{kcal/kg})$

$= 8{,}100 \times (0.25 + 0.4 \times 0.5) + 34{,}000 \times \left(0.4 \times 0.2 - \dfrac{0.4 \times 0.25}{8}\right) + 2{,}500 \times (0.4 \times 0.05)$

$= 5{,}990 \,\text{kcal/kg}$

TIP

문제풀이에서 $8{,}100 \times C$를 계산할 경우 $8{,}100 \times$(고정탄소 + 휘발분 중 탄소함량)에 주의해야 한다.

10 C/N비가 10인 도시 쓰레기와 C/N비가 60인 주방 쓰레기를 혼합하였다. 혼합 쓰레기의 C/N비를 30으로 하고자 할 때 혼합비를 계산하시오.

명쾌한 풀이

혼합 쓰레기의 $\dfrac{C}{N} = \dfrac{\left(\begin{array}{c}\text{도시 쓰레기의}\\ \text{C/N비}\end{array} \times Q_1\right) + \left(\begin{array}{c}\text{주방 쓰레기의}\\ \text{C/N비}\end{array} \times Q_2\right)}{(Q_1 + Q_2)}$

$30 = \dfrac{(10 \times Q_1) + (60 \times Q_2)}{(Q_1 + Q_2)}$

여기에서 Q_2(주방쓰레기) $= Q_2$, Q_1(도시쓰레기) $= (1 - Q_2)$로 두면

$30 = \dfrac{10 \times (1 - Q_2) + (60 \times Q_2)}{(1 - Q_2) + Q_2}$

따라서 $Q_2 = 0.4$, $Q_1 = (1 - 0.4) = 0.6$이므로 $\dfrac{\text{도시 쓰레기}}{\text{주방 쓰레기}} = \dfrac{0.6}{0.4} = 1.5$

11

소화 슬러지의 발생량은 1일 투입량의 10%이다. 소화 슬러지의 함수율이 95%라고 하면 1일 탈수된 슬러지의 양(m^3)을 계산하시오. (단, 슬러지의 비중은 모두 1.0이고, 분뇨 투입량은 100kL/day이며, 탈수 슬러지의 함수율은 75%이다.)

명쾌한 풀이

$V_1 \times (100 - P_1) = V_2 \times (100 - P_2)$

여기서, V_1 : 탈수 전 슬러지량(m^3) P_1 : 탈수 전 함수율(%)
V_2 : 탈수 후 슬러지량(m^3) P_2 : 탈수 후 함수율(%)

따라서 $100m^3/day \times 0.1 \times (100 - 95) = V_2 \times (100 - 75)$

$\therefore V_2 = \dfrac{100m^3/day \times 0.1 \times (100 - 95)}{(100 - 75)} = 2m^3/day$

TIP

① 분뇨투입량 100kL/day = $100m^3/day$
② V_1 = 분뇨투입량 × 투입량 중 소화슬러지발생량
  = $100m^3/day \times 0.1$

12

고형폐기물의 처리시 1kg의 포도당($C_6H_{12}O_6$) 성분의 폐기물이 혐기성 분해를 한다면 이론적 가스 발생량(L)을 계산하시오. (단, CH_4와 CO_2의 밀도는 각각 0.7167g/L 및 1.9768g/L이다.)

명쾌한 풀이

① $C_6H_{12}O_6 \rightarrow 3CO_2 + 3CH_4$
  180g : 3×44g : 3×16g
  1×10^3g : $X_1(CO_2)$: $X_2(CH_4)$

$\therefore X_1(CO_2) = \dfrac{1 \times 10^3 g \times 3 \times 44g}{180g} = 733.3333g$

$\therefore X_2(CH_4) = \dfrac{1 \times 10^3 g \times 3 \times 16g}{180g} = 266.6667g$

② $CO_2(L) = 733.3333g \times \dfrac{1}{1.9768g/L} = 370.97L$

③ $CH_4(L) = 266.6667g \times \dfrac{1}{0.7167g/L} = 372.08L$

④ 이론적 가스발생량 = 370.97L + 372.08L = 743.05L

> **TIP**
>
> 혐기성 완전분해식
> $$C_aH_bO_cN_d + \left(\frac{4a-b-2c+3d}{4}\right)H_2O$$
> $$\rightarrow \left(\frac{4a+b-2c-3d}{8}\right)CH_4 + \left(\frac{4a-b+2c+3d}{8}\right)CO_2 + dNH_3$$

13 폐기물의 발생량 예측방법 3가지를 쓰고 간단히 설명하시오.

명쾌한 풀이

① 다중회귀모델 : 하나의 수식으로 각 인자들이 효과를 총괄적으로 나타내어 복잡한 시스템의 분석에 유용하게 사용할 수 있는 쓰레기 발생량을 예측하는 방법이다.
② 동적모사모델 : 쓰레기 배출에 영향을 주는 모든 인자를 시간에 대한 함수로 나타낸 후 시간에 대한 함수로 각 영향인자들 간에 상관관계를 수식화 한 것이다.
③ 경향모델 : 폐기물 발생량 예측방법 중 모든 인자를 시간에 대한 함수로 하여 모델화시켜 예측하는 방법으로 단지 시간과 그에 따른 폐기물 발생량 간의 상관관계만을 고려하는 방법이다.

14 폐기물의 고화처리법 중 시멘트기초법에서 사용하는 포틀랜드 시멘트의 주성분을 쓰시오.

명쾌한 풀이

CaO(석회), SiO_2(규산)

15 차수막으로 이용되는 점토의 수분함량과 연관성이 큰 액성한계(LL)와 소성한계(PL)를 간단히 설명하고, 액성한계(LL)와 소성한계(PL)와 소성지수(PI)의 상호관계를 나타내시오.

(1) 정의
　① 액성한계 : 수분의 함량이 일정수준 이상이 되면 점토의 상태가 액체상태로 변하게 되는데 이때의 한계 수분 함량을 말한다.
　② 소성한계 : 수분의 함량이 일정수준 미만이 되면 점토가 성형상태를 유지하지 못하고 부숴지게 되는데 이때의 한계 수분 함량을 말한다.
(2) 소성지수(PI)=액성한계(LL)-소성한계(PL)

16 적환장의 위치를 선정할 때 고려사항 6가지를 기술하시오.

① 수거하고자 하는 개별적 고형물 발생지역의 하중 중심에 되도록 가까운 곳
② 주요 간선도로에 쉽게 도달할 수 있는 곳인 동시에 2차적 또는 보조 수송수단에 가까운 곳
③ 적환 작업 중에 공중 및 환경피해가 최소인 곳
④ 설치 및 작업이 쉬운 곳
⑤ 주민의 반대가 적은 곳
⑥ 건설비와 운영비가 적게 들고 경제적인 곳

17 쓰레기의 수집 시스템 중에서 관거(Pipe-line) 방식의 장·단점을 각각 3가지씩 쓰시오.

(1) 장점
　① 자동화, 무공해화, 안전화가 가능하다.
　② 쓰레기가 눈에 띄지 않는다.
　③ 분진, 악취, 소음, 진동 등의 문제가 없다.
(2) 단점
　① 쓰레기 발생밀도가 높은 지역 등에서 현실성이 있다.
　② 조대(대형)쓰레기는 파쇄, 압축 등의 전처리를 해야 한다.
　③ 잘못 투입된 물건은 회수하기가 곤란하다.

기출복원문제
- 2012년 4월 시행

01 함수율이 50%인 쓰레기를 건조시켜 함수율 20%인 쓰레기를 만들려면 쓰레기 1ton당 수분 증발량(kg)을 계산하시오. (단, 쓰레기 비중은 1.0으로 가정한다.)

명쾌한 풀이

① $W_1 \times (100 - P_1) = W_2 \times (100 - P_2)$

여기서, W_1 : 건조 전 쓰레기량(kg)
P_1 : 건조 전 함수율(%)
W_2 : 건조 후 쓰레기량(kg)
P_2 : 건조 후 함수율(%)

따라서 $1{,}000\text{kg} \times (100-50) = W_2 \times (100-20)$

∴ $W_2 = \dfrac{1{,}000\text{kg} \times (100-50)}{(100-20)} = 625\,\text{kg}$

② 수분 증발량 $= W_1 - W_2 = 1{,}000\text{kg} - 625\text{kg} = 375\,\text{kg}$

02 탄소, 수소 및 황의 질량비가 83%, 14%, 3%인 폐유 3kg/hr을 소각시키는 경우 배기가스의 분석치가 CO_2 12.5%, O_2 3.5%, N_2 84%이었다면 매시 필요한 공기량(Sm^3/hr)을 계산하시오.

명쾌한 풀이

① $m = \dfrac{N_2(\%)}{N_2(\%) - 3.76 \times O_2(\%)} = \dfrac{84\%}{84\% - 3.76 \times 3.5\%} = 1.1858$

② $A_o = 8.89C + 26.67\left(H - \dfrac{O}{8}\right) + 3.33S\,(Sm^3/kg)$

$= 8.89 \times 0.83 + 26.67 \times 0.14 + 3.33 \times 0.03 = 11.2124\,Sm^3/kg$

③ 필요한 공기량(Sm^3/hr) = 공기과잉계수 × 이론공기량(Sm^3/kg) × 폐유량(kg/hr)

$= 1.1858 \times 11.2124\,Sm^3/kg \times 3\,kg/hr$

$$= 39.89 \, \text{Sm}^3/\text{hr}$$

03 폐기물의 발생량이 하루에 3,500m³인 대도시에서 적재용량이 9ton의 수거차량을 이용하여 운반 하고자 한다. 하루에 필요한 차량(대)을 계산하시오. (단, 대기차량 포함)

> [보기]
> - 차량당 하루 작업시간 : 8시간
> - 운반거리 : 30km
> - 왕복운반시간 : 50분
> - 폐기물 투기시간 : 10분
> - 폐기물 적재시간 : 15분
> - 폐기물의 밀도 : 450 kg/m³
> - 대기차량 : 3대

명쾌한 풀이

① 차량 적재량(ton/일·대)

$$= \frac{\text{폐기물 적재용량(ton/대·회)}}{\frac{(\text{왕복운반시간} + \text{투기시간} + \text{적재시간})\text{min}}{1\text{회}} \times \frac{1\text{hr}}{60\text{min}} \times \frac{1\text{day}}{\text{작업시간(hr)}}}$$

$$= \frac{9\text{ton/대·회}}{\frac{(50+10+15)\text{min}}{1\text{회}} \times \frac{1\text{hr}}{60\text{min}} \times \frac{1\text{day}}{8\text{hr}}} = 57.6\text{ton/일·대}$$

② 차량대수 $= \dfrac{\text{폐기물 발생량(ton/일)}}{\text{차량 적재량(ton/일·대)}}$

$$= \frac{3,500\text{m}^3/\text{일} \times 0.45\text{ton/m}^3}{57.6\text{ton/일·대}} + 3 = 31\text{대}$$

04 소각로 내의 열부하가 50,000kcal/m³·hr이며 쓰레기의 발열량이 1,400kcal/kg이다. 쓰레기의 양이 10,000kg/day이라고 하면 소각로의 부피(m³)를 계산하시오. (단, 1일 8시간만 가동)

명쾌한 풀이

소각로내의 열부하(kcal/m³·hr) $= \dfrac{\text{발열량(kcal/kg)} \times \text{쓰레기의 양(kg/hr)}}{\text{소각로의 부피(m}^3\text{)}}$

따라서 50,000kcal/m³·hr $= \dfrac{1,400\text{kcal/kg} \times 10,000\text{kg/day} \times 1\text{day/8hr}}{\text{소각로의 부피(m}^3\text{)}}$

∴ 소각로의 부피 $= \dfrac{1,400\text{kcal/kg} \times 10,000\text{kg/day} \times 1\text{day/8hr}}{50,000\text{kcal/m}^3\cdot\text{hr}} = 35\text{m}^3$

05 저위 발열량이 $7,000\,\mathrm{kcal/Sm^3}$의 가스연료의 이론연소온도(℃)를 계산하시오. (단, 이론연소가스량은 $20\,\mathrm{Sm^3/Sm^3}$, 연료연소가스의 평균정압비열 $0.35\,\mathrm{kcal/Sm^3\cdot℃}$, 기준온도는 15℃, 공기는 예열하지 않으며, 연소가스는 해리되지 않는다.)

명쾌한 풀이

$$t_2 = \frac{Hl}{G \times C} + t_1$$

여기서, Hl : 저위발열량($\mathrm{kcal/Sm^3}$)
  G : 이론연소가스량($\mathrm{Sm^3/Sm^3}$)
  C : 평균정압비열($\mathrm{kcal/Sm^3\cdot℃}$)
  t_2 : 이론연소온도(℃)
  t_1 : 기준온도(℃)

따라서 $t_2 = \dfrac{7,000\,\mathrm{kcal/Sm^3}}{20\,\mathrm{Sm^3/Sm^3} \times 0.35\,\mathrm{kcal/Sm^3\cdot℃}} + 15℃ = 1,015℃$

06 수거대상인구 1,500명, 폐기물 발생량이 2kg/인·일, 차량용적 $5\,\mathrm{m^3}$, 적재밀도 $600\,\mathrm{kg/m^3}$일 때 폐기물 수거회수(회/주)를 계산하시오. (단, 차량 1대 기준이다.)

명쾌한 풀이

수거회수 = $\dfrac{\text{폐기물 발생량}}{\text{차량 용적}}$

$= \dfrac{2\,\mathrm{kg/인\cdot일} \times 1,500\,\mathrm{인} \times \dfrac{1}{600\,\mathrm{kg/m^3}} \times 7\,\mathrm{일/1주}}{5\,\mathrm{m^3/대} \times 1\,\mathrm{대/1회}} = 7\,\mathrm{회/주}$

TIP

① 질량(kg) $\times \dfrac{1}{밀도(\mathrm{kg/m^3})}$ = 체적($\mathrm{m^3}$)
② 체적($\mathrm{m^3}$) $\times$ 밀도($\mathrm{kg/m^3}$) = 질량(kg)

07 슬러지 60m³의 함수율이 95%이다. 건조 후 슬러지의 체적을 1/10로 하면 슬러지 함수율(%)을 계산하시오. (단, 모든 슬러지의 비중은 1.0이다.)

명쾌한 풀이

$V_1 \times (100 - P_1) = V_2 \times (100 - P_2)$

여기서, V_1 : 건조 전 슬러지량(m³) P_1 : 건조 전 함수율(%)
        V_2 : 건조 전 슬러지량(m³) P_2 : 건조 후 함수율(%)

따라서 $60m^3 \times (100-95) = 60m^3 \times \frac{1}{10} \times (100 - P_2)$

$\therefore P_2 = 100 - \dfrac{60m^3 \times (100-95)}{60m^3 \times \dfrac{1}{10}} = 50\%$

08 다음의 조건을 이용하여 Worrell식에 의한 선별효율(%)과 Rietema식에 의한 선별효율(%)을 각각 계산하시오.

보기:
- 총 투입 폐기물 : 100ton
- 회수량 : 80ton
- 회수량 중 회수대상물질 : 70ton
- 제거량 중 회수대상물질 : 10ton

명쾌한 풀이

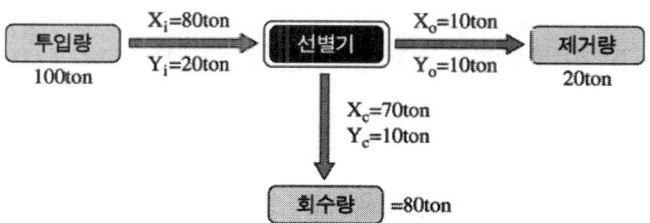

① Worrell식에 의한 선별효율(%) = $\left(\dfrac{X_C}{X_i} \times \dfrac{Y_o}{Y_i} \right) \times 100 (\%)$

$= \left(\dfrac{70ton}{80ton} \times \dfrac{10ton}{20ton} \right) \times 100 = 43.75\%$

② Rietema에 의한 선별효율(%) = $\left| \left(\dfrac{X_C}{X_i} - \dfrac{Y_C}{Y_i} \right) \right| \times 100 (\%)$

$= \left(\dfrac{70ton}{80ton} - \dfrac{10ton}{20ton} \right) \times 100 = 37.5\%$

09 일일 처리량이 35kL인 분뇨처리장에서 메탄가스를 생산하고자 한다. 가스 생산을 위한 탱크용량(m^3)을 계산하시오. (단, 탱크체류시간 8시간, 메탄가스발생량은 처리량의 8배로 가정한다.)

명쾌한 풀이

탱크용량(m^3) = 가스발생량(m^3/day) × 탱크체류시간(day)

$= 35 m^3/day \times 8배 \times \left(\dfrac{8hr}{24}\right) day = 93.33 m^3$

---

10 쓰레기를 수거하는 작업, 즉 청소작업이 끝난 후 이에 대한 상태를 평가하는 방법으로는 CEI와 USI를 이용한다. CEI와 USI 각각에 대하여 간단히 기술하시오.

명쾌한 풀이

① CEI : 청소상태의 평가법 중 가로의 청소상태를 기준으로 하는 지역사회 효과 지수를 말한다.
② USI : 청소상태를 평가하는 방법 중 서비스를 받는 시민들의 만족도를 설문조사하여 나타내어지는 사용자 만족도 지수를 말한다.

---

11 압축비(CR)와 부피감소율(VR)의 관계를 식으로 설명하고, 세로축을 압축비(CR), 가로축을 부피감소율(VR)로 하여 두 인자의 상관관계를 그래프로 도식하시오.

명쾌한 풀이

① CR과 VR의 관계식

$$VR(부피감소율) = \left(1 - \dfrac{V_2}{V_1}\right) \times 100 = \left\{1 - \dfrac{1}{\left(\dfrac{V_1}{V_2}\right)}\right\} \times 100 = \left(1 - \dfrac{1}{CR}\right) \times 100$$

여기서, V_1 : 압축 전 부피 V_2 : 압축 후 부피

$$CR(압축비) = \dfrac{V_1}{V_2}$$

② CR과 VR의 관계 그래프

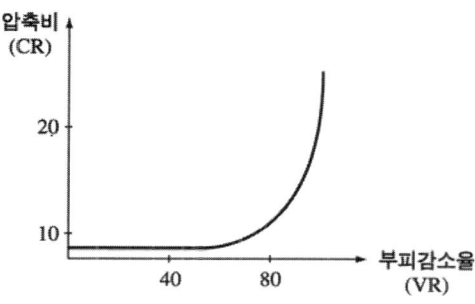

T·I·P

부피감소율(VR)이 증가함으로써 압축비(CR)는 서서히 증가하기 시작하여 부피감소율이 80%이상이 되면 급격히 증가하게 된다.

12 열분해의 정의를 간단하게 기술하고 열분해 시 생성되는 기체상, 고체상, 액체상 물질을 각각 2가지씩 쓰시오.

명쾌한 풀이

① 열분해 정의 : 폐기물을 무산소 또는 산소가 부족한 상태에서 고온으로 가열하여 기체, 액체, 고체 상태의 연료를 생산하는 공정이다.
② ㉠ 기체상 물질 : 수소(H_2), 메탄(CH_4), 일산화탄소(CO)
　㉡ 액체상 물질 : 아세톤, 메탄올, 오일
　㉢ 고체상 물질 : 탄화물(Char), 불활성 물질

13 해안매립공법의 종류 3가지를 기술하시오.

명쾌한 풀이

① 박층뿌림공법 : 개량된 지반이 붕괴될 위험이 있을 때 밑면이 뚫린 바지선을 이용하여 쓰레기를 박층으로 떨어뜨려 뿌려주어 바다의 지반-하중을 균등하게하기 위해 사용하는 방법이다.
② 순차투입공법 : 호안측으로부터 순차적으로 쓰레기를 투입하여 육지화하는 방법이다.
③ 수중투기공법 및 내수배제공법 : 호 안에 해수를 그대로 둔 채 폐기물을 투기하거나, 매립전에 내수를 배제시킨 후 폐기물을 매립하는 방법이다.

14. 합성차수막의 종류 4가지를 쓰고 장점 2가지씩을 각각 쓰시오.

명쾌한 풀이

① CR
  ㉠ 대부분의 화학물질에 대한 저항성이 높다.
  ㉡ 마모 및 기계적 충격에 강하다.
② PVC
  ㉠ 강도가 크다.
  ㉡ 접합이 용이하다.
③ CSPE
  ㉠ 접합이 용이하다.
  ㉡ 미생물에 강하다.
④ HDPE & LDPE
  ㉠ 대부분의 화학물질에 대한 저항성이 높다.
  ㉡ 온도에 대한 저항성이 높다.

15. 유동층 소각로의 장점을 6가지만 쓰시오.

명쾌한 풀이

① 기계적 구동부분이 적어 고장률이 낮다.
② 가스의 온도가 낮고 과잉공기량이 적어 질소산화물(NO_X)도 적게 배출된다.
③ 로내 온도의 자동제어와 열회수가 용이하다.
④ 반응시간이 빨라 소각시간이 짧다.
⑤ 유동매체의 축열량이 높아 단기간 정지 후 가동시에 보조연료 사용 없이 정상가동이 가능하다.
⑥ 연소효율이 높아 미연소분의 배출이 적고 2차 연소실이 필요없다.

16. RDF의 구비조건을 5가지를 쓰시오.

명쾌한 풀이

① 재의 양이 적을 것
② 대기오염이 적을 것
③ 함수율이 낮을 것
④ 균일한 조성을 가질 것
⑤ 발열량(칼로리)이 높을 것

기출복원문제
- 2012년 7월 시행

01 침출수에 함유되어 있는 수은 5mg/L를 활성탄 흡착법으로 처리하여 0.05mg/L로 방류하고자 한다. 이때 소요되는 활성탄 흡착제의 양(mg/L)을 계산하시오. (단, Freundlich식을 이용하고 K=0.5, n=1이다.)

명쾌한 풀이

$$\frac{X}{M} = K \cdot C^{\frac{1}{n}} \Rightarrow \frac{(C_i - C_o)}{M} = K \cdot C_o^{\frac{1}{n}}$$

따라서 $\dfrac{(5\,\mathrm{mg/L} - 0.05\,\mathrm{mg/L})}{M} = 0.5 \times (0.05\,\mathrm{mg/L})^{\frac{1}{1}}$

∴ $M = \dfrac{(5\,\mathrm{mg/L} - 0.05\,\mathrm{mg/L})}{0.5 \times (0.05\,\mathrm{mg/L})^{\frac{1}{1}}} = 198\,\mathrm{mg/L}$

02 선별효율을 나타내는 지표로 Worrell의 제안식을 적용한다면 선별 결과가 다음과 같을 때, 선별효율(%)을 계산하시오.

보기:
- 투입량 : 1ton/hr
- 회수량 : 700kg/hr(회수대상물질은 500kg/hr)
- 제거량 : 300kg/hr(회수대상물질은 50kg/hr)

명쾌한 풀이

Worrell의 선별효율(E) $= \left(\dfrac{X_c}{X_i} \times \dfrac{Y_o}{Y_i}\right) \times 100$

여기서, X_i : 투입량 중 회수대상물질 X_c : 회수량 중 회수대상물질
        Y_i : 투입량 중 비회수대상물질 Y_o : 제거량 중 비회수대상물질

따라서 $E = \left(\dfrac{500\,\mathrm{kg/hr}}{550\,\mathrm{kg/hr}} \times \dfrac{250\,\mathrm{kg/hr}}{450\,\mathrm{kg/hr}}\right) \times 100 = 50.51\%$

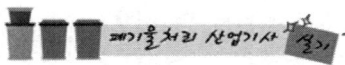

> **TIP**
>
> $X_i = 550 \text{kg/hr}$　　　$X_o = 50 \text{kg/hr}$　　　$X_c = 500 \text{kg/hr}$
> $Y_i = 450 \text{kg/hr}$　　　$Y_o = 250 \text{kg/hr}$　　　$Y_c = 200 \text{kg/hr}$

03 함수율이 97%인 슬러지를 $20\text{m}^3/\text{day}$로 소화하는 용적이 450m^3인 혐기성 소화조가 있다. 소화조의 유기물 부하율($\text{kg} \cdot \text{VS}/\text{m}^3 \cdot \text{day}$)을 계산하시오. (단, 무기물의 함량은 35%이고 비중은 1.0이다.)

명쾌한 풀이

유기물 부하율($\text{kg/m}^3 \cdot \text{day}$)
$$= \frac{20\text{m}^3/\text{day} \times 1000\text{kg/m}^3 \times (1-0.97) \times (1-0.35)}{450\text{m}^3} = 0.87 \text{kg/m}^3 \cdot \text{day}$$

> **TIP**
>
> ① 고형물 = 100 − 함수율 = (100 − 97%) = (1 − 0.97)
> ② 유기물 = 100 − 무기물 = (100 − 35%) = (1 − 0.35)
> ③ 비중 $1.0 \text{ton/m}^3 = 1000 \text{kg/m}^3$

04  C_5H_{12} 150kg을 완전 연소하는데 소요되는 이론공기량(kg)을 계산하시오.

명쾌한 풀이

① $C_5H_{12} + 8O_2 \rightarrow 5CO_2 + 6H_2O$
　　72kg　：　8×32kg
　　150kg　：　O_o

∴ 이론산소량(O_o) = $\dfrac{8 \times 32\text{kg} \times 150\text{kg}}{72\text{kg}} = 533.3333\text{kg}$

② 이론공기량(kg) = 이론산소량(kg) × $\dfrac{1}{0.232}$

　　　　　　　　 = $533.3333\text{kg} \times \dfrac{1}{0.232} = 2,298.85\text{kg}$

05 폐기물 조성이 다음과 같을 때 Dulong식에 의한 저위발열량(kcal/kg)을 계산하시오.

> 보기
> - 3성분 : 수분 40%, 가연분 50%, 회분 10%
> - 가연분 조성 : C=30%, H=10%, O=5%, S=5%

명쾌한 풀이

① Dulong 공식을 이용해 고위발열량(Hh)을 계산한다.

$$Hh = 8,100C + 34,000\left(H - \frac{O}{8}\right) + 2,500S \; (kcal/kg)$$

$$= 8,100 \times 0.3 + 34,000 \times \left(0.1 - \frac{0.05}{8}\right) + 2,500 \times 0.05$$

$$= 5,742.5 \, kcal/kg$$

② 저위발열량(Hl)을 계산한다.

$$Hl = Hh - 600 \times (9H + W)(kcal/kg)$$

$$= 5,742.5 \, kcal/kg - 600 \times (9 \times 0.1 + 0.40)$$

$$= 4,962.5 \, kcal/kg$$

TIP

> Dulong식은 고위발열량 구하는 공식임에 주의해야 한다.

---

06 폐기물을 분석한 결과 수분이 30%, 강열감량이 80%일 때 다음 물음에 답하시오.

(가) 고형물(%)을 계산하시오.
(나) 휘발성 고형물(%)을 계산하시오.
(다) 유기물 함량(%)을 계산하시오.

명쾌한 풀이

(가) 고형물(%) = 100 - 수분(%) = 100 - 30% = 70%
(나) 휘발성 고형물(%) = 강열감량(%) - 수분(%) = 80% - 30% = 50%
(다) 유기물 함량(%) = $\dfrac{\text{휘발성 고형물(\%)}}{\text{고형물(\%)}} \times 100 = \dfrac{50\%}{70\%} \times 100 = 71.43\%$

07 Pb^{2+}의 농도가 65mg/L인 액상 폐기물 200m³이 있다. 황화합물을 이용하여 Pb^{2+}을 제거하고자 할 때 필요한 황화나트륨(Na_2S)의 양(kg)을 계산하시오. (단, Pb : 207, Na : 23)

명쾌한 풀이

① S의 양(kg)을 계산한다.

$$Pb^{2+} + S^{2-} \rightarrow PbS$$

207kg : 32kg
$65 \times 10^{-3} kg/m^3 \times 200 m^3$: X_1

$$\therefore X_1 = \frac{65 \times 10^{-3} kg/m^3 \times 200 m^3 \times 32 kg}{207 kg} = 2.01 kg$$

② Na_2S의 양(kg)을 계산한다.

Na_2S : S
78kg : 32kg
X_2 : 2.01kg

$$\therefore X_2 = \frac{78kg \times 2.01kg}{32kg} = 4.90 kg$$

08 폐기물의 원소조성이 질량비로 C : 60%, H : 8%, O : 32%이다. 분자량이 100인 이 폐기물 1kg이 혐기성 조건에서 완전분해 된다고 할 때 발생하는 CH_4 가스량(kg)을 계산하시오. (단, $C_xH_yO_z + aH_2O \rightarrow bCH_4 + cCO_2$를 이용할 것)

명쾌한 풀이

① 폐기물의 화학식을 계산한다.

$$C = \frac{100 \times 0.60}{12} = 5 \qquad H = \frac{100 \times 0.08}{1} = 8$$

$$O = \frac{100 \times 0.32}{16} = 2$$

따라서 폐기물의 화학식은 $C_5H_8O_2$가 된다.

② 발생하는 CH_4 가스량(kg)을 계산한다.

$$C_5H_8O_2 + 2H_2O \rightarrow 3CH_4 + 2CO_2$$

100kg : 3×16kg
1kg : X

$$\therefore X = \frac{1kg \times 3 \times 16 kg}{100 kg} = 0.48 kg$$

> **TIP**
>
> 혐기성 완전분해식
> $$C_aH_bO_cN_d + \left(\frac{4a-b-2c+3d}{4}\right)H_2O$$
> $$\rightarrow \left(\frac{4a+b-2c-3d}{8}\right)CH_4 + \left(\frac{4a-b+2c+3d}{8}\right)CO_2 + dNH_3$$

09 폐기물의 발생량이 하루에 3,500m³인 대도시에서 적재용량이 9m³의 수거차량을 이용하여 운반하고자 한다. 하루에 필요한 차량(대)을 계산하시오. (단, 대기차량 포함)

> **보기**
> - 차량당 하루 작업시간 : 8시간
> - 왕복운반시간 : 50분
> - 폐기물 적재시간 : 15분
> - 운반거리 : 30km
> - 폐기물 투기시간 : 10분
> - 대기차량 : 3대

명쾌한 풀이

① 차량 적재량(m^3/일·대)

$$= \frac{\text{폐기물 적재용량}(m^3/\text{대}\cdot\text{회})}{\dfrac{\left(\begin{array}{c}\text{왕복운반시간}+\text{투기시간}\\+\text{적재시간}\end{array}\right)\text{min}}{1\text{회}} \times \dfrac{1\text{hr}}{60\text{min}} \times \dfrac{1\text{day}}{\text{작업시간(hr)}}}$$

$$= \frac{9m^3/\text{대}\cdot\text{회}}{\dfrac{(50+10+15)\text{min}}{1\text{회}} \times \dfrac{1\text{hr}}{60\text{min}} \times \dfrac{1\text{day}}{8\text{hr}}} = 57.6 m^3/\text{일}\cdot\text{대}$$

② 차량대수 $= \dfrac{\text{폐기물 발생량}(m^3/\text{일})}{\text{차량 적재량}(m^3/\text{일}\cdot\text{대})}$

$$= \frac{3,500m^3/\text{일}}{57.6m^3/\text{일}\cdot\text{대}} + 3 = 64\text{대}$$

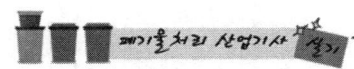

10. 함수율이 70wt%인 폐기물 20,000kg을 자연 건조과정에서 건조시켰더니 함수율이 50wt%가 되었다. 자연 건조과정에서 폐기물을 수거하는 중에 소나기로 인하여 함수율이 55wt%가 되었다. 이 폐기물에서 제거된 수분의 양(kg)을 계산하시오.

명쾌한 풀이

① $W_1 \times (100 - P_1) = W_2 \times (100 - P_2)$

여기서, W_1 : 건조 전 폐기물(kg) P_1 : 건조 전 함수율(%)
W_2 : 건조 후 폐기물(kg) P_2 : 건조 후 함수율(%)

따라서 $20,000 \text{kg} \times (100 - 70) = W_2 \times (100 - 55)$

$\therefore W_2 = \dfrac{20,000 \text{kg} \times (100 - 70)}{(100 - 55)} = 13,333.33 \text{kg}$

② 제거된 수분량 $= W_1 - W_2 = 20,000 \text{kg} - 13,333.33 \text{kg} = 6,666.67 \text{kg}$

11. 저위발열량이 9,000kcal/kg인 중유의 이론공기량(Sm^3/kg)을 계산하시오. (단, Rosin식 적용하시오.)

명쾌한 풀이

A_o(이론공기량) $= 0.85 \times \dfrac{Hl(\text{저위발열량})}{1,000} + 2$

$= 0.85 \times \dfrac{9,000 \text{kcal/kg}}{1,000} + 2 = 9.65 \text{Sm}^3/\text{kg}$

TIP

이론공기량(A_o) 및 이론가스량(G_o)

	이론공기량(A_o) 및 이론가스량(G_o)	Rosin	고체 및 액체
고체연료(석탄) (Sm^3/kg)	A_o	$1.01 \times \dfrac{Hl}{1,000} + 0.5$	$1.05 \times \dfrac{Hl}{1,000} + 0.1$
	G_o	$0.89 \times \dfrac{Hl}{1,000} + 1.65$	$1.11 \times \dfrac{Hl}{1,000} + 0.3$
액체연료 (Sm^3/kg)	A_o	$0.85 \times \dfrac{Hl}{1,000} + 2$	$1.04 \times \dfrac{Hl}{1,000} + 0.02$
	G_o	$1.1 \times \dfrac{Hl}{1,000}$	$1.11 \times \dfrac{Hl}{1,000} + 0.04$

12 압축비(CR)를 부피감소율(VR)의 함수로 나타내시오. (단, V_1 : 압축 전의 부피, V_2 : 압축 후의 부피)

명쾌한 풀이

$$부피감소율(VR) = \left(1 - \frac{V_2}{V_1}\right) \times 100 = \left\{1 - \frac{1}{\left(\frac{V_1}{V_2}\right)}\right\} \times 100 = \left(1 - \frac{1}{CR}\right) \times 100$$

TIP

$$CR(압축비) = \frac{V_1}{V_2}$$

13 다음의 조건을 이용하여 Rietema식을 바르게 나타내시오.

조건:
- X_c : 회수 폐기물 중 회수대상물질
- X_o : 제거 폐기물 중 회수대상물질
- Y_c : 회수 폐기물 중 비회수대상물질
- Y_o : 제거 폐기물 중 비회수대상물질

명쾌한 풀이

$$\text{Rietema의 선별효율}(E) = \left|\left(\frac{X_C}{X_i} - \frac{Y_C}{Y_i}\right)\right| \times 100(\%)$$
$$= \left|\left(\frac{X_c}{X_o + X_c}\right) - \left(\frac{Y_c}{Y_o - Y_c}\right)\right| \times 100$$

14 폐기물의 발생량 조사방법 3가지를 쓰고 간단히 설명하시오.

명쾌한 풀이

① 물질수지법 : 시스템에 유입되는 쓰레기 양과 유출되는 쓰레기 양에 대해서 물질수지를 세워 발생되는 쓰레기의 양을 추정하는 방법이다.
② 직접계근법 : 국내 대형소각장 및 위생매립장에 반입되는 쓰레기의 양을 주로 측정하는데 이용한다.
③ 적재차량계수법 : 일정기간동안 특정지역의 쓰레기 수거차량의 대수를 조사하여

이 값에 폐기물의 겉보기 비중을 보정하여 질량으로 환산하여 폐기물의 발생량을 조사하는 방법이다.

15. 종속영양계 미생물과 독립영양계 미생물의 차이점을 탄소원과 에너지원으로 구분하여 나타내시오.

분류	에너지원	탄소원
광합성 독립영양계 미생물	빛	CO_2
화학합성 독립영양계 미생물	무기물의 산화환원 반응	CO_2
광합성 종속영양계 미생물	빛	유기탄소
화학합성 종속영양계 미생물	유기물의 산화환원 반응	유기탄소

16. 쓰레기의 수집 시스템 중에서 관거(Pipe-line) 수송방식의 종류 3가지를 쓰시오.

① 공기수송   ② 슬러리수송   ③ 캡슐수송

17. 적환장의 필요성을 4가지만 쓰시오. (단, 예제는 답란에서 제외함)

예제 : 상업지역에서 폐기물 수집에 소형용기를 사용하는 경우

① 폐기물 수집장소와 처분장소가 멀리 떨어져 있는 경우
② 소용량 수집차량이 사용되는 경우
③ 작은 규모의 주택들이 밀집되어 있을 때
④ 불법투기와 다량의 어질러진 쓰레기들이 발생하는 경우

기출복원문제
- 2012년 10월 시행

01 부피감소율이 60%에서 80%로 될 때 압축비 증가량은 몇 배인지 계산하시오.

명쾌한 풀이

압축비(CR) = $\dfrac{100}{100-\text{부피감소율}}$

① 부피감소율이 60%인 경우의 압축비 = $\dfrac{100}{100-60} = 2.5$

② 부피감소율이 80%인 경우의 압축비 = $\dfrac{100}{100-80} = 5.0$

③ 압축비의 변화 = $\dfrac{5.0}{2.5} = 2$배 따라서 2배 증가한다.

02 폐기물 10ton 중에서 철이 7%를 차지할 때 다음 물음에 답하시오.

폐기물의 종류(ton)	투입(ton)	제거(ton)	회수(ton)
철	0.7	0.08	0.62
비철금속	9.3	8.92	0.38

(가) 철의 순도(%)를 계산하시오.
(나) 철의 선별효율(%)을 Worrell식을 이용하여 계산하시오.

명쾌한 풀이

(가) 철의 순도(%) = $\dfrac{\text{회수된 철}}{\text{회수된 철} + \text{회수된 비철금속}} \times 100$

$= \dfrac{0.62\text{ton}}{0.62\text{ton} + 0.38\text{ton}} \times 100 = 62\%$

(나) Worrell 선별효율(E) = $\left(\dfrac{X_C}{X_i} \times \dfrac{Y_o}{Y_i}\right) \times 100$

여기서, X_C : 회수량 중 회수대상물질

X_i : 투입량 중 회수대상물질
Y_o : 제거량(기각량) 중 비회수대상물질
Y_i : 투입량 중 비회수대상물질

따라서 $E = \left(\dfrac{0.62 \text{ton}}{0.7 \text{ton}} \times \dfrac{8.92 \text{ton}}{9.3 \text{ton}}\right) \times 100 = 84.95\%$

> **TIP**
> 문제조건에서 철은 회수물질이고, 비철금속은 비회수대상물질로 계산한다.

03 35℃로 가동되는 혐기성 소화조로부터 하루에 5,000m³의 가스가 발생되고 있다. 발생가스 중 메탄의 함량이 80%라고 할 때 COD로 전환되는 양(g/day)을 계산하시오. (단, CH_4 0.45L당 COD는 2g이 배출된다고 가정한다.)

명쾌한 풀이

$COD(g) = \dfrac{5,000 \text{ m}^3}{\text{day}} \times 0.8 \text{ CH}_4 \times \dfrac{10^3 \text{L}}{1 \text{m}^3} \times \dfrac{2 \text{g COD}}{0.45 \text{L CH}_4} = 1.78 \times 10^7 \text{ g/day}$

04 고형물의 비중이 1.54이고 함수율 97%, 고형물의 질량이 400kg이라 할 때 슬러지의 부피(m³)을 계산하시오.

명쾌한 풀이

① 슬러지의 비중을 계산한다.

$\dfrac{1}{\rho_{SL}} = \dfrac{W_{TS}}{\rho_{TS}} + \dfrac{W_P}{\rho_P}$

$\dfrac{1}{\rho_{SL}} = \dfrac{0.03}{1.54} + \dfrac{0.97}{1.0}$

∴ $\rho_{SL} = 1.0106$

② 슬러지 부피(m³) = $\dfrac{\text{슬러지 중량(kg)}}{\text{슬러지 비중량(kg/m}^3\text{)}} \times \dfrac{100}{100 - P(\%)}$

$= \dfrac{400 \text{ kg}}{1010.6 \text{ kg/m}^3} \times \dfrac{100}{100 - 97\%}$

$= 13.19 \text{ m}^3$

> **TIP**
> ① 고형물(%) = 100 − 함수율(%) = 100 − 97% = 3%
> ② 슬러지 비중 $1.0106 ton/m^3 = 1010.6 kg/m^3$

05. 프로판(C_3H_8) $5Sm^3$을 과잉공기계수 1.2로 완전연소 할 때 필요한 실제공기량(Sm^3)을 계산하시오.

명쾌한 풀이

① 이론산소량을 계산한다.

$$C_3H_8 + 5O_2 \rightarrow 3CO_2 + 4H_2O$$
$$22.4Sm^3 : 5 \times 22.4Sm^3$$
$$5Sm^3 : 이론산소량(Sm^3)$$

$$\therefore 이론산소량 = \frac{5 \times 22.4Sm^3 \times 5Sm^3}{22.4Sm^3} = 25Sm^3$$

② 실제공기량(Sm^3) = $\frac{이론산소량(Sm^3)}{0.21} \times 공기과잉계수(m)$

$$= \frac{25Sm^3}{0.21} \times 1.2 = 142.86 Sm^3$$

> **TIP**
> ① 체적(Sm^3) = 계수 × 22.4(Sm^3)   ② 질량(kg) = 계수 × 분자량(kg)

06. 폐기물의 조성을 분석한 결과 C : 23%, H : 5%, O : 17%, 기타 불연성 물질이 55%이었다. 폐기물 1ton을 연소시킬 때 필요한 이론공기량을(ton)을 계산하시오.

명쾌한 풀이

① 이론산소량(ton/ton)을 계산한다.

$$O_o(이론산소량) = \frac{32ton}{12ton}C + \frac{16ton}{2ton}\left(H - \frac{O}{8}\right) + \frac{32ton}{32ton}S \,(ton/ton)$$

$$= \frac{32ton}{12ton} \times 0.23 + \frac{16ton}{2ton} \times \left(0.05 - \frac{0.17}{8}\right) = 0.8433 ton/ton$$

② A_o(이론공기량) = O_o(이론산소량) × $\dfrac{1}{0.232}$

$\quad\quad\quad\quad\quad\quad\quad\quad = 0.8433\text{ton/ton} × \dfrac{1}{0.232} = 3.64\text{ton/ton}$

TIP

질량(kg/kg)으로 계산하는 공식
① 이론산소량 = $2.667C + 8\left(H - \dfrac{O}{8}\right) + 1S$
② 이론공기량 = $\left\{2.667C + 8\left(H - \dfrac{O}{8}\right) + 1S\right\} × \dfrac{1}{0.232}$

07 어떤 도시에서 발생되는 쓰레기를 인부 50명이 수거운반할 때의 MHT를 계산하시오. (단, 1일 10시간 작업, 연간수거실적은 1,220,000ton, 휴가일수 60일/년·인)

명쾌한 풀이

$\text{MHT} = \dfrac{\text{수거인부수} × \text{작업시간}}{\text{쓰레기 수거실적}}$

$\quad\quad\quad = \dfrac{50\text{인} × 10\text{hr/day} × 305\text{day/년}}{1,220,000\text{ton/년}} = 0.13\text{MHT}$

TIP

① MHT = man·hr/ton
② MHT : 1ton의 쓰레기를 수거하는데 수거인부 1인이 소요하는 총시간
③ MHT가 클수록 수거효율이 낮다.

08 도랑식 트렌치공법으로 쓰레기를 매립할 경우 5톤의 적재용량을 가진 트럭이 하루에 40대 운행한다. 쓰레기의 밀도가 0.48ton/m^3이고 매립면적은 $55,000\text{m}^2$, 복토는 50cm 높이로 하고 매립높이는 6.0m일 때 매립일수(일)를 계산하시오.

명쾌한 풀이

매립 일수(일) = $\dfrac{\text{매립용량}(\text{m}^3)}{\text{쓰레기 배출량}(\text{kg/day}) × \dfrac{1}{\text{밀도}(\text{kg/m}^3)}}$

$$= \frac{55{,}000\mathrm{m}^2 \times (0.5\mathrm{m} + 6.0\mathrm{m})}{5\text{톤/대} \times \dfrac{1}{0.48\mathrm{ton/m^3}} \times 40\text{대/일}} = 853\text{일}$$

09 도시폐기물을 분석한 결과 가연분 25%(C : 12%, H : 2.5%, O : 8.5%, N : 0.5%, 기타 1.5%), 수분 60%, 회분 15%일 때 습윤질량 기준의 저위발열량을(kcal/kg)을 계산하시오. (단, 건조질량 기준의 고위발열량은 3,500kcal/kg이다.)

명쾌한 풀이

① 습윤질량 기준의 고위발열량 = 건조질량 기준의 고위발열량 × $\dfrac{\text{건조시료량}}{\text{습윤시료량}}$

$$= 3{,}500\,\mathrm{kcal/kg} \times \frac{(25\% + 15\%)}{100\%}$$
$$= 1{,}400\,\mathrm{kcal/kg}$$

② 습윤질량 기준 저위발열량 = 습윤질량 기준 고위발열량 − 600(9H+W)(kcal/kg)
$$= 1{,}400\,\mathrm{kcal/kg} - 600 \times (9 \times 0.025 + 0.6)$$
$$= 905\,\mathrm{kcal/kg}$$

TIP

① 건조시료량 = 가연분 + 회분
② 습윤시료량 = 가연분 + 회분 + 수분

10 매립지의 차수막 중 연직차수막의 공법 3가지를 쓰시오.

명쾌한 풀이

① 강널말뚝
② 굴착에 의한 차수시트 매설법
③ 어스댐 코어
④ 그라우트 공법

11 합성차수막인 HDPE의 장점을 4가지만 쓰시오.

① 대부분의 화학물질에 대한 저항성이 높다.
② 접합상태가 양호하다.
③ 온도에 대한 저항성이 높다.
④ 강도가 높다.

12 연소실 내에서의 질소산화물 저감대책 5가지를 쓰시오.

① 저과잉공기량 연소법 ② 저온도연소법
③ 배기가스 재순환법   ④ 2단연소
⑤ 수증기 및 물분사

13 다음 용어를 간단히 기술하시오.

(가) 유효입경
(나) 평균입경
(다) 특성입자의 크기

(가) 유효입경 : 입도누적곡선상의 10%에 해당하는 입경이다.
(나) 평균입경 : 입도누적곡선상의 50%에 해당하는 입경이다.
(다) 특성입자의 크기 : 입자의 질량기준으로 63.2%가 통과할 수 있는 체눈의 크기이다.

기출복원문제
- 2013년 4월 시행

01 고형폐기물의 처리시 1kg의 포도당($C_6H_{12}O_6$) 성분의 폐기물이 혐기성 분해를 한다면 이론적 메탄가스의 체적(L)을 계산하시오. (표준상태 기준)

명쾌한 풀이

$C_6H_{12}O_6 \rightarrow 3CO_2 + 3CH_4$
 180g   : 3×22.4L
 1×10^3g : $X_1(CH_4)$

$\therefore X_1(CH_4) = \dfrac{1 \times 10^3 \text{g} \times 3 \times 22.4 \text{L}}{180 \text{g}} = 373.33 \text{L}$

02 직경이 5.0m인 트롬밀 스크린의 임계속도(rpm)를 계산하시오.

명쾌한 풀이

$N_c = \sqrt{\dfrac{g}{4\pi^2 r}} \times 60$

여기서, N_c : 임계속도(rpm)   g : 중력가속도(9.8m/sec^2)
     r : 스크린 반경(m)

따라서 $N_c = \sqrt{\dfrac{9.8\text{m/sec}^2}{4 \times \pi^2 \times 2.5\text{m}}} \times 60 = 18.91\,\text{rpm}$

TIP

① rpm = 회/min
② rpm = 회/sec × 60sec/min
③ 반경(r) = $\dfrac{\text{직경(m)}}{2}$

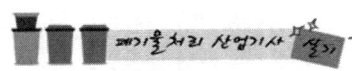

03 폐기물의 발생량이 하루에 3,500m³인 대도시에서 적재용량이 9ton의 수거차량을 이용하여 운반 하고자 한다. 하루에 필요한 차량(대)을 계산하시오. (단, 대기차량 포함)

보기
- 차량당 하루 작업시간 : 8시간
- 운반거리 : 30km
- 왕복운반시간 : 50분
- 폐기물 투기시간 : 10분
- 폐기물 적재시간 : 15분
- 폐기물의 밀도 : 450kg/m³
- 대기차량 : 3대

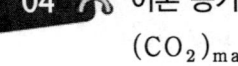

① 차량적재량(ton/일·대)

$$= \frac{\text{폐기물적재용량(ton/대·회)}}{\frac{(\text{왕복운반시간}+\text{투기시간}+\text{적재시간})\min}{1\text{회}} \times \frac{1\text{hr}}{60\min} \times \frac{1\text{day}}{\text{작업시간(hr)}}}$$

$$= \frac{9\text{ton/대·회}}{\frac{(50+10+15)\min}{1\text{회}} \times \frac{1\text{hr}}{60\min} \times \frac{1\text{day}}{8\text{hr}}}$$

$$= 57.6\text{ton/일·대}$$

② 차량대수 $= \dfrac{\text{폐기물발생량(ton/일)}}{\text{적재량(ton/일·대)}}$

$$= \frac{3{,}500\text{m}^3/\text{일} \times 0.45\text{ton/m}^3}{57.6\text{ton/일·대}} + 3 = 31\text{대}$$

04 이론 공기량을 사용하여 C_4H_{10}을 완전 연소시킨다면 발생되는 건 연소가스 중의 $(CO_2)_{max}\%$를 계산하시오.

$C_4H_{10} + 6.5O_2 \rightarrow 4CO_2 + 5H_2O$

① God(이론건연소가스량) $= (1-0.21)A_o + CO_2$량

$$= (1-0.21) \times \frac{6.5}{0.21} + 4 = 28.4524\,\text{Sm}^3/\text{Sm}^3$$

② CO_2량 $= CO_2$ 개수 $= 4\text{Sm}^3/\text{Sm}^3$

③ $CO_{2max}(\%) = \dfrac{CO_2량}{God} \times 100 = \dfrac{4\text{Sm}^3/\text{Sm}^3}{28.4524\,\text{Sm}^3/\text{Sm}^3} \times 100 = 14.06\%$

> **TIP**
> ① CO_{2max} 는 이론건연소가스량(God) 기준
> ② Sm^3/Sm^3 = 부피비 = 개수비
> ③ 완전연소 반응식 : $C_mH_n + \left(m+\dfrac{n}{4}\right)O_2 \rightarrow mCO_2 + \dfrac{n}{2}H_2O$

05 폐기물의 70% 이상을 5cm보다 작게 파쇄하고자 할 때 특성입자 크기(X_o)을 계산하시오. (단, Rosin-Rammler식 이용할 것, n = 1)

명쾌한 풀이

$$Y = 1 - \exp\left[-\left(\dfrac{X}{X_o}\right)^n\right]$$

여기서, Y : 체하분율(%)   X : 폐기물 입자의 크기(cm)
   X_o : 특성입자의 크기(cm)   n : 상수

따라서 $0.70 = 1 - \exp\left[-\left(\dfrac{5\,cm}{X_o}\right)^1\right]$

$\therefore X_o = \dfrac{-5\,cm}{LN(1-0.70)} = 4.15\,cm$

06 프로판 $1\,Sm^3$를 공기과잉계수 1.8로 연소시킬 경우, 건조 연소가스량(Sm^3)을 계산하시오.

명쾌한 풀이

$C_3H_8 + 5O_2 \rightarrow 3CO_2 + 4H_2O$

$Gd = (m-0.21)A_o - CO_2$량 (Sm^3/Sm^3)

$ = (1.8-0.21) \times \dfrac{5}{0.21} + 3$

$ = 40.86\,Sm^3/Sm^3$

> **TIP**
> ① Gd : 실제건조 연소가스량(공기비가 있으므로 실제가스량 기준)
> ② m : 공기비(과잉공기계수)
> ③ A_o(이론 공기량) = $\dfrac{\text{이론산소량}}{0.21}$ (Sm^3/Sm^3)
> ④ Sm^3/Sm^3 = 체적비 = 개수비

07 어떤 도시에서 1일 50톤의 폐기물이 발생되었고 이 때 밀도가 400kg/m³이었다. 3m 깊이인 도랑식(trench)으로 매립하고자 할 때 1년 동안 필요한 부지면적(m²)을 계산하시오. (단, 매립 시 압축에 따른 쓰레기 부피감소율은 50%로 한다.)

명쾌한 풀이

매립면적(m²/년) = $\dfrac{\text{폐기물 발생량(kg/년)} \times (1 - \text{부피감소율})}{\text{폐기물 밀도(kg/m}^3) \times \text{매립지 깊이(m)}}$

= $\dfrac{50\text{ton/day} \times 10^3\text{kg/ton} \times (1-0.5) \times 365\text{day/년}}{400\text{kg/m}^3 \times 3\text{m}}$

= 7,604.17m²/년

08 1인당 쓰레기 발생량이 1.0kg/일, 쓰레기 수거 인부수 38명, 인구수가 20만명인 도시의 MHT를 1.5로 유지하고자 할 때 쓰레기 1ton 수거시 인부 1인의 하루 작업시간(hr)을 계산하시오.

명쾌한 풀이

MHT = $\dfrac{\text{수거인부수} \times \text{작업시간}}{\text{쓰레기 수거실적}}$ 에서

작업시간(hr/일) = $\dfrac{\text{MHT} \times \text{쓰레기 수거실적(ton/일)}}{\text{수거인부수}}$

= $\dfrac{1.5\text{MHT} \times 1.0\text{kg/인·일} \times 200,000\text{인} \times 10^{-3}\text{ton/kg}}{38\text{인}}$

= 7.90hr/day

09. 침출수량이 350m³/day, 침출수가 집수관내를 흐르는 유속이 3cm/sec, 침출수는 단면적의 1/2만 흐르도록 할 경우 집수관의 설계직경(m)을 계산하시오.

명쾌한 풀이

① 유량(Q) = 단면적(A) × 유속(v) = $\dfrac{\pi \cdot D^2}{4}(m^2) \times v(m/sec)$

따라서 $D = \sqrt{\dfrac{4 \times Q}{\pi \times v}}$

$= \sqrt{\dfrac{4 \times 350m^3/day \times 1day/24hr \times 1hr/3600sec}{\pi \times 0.03m/sec}}$

$= 0.4146m$

② 침출수는 단면적의 1/2만 흐르도록 해야 하므로

$D = 0.4146m \times \dfrac{1}{2} = 0.21\,m$

10. 원추4분법에 대해 설명하시오.

명쾌한 풀이

① 분쇄한 대시료를 단단하고 깨끗한 평면위에 원추형으로 쌓아 올린다.
② 앞의 원추를 장소를 바꾸어 다시 쌓는다.
③ 원추의 꼭지를 수직으로 눌러서 평평하게 만들고 이것을 부채꼴로 사등분한다.
④ 마주 보는 두 부분을 취하고 반은 버린다.
⑤ 반으로 준 시료를 앞의 조작을 반복하여 적당한 크기까지 줄인다.

11. 퇴비화의 영향인자 중 C/N비에 대한 설명이다. 다음 물음에 답하시오.

(가) C/N비가 80이상인 경우
(나) C/N비가 20이하인 경우

명쾌한 풀이

(가) C/N비가 80이상인 경우 : 질소함량이 부족하여 퇴비화가 잘 되지 않고, 퇴비화에 걸리는 시간도 길어진다.
(나) C/N비가 20이하인 경우 : 질소원 손실이 커서 비료효과가 저하될 가능성이 높고, 암모니아 가스가 발생하여 퇴비화 과정 중 좋지 않은 냄새가 발생된다.

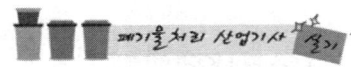

12 다음은 열교환기 중 이코노마이저에 대한 설명이다. ( )안에 알맞은 말을 쓰시오.

> 이코노마이저(절탄기)는 (①)에 설치되며, 보일러 전열면을 통하여 연소가스의 (②)로 보일러 급수를 예열하여 보일러 효율을 높이는 장치이다.

명쾌한 풀이

① 연도 ② 여열

13 다음에 주어진 다이옥신류의 독성등가지수를 설명하시오.

명쾌한 풀이

다이옥신류 중 2,3,7,8-TCDD를 기준물질로 정하여 각각의 물질이 기준물질에 대한 상대독성값을 평가하여 나타낸 값이며, 다이옥신류에 대한 독성총량을 평가한다.

14 LCA(Life Cycle Assessment)구성요소 4가지를 쓰시오.

명쾌한 풀이

① 목적 및 범위 설정 ② 목록작성
③ 영향평가 ④ 개선평가 및 해석

15 유효수소의 의미를 서술하시오.

명쾌한 풀이

유효수소는 $\left(H - \dfrac{O}{8}\right)$로서 발열수소를 의미한다.

T I P

유효수소의 의미
유효수소는 $\left(H - \dfrac{O}{8}\right)$로서 연료중에 있는 산소는 수소와 결합하여 결합수의 형태로 존재하므로 결합수 상태로 있는 수소는 연소반응에 참여하지 않으므로 총수소에서 $\dfrac{O}{8}$를 빼준값으로 계산한다.

기출복원문제
- 2013년 11월 시행

01 탄소 85%, 수소 11.3%, 황 2%, 질소 0.2%, 수분 1.5%로 조성된 중유를 연소할 때 실제습연소가스량(Sm^3/kg)을 계산하시오. (단, 공기비(m)=1.2)

명쾌한 풀이

이론공기량(A_o) = $8.89C + 26.67\left(H - \dfrac{O}{8}\right) + 3.33S$ (Sm^3/kg)

$\quad = 8.89 \times 0.85 + 26.67 \times 0.113 + 3.33 \times 0.02$

$\quad = 10.6368\,Sm^3/kg$

실제습연소가스량(G_w) = $mA_o + 5.6H + 0.7O + 0.8N + 1.244W$ (Sm^3/kg)

$\quad = 1.2 \times 10.6368\,Sm^3/kg + 5.6 \times 0.113 + 0.8 \times 0.002$
$\quad\quad + 1.244 \times 0.015$

$\quad = 13.42\,Sm^3/kg$

02 폐기물 조성을 분석한 결과 C : 40%, H : 20%, O : 15%, S : 5, 수분 : 20%이었고, Dulong식으로 구한 고위발열량이 9,500Kcal/kg일 때 저위발열량(kcal/kg)을 계산하시오.

명쾌한 풀이

$Hl = Hh - 600(9H - W)\,(kcal/kg)$

여기서, Hh : 고위발열량(kcal/kg) Hl : 저위발열량(kcal/kg)
$\quad\quad H$: 수소의 함량 W : 수분의 함량

따라서 $Hl = 9,500\,kcal/kg - 600 \times (9 \times 0.2 + 0.2) = 8,300\,kcal/kg$

03 저위 발열량이 7,000kcal/Sm³의 가스연료의 이론연소온도(℃)를 계산하시오. (단, 이론연소가스량은 20Sm³/Sm³, 연료연소가스의 평균정압비열 0.35kcal/Sm³·℃, 기준온도는 15℃, 공기는 예열하지 않으며, 연소가스는 해리되지 않는다.)

명쾌한 풀이

$$t_2 = \frac{Hl}{G \times C} + t_1$$

여기서, Hl : 저위발열량(kcal/Sm³)   G : 이론연소가스량(Sm³/Sm³)
  C : 평균정압비열(kcal/Sm³·℃)
  t_2 : 이론연소온도(℃) t_1 : 기준온도(℃)

따라서 $t_2 = \dfrac{7{,}000\text{kcal/Sm}^3}{20\text{Sm}^3/\text{Sm}^3 \times 0.35\text{kcal/Sm}^3 \cdot ℃} + 15℃ = 1{,}015℃$

04 혐기성 소화에서 유기물 성분이 60%, 무기물 성분이 40%이다. 소화후 유기물 성분이 40%, 무기물 성분이 60%가 되었다면 소화율(%)이 얼마인지 계산하시오.

명쾌한 풀이

$$\text{소화율}(\%) = \left\{1 - \frac{\text{소화후}(\text{유기물질}/\text{무기물질})}{\text{소화전}(\text{유기물질}/\text{무기물질})}\right\} \times 100(\%)$$

$$= \left\{1 - \frac{\frac{40\%}{60\%}}{\frac{60\%}{40\%}}\right\} \times 100 = 55.56\%$$

05 인구가 300,000인 도시의 폐기물 매립지를 선정하고자 한다. 도시의 1인당 폐기물 발생량은 1.5kg/day이었으며 폐기물의 밀도는 500kg/m³이었다. 매립지의 매립깊이는 2m일 때 매립지 선정에 필요한 최소한의 면적(m²/년)을 계산하시오.

명쾌한 풀이

매립면적(m²/년) = $\dfrac{\text{폐기물 발생량(kg/년)}}{\text{폐기물 밀도(kg/m}^3\text{)} \times \text{매립지 깊이(m)}}$

$= \dfrac{1.5\text{kg/인}\cdot\text{일} \times 300{,}000\text{인} \times 365\text{일/년}}{500\text{kg/m}^3 \times 2\text{m}}$

$= 164{,}250\text{m}^2/\text{년}$

06 고형물 중 VS 60%이고, 함수율 97%인 농축슬러지 100m³를 소화시켰다. 소화율(VS 대상)이 50%이고, 소화 후 함수율이 95%라면 소화 후의 부피(m³)를 계산하시오. (단, 모든 슬러지의 비중은 1.0 기준)

명쾌한 풀이

소화 후 슬러지부피(m^3) = $(VS + FS) \times \dfrac{100}{100 - P(\%)}$

여기서, VS : 잔류 휘발성 고형물(유기물)   FS : 잔류성 고형물(무기물)
    P : 소화후 함수율(%)

① 잔류 VS(m^3) = 농축슬러지량$(m^3) \times$ 고형물량 $\times$ VS $\times$ (1-소화율)
   = $100m^3 \times 0.03 \times 0.6 \times (1-0.5) = 0.9m^3$

② FS(m^3) = 농축슬러지량$(m^3) \times$ 고형물량 $\times$ FS
   = $100m^3 \times 0.03 \times 0.4$
   = $1.2m^3$

③ 소화후 슬러지 부피(m^3) = $(0.9m^3 + 1.2m^3) \times \dfrac{100}{100 - 95\%} = 42m^3$

TIP

① 슬러지량(%) = 고형물(%) + 함수율(%)
② 고형물(%) = 100% - 97% = 3%
③ 고형물(%) = VS(%) + FS(%)
④ FS(%) = 100% - VS(%) = 100% - 60% = 40%

07  폐기물의 조성을 분석한 결과 C : 23%, H : 5%, O : 17%, 기타 불연성 물질이 55%이었다. 폐기물 1ton을 연소시킬 때 필요한 이론공기량을(ton)을 계산하시오.

명쾌한 풀이

① 이론산소량(ton/ton)을 계산한다.

O_o(이론산소량) = $\dfrac{32ton}{12ton}C + \dfrac{16ton}{2ton}\left(H - \dfrac{O}{8}\right) + \dfrac{32ton}{32ton}S$ (ton/ton)

= $\dfrac{32ton}{12ton} \times 0.23 + \dfrac{16ton}{2ton} \times \left(0.05 - \dfrac{0.17}{8}\right)$

= $0.8433 ton/ton$

② A_o(이론공기량) = O_o(이론산소량) $\times \dfrac{1}{0.232}$

$= 0.8433 \text{ton/ton} \times \dfrac{1}{0.232}$

$= 3.64 \text{ton/ton}$

TIP

질량(kg/kg)으로 구하는 공식
① 이론산소량 $= 2.667C + 8\left(H - \dfrac{O}{8}\right) + 1S$
② 이론공기량 $= \left\{2.667C + 8\left(H - \dfrac{O}{8}\right) + 1S\right\} \times \dfrac{1}{0.232}$

08 고형물함량이 50%, 수분함량이 50%, 강열감량이 90%인 폐기물의 경우 폐기물의 고형물 중 유기물함량(%)과 휘발성 고형물(%)이 얼마인지 계산하시오.

(가) 휘발성 고형물(%)
(나) 유기물 함량(%)

명쾌한 풀이

(가) 휘발성 고형물(%)을 계산한다.
휘발성 고형물(%) = 강열감량(%) − 수분(%) = 90% − 50% = 40%
(나) 유기물 함량(%)을 계산한다.
유기물 함량(%) = $\dfrac{\text{휘발성 고형물(\%)}}{\text{고형물(\%)}} \times 100 = \dfrac{40\%}{50\%} \times 100 = 80\%$

09 평균 입경이 20cm인 폐기물을 입경 1cm가 되도록 파쇄 할때 소요되는 에너지는 입경을 4cm로 파쇄 할 때 소요되는 에너지의 몇 배인지 계산하시오. (단, Kick의 법칙 적용, n = 1)

명쾌한 풀이

Kick의 법칙에서 동력(E) = $C \ln\left(\dfrac{dp_1}{dp_2}\right)$

① $E_1 = C \ln\left(\dfrac{20\,\text{cm}}{1\,\text{cm}}\right) = C \ln 20$

② $E_2 = C \ln\left(\dfrac{20\,cm}{4\,cm}\right) = C \ln 5$

③ 소요에너지의 변화 $= \dfrac{E_1}{E_2} = \dfrac{C \ln 20}{C \ln 5} = 1.86$배

10 처리전 밀도가 $0.34\,ton/m^3$인 쓰레기를 압축하였을 때 부피감소율이 60%이다. 이때 처리 후 밀도(ton/m^3)는 얼마인지 계산하시오.

명쾌한 풀이

① 부피감소율(%) $= \left(1 - \dfrac{V_2}{V_1}\right) \times 100$

여기서, V_1 : 압축 전 부피(m^3) V_2 : 압축 후 부피(m^3)

$V_1 = 1\,ton \times \dfrac{1}{0.34\,ton/m^3} = 2.9412\,m^3$

따라서 $60\% = \left(1 - \dfrac{V_2}{2.9412\,m^3}\right) \times 100$ 따라서 $V_2 = 1.1765\,m^3$

② $V_2(m^3) = 1\,ton \times \dfrac{1}{밀도(ton/m^3)}$

$1.1765\,m^3 = 1\,ton \times \dfrac{1}{밀도(ton/m^3)}$

따라서 밀도 $= 0.85\,ton/m^3$

11 고형분 3%인 액상폐기물 70톤과 고형분이 10%인 반고상폐기물 30톤인 혼합폐기물이 있다. 이 혼합폐기물의 성상을 판단하고, 고상폐기물을 만들려고 함수율을 85%로 할 때 증발되는 수분의 양(ton)을 계산하시오.

명쾌한 풀이

① 혼합폐기물의 고형분(%)을 계산한다.

고형분(%) $= \dfrac{70톤 \times 3\% + 30톤 \times 10\%}{70톤 + 30톤} = 5.1\%$

따라서 고형분이 5.1%이면 반고상폐기물이다.

② W_2를 계산한다.

$W_1 \times TS_1 = W_2 \times (100 - P_2)$에서

$$100톤 \times 5.1\% = W_2 \times (100-85\%)$$
$$W_2 = \frac{100톤 \times 5.1\%}{(100-85\%)} = 34톤$$

따라서 증발되는 수분량 $= W_1 - W_2 = 100톤 - 34톤 = 66톤$

> **폐기물의 분류**
> ① 액상폐기물 : 고형물의 함량이 5% 미만
> ② 반고상폐기물 : 고형물의 함량이 5% 이상 15% 미만
> ③ 고상폐기물 : 고형물의 함량이 15% 이상

12  $C_4H_6O_2N$ 이 물과 함께 혐기성 반응할 때 완전반응식을 서술하시오.

혐기성 완전분해식을 이용한다.
$$C_aH_bO_cN_d + \left(\frac{4a-b-2c+3d}{4}\right)H_2O$$
$$\rightarrow \left(\frac{4a+b-2c-3d}{8}\right)CH_4 + \left(\frac{4a-b+2c+3d}{8}\right)CO_2 + dNH_3$$

따라서 $C_4H_6O_2N + 2.25H_2O \rightarrow 1.875CH_4 + 2.125CO_2 + NH_3$

13 도시폐기물을 처리할 때 파쇄시 잇점을 6가지 쓰시오.

① 겉보기 비중 증가　　　　② 비표면적 증가
③ 폐기물 소각시 연소효율 증가　　④ 고가금속 회수가능
⑤ 입경분포의 균일화　　　　⑥ 운반비 절감

14 적환장 설치의 필요성 6가지를 쓰시오.

① 폐기물 수집장소와 처분장소가 멀리 떨어져 있는 경우
② 소용량 수집차량이 사용되는 경우

③ 상업지역에서 폐기물 수집에 소형용기를 사용하는 경우
④ 불법투기와 다량의 어질러진 쓰레기들이 발생하는 경우
⑤ 작은 규모의 주택들이 밀집되어 있을 때
⑥ 저밀도 주거지역이 존재하는 경우

15. Dulong 공식에서 $\left(H - \dfrac{O}{8}\right)$가 의미하는 것을 쓰시오.

명쾌한 풀이

$\left(H - \dfrac{O}{8}\right)$는 유효수소로서 발열수소를 의미한다.

TIP

유효수소의 의미
유효수소는 $\left(H - \dfrac{O}{8}\right)$로서 연료 중에 있는 산소는 수소와 결합하여 결합수의 형태로 존재하므로 결합수 상태로 있는 수소는 연소반응에 참여하지 않으므로 총수소에서 $\dfrac{O}{8}$를 빼준값으로 계산한다.

16. 침출수량에 영향을 주는 요인 6가지를 서술하시오.

명쾌한 풀이

① 강우량   ② 증발량
③ 지하수량   ④ 침투수량
⑤ 표면유출량   ⑥ 폐기물 분해시 발생량

17. 매립장에서 실시하는 복토의 목적을 5가지 쓰시오.

명쾌한 풀이

① 우수의 침투를 방지한다.   ② 쓰레기 비산을 방지한다.
③ 화재를 예방한다.   ④ 유해곤충이나 해충의 서식을 방지한다.
⑤ 악취를 방지한다.

18 다음의 조건을 이용하여 Worrell과 Rietema식 공식을 쓰시오.

조건:
- X_i : 투입량 중 회수대상물질
- X_C : 회수량 중 회수대상물질
- Y_o : 제거량 중 비회수대상물질
- X_o : 제거량 중 회수대상물질
- Y_i : 투입량 중 비회수대상물질
- Y_C : 회수량 중 비회수대상물질

① Worrell의 선별효율 공식

$$선별효율(E) = \left(\frac{X_C}{X_i} \times \frac{Y_o}{Y_i}\right) \times 100(\%)$$

② Rietema의 선별효율 공식

$$선별효율(E) = \left|\left(\frac{X_C}{X_i} - \frac{Y_C}{Y_i}\right)\right| \times 100(\%)$$

기출복원문제
- 2014년 4월 시행

01 이론공기량을 사용하여 C_3H_8을 연소시킨다. 건조가스 중 $(CO_2)_{max}$를 계산하시오.

명쾌한 풀이

$C_3H_8 + 5O_2 \rightarrow 3CO_2 + 4H_2O$

$CO_{2max} = \dfrac{CO_2량}{God} \times 100$

① $God = (1-0.21)A_o + CO_2량$

$= (1-0.21) \times \dfrac{5}{0.21} + 3 = 21.8095\,Sm^3/Sm^3$

② $CO_2량 = 3\,Sm^3/Sm^3$

③ $CO_{2max}(\%) = \dfrac{3\,Sm^3/Sm^3}{21.8095\,Sm^3/Sm^3} \times 100 = 13.76\%$

TIP

① CO_{2max}는 이론건연소가스량(God) 기준
② Sm^3/Sm^3 = 부피비 = 개수비
③ 완전연소 반응식

$C_mH_n + \left(m + \dfrac{n}{4}\right)O_2 \rightarrow mCO_2 + \dfrac{n}{2}H_2O$

02 폐기물 80%를 5cm보다 작게 파쇄하고자 할 때 특성입자의 크기(cm)를 계산하시오. (단, Rosin-Rammler 모델 기준, n = 1 이다.)

명쾌한 풀이

$$Y = 1 - \exp\left[-\left(\frac{dp_1}{dp_2}\right)^n\right]$$

여기서 dp_1 : 폐기물 입자의 크기, dp_2 : 특성입자의 크기, n : 상수

따라서 $0.80 = 1 - \exp\left[-\left(\frac{5\,cm}{dp_2}\right)^1\right]$

$$\therefore dp_2 = \frac{-5\,cm}{LN(1-0.80)} = 3.11\,cm$$

03 폐기물공정시험기준상 폐기물의 시료를 원추4분법을 이용하여 축소하고자 한다. 축소작업을 3회한 경우 줄어든 시료의 양(g)을 계산하시오.

명쾌한 풀이

줄어든 시료의 양(g) = $\left(\frac{1}{2}\right)^n = \left(\frac{1}{2}\right)^3 = \frac{1}{8}$

여기서 n은 축소작업 횟수 (풀이)

04 도시 고형폐기물이 50ton/day씩 반입되고 있다. 폐기물 조성이 다음과 같을 때 Dulong식을 이용하여 연소발열량(kcal/hr)을 계산하시오.

- 3성분 : 수분 40%, 가연분 50%, 회분 10%,
- 가연분 조성 : C=30%, H=10%, O=5%, S=5%

명쾌한 풀이

① Dulong 공식을 이용해 고위발열량(Hh)을 계산한다.

$$Hh = 8,100C + 34,000\left(H - \frac{O}{8}\right) + 2,500S\,(kcal/kg)$$

$$= 8,100 \times 0.3 + 34,000 \times \left(0.1 - \frac{0.05}{8}\right) + 2,500 \times 0.05$$

$$= 5,742.5\,kcal/kg$$

② 연소발열량(kcal/hr) = $5,742.5 \text{kcal/kg} \times 50 \times 10^3 \text{kg/day} \times 1\text{day}/24\text{hr}$
= $1.20 \times 10^7 \text{kcal/hr}$

TIP

Dulong식은 고위발열량 구하는 공식임에 주의해야 한다.

---

05 제거된 고형물의 질량이 8,000kg, 슬러지의 비중이 1.03일때 소화 슬러지량(m^3)을 계산하시오. (단, 소화 후 슬러지의 함수율은 90%이다.)

명쾌한 풀이

슬러지 부피(m^3) = $\dfrac{\text{제거된 고형물의 중량(kg)}}{\text{비중량}(kg/m^3)} \times \dfrac{100}{100 - \text{함수율}(\%)}$

= $\dfrac{8,000\text{kg}}{1,030\text{kg}/m^3} \times \dfrac{100}{100-90} = 77.67\,m^3$

TIP

① 비중의 단위 : $g/cm^3 = g/mL = kg/L = ton/m^3$
② 슬러지 비중 $1.03\,ton/m^3 = 1030\,kg/m^3$

---

06 2차 파쇄를 위해 5cm의 폐기물을 1cm로 파쇄 하는데 소요되는 에너지(kWh/ton)를 계산하시오. (단, Kick의 법칙을 이용하고, 동일한 파쇄기를 이용하여 10cm의 폐기물을 1cm로 파쇄하는데에는 에너지가 50kWh/ton 소모된다.)

명쾌한 풀이

Kick의 법칙 : $E = C \ln\left(\dfrac{dp_1}{dp_2}\right)$

여기서 E : 동력
dp_1 : 평균크기
dp_2 : 최종크기

① $50\text{kWh/ton} = C \times \ln\left(\dfrac{10\,cm}{1\,cm}\right)$

$$\therefore C = \frac{50\,\text{kWh/ton}}{\ln\left(\dfrac{10\,\text{cm}}{1\,\text{cm}}\right)} = 21.7147\,\text{kWh/ton}$$

② $E = 21.7147\,\text{kWh/ton} \times \ln\left(\dfrac{5\,\text{cm}}{1\,\text{cm}}\right) = 34.95\,\text{kWh/ton}$

07 선별효율을 나타내는 지표로 Worrell의 제안식을 적용한다면 선별 결과가 다음과 같을 때, 선별효율(%)을 계산하시오.

- 투입량 : 1ton/hr
- 회수량 : 700kg/hr(회수대상물질은 500kg/hr)
- 제거량 : 300kg/hr(회수대상물질은 50kg/hr)

명쾌한 풀이

Worrell의 선별효율(E) $= \left(\dfrac{X_c}{X_i} \times \dfrac{Y_o}{Y_i}\right) \times 100$

여기서 X_i : 투입량 중 회수대상물질 X_c : 회수량 중 회수대상물질
Y_i : 투입량 중 비회수대상물질 Y_o : 제거량 중 비회수대상물질

따라서 $E = \left(\dfrac{500\,\text{kg/hr}}{550\,\text{kg/hr}} \times \dfrac{250\,\text{kg/hr}}{450\,\text{kg/hr}}\right) \times 100 = 50.51\%$

TIP

$X_i = 550\,\text{kg/hr}$ $X_o = 50\,\text{kg/hr}$ $X_c = 500\,\text{kg/hr}$
$Y_i = 450\,\text{kg/hr}$ $Y_o = 250\,\text{kg/hr}$ $Y_c = 200\,\text{kg/hr}$

08 탄소 10kg을 완전연소 하는데 소요되는 이론 공기량(kg)을 계산하시오.

명쾌한 풀이

① O_o(이론 산소량)을 계산한다.

$$C + O_2 \rightarrow CO_2$$
$$12\,\text{kg} : 32\,\text{kg}$$
$$10\,\text{kg} : O_o$$

$\therefore O_o = \dfrac{10\,\text{kg} \times 32\,\text{kg}}{12\,\text{kg}} = 26.6667\,\text{kg}$

② A_o(이론 공기량)을 계산한다.

$$A_o = 이론\ 산소량(kg) \times \frac{1}{0.232} = 26.6667\,kg \times \frac{1}{0.232} = 114.94\,kg$$

09 프로판 $1\,Sm^3$을 완전연소시킬 경우, 필요한 이론 공기량(Sm^3)을 계산하시오.

명쾌한 풀이

$C_3H_8 + 5O_2 \rightarrow 3CO_2 + 4H_2O$ 에서

이론 공기량(Sm^3/Sm^3) = 이론 산소량(Sm^3/Sm^3) $\times \frac{1}{0.21}$

$$= 5\,Sm^3/Sm^3 \times \frac{1}{0.21} = 23.81\,Sm^3/Sm^3$$

TIP
① Sm^3/Sm^3 = 체적비 = 몰비 = 개수비
② 이론 산소량(Sm^3/Sm^3) = 산소의 개수 = $5\,Sm^3/Sm^3$

10 쓰레기 발생량이 1.0kg/인·일, 인수구는 5만명, 쓰레기의 밀도가 $650\,kg/m^3$, 매립장의 복토 높이는 4m, 매립연한은 10년일 경우 필요한 매립장의 용량(m^3)을 계산하시오.

명쾌한 풀이

매립장의 용량(m^3) = 폐기물 발생량(kg) $\times \dfrac{1}{쓰레기의\ 밀도(kg/m^3)}$

$$= 1.0\,kg/인·일 \times 50,000인 \times 365일/년 \times 10년 \times \frac{1}{650\,kg/m^3}$$

$$= 280,769.23\,m^3$$

11 1차반응에서 초기농도의 50%가 감소하는데 2시간이 걸렸다면 초기농도가 90% 감소하는데 걸리는 시간(hr)을 계산하시오.

명쾌한 풀이

① $\ln \dfrac{C_t}{C_o} = -k \times t$

$\ln\left(\dfrac{1}{2}\right) = -k \times 2\text{hr}$

$\therefore k = \dfrac{\ln\left(\dfrac{1}{2}\right)}{-2\text{hr}} = 0.3466/\text{hr}$

② $\ln\left(\dfrac{100-90}{100}\right) = -0.3466/\text{hr} \times t$

$\therefore t = \dfrac{\ln\left(\dfrac{100-90}{100}\right)}{-0.3466/\text{hr}} = 6.64\,\text{hr}$

12 $5\,\text{m}^3$의 용적을 가지는 용기에 질소가스를 9kg을 채우고 압력을 5atm으로 하였다. 이 때 온도(℃)를 계산하시오. (단, 기체상수(R)는 0.082atm·L/mol·K이며, 이상기체 기준이다.)

명쾌한 풀이

① 이상기체상태 방정식을 이용한다.

$P \times V = \dfrac{W}{M} \times R \times T$

여기서 P : 압력(atm)   V : 부피(L)
W : 질량(g)   M : 분자량(g)
R : 기체상수(atm·L/mol·K)   T : 절대온도

따라서 $5\,\text{atm} \times 5{,}000\text{L} = \dfrac{9 \times 10^3\text{g}}{28\text{g}} \times 0.082\,\text{atm} \cdot \text{L/mol} \cdot \text{K} \times T$

∴ T=948.51K

② 온도(℃) = 948.51K − 273 = 675.51℃

13. 밀도가 $680\,\text{kg/m}^3$인 쓰레기 200kg이 압축되어 밀도가 $960\,\text{kg/m}^3$으로 되었다. 압축비를 계산하시오.

명쾌한 풀이

압축비 $= \dfrac{V_1}{V_2}$

여기서 V_1 : 압축전의 부피(m^3), V_2 : 압축후의 부피(m^3)

① $V_1 = 200\,\text{kg} \times \dfrac{1}{680\,\text{kg/m}^3} = 0.2941\,\text{m}^3$

② $V_2 = 200\,\text{kg} \times \dfrac{1}{960\,\text{kg/m}^3} = 0.2083\,\text{m}^3$

따라서 압축비 $= \dfrac{V_1}{V_2} = \dfrac{0.2941\,\text{m}^3}{0.2083\,\text{m}^3} = 1.41$

14. 도시폐기물을 분석한 결과 가연분 25%(C : 12%, H : 2.5%, O : 8.5%, N : 0.5%, 기타 1.5%), 수분 60%, 회분 15%일 때 습윤질량 기준의 저위발열량을(kcal/kg)을 계산하시오. (단, 건조질량 기준의 고위발열량은 3,500kcal/kg이다.)

명쾌한 풀이

① 습윤질량 기준의 고위발열량=건조질량 기준의 고위발열량 $\times \dfrac{\text{건조시료량}}{\text{습윤시료량}}$

$= 3,500\,\text{kcal/kg} \times \dfrac{(25\% + 15\%)}{100\%} = 1,400\,\text{kcal/kg}$

② 습윤질량 기준 저위발열량 = 습윤질량 기준 고위발열량 $-600(9H+W)$(kcal/kg)

$= 1,400\,\text{kcal/kg} - 600 \times (9 \times 0.025 + 0.6) = 905\,\text{kcal/kg}$

TIP

① 건조시료량=가연분(%)+ 회분(%)
② 습윤시료량=가연분(%)+회분(%)+수분(%)

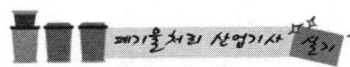

15. 적환장의 필요성을 4가지만 쓰시오. (단, 보기의 예제는 답란에서 제외함)

(예제) 상업지역에서 폐기물 수집에 소형용기를 사용하는 경우

명쾌한 풀이

① 폐기물 수집장소와 처분장소가 멀리 떨어져 있는 경우
② 소용량 수집차량이 사용되는 경우
③ 작은 규모의 주택들이 밀집되어 있을 때
④ 불법투기와 다량의 어질러진 쓰레기들이 발생하는 경우

16. 해안매립공법의 종류 3가지를 쓰시오.

명쾌한 풀이

① 박층뿌림공법
② 순차투입공법
③ 수중투기공법 및 내수배제공법

17. 전과정 평가(LCA)의 구성요소 4가지를 쓰시오.

명쾌한 풀이

① 목적 및 범위의 설정
② 목록 분석
③ 영향 평가
④ 개선평가 및 해석

18 와전류선별법을 이용하여 선별하는 경우 선별할 수 있는 자기적 및 전기적 특성을 간단히 설명하고, 해당되는 선별물질의 예를 4가지 쓰시오.

명쾌한 풀이

(1) 특성 : 연속적으로 변화하는 자장속에 비자성이며, 전기전도성이 좋은 구리, 알루미늄, 아연 등을 넣어 금속내에 소용돌이 전류를 발생시켜 생기는 반발력의 차를 이용하여 분리하는 방법이다.

(2) 선별물질 : ① 철금속(Fe) ② 비철금속(Al) ③ 비철금속(Cu) ④ 비철금속(Zn)

※ 알림
최근기출문제는 수강생들의 도움으로 복원된 문제이므로 실제문제와 다소 차이가 있을 수 있음을 양지 바랍니다.
실기시험을 친 수험생은 실기문제를 복원하여 저자메일(kwe702@hanmail.net)로 보내주시면 대단히 감사하겠습니다. 그리고 여러분은 환경자격증의 대표수험서를 만드는데 일조를 하시게 될 것입니다.

기출복원문제
- 2014년 7월 시행

01 밀도 450 kg/m³인 쓰레기 1ton을 밀도 900 kg/m³로 압축 하였을때 부피감소율(%)을 계산하시오.

명쾌한 풀이

부피감소율(%) $= \left(1 - \dfrac{V_2}{V_1}\right) \times 100$

$V_1 = 1\text{ton} \times \dfrac{1}{0.45\text{ton}/\text{m}^3} = 2.2222\text{m}^3$

$V_2 = 1\text{ton} \times \dfrac{1}{0.90\text{ton}/\text{m}^3} = 1.1111\text{m}^3$

따라서 부피감소율(%) $= \left(1 - \dfrac{V_2}{V_1}\right) \times 100 = \left(1 - \dfrac{1.1111\text{m}^3}{2.2222\text{m}^3}\right) \times 100 = 50.0\%$

02 평균 입경이 10cm인 폐기물을 입경 2cm가 되도록 파쇄할 때 소요되는 에너지는 입경을 5cm로 파쇄할 때 소요되는 에너지의 비($W_{2\text{cm}}/W_{5\text{cm}}$)를 계산하시오. (단, Kick의 법칙 적용, n = 1)

명쾌한 풀이

Kick의 법칙에서 동력(E) $= C \ln\left(\dfrac{dp_1}{dp_2}\right)$

① $E_1 = C \ln\left(\dfrac{10\,\text{cm}}{2\,\text{cm}}\right) = C \ln 5$

② $E_2 = C \ln\left(\dfrac{10\,\text{cm}}{5\,\text{cm}}\right) = C \ln 2$

③ 소요에너지의 비 $= \dfrac{W_{2\text{cm}}}{W_{5\text{cm}}} = \dfrac{C \ln 5}{C \ln 2} = 2.32$

 건조된 슬러지 고형물의 비중이 1.5 이며, 건조 이전의 슬러지 내 고형물 함량이 6% 일 때 건조 전 슬러지의 비중을 계산하시오.

명쾌한 풀이

$$\frac{1}{\rho_{SL}} = \frac{W_{TS}}{\rho_{TS}} + \frac{W_P}{\rho_P}$$

여기서 ρ_{SL} : 슬러지 비중　　ρ_{TS} : 고형물의 비중
　　　W_{TS} : 고형물의 함량　ρ_P : 수분의 비중
　　　W_P : 수분의 함량

따라서 $\dfrac{1}{\rho_{SL}} = \dfrac{0.06}{1.5} + \dfrac{0.94}{1.0}$

$\therefore \rho_{SL} = \dfrac{1}{0.98} = 1.02$

 수소 1kg을 완전연소 하는데 필요한 공기량은 탄소 1kg을 완전연소 하는데 필요한 공기량의 몇 배가 되는지 계산하시오.

명쾌한 풀이

① 수소(H_2) 1kg을 완전연소 하는데 필요한 이론 공기량을 계산

　$H_2 + 0.5O_2 \rightarrow H_2O$

　2kg : 0.5×32kg

　1kg : O_o

　$\therefore O_o(\text{이론 산소량}) = \dfrac{0.5 \times 32\text{kg} \times 1\text{kg}}{2\text{kg}} = 8\text{kg}$

　따라서 이론 공기량(kg) = $\dfrac{\text{이론 산소량(kg)}}{0.232} = \dfrac{8\text{kg}}{0.232} = 34.48\,\text{kg}$

② 탄소(C) 1kg을 완전연소 하는데 필요한 이론 공기량을 계산

　$C + O_2 \rightarrow CO_2$

　12kg : 32kg

　1kg : O_o

　$\therefore O_o(\text{이론 산소량}) = \dfrac{32\text{kg} \times 1\text{kg}}{12\text{kg}} = 2.6667\text{kg}$

　따라서 이론 공기량(kg) = $\dfrac{\text{이론 산소량(kg)}}{0.232} = \dfrac{2.6667\text{kg}}{0.232} = 11.49\,\text{kg}$

③ $\dfrac{\text{수소의 이론 공기량}(\text{kg})}{\text{탄소의 이론 공기량}(\text{kg})} = \dfrac{34.48\,\text{kg}}{11.49\,\text{kg}} = 3.0\,\text{배}$

05 인구가 200,000인 도시의 폐기물 매립지를 선정하고자 한다. 도시의 1인당 폐기물 발생량은 1.5kg/day 이었으며 폐기물의 밀도는 600 kg/m³이고 부피감소율은 50%였다. 매립지의 매립깊이는 2.5m일때 매립지 선정에 필요한 최소한의 면적(m²/년)을 계산하시오.

명쾌한 풀이

$$\text{매립면적}(\text{m}^2/\text{년}) = \dfrac{\text{폐기물 발생량}(\text{kg/년}) \times (1 - \text{부피감소율})}{\text{폐기물 밀도}(\text{kg/m}^3) \times \text{매립지 깊이}(\text{m})}$$

$$= \dfrac{1.5\,\text{kg/인}\cdot\text{일} \times 200{,}000\,\text{인} \times 365\,\text{일/년} \times (1 - 0.50)}{600\,\text{kg/m}^3 \times 2.5\,\text{m}}$$

$$= 36{,}500\,\text{m}^2/\text{년}$$

06 Worrell식을 이용하여 선별효율을 계산할 때 유리와 캔 중에서 선별효율이 큰것은 어느 것인지 계산하시오.

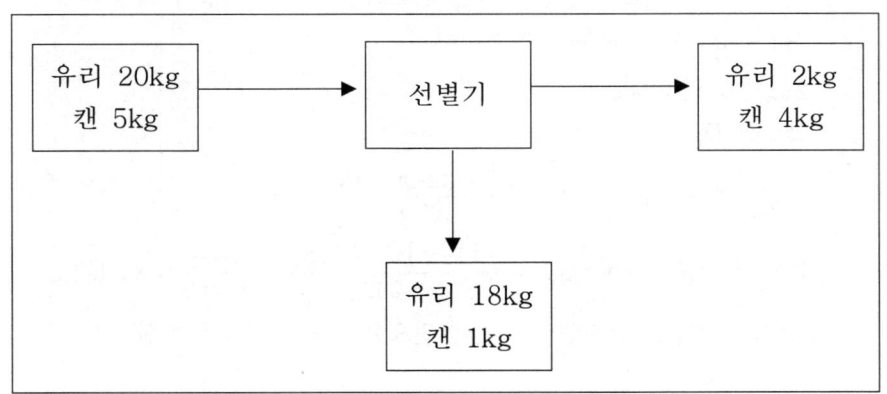

명쾌한 풀이

Worrell 선별효율$(E) = \left(\dfrac{X_c}{X_i} \times \dfrac{Y_o}{Y_i}\right) \times 100$

여기서 X_c : 회수량 중 회수대상물질 X_i : 투입량 중 회수대상물질
　　　Y_o : 제거량 중 비회수대상물질 Y_i : 투입량 중 비회수대상물질

① 유리를 회수대상물질로 할 때의 선별효율(%)을 계산

$$\text{유리의 선별효율}(\%) = \left(\frac{18\text{kg}}{20\text{kg}} \times \frac{4\text{kg}}{5\text{kg}}\right) \times 100 = 72\%$$

② 캔을 회수대상물질로 할 때의 선별효율(%)을 계산

$$\text{캔의 선별효율}(\%) = \left(\frac{1\text{kg}}{5\text{kg}} \times \frac{2\text{kg}}{20\text{kg}}\right) \times 100 = 2\%$$

③ 따라서 유리의 선별효율이 캔의 선별효율보다 더 크다.

TIP
① 유리의 선별효율을 계산할 때에는 유리가 회수대상물질, 캔이 비회수대상물질이 된다.
② 캔의 선별효율을 계산할 때에는 캔이 회수대상물질, 유리가 비회수대상물질이 된다.

---

07 옥탄(C_8H_{18})이 완전 연소되는 경우에 공기연료비(AFR, 부피기준)를 계산하시오.

명쾌한 풀이

$C_8H_{18} + 12.5O_2 \rightarrow 8CO_2 + 9H_2O$

$$\text{AFR}(\text{Sm}^3/\text{Sm}^3) = \frac{\text{산소 갯수} \times 22.4\text{Sm}^3 \times \frac{1}{0.21}}{\text{연료 갯수} \times 22.4\text{Sm}^3}$$

$$= \frac{12.5 \times 22.4\text{Sm}^3 \times \frac{1}{0.21}}{22.4\text{Sm}^3} = 59.52$$

TIP
① 완전연소 반응식
$$C_mH_n + \left(m+\frac{n}{4}\right)O_2 \rightarrow mCO_2 + \frac{n}{2}H_2O$$
② 체적(Sm^3) = 계수 × 22.4(Sm^3)
③ 질량(kg) = 계수 × 분자량(kg)
④ 공기량(Sm^3) = 산소량(Sm^3) × $\frac{1}{0.21}$

08 탄소, 수소의 질량비가 85%, 15%인 연료를 100kg/hr을 소각시키는 경우 배기가스의 분석치가 CO_2 12.5%, O_2 3.5%, N_2 84%이었다면 매시 필요한 공기량(Sm^3/hr)을 계산하시오.

명쾌한 풀이

공급공기량(Sm^3/hr) = 공기과잉계수(m) × 이론공기량(A_o) × 연료량(kg/hr)

① 공기과잉계수(m) = $\dfrac{N_2\%}{N_2\% - 3.76 \times O_2\%}$ = $\dfrac{84\%}{84\% - 3.76 \times 3.5\%}$ = 1.1858

② 이론공기량(A_o) = $8.89C + 26.67\left(H - \dfrac{O}{8}\right) + 3.33S\,(Sm^3/kg)$

　　　　　　　　 = $8.89 \times 0.85 + 26.67 \times 0.15 = 11.557\,Sm^3/kg$

③ 공급공기량 = $1.1858 \times 11.557\,Sm^3/kg \times 100\,kg/hr = 1,370.43\,Sm^3/hr$

TIP

배출가스 분석치 $CO_2\%$, $O_2\%$, $N_2\%$

공기비(m) = $\dfrac{N_2\%}{N_2\% - 3.76 \times O_2\%}$

09 쓰레기 발생량이 1.02kg/인·일, 인수구는 5만명, 쓰레기의 밀도가 $0.55\,ton/m^3$, 7일동안 매립할 경우 필요한 매립장의 용량(m^3)을 계산하시오.

명쾌한 풀이

매립장의 용량(m^3) = $\dfrac{쓰레기의\ 발생량(kg)}{쓰레기의\ 밀도(kg/m^3)}$

　　　　　　　　 = $\dfrac{1.02\,kg/인\cdot일 \times 50,000인 \times 7일}{550\,kg/m^3}$ = $649.10\,m^3$

10 소각로 내의 열부하가 50,000kcal/m³·hr이며 쓰레기의 발열량이 8,000kcal/kg이다. 쓰레기의 양이 20ton/day이라고 하면 소각로의 부피(m³)를 계산하시오. (단, 소각로는 연속 가동한다.)

명쾌한 풀이

소각로 내의 열부하(kcal/m³·hr) = $\dfrac{\text{발열량(kcal/kg)} \times \text{쓰레기의 양(kg/hr)}}{\text{소각로의 부피(m³)}}$

따라서 $50,000\,\text{kcal/m}^3\cdot\text{hr} = \dfrac{8,000\,\text{kcal/kg} \times 20,000\,\text{kg/day} \times 1\,\text{day/24hr}}{\text{소각로의 부피(m}^3)}$

∴ 소각로의 부피 = $\dfrac{8,000\,\text{kcal/kg} \times 20,000\,\text{kg/day} \times 1\,\text{day/24hr}}{50,000\,\text{kcal/m}^3\cdot\text{hr}} = 133.33\,\text{m}^3$

---

11 폐기물의 발생량이 하루에 2,000톤인 대도시에서 적재용량이 6m³인 수거차량을 이용하여 운반하고자 한다. 하루에 필요한 차량(대)을 계산하시오. (단, 대기차량 포함)

- 차량당 하루 작업시간 : 8시간
- 운반거리 : 30km
- 운반시간(편도) : 15분
- 폐기물 투기시간 : 10분
- 폐기물 적재시간 : 20분
- 폐기물의 밀도 : 225kg/m³
- 적재시 부피감소율 : 40%
- 대기차량 : 3대

명쾌한 풀이

① 차량적재량(m³/일·대)

$= \dfrac{\text{폐기물 적재용량(m}^3/\text{대·회)} \times (1 - \text{부피감소율})}{\dfrac{(\text{왕복운반시간} + \text{투기시간} + \text{적재시간})\text{min}}{1\text{회}} \times \dfrac{1\text{hr}}{60\text{min}} \times \dfrac{1\text{day}}{\text{작업시간(hr)}}}$

$= \dfrac{6\,\text{m}^3/\text{대·회} \times (1-0.4)}{\dfrac{(30+10+20)\text{min}}{1\text{회}} \times \dfrac{1\text{hr}}{60\text{min}} \times \dfrac{1\text{day}}{8\text{hr}}} = 28.8\,\text{m}^3/\text{일·대}$

② 차량대수 = $\dfrac{\text{폐기물 발생량(m}^3/\text{일})}{\text{차량 적재량(m}^3/\text{일·대)}} + \text{대기차량}$

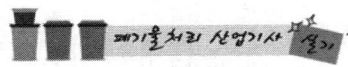

$$= \frac{2{,}000\,\text{ton/일} \times \dfrac{1}{0.225\,\text{ton/m}^3}}{28.8\,\text{m}^3/\text{일·대}} + 3\text{대} = 312\text{대}$$

12. 황성분이 질량비로 1.6%인 중유를 1,000kg/hr 연소할 때 배출되는 SO_2를 $CaSO_4$로 회수하는 경우 시간당 필요한 $CaCO_3$의 양(kg/hr)을 계산하시오. (단, Ca 원자량 : 40, 황분은 전량 SO_2로 전환된다.)

명쾌한 풀이

$S \; + \; O_2 \; \rightarrow \; SO_2 \; + \; CaCO_3 \; + 0.5\,O_2 \rightarrow \; CaSO_4 \; + \; CO_2$

$\qquad$ 32kg $\qquad\qquad$: $\qquad$ 100kg

$\qquad$ 1,000kg/hr × 0.016 $\;$: $\qquad$ X

$\therefore X = \dfrac{1{,}000\,\text{kg/hr} \times 0.016 \times 100\,\text{kg}}{32\,\text{kg}} = 50\,\text{kg/hr}$

13. 아래의 표를 이용하여 예상 매립년수가 10년일 때 종이를 회수하여 매립할 경우 매립년수를 계산하시오.

폐기물의 종류	함량(%)	밀도(kg/m^3)
종이	50	85
플라스틱	25	45
유리	25	195

명쾌한 풀이

① 폐기물 중 종이가 차지하는 양을 계산한다.

$\text{종이} = \dfrac{85\,\text{kg/m}^3 \times 0.50}{85\,\text{kg/m}^3 \times 0.50 + 45\,\text{kg/m}^3 \times 0.25 + 195\,\text{kg/m}^3 \times 0.25} = 0.4146$

② 종이의 매립년수 = 10년 × 0.4146 = 4.15년

14. 다음 ( )안을 알맞게 채우시오.

```
TS    → ( ① ) → ( ② )
 ↓       ↓        ↓
( ③ ) → VSS   → ( ④ )
 ↓       ↓        ↓
( ⑤ ) → ( ⑥ ) → FDS
```

명쾌한 풀이

① VS   ② FS   ③ TSS   ④ FSS   ⑤ TDS   ⑥ VDS

15. 연직차수막 공법의 종류 3가지를 쓰시오.

명쾌한 풀이

① 강널말뚝공법
② 어스댐코어공법
③ 그라우트공법
④ 굴착에 의한 차수시트 매설공법

16. RDF의 구비조건을 5가지 쓰시오.

명쾌한 풀이

① 재의 양이 적을 것
② 대기오염이 적을 것
③ 함수율이 낮을 것
④ 균일한 조성을 가질 것
⑤ 발열량이 높을 것

17. 차수막으로 이용되는 점토에서 액성한계(LL)와 소성한계(PL)와 소성지수(PI)의 상호관계를 나타내시오.

> **명쾌한 풀이**
>
> 소성지수(PI)=액성한계(LL)−소성한계(PL)

18. 인공합성차수막의 재료를 5가지 쓰시오.

> **명쾌한 풀이**
>
> ① CR
> ② PVC
> ③ CSPE
> ④ HDPE & LDPE
> ⑤ EPDM

19. 퇴비화의 영향인자 중 C/N비에 대한 설명이다. 다음 조건에서 발생하는 현상을 1가지씩 쓰시오.

(가) C/N비가 80이상인 경우

(나) C/N비가 20이하인 경우

> **명쾌한 풀이**
>
> (가) C/N비가 80이상인 경우 : 질소함량이 부족하여 퇴비화가 잘 되지 않고, 퇴비화에 걸리는 시간도 길어진다.
> (나) C/N비가 20이하인 경우 : 암모니아 가스가 발생하여 퇴비화 과정 중 악취가 발생된다.

※ 알림
최근기출문제는 수강생들의 도움으로 복원된 문제이므로 실제문제와 다소 차이가 있을 수 있음을 양지 바랍니다.
실기시험을 친 수험생은 실기문제를 복원하여 저자메일(kwe7002@hanmail.net)로 보내주시면 대단히 감사하겠습니다. 그리고 여러분은 환경자격증의 대표수험서를 만드는데 일조를 하시게 될 것입니다.

기출복원문제
- 2014년 11월 시행

01 어떤 도시에서 발생되는 쓰레기를 인부 50명이 수거운반할 때의 MHT를 계산하시오. (단, 1일 10시간 작업, 연간수거실적은 1,220,000ton, 휴가일수 60일/년 · 인)

영래한 풀이

$$MHT = \frac{수거인부수 \times 작업시간}{쓰레기 수거실적}$$

$$= \frac{50인 \times 10hr/day \times 305day/년}{1,220,000ton/년} = 0.13MHT$$

TIP

① MHT = man · hr/ton
② MHT : 1ton의 쓰레기를 수거하는데 수거인부 1인이 소요하는 총 시간
③ MHT가 클수록 수거효율이 낮다.

02 소화슬러지의 발생량은 1일 투입량의 10%이다. 소화슬러지의 함수율이 95%라고 하면 1일 탈수된 슬러지의 양(m^3)을 계산하시오. (단, 슬러지의 비중은 모두 1.0이그, 분뇨 투입량은 100kL/day이며, 탈수 슬러지의 함수율은 80% 이다.)

영래한 풀이

$V_1 \times (100 - P_1) = V_2 \times (100 - P_2)$

여기서, V_1 : 탈수 전 슬러지량(m^3)
        P_1 : 탈수 전 함수율(%)
        V_2 : 탈수 후 슬러지량(m^3)
        P_2 : 탈수 후 함수율(%)

따라서 $100m^3/day \times 0.1 \times (100 - 95) = W_2 \times (100 - 80)$

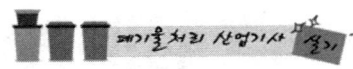

$$\therefore V_2 = \frac{100\text{m}^3/\text{day} \times 0.1 \times (100-95)}{(100-80)} = 2.5\text{m}^3/\text{day}$$

03 선별효율을 나타내는 지표로 Rietema의 제안식을 적용한다면 선별 결과가 다음과 같을 때, 선별효율(%)을 계산하시오.

> 〈보기〉
> · 투입량 : 1ton/hr
> · 회수량 : 700kg/hr(회수대상물질은 500kg/hr)
> · 제거량 : 300kg/hr(회수대상물질은 50kg/hr)

명쾌한 풀이

Rietema식에 의한 선별효율(%)
$$= \left|\left(\frac{X_c}{X_i} - \frac{Y_c}{Y_i}\right)\right| \times 100 = \left|\left(\frac{500\text{kg/hr}}{550\text{kg/hr}} - \frac{200\text{kg/hr}}{450\text{kg/hr}}\right)\right| \times 100 = 46.47\%$$

TIP

X_i(투입량 중 회수대상물질) = 550kg/hr
Y_i(투입량 중 비회수대상물질) = 450kg/hr
X_c(회수량 중 회수대상물질) = 500kg/hr
Y_c(회수량 중 비회수대상물질) = 200kg/hr
X_o(제거량 중 회수대상물질) = 50kg/hr
Y_o(제거량 중 비회수대상물질) = 250kg/hr

03 인구 100,000명인 어느 지역에서 1인 1일 1.2kg의 폐기물이 발생되고 있다. 발생되는 폐기물의 수거율이 90%이고 수거에 사용되는 트럭 1대의 용적은 8m^3일 때 수거에 필요한 청소차량 대수를 계산하시오. (단, 폐기물의 적재밀도는 $0.45\text{ton}/\text{m}^3$, 차량은 1일 2회 운행, 예비차량은 2대이다.)

명쾌한 풀이

$$\text{청소차량 대수(대)} = \frac{\text{폐기물의 총 발생량}(\text{m}^3/\text{일}) \times \text{수거율}}{\text{차량의 적재용량}(\text{m}^3/\text{대})} + \text{예비차량}$$

$$= \frac{1.2\text{kg/인·일} \times 100,000\text{인} \times \dfrac{1}{450\text{kg/m}^3} \times 0.90}{8\text{m}^3/1\text{회·1대} \times 2\text{회}/1\text{일}} + 2 = 17\text{대}$$

05 어느 도시의 폐기물 매립지를 선정하고자 한다. 도시의 1일 폐기물 발생량은 30톤이며, 폐기물의 밀도는 $500\,\text{kg/m}^3$이었다. 매립지의 매립깊이는 2m일 때 매립지 선정에 필요한 최소한의 면적(m^2/년)을 계산하시오. (단, 매립에 따른 폐기물의 부피감소율은 65%이다.)

명쾌한 풀이

매립면적(m^2/년) = $\dfrac{\text{폐기물 발생량(kg/년)} \times (1 - \text{부피감소율})}{\text{폐기물 밀도(kg/m}^3) \times \text{매립지 깊이(m)}}$

$$= \frac{30 \times 10^3\,\text{kg/일} \times 365\,\text{일/년} \times (1 - 0.65)}{500\,\text{kg/m}^3 \times 2\text{m}} = 3,832.5\,\text{m}^2/\text{년}$$

06 탄소 10kg을 완전 연소했을 때 이론 공기량(kg)을 계산하시오.

명쾌한 풀이

① 이론 산소량(O_o)을 계산한다.

$\quad$ C $\quad + \quad$ O_2 $\quad \rightarrow \quad$ CO_2

$\quad$ 12kg $\,:\,$ 32kg

$\quad$ 10kg $\,:\,$ 이론 산소량(O_o)

이론 산소량(O_o) = $\dfrac{10\text{kg} \times 32\text{kg}}{12\text{kg}}$ = 26.6667kg

② 이론 공기량(A_o)을 계산한다.

$\therefore$ 이론 공기량(A_o) = $\dfrac{\text{이론 산소량(kg)}}{0.232}$ = $\dfrac{26.6667\text{kg}}{0.232}$ = 114.94kg

07 공기를 이용하여 일산화탄소를 완전 연소시킬 때 건조가스 중 최대 탄산가스량(%)을 계산하시오. (단, 표준상태 기준이다.)

명쾌한 풀이

$CO_{2max}(\%) = \dfrac{CO_2량}{God} \times 100$

$CO + 0.5O_2 \rightarrow CO_2$

$God(이론\ 건연소가스량) = (1-0.21)A_o + CO_2량$

$= (1-0.21) \times \dfrac{0.5}{0.21} + 1 = 2.881Sm^3/Sm^3$

따라서 $CO_{2max}(\%) = \dfrac{1Sm^3/Sm^3}{2.881Sm^3/Sm^3} \times 100 = 34.71\%$

TIP

① Sm^3/Sm^3 = 부피비 = 개수비
② $CO_2량 = 1Sm^3/Sm^3$

---

08 어느 도시에서 한달(30일)간의 쓰레기 수거상황을 조사한 결과가 다음과 같았다면 1일 쓰레기 발생량(kg/인·일)을 계산하시오.

[조건]
· 수거 대상인구 : 300,000명
· 수거 용적 : 15,000 m^3
· 적재시 밀도 : 300 kg/m^3

명쾌한 풀이

쓰레기 발생량(kg/인·일) $= \dfrac{쓰레기량(kg)}{인구수 \times 일수}$

$= \dfrac{300kg/m^3 \times 15,000m^3}{300,000인 \times 30일} = 0.5kg/인·일$

---

09 $C_{68}H_{111}O_{50}N$ 1ton이 혐기성소화에 의해 완전분해될 때 생성 가능한 이론적인 메탄가스량(m^3)과 소요 수분량(kg)을 계산하시오. (단, 표준상태 기준이며, 분해 최종산물은 CH_4, CO_2, NH_3이다.)

(가) 메탄 가스량(m^3, 표준상태 기준)

(나) 소요 수분량(kg)

명쾌한 풀이

(가) 메탄 가스량(m^3, 표준상태)을 계산한다.

$$C_{68}H_{111}O_{50}N + 16H_2O \rightarrow 35CH_4 + 33CO_2 + NH_3$$

1,741kg : $35 \times 22.4 \, Sm^3$

1,000kg : $X(Sm^3)$

$$\therefore X(Sm^3) = \frac{1,000kg \times 35 \times 22.4 Sm^3}{1,741kg} = 450.32 Sm^3$$

(나) 소요 수분량(kg)을 계산한다.

$$C_{68}H_{111}O_{50}N + 16H_2O \rightarrow 35CH_4 + 33CO_2 + NH_3$$

1,741kg : $16 \times 18kg$

1,000kg : $X(kg)$

$$\therefore X(kg) = \frac{1,000kg \times 16 \times 18kg}{1,741kg} = 165.42kg$$

TIP

혐기성 완전분해식

① $C_aH_bO_cN_d + \left(\dfrac{4a-b-2c+3d}{4}\right)H_2O$

$\rightarrow \left(\dfrac{4a+b-2c-3d}{8}\right)CH_4 + \left(\dfrac{4a-b+2c+3d}{8}\right)CO_2 + dNH_3$

② CH_4의 계수 $= \dfrac{4 \times 68 + 111 - 2 \times 50 - 3 \times 1}{8} = 35$

③ H_2O의 계수 $= \dfrac{4 \times 68 - 111 - 2 \times 50 + 3 \times 1}{4} = 16$

10 종이와 분뇨의 함수율(각각 10%, 95%), 유기탄소비율(각각 60%, 50%), 유기질소비율(각각 1.5%, 5%)이다. 종이 10톤에 분뇨를 추가해서 혼합폐기물의 C/N비를 35로 만들려고 한다. 다음 물음에 답하시오.

(1) C/N비를 35로 만들기 위해 첨가해야 할 분뇨의 양(톤)을 계산하시오.

(2) 혼합폐기물의 함수율(%)을 계산하시오.

(3) 혼합폐기물의 함수율을 60%로 만들기 위해 첨가해야 할 물의 양(톤)을 계산하시오.

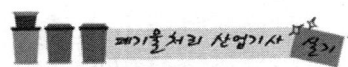

명쾌한 풀이

(1) 분뇨의 양(톤)을 계산한다.

$$C/N비 = \frac{탄소량}{질소량}$$

$$35 = \frac{10\text{ton} \times (1-0.10) \times 0.60 + 분뇨량(\text{ton}) \times (1-0.95) \times 0.50}{10\text{ton} \times (1-0.10) \times 0.015 + 분뇨량(\text{ton}) \times (1-0.95) \times 0.05}$$

∴ 분뇨량 = 10.8톤

(2) 혼합폐기물의 함수율(%)을 계산한다.

$$혼합폐기물의\ 함수율(\%) = \frac{10톤 \times 10\% + 10.8톤 \times 95\%}{10톤 + 10.8톤}$$

$$= 54.14\%$$

(3) 물의 양(톤)을 계산한다.

$$60\% = \frac{10톤 \times 10\% + 10.8톤 \times 95\% + 물의\ 양(톤) \times 100\%}{10톤 + 10.8톤 + 물의\ 양(톤)}$$

∴ 물의 양 = 3.05톤

TIP

① 혼합공식(C_m) = $\dfrac{Q_1C_1 + Q_2C_2 + Q_3C_3}{Q_1 + Q_2 + Q_3}$

② 탄소량 = 고형물 × 유기탄소비율 = (1 - 함수율) × 유기탄소비율

③ 질소량 = 고형물 × 유기질소비율 = (1 - 함수율) × 유기질소비율

④ 물의 양(톤)을 계산할 때 수분의 함량은 100% 기준이다.

 11 합성차수막의 종류 5가지를 서술하시오.

명쾌한 풀이

① CR
② PVC
③ CSPE
④ HDPE&LDPE
⑤ EPDM

 12 폐기물을 고형물의 함량에 따라서 나눌 때 분류기준을 쓰시오.

명쾌한 풀이
① 액상폐기물 : 고형물의 함량이 5% 미만
② 반고상폐기물 : 고형물의 함량이 5% 이상 15% 미만
③ 고상폐기물 : 고형물의 함량이 15% 이상

13. RDF의 구비조건 6가지를 서술하시오.

명쾌한 풀이
① 재의 양이 적을 것
② 대기오염이 적을 것
③ 함수율이 낮을 것
④ 균일한 조성을 가질 것
⑤ 발열량(칼로리)이 높을 것
⑥ 염소의 함량이 적을 것

14. 슬러지 개량의 목적과 개량방법 3가지를 각각 쓰시오.

명쾌한 풀이
(1) 슬러지 개량의 목적
   ① 슬러지의 탈수성을 향상시킨다.
   ② 탈수시 약품소모량을 줄인다.
   ③ 탈수시 소요동력을 줄인다.
   ④ 슬러지를 안정화시킨다.
(2) 슬러지의 개량방법
   ① 슬러지 세정법   ② 약품처리법
   ③ 열 처리법   ④ 생물학적 처리법

15. 파쇄가 일어나게 하는 외부에서 작용하는 힘의 종류 3가지를 서술하시오.

명쾌한 풀이
① 충격력   ② 압축력   ③ 전단력

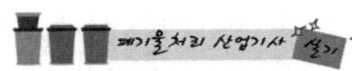

16. 적환장의 위치 선정조건 4가지를 서술하시오.

> **명쾌한 풀이**
> ① 수거하고자 하는 개별적 고형물 발생지역의 하중 중심에 되도록 가까운 곳
> ② 주요 간선도로에 쉽게 도달할 수 있는 곳인 동시에 2차적 또는 보조 수송수단에 가까운 곳
> ③ 적환 작업 중에 공중 및 환경피해가 최소인 곳
> ④ 설치 및 작업이 쉬운 곳
> ⑤ 주민의 반대가 적은 곳
> ⑥ 건설비와 운영비가 적게 들고 경제적인 곳

17. 압축비(CR)와 부피감소율(VR)의 연관성을 식으로 설명하시오.

> **명쾌한 풀이**
> CR과 VR의 관계식
> $$VR(부피감소율) = \left(1 - \frac{V_2}{V_1}\right) \times 100 = \left\{\left(1 - \frac{1}{\left(\frac{V_1}{V_2}\right)}\right)\right\} \times 100 = \left(1 - \frac{1}{CR}\right) \times 100$$
>
> 여기서, V_1 : 압축 전 부피
> V_2 : 압축 후 부피
> $$CR(압축비) = \frac{V_1}{V_2}$$

※ 알림
최근기출문제는 수강생들의 도움으로 복원된 문제이므로 실제문제와 다소 차이가 있을 수 있음을 양지 바랍니다.
실기시험을 친 수험생은 실기문제를 복원하여 저자메일(kwe7002@hanmail.net)로 보내주시면 대단히 감사하겠습니다. 그리고 여러분은 환경자격증의 대표수험서를 만드는데 일조를 하시게 될 것입니다.

기출복원문제
- 2015년 4월 시행

01 인구가 30,000인 도시의 폐기물 매립지를 선정하고자 한다. 도시의 1인당 폐기물 발생량은 1.0kg/day 이었으며 폐기물의 밀도는 $600\,kg/m^3$ 이였다. 매립지의 매립깊이는 5m일 때 매립지 선정에 필요한 1년간 매립면적(m^2)을 계산하시오.

명쾌한 풀이

매립면적(m^2/년) = $\dfrac{\text{폐기물 발생량(kg/년)}}{\text{폐기물 밀도}(kg/m^3) \times \text{매립지 깊이}(m)}$

$= \dfrac{1.0\,kg/\text{인}\cdot\text{일} \times 30,000\text{인} \times 365\text{일}/\text{년}}{600\,kg/m^3 \times 5m}$

$= 3,650\,m^2/\text{년}$

02 함수율 65%인 폐기물을 2mm 이하로 분쇄하여 100℃에서 완전히 건조했을 때 발열량이 10,000kcal/kg 이었다. 이 폐기물의 습량기준 고위발열량(kcal/kg) 및 저위발열량(kcal/kg)을 계산하시오. (단, 수소의 연소에 의해 발생되는 수분의 양은 무시한다.)

명쾌한 풀이

① 습량기준 고위발열량 = 건조기준 고위발열량 × $\dfrac{\text{건조시료량}}{\text{습윤시료량}}$ (kcal/kg)

$= 10,000\,kcal/kg \times \dfrac{(100-65\%)}{100\%} = 3,500\,kcal/kg$

② 습량기준 저위발열량 = 습량기준 고위발열량 $-600(9H+W)$(kcal/kg)

$= 3,500\,kcal/kg - 600 \times 0.65$

$= 3,110\,kcal/kg$

03 침출수에 함유되어 있는 수은 5mg/L를 활성탄 흡착법으로 처리하여 0.05mg/L로 방류하고자 한다. 이때 소요되는 활성탄 흡착제의 양(mg/L)을 계산하시오.
(단, Freundlich식을 이용하고 K=0.5, n=1 이다.)

명쾌한 풀이

$$\frac{X}{M} = K \cdot C^{\frac{1}{n}} \Rightarrow \frac{(C_i - C_o)}{M} = K \cdot C_o^{\frac{1}{n}}$$

따라서 $\dfrac{(5\,\mathrm{mg/L} - 0.05\,\mathrm{mg/L})}{M} = 0.5 \times (0.05\,\mathrm{mg/L})^{\frac{1}{1}}$

$\therefore M = \dfrac{(5\,\mathrm{mg/L} - 0.05\,\mathrm{mg/L})}{0.5 \times (0.05\,\mathrm{mg/L})^{\frac{1}{1}}} = 198\,\mathrm{mg/L}$

04 소각로 내의 열부하가 50,000kcal/m^3·hr이며 쓰레기의 발열량이 1,400kcal/kg이다. 쓰레기의 양이 10,000kg/day이라고 하면 소각로의 부피(m^3)를 계산하시오. (단, 1일 8시간 가동기준이다.)

명쾌한 풀이

소각로내의 열부하(kcal/m^3·hr) = $\dfrac{발열량(kcal/kg) \times 쓰레기의\,양(kg/hr)}{소각로의\,부피(m^3)}$

따라서 $50,000\,\mathrm{kcal/m^3 \cdot hr} = \dfrac{1400\,\mathrm{kcal/kg} \times 10,000\,\mathrm{kg/day} \times 1\,\mathrm{day/8hr}}{소각로의\,부피(m^3)}$

$\therefore$ 소각로의 부피 $= \dfrac{1400\,\mathrm{kcal/kg} \times 10,000\,\mathrm{kg/day} \times 1\,\mathrm{day/8hr}}{50,000\,\mathrm{kcal/m^3 \cdot hr}} = 35\,\mathrm{m^3}$

05 함수율이 80%인 슬러지와 함수율이 15%인 톱밥을 질량비 1:4로 혼합할 때 혼합물의 함수율(%)을 계산하시오.

명쾌한 풀이

혼합물의 함수율(%) = $\dfrac{80\% \times 1 + 15\% \times 4}{1 + 4} = 28\%$

06 인구 20,000인 도시에서 1인 1일 쓰레기 배출량이 1.2kg인 쓰레기를 매립용량이 2,000 m³인 트렌치공법으로 매립, 처분하고자 할 때 트렌치의 사용 일수(일)를 계산하시오. (단, 매립 전 밀도는 500 kg/m³, 매립시 부피감소율은 40%이다.)

> **명쾌한 풀이**
>
> 트렌치의 사용일수
>
> $$= \frac{\text{매립용량}(m^3)}{\text{쓰레기 배출량}(kg/day) \times \frac{1}{\text{밀도}(kg/m^3)} \times (1 - \text{부피감소율})}$$
>
> $$= \frac{2,000 m^3}{1.2 kg/\text{인} \cdot \text{일} \times 20,000 \text{인} \times \frac{1}{500 kg/m^3} \times (1 - 0.40)} = 70 \text{일}$$

07 200kg의 폐기물을 분석한 결과가 다음과 같을 때 발열량(kcal/kg)을 계산하시오.

폐기물의 종류	함유율(%)	발열량(kcal/kg)
플라스틱류	40	8,500
종이류	30	4,000
음식물류	5	1,500
고무류	25	2,000

> **명쾌한 풀이**
>
> 발열량 = 8,500kcal/kg × 0.40 + 4,000kcal/kg × 0.30 + 1,500kcal/kg × 0.05
>   + 2,000kcal/kg × 0.25
> = 5,175kcal/kg

08 열저항계수 $4.33 m^2 \cdot hr/kcal$, 내벽온도 800℃, 열전달속도 $175 kcal \cdot ℃/m^2 \cdot hr$ 일 때 외벽온도(℃)를 계산하시오.

> **명쾌한 풀이**
>
> 외벽온도 = 내벽온도 - (열저항계수 × 열전달속도)
>   = 800℃ - (4.33 m² · hr/kcal × 175 kcal · ℃/m² · hr)
>   = 42.25℃

09. Trommel Screen의 임계속도(한계속도) 구하는 식을 쓰고, 각각을 설명하시오.

명쾌한 풀이

$$N_c = \sqrt{\frac{g}{4\pi^2 r}} \times 60$$

여기서 N_c : 임계속도(rpm)
  g : 중력가속도($9.8 m/sec^2$)
  r : 스크린 반경(m)

10. 다음 조건을 이용하여 연소효율(%) 구하는 식을 쓰시오.

조건
- H : 열량(kcal/kg)
- R : 재에 의한 손실(kcal/kg)
- G : 열손실(kcal/kg)

명쾌한 풀이

$$연소효율(\%) = \frac{H(kcal/kg) - (G+R)(kcal/kg)}{H(kcal/kg)} \times 100$$

11. 합성차수막의 종류 4가지를 서술하시오.

명쾌한 풀이

① CR
② PVC
③ CSPE
④ HDPE&LDPE
⑤ EPDM

12. 슬러지 안정화 및 탈수성의 향상을 위한 슬러지 개량의 주요방법 6가지를 쓰시오.

명쾌한 풀이

① 슬러지 세정법
② 약품처리법
③ 열처리법
④ 생물학적 처리법
⑤ 동결처리법
⑥ 소각재 첨가법

13. 적환장 설치이유 4가지를 쓰시오.

명쾌한 풀이
① 폐기물 수집장소와 처분장소가 멀리 떨어져 있는 경우
② 소용량 수집차량이 사용되는 경우
③ 상업지역에서 폐기물 수집에 소형용기를 사용하는 경우
④ 불법투기와 다량의 어질러진 쓰레기들이 발생하는 경우
⑤ 작은 규모의 주택들이 밀집되어 있을 때
⑥ 저밀도 주거지역이 존재하는 경우

14. 포졸란(Pozzolan) 물질 3가지를 쓰고, 포졸란 설명을 서술하시오.

명쾌한 풀이
① 포졸란 물질 : 화산재, 규조토, 비산재
② 포졸란의 정의 : 규소성분을 함유하는 미분상태의 물질을 말한다.

15. Operation 선별기술 6가지를 쓰시오.

명쾌한 풀이
① 스크린 선별법　　　② 세카터 선별법
③ 스토너 선별법　　　④ 손 선별
⑤ 공기 선별법　　　　⑥ 광학 선별법

TIP
Operation 선별기술 = 기업체 선별기술

16. 종속영양미생물과 독립영양미생물의 차이점이 무엇인지 쓰시오.

명쾌한 풀이

분류	에너지원	탄소원
광합성 독립영양계 미생물	빛	CO_2
화학합성 독립영양계 미생물	무기물의 산화·환원 반응	CO_2
광합성 종속영양계 미생물	빛	유기탄소
화학합성 종속영양계 미생물	유기물의 산화·환원 반응	유기탄소

> **TIP**
> ① 종속영양미생물 : 미생물 중에서 생육에 있어서 다른 생물이 만든 유기화합물을 세포 구성성분 합성에 필수로 하는 미생물이다.
> ② 독립영양미생물 : 미생물 중에서 그 세포구성 성분 전체를 CO_2의 환원에 의해 합성하여 생육할 수 있는 미생물이다.

17 생물학적 매립구조 5가지를 쓰시오.

명쾌한 풀이
① 호기성매립　　　　　　② 준호기성매립
③ 혐기성매립　　　　　　④ 혐기성위생매립
⑤ 개량형 혐기성위생매립

18 슬러지중에 함유된 수분형태 4가지를 쓰시오.

명쾌한 풀이
① 간극수(간극모관결합수)　② 모관결합수
③ 부착수(표면부착수)　　　④ 내부수

※ 알림
최근기출문제는 수강생들의 도움으로 복원된 문제이므로 실제문제와 다소 차이가 있을 수 있음을 양지 바랍니다.
실기시험을 친 수험생은 실기문제를 복원하여 저자메일(kwe7002@hanmail.net)로 보내주시면 대단히 감사하겠습니다. 그리고 여러분은 환경자격증의 대표수험서를 만드는데 일조를 하시게 될 것입니다.

기출복원문제
– 2015년 7월 시행

01 평균 입경이 10cm인 폐기물을 입경 2cm가 되도록 파쇄할 때 소요되는 에너지는 입경을 5cm로 파쇄할 때 소요되는 에너지의 몇 배가 되는지 계산하시오. (단, Kick의 법칙 적용, n = 1)

Kick의 법칙에서 동력(E) $= C \ln\left(\dfrac{dp_1}{dp_2}\right)$

① $E_1 = C \ln\left(\dfrac{10\,cm}{2\,cm}\right) = C \ln 5$

② $E_2 = C \ln\left(\dfrac{10\,cm}{5\,cm}\right) = C \ln 2$

③ 소요에너지의 비 $= \dfrac{E_{2cm}}{E_{5cm}} = \dfrac{C \ln 5}{C \ln 2} = 2.32$

02 C_3H_8 $1\,Sm^3$을 완전연소시킬 경우, 공기비가 1.1일 때 필요한 공기량(Sm^3)을 계산하시오.

① 이론 공기량을 계산한다.

$C_3H_8 + 5O_2 \rightarrow 3CO_2 + 4H_2O$ 에서

이론 공기량(Sm^3/Sm^3) = 이론 산소량(Sm^3/Sm^3) $\times \dfrac{1}{0.21}$

$= 5\,Sm^3/Sm^3 \times \dfrac{1}{0.21} = 23.81\,Sm^3/Sm^3$

② 필요한 공기량(Sm^3/Sm^3) = 공기비(m) × 이론 공기량(Sm^3/Sm^3)

$= 1.1 \times 23.81\,Sm^3/Sm^3$

$= 26.19\,Sm^3/Sm^3$

TIP

① Sm^3/Sm^3 = 체적비 = 몰비 = 갯수비
② 이론 산소량(Sm^3/Sm^3) = 산소의 갯수 = $5\,Sm^3/Sm^3$
③ 필요한 공기량 = 실제 공기량

03 직경이 3m인 트롬멜 스크린의 임계속도(rpm)를 계산하시오.

명쾌한 풀이

$$N_c = \sqrt{\frac{g}{4\pi^2 r}} \times 60$$

여기서 N_c : 임계속도(rpm)
  g : 중력가속도($9.8 m/sec^2$)
  r : 스크린 반경(m)

따라서 $N_c = \sqrt{\dfrac{9.8 m/sec^2}{4 \times \pi^2 \times \dfrac{3\,m}{2}}} \times 60 = 24.41\,rpm$

TIP

① rpm = 회/min
② rpm = 회/sec × 60sec/min
③ 반경(r) = $\dfrac{직경(m)}{2}$

04 에틸렌 100kg을 완전 연소하는데 소요되는 이론 산소량(kg)을 계산하시오.

명쾌한 풀이

$C_2H_4 \;+\; 3O_2 \;\rightarrow\; 2CO_2 \;+\; 2H_2O$
$28\,kg \;\;:\;\; 3 \times 32\,kg$
$100\,kg \;\;:\;\; O_o$

∴ 이론산소량(O_o) = $\dfrac{3 \times 32\,kg \times 100\,kg}{28\,kg} = 342.86\,kg$

05 어느 도시쓰레기의 조성이 탄소 48%, 수소 12%, 기타 무기성분 40%로 구성되어 있을 때 고위 발열량(kcal/kg)을 계산하시오. (단, Dulong식을 적용 하시오.)

명쾌한 풀이

Dulong식에서 고위발열량(Hh)을 계산한다.

$$Hh = 8,100C + 34,000\left(H - \frac{O}{8}\right) + 2,500S \,(kcal/kg)$$
$$= 8,100 \times 0.48 + 34,000 \times 0.12 = 7,968 \,kcal/kg$$

06 CH_4의 고위 발열량이 9,000 kcal/Sm^3일때 저위 발열량($kcal/Sm^3$)을 계산하시오.

명쾌한 풀이

$$Hl = Hh - 480 \times H_2O량 \,(kcal/Sm^3)$$

여기서 Hl : 저위발열량($kcal/Sm^3$)

Hh : 고위발열량($kcal/Sm^3$)

H_2O량 : 완전연소반응식에서 발생되는 H_2O 갯수

$$CH_4 + 2O_2 \rightarrow CO_2 + 2H_2O$$

따라서 $Hl = 9,000 \,kcal/Sm^3 - 480 \times 2 = 8,040 \,kcal/Sm^3$

07 폐산의 pH가 1.5인 15m^3와 폐산의 pH가 4.3인 62m^3이 혼합되어 있을 때 혼합액의 pH는 얼마인지 계산하시오.

명쾌한 풀이

① 혼합공식을 이용해 혼합액의 농도를 계산한다.

$$C_m = \frac{C_1Q_1 + C_2Q_2}{Q_1 + Q_2}$$
$$= \frac{10^{-1.5} \,mol/L \times 15\,m^3 + 10^{-4.3} \,mol/L \times 62\,m^3}{15\,m^3 + 62\,m^3} = 6.2 \times 10^{-3} \,mol/L$$

② 혼합액의 pH를 계산한다.

$$pH = -\log[H^+] = -\log[6.2 \times 10^{-3} \,mol/L] = 2.21$$

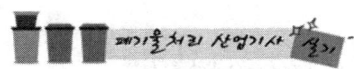

08 수거차량의 적재능력은 $10\,\text{m}^3$이고 8톤이상 적재하지 않는다. 밀도가 $0.9\,\text{ton/m}^3$인 폐기물 $1,000\,\text{m}^3$을 수거하려면 몇 대의 차량이 필요한지 계산하시오.

명쾌한 풀이

$$\text{차량수} = \frac{\text{폐기물발생량}(\text{m}^3)}{\text{수거차량 적재능력}(\text{m}^3/\text{대})} = \frac{1,000\,\text{m}^3}{10\,\text{m}^3/\text{대}} = 100\,\text{대}$$

09 인구가 30만명인 도시에서 쓰레기 발생량이 $3\,\text{kg/인·일}$이다. 쓰레기의 밀도가 $300\,\text{kg/m}^3$, 압축비가 3이고 깊이가 3m인 도랑식(Trench)으로 매립할 때 매립장의 크기($\text{m}^2/\text{년}$)를 계산하시오.

명쾌한 풀이

$$\text{매립면적}(\text{m}^2/\text{년}) = \frac{\text{폐기물 발생량}(\text{kg/년})}{\text{폐기물 밀도}(\text{kg/m}^3) \times \text{매립지 깊이}(\text{m})} \times \frac{1}{\text{압축비}}$$

$$= \frac{3\,\text{kg/인·일} \times 300,000\,\text{인} \times 365\,\text{일/년}}{300\,\text{kg/m}^3 \times 3\,\text{m}} \times \frac{1}{3}$$

$$= 121,666.67\,\text{m}^2/\text{년}$$

10 인구 10,000명인 도시에서 1인 1일 쓰레기 배출량이 2.1kg이고 밀도가 $0.45\,\text{ton/m}^3$인 쓰레기를 매립용량이 $2,500\,\text{m}^3$인 Trench에 매립, 처분하고자 할 때 Trench의 사용 일수(일)를 계산하시오. (단, 매립시 쓰레기 부피 감소율은 30%이다.)

명쾌한 풀이

Trench의 사용일수(일)

$$= \frac{\text{매립용량}(\text{m}^3)}{\text{쓰레기 발생량}(\text{kg/day}) \times \frac{1}{\text{밀도}(\text{kg/m}^3)} \times (1-\text{부피감소율})}$$

$$= \frac{2,500\,\text{m}^3}{2.1\,\text{kg/인}\cdot\text{일} \times 10,000\,\text{인} \times \frac{1}{450\,\text{kg/m}^3} \times (1-0.30)} = 77\,\text{일}$$

11 함수율이 90%인 100톤의 슬러지를 탈수시키기 위하여 응집제를 고형물량의 1%를 첨가 한다. 응집제의 순도가 80%일 때, 응집제의 소요량(kg)을 계산하시오.

명쾌한 풀이

응집제의 소요량(kg)

$= 슬러지량(kg) \times 고형물량 \times \dfrac{응집제\ 첨가량(\%)}{100} \times \dfrac{100}{응집제\ 순도(\%)}$

$= 100 \times 10^3 \,kg \times (1 - 0.90) \times 0.01 \times \dfrac{100}{80\%}$

$= 125 \,kg$

TIP

고형물량(%) = 100 − 함수율(%) = 100 − 90%

---

12 가정 쓰레기 5kg을 소각시키기 위해 함수율 20%로 건조시켰을 때, 증발된 물의 양이 600g이었다. 이 때 건조 전의 함수율(%)을 계산하시오.

명쾌한 풀이

$W_1 \times (100 - P_1) = W_2 \times (100 - P_2)$

여기서 W_1 : 건조 전 쓰레기량(kg) P_1 : 건조 전 함수율(%)
W_2 : 건조 후 쓰레기량(kg) P_2 : 건조 후 함수율(%)

따라서 $5{,}000\,g \times (100 - P_1) = (5{,}000\,g - 600\,g) \times (100 - 20\%)$

$\therefore P_1 = 100 - \dfrac{(5{,}000\,g - 600\,g) \times (100 - 20\%)}{5{,}000\,g}$

$= 29.6\%$

TIP

W_2(건조 후 쓰레기량) = 건조 전 쓰레기량(g) − 건조 후 증발된 수분량(g) = 5,000g − 600g

13. 고화처리 후 질량은 2배 증가하고, 부피는 1.5배 증가 했을 때 다음 물음에 답하시오.

(1) 혼합율을 계산하시오.

(2) 부피변화율을 계산하시오.

명쾌한 풀이

(1) 혼합율을 계산한다.

$$VCF = (1 + MR) \times \frac{\rho_1}{\rho_2}$$

여기서 VCF : 부피 변화율
MR : 혼합율
ρ_1 : 고화처리 전 폐기물의 밀도
ρ_2 : 고화처리 후 폐기물의 밀도

따라서 $1.5 = (1 + MR) \times \frac{1}{2}$

∴ MR = 2

(2) 부피변화율을 계산한다.

$$부피 변화율(VCF) = \frac{고화처리\ 후\ 폐기물의\ 부피}{고화처리\ 전\ 폐기물의\ 부피}$$

$$= \frac{1.5}{1} = 1.5$$

14. 압축비(CR)와 부피감소율(VR)의 관계식을 기술하시오.

명쾌한 풀이

CR과 VR의 관계식

$$VR(부피감소율) = \left(1 - \frac{V_2}{V_1}\right) \times 100 = \left\{\left(1 - \frac{1}{\left(\frac{V_1}{V_2}\right)}\right)\right\} \times 100 = \left(1 - \frac{1}{CR}\right) \times 100$$

여기서, V_1 : 압축 전 부피 V_2 : 압축 후 부피

$$CR(압축비) = \frac{V_1}{V_2}$$

15 유동층 소각로의 장점을 5가지만 쓰시오.

명쾌한 풀이

① 기계적 구동부분이 적어 고장율이 낮다.
② 가스의 온도가 낮고 과잉공기량이 적어 질소산화물(NO_X)도 적게 배출된다.
③ 로내 온도의 자동제어와 열회수가 용이하다.
④ 반응시간이 빨라 소각시간이 짧다.
⑤ 유동매체의 축열량이 높아 단기간 정지후 가동시에 보조연료 사용없이 정상가동이 가능하다.
⑥ 연소효율이 높아 미연소분의 배출이 적고 2차 연소실이 필요없다.

16 등가비(ϕ)에 대한 물음에 답하시오.

(가) 등가비식을 쓰시오.

(나) $\phi=1$, $\phi>1$, $\phi<1$에 대해 각각 설명하시오.

명쾌한 풀이

(가) $\phi = \dfrac{\text{실제의 연료량/산화제}}{\text{완전연소를 위한 이상적 연료량/산화제}}$

(나) ① $\phi=1$: 완전연소로 연료와 산화제의 혼합이 이상적이다.
② $\phi>1$: 연료가 과잉이며 불완전 연소로 CO, HC 최대이고 NO_X 최소가 된다.
③ $\phi<1$: 공기가 과잉, 완전연소가 기대되며 CO가 최소가 된다.

17 폐기물의 고화처리방법 중 자가시멘트법의 장·단점 2가지씩 각각 쓰시오.

명쾌한 풀이

(1) 장점 ① 탈수 등의 전처리가 필요없다.
　　　　② 고농도 황화물 함유 폐기물에 적용한다.
(2) 단점 ① 보조에너지가 필요하다.
　　　　② 장치비가 크며 숙련된 기술을 요한다.

18. 폐슬러지 케이크 중에 함유된 수분 중에서 〈보기〉의 수분을 탈수성이 용이한 순서대로 나열하시오.

[보기]
모관결합수, 간극모관결합수, 표면부착수, 내부수

명쾌한 풀이

간극모관결합수 〉 모관결합수 〉 표면부착수 〉 내부수

TIP

슬러지에 함유되어 있는 수분의 종류
① 모관결합수 : 미세한 슬러지 고형물의 입자사이의 얇은 틈에 존재하는 수분으로 모세관압으로 결합되어 있는 수분이다.
② 간극모관결합수(간극수) : 큰 고형물입자 간극에 존재하는 수분으로 슬러지내의 수분 중 일반적으로 가장 많은 양을 차지한다.
③ 표면부착수(부착수) : 콜로이드상 결합수로 수분제거가 용이하지 못하다.
④ 내부수 : 세포내부에 강하게 결합된 수분으로 슬러지 건조 시 증발이 가장 어려운 수분이다.

※ 알림
최근기출문제는 수강생들의 도움으로 복원된 문제이므로 실제문제와 다소 차이가 있을 수 있음을 양지 바랍니다.
실기시험을 친 수험생은 실기문제를 복원하여 저자메일(kwe7002@hanmail.net)로 보내주시면 대단히 감사하겠습니다. 그리고 여러분은 환경자격증의 대표수험서를 만드는데 일조를 하시게 될 것입니다.

기출복원문제
- 2015년 11월 시행

01 도시폐기물을 도랑식(Trench Method)으로 매립하고자 한다. 4.5ton의 폐기물이 적재된 수거차량이 1일 50대 반입될 경우 다음의 조건하에서 매립가능 일수를 구하시오.

- 폐기물 밀도 : 0.45 ton/m³
- 도랑의 면적 : 50,000 m²
- 도랑의 깊이 : 5m
- 복토의 높이 : 60cm
- 매립층은 1층으로 하고, 매립에 따른 폐기물의 압축은 고려하지 않음.

명쾌한 풀이

$$\text{매립일수(day)} = \frac{\text{trench 용적(m}^3)}{\text{쓰레기 발생량(m}^3/\text{day})}$$

$$= \frac{50,000\text{m}^2 \times (0.6+5)\text{m}}{4.5\text{ton/대} \times 50\text{대/day} \times \frac{1}{0.45\text{ton/m}^3}} = 560\text{day}$$

02 바닥면적인 40 m²인 화격자 소각로에 1일 48톤의 쓰레기가 연속 소각처리 되고 있다. 화격자의 쓰레기부하(kg/m²·hr)를 계산하시오.

명쾌한 풀이

$$\text{화격자의 쓰레기부하(kg/m}^2\cdot\text{hr)} = \frac{\text{쓰레기 소각량(kg/hr)}}{\text{바닥면적(m}^2)}$$

$$= \frac{48 \times 10^3 \text{kg/day} \times 1\text{day/24hr}}{40\text{m}^2}$$

$$= 50\text{kg/m}^2\cdot\text{hr}$$

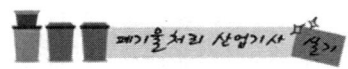

03 혐기성 소화법으로 일일 20kL의 슬러지를 처리하였을 때 발생되는 소화가스 저장 tank의 크기(m^3)는 얼마인지 계산하시오. (단, 가스저장기간은 8hr, 슬러지의 함수율은 95%, 고형물 중 VS 함유율은 70%, VS kg 당 가스발생량은 $1\,m^3$, 슬러지 비중은 1이다.)

명쾌한 풀이

발생되는 소화가스 저장 tank의 크기(m^3)
$= 20\,m^3/day \times 8hr \times 1day/24hr \times (1-0.95) \times 1{,}000\,kg/m^3 \times 0.70 \times \dfrac{1\,m^3}{1\,kg\,VS}$
$= 233.33\,m^3$

TIP

① 고형물(TS) = 100 − 함수율(P) = (100 − 95%) = (1 − 0.95)
② 슬러지 비중 1.0 = 1,000 kg/m^3

04 전기집진기에서 하전입자의 유동속도가 0.15m/s이고 유량이 $10\,m^3/s$일 때, 제거율 90%와 99%일 경우 필요한 각각의 집진판 면적과 면적비를 구하시오.

(1) 집진판의 면적(m^2) 계산

$\eta = 1 - e^{\dfrac{-A \times We}{Q}}$ 에서 $A = \dfrac{LN(1-\eta)}{\left(\dfrac{-We}{Q}\right)}$

여기서 η : 효율
  A : 집진판 면적(m^2)
  We : 유동속도(m/sec)

① 제거율이 90%일 때 집진판의 면적(A_1)

$A_1 = \dfrac{LN(1-0.90)}{\left(\dfrac{-0.15\,m/sec}{10\,m^3/sec}\right)} = 153.51\,m^2$

② 제거율이 99%일 때 집진판의 면적(A_2)

$A_2 = \dfrac{LN(1-0.99)}{\left(\dfrac{-0.15\,m/sec}{10\,m^3/sec}\right)} = 307.01\,m^2$

(2) 면적비 $= \dfrac{A_2}{A_1} = \dfrac{307.01\,m^2}{153.51\,m^2} = 2$배

05 용적 500 m³인 슬러지 혐기성 소화조가 함수율 95%의 슬러지를 하루에 10 m³를 소화시킨다면 이 소화조의 유기물 부하율(kg VS/m³·일)은 얼마인지 계산하시오. (단, 무기물 비율이 40%, 슬러지 비중은 1 이다.)

명쾌한 풀이

유기물 부하율(kg VS/m³·day)

$$= \frac{10\,m^3/day \times 1{,}000\,kg/m^3 \times (1-0.95) \times (1-0.40)}{500\,m^3}$$

$$= 0.6\,kg\,VS/m^3 \cdot day$$

TIP

① 고형물(TS) = 100 − 함수율(P) = (100 − 95%) = (1 − 0.95)
② 슬러지 비중 1.0 = 1,000 kg/m³
③ 고형물(TS) = 유기물(VS) + 무기물(FS)
④ 유기물(VS) = 100 − 40% = 60%

06 $C_{50}H_{100}O_{42}N$ 일 경우 2mol당 발생하는 메탄은 몇 mol인지 관계식을 쓰고 구하시오. (단, 혐기성상태 기준이다.)

명쾌한 풀이

$C_{50}H_{100}O_{42}N + 4.75H_2O \rightarrow 26.625\,CH_4 + 23.375\,CO_2 + NH_3$

    1몰   :   26.625몰
    2몰   :   X

따라서 $X = \dfrac{2몰 \times 26.625몰}{1몰} = 53.25몰$

TIP

혐기성 완전분해식

$$C_aH_bO_cN_d + \left(\frac{4a-b-2c+3d}{4}\right)H_2O$$

$$\rightarrow \left(\frac{4a+b-2c-3d}{8}\right)CH_4 - \left(\frac{4a-b+2c+3d}{8}\right)CO_2 + dNH_3$$

07. 매립지에서 환경오염을 최소화하기 위하여 설치하는 주요시설물 6가지를 서술하시오.

명쾌한 풀이

① 우수배제시설 ② 차수시설
③ 침출수 집배수시설 ④ 저류 구조물
⑤ 발생가스 대책시설 ⑥ 덮개시설

08. 유동매체의 구비조건 3가지를 서술하시오.

명쾌한 풀이

① 불활성일 것 ② 융점이 높을 것
③ 비중이 작을 것 ④ 내마모성이 있을 것
⑤ 열충격이 강할 것 ⑥ 가격이 쌀 것

TIP

위 항목 중에서 3가지만 기술 하세요.

09. 폐기물 발생량을 예측하는 방법 3가지를 서술하시오.

명쾌한 풀이

① 다중회귀모델 : 하나의 수식으로 각 인자들의 효과를 총괄적으로 나타내어 복잡한 시스템의 분석에 유용하게 사용할 수 있는 쓰레기 발생량을 예측하는 방법이다.
② 동적모사모델 : 쓰레기 배출에 영향을 주는 모든 인자를 시간에 대한 함수로 나타낸 후 시간에 대한 함수로 표현된 각 영향인자들간에 상관관계를 수식화한 모델이다.
③ 경향모델 : 폐기물 발생량 예측방법 중 모든 인자를 시간에 대한 함수로 하여 모델화시켜 예측하는 방법으로 단지 시간과 그에 따른 폐기물 발생량 간의 상관관계만을 고려하는 방법이다.

10. 적환장의 위치조건으로 적합한 곳 3가지를 서술하시오.

명쾌한 풀이

① 수거하고자 하는 개별적 고형물 발생지역의 하중 중심에 되도록 가까운 곳
② 주요 간선도로에 쉽게 도달할 수 있는 곳인 동시에 2차적 또는 보조 수송수단에 가까운 곳

③ 적환 작업중에 공증 및 환경피해가 최소인 곳
④ 설치 및 작업이 쉬운 곳
⑤ 주민의 반대가 적은 곳
⑥ 건설비와 운영비가 적게 들고 경제적인 곳

11 자원화 목적 3가지를 서술하시오.

명쾌한 풀이
① 에너지 회수(고형화연료, 열분해 등)
② 물질 회수(퇴비화, 사료화 등)
③ 토지이용(복토재로 이용 등)

12 파쇄의 효과 3가지를 서술하시오.

명쾌한 풀이
① 겉보기비중 증가
② 비표면적 증가
③ 입경분포의 균일화
④ 고가금속 회수가능
⑤ 운반비의 저렴화
⑥ 폐기물 소각시 연소효율 증가

TIP
> 위 항목 중에서 3가지만 기술 하세요.

13 폐기물 파쇄에 작용하는 힘을 3가지만 쓰시오.

명쾌한 풀이
① 충격력
② 압축력
③ 전단력

14 복토재가 지녀야할 조건 3가지를 서술하시오.

명쾌한 풀이
① 투수계수가 낮아야 한다.
② 연소가 잘 되지 않아야 한다.
③ 생분해가 가능해야 한다.

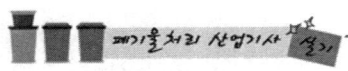

④ 살포가 용이해야 한다.
⑤ 미관상 좋아야 한다.
⑥ 위생문제를 해결하여야 한다.
⑦ 매립지 공간을 절약할 수 있어야 한다.

TIP

위 항목 중에서 3가지만 기술 하세요.

15. 매립지 사후관리에 대해 서술하시오.

(1) 사후관리대행자

(2) 사후관리의 최대기간

(3) 사후관리의 항목 4가지

(4) 사후관리의 비용

명쾌한 풀이

(1) 사후관리대행자 : 한국환경공단
(2) 사후관리의 최대기간 : 사용종료 또는 폐쇄신고를 한 날로부터 30년이내
(3) 사후관리의 항목 4가지
　　① 우수배제시설 설치 및 관리　　② 침출수 관리
　　③ 배기가스 관리　　　　　　　　④ 지하수 오염도 조사
(4) 사후관리의 비용
　　① 침출수 처리시설의 가동과 유지·관리에 드는 비용
　　② 매립시설 제방, 매립가스 처리시설, 지하수 검사정 등의 유지·관리에 드는 비용
　　③ 매립시설 주변의 환경오염조사에 드는 비용
　　④ 정기검사에 드는 비용

※ 알림
최근기출문제는 수강생들의 도움으로 복원된 문제이므로 실제문제와 다소 차이가 있을 수 있음을 양지 바랍니다.
실기시험을 친 수험생은 실기문제를 복원하여 저자메일(kwe7002@hanmail.net)로 보내주시면 대단히 감사하겠습니다. 그리고 여러분은 환경자격증의 대표수험서를 만드는데 일조를 하시게 될 것입니다.

기출복원문제
- 2016년 4월 시행

01 쓰레기 100ton을 소각하였을 경우 재의 질량은 쓰레기의 20wt%, 재의 용적이 20m³이었을 때 재의 밀도(kg/m³)를 구하시오.

명쾌한 풀이

재의 밀도(kg/m³) = $\dfrac{\text{재의 질량(kg)}}{\text{재의 용적(m}^3)}$ = $\dfrac{100 \times 10^3 \text{kg} \times 0.20}{20\text{m}^3}$

= 1,000kg/m³

TIP

100ton = 100 × 10³kg = 100,000kg

02 하수처리장에서 하루 1,000m³의 슬러지(비중 1.03, 비열 1.1kcal/kg·℃, 25℃)가 발생되어 혐기성 소화조로 유입되어 처리된다. 혐기성 소화조는 중온소화(35℃)로 가동되는데 소화조의 열손실이 30%일 때 하루에 소요되는 열량(kcal)은 얼마인지 계산하시오.

명쾌한 풀이

소요되는 열량(kcal/day)

= 1,000m³/day × 1,030kg/m³ × 1.1kcal/kg·℃ × (35 − 25)℃ × $\dfrac{100}{70\%}$

= 1.62 × 10⁷ kcal/day

TIP

① 비중(g/cm³) × 10³ → 비중량(kg/m³)
② 비중 1.03은 비중량 1,030kg/m³이다.

03 1일 폐기물 발생량이 30ton인 어느 도시의 폐기물을 65% 압축하여 이를 깊이 4m인 도랑의 바닥면으로부터 2.5m 높이로 매립할 경우 년 간 필요한 매립지의 면적(m^2)을 구하시오. (단, 밀도 500kg/m^3, 1년은 365일로 계산한다.)

명쾌한 풀이

$$매립면적(m^2/년) = \frac{폐기물\ 발생량(kg/년) \times (1-부피감소율)}{폐기물\ 밀도(kg/m^3) \times 매립고(m)}$$

$$= \frac{30ton/day \times 10^3 kg/ton \times (1-0.65) \times 365day/년}{500kg/m^3 \times 2.5m}$$

$$= 3,066 m^2/년$$

04 총 고형물(TS)이 37,000mg/L이고, 그 중 휘발성 고형물(VS)이 65%이며 CH_4의 발생량은 VS 1kg당 0.5m^3인 분뇨 1m^3당의 CH_4 가스발생량(m^3)을 구하시오.

명쾌한 풀이

CH_4 가스 발생량(m^3)

$$= 분뇨량(m^3) \times 총고형물(kg/m^3) \times 휘발성\ 고형물의\ 함량 \times \frac{m^3 CH_4}{kg VS}$$

$$= 1m^3 \times 37kg/m^3 TS \times \frac{65\% VS}{100\% TS} \times \frac{0.5 m^3 CH_4}{1 kg VS}$$

$$= 12.03 m^3$$

TIP

① mg/L $\times 10^{-3}$ → kg/m^3
② 37,000 mg/L $\times 10^{-3}$ = 37 kg/m^3
③ 잔류성 고형물(FS) = 100 - 휘발성 고형물(%)

05 폐기물 처리과정에서 발생하는 NH_3를 산화하여 안정화시키려고 한다. NH_3 발생량이 20kg/d라면 필요한 이론산소량(kg/d)는 얼마인지 계산하시오.

명쾌한 풀이

$2NH_3 \; + \; 1.5O_2 \; \rightarrow \; N_2 + 3H_2O$

$2 \times 17 \text{kg} \; : \; 1.5 \times 32 \text{kg}$

$20 \text{kg/day} \; : \; X$

$\therefore X = \dfrac{20 \text{kg/day} \times 1.5 \times 32 \text{kg}}{2 \times 17 \text{kg}} = 28.24 \text{kg/day}$

06 저위발열량이 $9,000 \text{kcal/Sm}^3$의 가스연료의 이론연소온도(℃)를 계산하시오. (단, 이론연소가스량은 $10 \text{Sm}^3/\text{Sm}^3$, 연료연소가스의 평균정압비열 $0.5 \text{kcal/Sm}^3 \cdot ℃$, 기준온도는 25℃, 공기는 예열하지 않으며, 연소가스는 해리되지 않는다.)

명쾌한 풀이

$t_2 = \dfrac{Hl}{G \times C} + t_1$

여기서 Hl : 저위발열량(kcal/Sm^3)   G : 이론연소가스량(Sm^3/Sm^3)
  C : 평균정압비열($\text{kcal/Sm}^3 \cdot ℃$) t_2 : 이론연소온도(℃)
  t_1 : 기준온도(℃)

따라서 $t_2 = \dfrac{9,000 \text{kcal/Sm}^3}{10 \text{Sm}^3/\text{Sm}^3 \times 0.5 \text{kcal/Sm}^3 \cdot ℃} + 25℃ = 1,825℃$

07 일반폐기물의 위생매립방법 3가지를 쓰고 각각 설명하시오.

명쾌한 풀이

① 샌드위치 공법 : 쓰레기를 수평으로 고르게 깔아서 압축한 다음 그 위에 복토를 하여 쓰레기와 복토를 번갈아 쌓는 방법이다.
② 셀공법 : 쓰레기 비탈면의 경사를 20% 전후(15 ~ 25%)로 하여 쓰레기를 셀모양으로 쌓고 각각의 셀에 복토하는 방법이다.
③ 압축매립공법 : 쓰레기를 매립하기 전에 이의 감량화를 목적으로 먼저 쓰레기를 일정한 더미형태로 압축하여 부피를 감소시킨 후 포장을 실시하여 매립하는 방법이다.

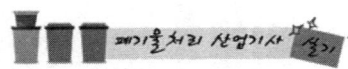

08 상온하에서 파쇄가 곤란한 폐기물을 파쇄하기 위한 저온파쇄기술의 정의를 기술하시오.

> **명쾌한 풀이**
> 플라스틱이나 타이어처럼 상온하에서 파쇄가 어려운 폐기물을 액체질소나 LNG 등의 기화열을 이용해 $-120°C$ 정도까지 냉각시켜 폐기물을 파쇄하는 방법으로 폐기물의 포화온도차를 이용해 성분별로 선택해서 파쇄하는 방법이다.

09 폐기물 열분해 방법이란 무엇인지 설명하시오.

> **명쾌한 풀이**
> 폐기물을 무산소 또는 산소가 부족한 상태에서 고온으로 가열하여 기체, 액체, 고체 상태의 연료를 생산하는 공정이다.

10 초기에는 질소산화물을 제어하는 방식으로 사용되었으나, 최근에 다이옥신 대책등으로 사용되는 건식 질소산화물 환원 제어방식을 2가지만 쓰시오.

> **명쾌한 풀이**
> ① 선택적 촉매 환원법(SCR)
> ② 선택적 무촉매 환원법(SNCR)

11 청소상태의 평가법 2가지를 쓰고 간단히 설명하시오.

> **명쾌한 풀이**
> ① CEI : 청소상태의 평가법 중 가로의 청소상태를 기준으로 하는 지역사회 효과 지수를 말한다.
> ② USI : 청소상태를 평가하는 방법 중 서비스를 받는 시민들의 만족도를 설문조사하여 나타내어지는 사용자 만족도 지수를 말한다.

12 유해폐기물 매립시설 중 관리형 매립시설의 매립대상물질을 4가지만 쓰시오.

명쾌한 풀이
① 폐산　　　　　　　　　② 폐알칼리
③ 폐흡착제　　　　　　　④ 폐유

13 매립지 사후관리항목을 4가지 쓰시오.

명쾌한 풀이
① 우수배제시설 설치 및 관리
② 침출수 관리
③ 발생가스 관리
④ 지하수 오염도 조사

14 퇴비화의 적정조건 인자 항목을 4가지만 쓰시오.

명쾌한 풀이
① 온도 : 50~60℃
② pH : 6~8
③ C/N비 : 30~50
④ 수분 : 50~60%
⑤ 공급공기량 : 5~15%

15 이코노마이저에 관한 내용이다. ( )안에 알맞은 말을 쓰시오.

보기 : 이코노마이저는 (①)에 설치되며 보일러 전열면을 통하여 (②)로 보일러 급수를 예열하여 보일러의 효율을 높이는 장치이다.

명쾌한 풀이
① 연도
② 여열

16. 포틀랜드 시멘트의 주성분 4가지를 쓰시오.

> 명쾌한 풀이
> ① CaO　　　　　　　② SiO_2
> ③ Al_2O_3　　　　　　 ④ Fe_2O_3

17. 소각시 발생하는 분진을 백필터에서 제거하는 방법 3가지를 쓰시오.

> 명쾌한 풀이
> ① 확산작용　　　　　　② 관성충돌
> ③ 차단작용

18. 플라스틱 폐기물 소각시 발생하는 문제점 3가지를 쓰시오.

> 명쾌한 풀이
> ① 발연성이 높다.
> ② 용융연소가 일어난다.
> ③ 염소 및 다이옥신 등의 유해물질이 다량 발생한다.
> ④ 통기공을 폐쇄할 우려가 있다.

19. 매립지에서 생물학적 분해가 일어나는 경우 pH가 낮아지는 원인을 설명하고, 이때 중금속의 용출가능성은 어떤 영향을 받는지 쓰시오.

> 명쾌한 풀이
> ① pH가 낮아지는 원인은 이산화탄소(CO_2)가 발생하기 때문이다.
> ② 중금속의 용출가능성은 pH가 낮아짐으로써 증가된 수소이온농도(H^+)에 의해 중금속이 치환됨에 영향을 받는다.

20. 매립지에서 폐기물이 분해되면서 발생하는 가스를 4가지 쓰시오.

명쾌한 풀이

① 이산화탄소(CO_2) ② 메탄(CH_4)
③ 질소(N_2) ④ 수소(H_2)

21. 폐기물 발생량 예측방법 3가지를 쓰시오.

명쾌한 풀이

① 다중회귀모델 : 하나의 수식으로 각 인자들의 효과를 총괄적으로 나타내어 복잡한 시스템의 분석에 유용하게 사용할 수 있는 쓰레기 발생량을 예측하는 방법이다.
② 동적모사모델 : 쓰레기 배출에 영향을 주는 모든 인자를 시간에 대한 함수로 나타낸 후 시간에 대한 함수로 각 영향인자들간에 상관관계를 수식화 한 것이다.
③ 경향모델 : 폐기물 발생량 예측방법 중 모든인자를 시간에 대한 함수로 하여 모델화시켜 예측하는 방법으로 단지 시간과 그에 따른 폐기물 발생량 간의 상관관계만을 고려하는 방법이다.

※ 알림
최근기출문제는 수강생들의 도움으로 복원된 문제이므로 실제문제와 다소 차이가 있을 수 있음을 양지 바랍니다.
실기시험을 친 수험생은 실기문제를 복원하여 저자메일(kwe7002@hanmail.net)로 보내주시면 대단히 감사하겠습니다. 그리고 여러분은 환경자격증의 대표수험서를 만드는데 일조를 하시게 될 것입니다.

기출복원문제

– 2016년 6월 시행

01  평균크기가 10cm인 폐기물을 평균 1cm로 파쇄하고자 할 때 소요되는 동력은 동일폐기물을 평균 4cm로 파쇄하고자 할 때 몇 배인지 계산하시오.

명쾌한 풀이

Kick의 법칙에서 동력$(E) = C \ln\left(\dfrac{dp_1}{dp_2}\right)$

① $E_1 = C \ln\left(\dfrac{10\,cm}{1\,cm}\right) = C \ln 10$

② $E_2 = C \ln\left(\dfrac{10\,cm}{4\,cm}\right) = C \ln 2.5$

③ 소요에너지의 변화 $= \dfrac{E_1}{E_2} = \dfrac{C \ln 10}{C \ln 2.5} = 2.51$ 배

02  $C_{30}H_{50}O_{20}N_2S$로 표현되는 폐기물의 열량(kcal/kg)을 Dulong 공식에 의해 계산하시오.

명쾌한 풀이

① 화합물($C_{30}H_{50}O_{20}N_2S$) 중 각 원소의 구성비를 계산한다.

$C_{30}H_{50}O_{20}N_2S$의 분자량 $= 30 \times 12 + 50 \times 1 + 20 \times 16 + 2 \times 14 + 32 = 790$

$C = \dfrac{30 \times 12}{790} \times 100 = 45.57\%$ $H = \dfrac{50 \times 1}{790} \times 100 = 6.33\%$

$O = \dfrac{20 \times 16}{790} \times 100 = 40.51\%$ $S = \dfrac{1 \times 32}{790} \times 100 = 4.05\%$

② Dulong식을 이용하여 고위발열량을 계산한다.

$Hh = 8,100\,C + 34,000\left(H - \dfrac{O}{8}\right) + 2,500\,S\,(kcal/kg)$

$= 8,100 \times 0.4557 + 34,000 \times \left(0.0633 - \dfrac{0.4051}{8}\right) + 2,500 \times 0.0405$

$= 4,222.95\,kcal/kg$

03 도시폐기물을 매립할 때 소요되는 복토재(흙)의 양(m³/day)은 얼마인지 계산하시오.
(일일 매립면적 : 150m²/day, 복토 1층의 두께 : 60cm, 일일 복토 층수 2층)

명쾌한 풀이

매립지 복토재의 양$(m^3/day) = \dfrac{150\,m^2}{day} \times \dfrac{0.6m}{1층} \times 2층 = 180\,m^3/day$

04 폐기물 분석결과 수분=30%, 고형물=70%, 강열감량=67% 였다면, 이 폐기물 중의 휘발성 고형물(%)과 유기물 함량(%)을 각각 계산하시오.

명쾌한 풀이

유기물 함량$(\%) = \dfrac{휘발성\ 고형물(\%)}{고형물(\%)} \times 100$

휘발성 고형물$(\%) = 강열감량(\%) - 수분(\%) = 67\% - 30\% = 37\%$

따라서 유기물 함량$(\%) = \dfrac{37\%}{70\%} \times 100 = 52.86\%$

05 어떤 도시에서 발생되는 쓰레기를 인부 500명이 수거운반할 때의 MHT를 계산하시오.
(단, 1일 8시간 작업, 연간수거실적은 150,000ton, 휴가일수 65일/년·인이다.)

명쾌한 풀이

$MHT = \dfrac{수거인부수 \times 작업시간}{쓰레기\ 수거실적}$

$= \dfrac{500인 \times 8\,hr/day \times 300\,day/년}{150,000\,ton/년} = 8\,MHT$

06 함수율 60%, 비중 1.0인 도시폐기물 100톤을 소각하기 위해 함수율 30%로 건조하였을때 소각할 폐기물의 질량(톤)를 계산하시오.

명쾌한 풀이

$W_1 \times (100 - P_1) = W_2 \times (100 - P_2)$
여기서 W_1 : 소각 전 폐기물(톤) P_1 : 소각 전 함수율(%)
W_2 : 소각 후 폐기물(톤) P_2 : 소각 후 함수율(%)

따라서 $100톤 \times (100-60) = W_2 \times (100-30)$

∴ $W_2 = 57.14$톤

07 쓰레기를 건조시켜 원래의 수분함량이 58% 이었던 것이 27%로 감소되었을 때 질량(%)은 얼마나 감소되었는지 계산하시오.

명쾌한 풀이

$W_1 \times (100 - P_1) = W_2 \times (100 - P_2)$

여기서 W_1 : 건조 전 쓰레기 P_1 : 건조 전 함수율(%)
       W_2 : 건조 후 쓰레기 P_2 : 건조 후 함수율(%)

따라서 $W_1 \times (100 - 58) = W_2 \times (100 - 27)$

∴ $\dfrac{W_2}{W_1} = \dfrac{(100-58)}{(100-27)} = 0.5753$

∴ $W_2 = 0.5753 W_1$ 이므로 처음의 57.53%가 된다.

08 폐기물의 80% 이상을 4cm보다 작게 파쇄하고자 할 때 특성입자 크기(X_o)을 계산하시오. (단, Rosin-Rammler식 이용할 것, $n = 1$이다.)

명쾌한 풀이

$Y = 1 - \exp\left[-\left(\dfrac{X}{X_o}\right)^n\right]$

여기서, Y : 체하분율(%)   X : 폐기물 입자의 크기(cm)
       X_o : 특성입자의 크기(cm)   n : 상수

따라서 $0.80 = 1 - \exp\left[-\left(\dfrac{4\,cm}{X_o}\right)^1\right]$

∴ $X_o = \dfrac{-4\,cm}{\mathrm{LN}(1-0.80)} = 2.49\,cm$

09 탄소, 수소, 산소, 질소가 각각 48%, 5%, 40%, 7%로 분석되었다. 이와 같은 음식물찌꺼기가 혐기성 소화에 의해 100g이 완전히 분해된다고 가정할 때 혐기성 소화반응식으로 표현하시오.

명쾌한 풀이

① 유기물($C_aH_bO_cN_d$)의 분자식을 완성한다.

$$a = \frac{100\,g \times 0.48}{12\,g} = 4 \qquad b = \frac{100\,g \times 0.05}{1\,g} = 5$$

$$c = \frac{100\,g \times 0.40}{16\,g} = 2.5 \qquad d = \frac{100\,g \times 0.07}{14\,g} = 0.5$$

따라서 유기물의 분자식은 $C_8H_{10}O_5N$ 이다.

② 혐기성 소화 반응식

$$C_8H_{10}O_5N + \left(\frac{4\times8 - 10 - 2\times5 + 3\times1}{4}\right)H_2O$$

$$\rightarrow \left(\frac{4\times8 + 10 - 2\times5 - 3\times1}{8}\right)CH_4 + \left(\frac{4\times8 - 10 + 2\times5 + 3\times1}{8}\right)CO_2 + 1NH_3$$

따라서 $C_8H_{10}O_5N + 3.75H_2O \rightarrow 3.625CH_4 + 4.375CO_2 + NH_3$

TIP

① 혐기성 완전분해식

$$C_aH_bO_cN_d + \left(\frac{4a-b-2c+3d}{4}\right)H_2O$$

$$\rightarrow \left(\frac{4a+b-2c-3d}{8}\right)CH_4 + \left(\frac{4a-b+2c+3d}{8}\right)CO_2 + dNH_3$$

② 분자식을 완성할 때 N을 1로 하기위해서 각각의 계수에 2를 곱한다.

10 유동매체가 갖추어야 할 조건 5가지를 서술하시오.

명쾌한 풀이

① 불활성일 것 ② 융점이 높을 것
③ 비중이 작을 것 ④ 내마모성이 있을 것
⑤ 열충격에 강할 것

11. 생활폐기물 매립지의 지반침하에 영향을 미치는 요인을 3가지만 쓰시오.

① 폐기물의 비균질성 ② 폐기물의 분해
③ 침출수

12. 매립지내 안정화 반응을 4가지 기술하고, 매립경과시간에 따른 매립가스의 발생을 4단계로 구분할 때 제 3단계의 가스(CO_2, CH_4, N_2, H_2) 함량에 대한 특성을 쓰시오.

① 이산화탄소(CO_2) 감소 ② 메탄(CH_4) 증가
③ 질소(N_2) 감소 ④ 수소(H_2) 감소

13. 전과정평가(LCA)의 구성요소 4가지를 쓰시오.

① 목적 및 범위의 설정 ② 목록 분석
③ 영향 평가 ④ 개선평가 및 해석

14. 다음의 보기를 이용하여 Rietema식을 쓰시오.

> 보기
> X_1 : 회수쓰레기 중 회수 X_2 : 제거 중 회수
> Y_1 : 회수쓰레기 중 비회수 Y_2 : 제거 중 비회수

Rietema의 선별효율 공식

$$선별효율(E) = \left| \frac{X_1}{X_1 + X_2} - \frac{Y_1}{Y_1 + Y_2} \right| \times 100(\%)$$

15. 손선별할 때 비닐시트 위에서 10종류로 나눈다. 이 중 6종류만 쓰시오.

명쾌한 풀이

① 종이류　　　　　　　　　② 플라스틱류
③ 금속류　　　　　　　　　④ 유리류
⑤ 고무류　　　　　　　　　⑥ 목재류

16. 고온부식 방지대책 2가지를 쓰시오.

명쾌한 풀이

① 내열성 및 내식성 재료를 사용한다.　② 부식성 가스를 제거한다.
③ 금속표면 온도를 낮춘다.　　　　　　④ 금속표면을 피복한다.

17. 팽화제의 종류 3가지를 서술하시오.

명쾌한 풀이

① 톱밥　　② 왕겨　　③ 볏짚　　④ 낙엽

18. 빈칸을 알맞게 채우시오.

	차수막 유무	복토재 유무	침출수 배수설비 유무
단순 매립지			
위생 매립지			
안전 매립지			

명쾌한 풀이

	차수막 유무	복토재 유무	침출수 배수설비 유무
단순 매립지	필요없다.	필요없다.	필요없다.
위생 매립지	필요하다.	필요하다.	필요하다.
안전 매립지	필요하다.	필요하다.	필요하다.

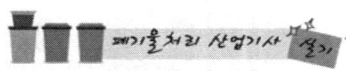

19 소각로는 배취로와 기계로로 분류한다. 기계로의 기능 중 장·단점을 각각 2가지씩 서술하시오.

(1) 장점 ① 대용량처리가 가능하다.
② 연속적인 처리가 가능하다.
(2) 단점 ① 소각처리 시간이 길어진다.
② 배기가스의 배출량이 많다.

TIP

배취로(Batch)는 하루에 8시간 미만 가동되는 소각로이다.

※ 알림
최근기출문제는 수강생들의 도움으로 복원된 문제이므로 실제문제와 다소 차이가 있을 수 있음을 양지 바랍니다.
실기시험을 친 수험생은 실기문제를 복원하여 저자메일(kwe7002@hanmail.net)로 보내주시면 대단히 감사하겠습니다. 그리고 여러분은 환경자격증의 대표수험서를 만드는데 일조를 하시게 될 것입니다.

기출복원문제
- 2016년 11월 시행

01 연소효율이 90%인 소각로에서 kg당 발열량이 1,500kcal인 폐기물을 소각할 때, 불완전연소에 의한 열손실이 5%라면 연소재의 열손실(%)이 얼마인지 계산하시오.

명쾌한 풀이

① 연소효율(%) = $\dfrac{H-(R+Q)}{H} \times 100$

여기서 H : 발열량(kcal/kg)
R : 연소재의 열손실
Q : 불완전연소에 의한 열손실

따라서 $90\% = \dfrac{1,500\,\text{kcal/kg} - (R + 1,500\,\text{kcal/kg} \times 0.05)}{1,500\,\text{kcal/kg}} \times 100$

∴ R = 75 kcal/kg

② 연소재의 열손실(%) = $\dfrac{\text{연소재의 열손실(kcal/kg)}}{\text{발열량(kcal/kg)}} \times 100$

= $\dfrac{75\,\text{kcal/kg}}{1,500\,\text{kcal/kg}} \times 100$

= 5%

02 함수율이 90%인 오니를 용출시험하여 구리의 농도를 측정하니 1.0mg/L로 나타났다. 수분함량을 보정한 용출시험 결과치(mg/L)를 계산하시오.

명쾌한 풀이

① 용출시험의 결과는 시료중의 수분함량 보정을 위해 함수율 85% 이상인 시료에 한하여 $\dfrac{15}{100 - \text{시토의 함유율(\%)}}$ 을 곱하여 계산된 값으로 한다.

따라서 $\dfrac{15}{100 - 90\%} = 1.5$

② 1.0 mg/L × 1.5 = 1.5 mg/L

02 인구수가 20만명인 어떤 도시에서 쓰레기 발생량이 1.5 kg/인·일 이고, 발생되는 쓰레기를 인부 50명이 수거 운반할 때의 MHT를 계산하시오. (단, 1일 8시간 작업한다.)

명쾌한 풀이

$$\text{MHT} = \frac{\text{수거인부수} \times \text{작업시간}}{\text{쓰레기 수거실적}}$$

$$= \frac{50\text{인} \times 8\,\text{hr/day}}{1.5\,\text{kg/인·일} \times 200{,}000\text{인} \times 10^{-3}\,\text{ton/kg}} = 1.33\,\text{MHT}$$

04 함수율 95%인 슬러지의 밀도(kg/L)가 1.024이다. 물의 밀도(kg/L)를 1.000이라 할 때, 고형물의 밀도(kg/L)가 얼마인지 계산하시오.

명쾌한 풀이

$$\frac{1}{\rho_{SL}} = \frac{W_{TS}}{\rho_{TS}} + \frac{W_P}{\rho_P}$$

$$\frac{1}{1.024\,\text{kg/L}} = \frac{0.05}{\rho_{TS}} + \frac{0.95}{1.000\,\text{kg/L}}$$

$$\therefore \rho_{TS} = 1.88\,\text{kg/L}$$

05 함수율이 60%에서 함수율이 40%로 감소할 때 질량감소율(%)이 얼마인지 계산하시오.

명쾌한 풀이

$W_1 \times (100 - P_1) = W_2 \times (100 - P_2)$

여기서, W_1 : 건조 전 폐기물(kg) P_1 : 건조 전 함수율(%)
       W_2 : 건조 후 폐기물(kg) P_2 : 건조 후 함수율(%)

따라서, $W_1 \times (100 - 60) = W_2 \times (100 - 40)$

$$\therefore \frac{W_2}{W_1} = \frac{(100 - 60)}{(100 - 40)} = 0.6666$$

$\therefore W_2 = 0.6666\,W_1$ 이므로 처음의 66.66%가 된다.

06 인구가 300,000인 도시의 폐기물 매립지를 선정하고자 한다. 도시의 1인당 폐기물 발생량은 1.5 kg/day이 폐기물의 밀도는 500 kg/m³, 매립높이는 2m이다. 매립에 필요한 면적(m²/년)을 계산하시오.

> **명쾌한 풀이**
>
> 매립면적(m²/년) = $\dfrac{\text{폐기물 발생량}(kg/\text{년})}{\text{폐기물 밀도}(kg/m^3) \times \text{매립지 깊이}(m)}$
>
> $= \dfrac{1.5\,kg/\text{인}\cdot\text{일} \times 300{,}000\text{인} \times 365\text{일}/\text{년}}{500\,kg/m^3 \times 2\,m} = 164{,}250\,m^2/\text{년}$

07 저위발열량이 10,000 kcal/kg의 중유를 연소시키는데 필요한 이론공기량(Sm^3/kg)은 얼마인지 계산하시오. (단, Rosin식을 이용하시오.)

> **명쾌한 풀이**
>
> A_o(이론공기량) $= 0.85 \times \dfrac{Hl(\text{저위발열량})}{1{,}000} + 2$
>
> $= 0.85 \times \dfrac{10{,}000\,kcal/kg}{1{,}000} + 2 = 10.5\,Sm^3/kg$

08 C_3H_8 1 Sm^3을 공기과잉계수 1.1로 연소시킬 때 건조연소가스량(Sm^3)이 얼마인지 계산하시오.

> **명쾌한 풀이**
>
> $C_3H_8 + 5O_2 \rightarrow 3CO_2 + 4H_2O$ 에서
>
> 실제건연소가스량(Gd) $= (m - 0.21)A_o + CO_2\text{량}(Sm^3/Sm^3)$
>
> $= (1.1 - 0.21) \times \dfrac{5}{0.21} + 3 = 24.19\,Sm^3/Sm^3$

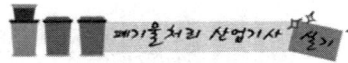

09 화씨온도(℃), 섭씨온도(℃)가 같은 수치를 나타낼 때의 온도가 얼마인지 계산하시오.

> **명쾌한 풀이**
>
> ℃×1.8+32 = °F 에서 섭씨온도(℃)와 화씨온도(°F)가 같은 수치라고 했으므로 그 값을 X로 두고 계산한다.
> $1.8 \times X + 32 = X$
> 따라서 $X = -40$

10 $Hh = ⓐC + ⓑ\left(H - \dfrac{O}{8}\right) + ⓒS$ ⓐⓑⓒ에 해당하는 발열량은 얼마인지 서술하시오.

> **명쾌한 풀이**
>
> ⓐ 8,100   ⓑ 34,000   ⓒ 2,500
>
> **TIP**
>
> 듀롱식을 이용한 고위발열량(Hh) 계산식
> $Hh = 8,100C + 34,000\left(H - \dfrac{O}{8}\right) + 2,500S$

11 매립지의 합성차수막으로 흔히 쓰이는 재질을 4가지만 쓰시오.

> **명쾌한 풀이**
>
> ① CR   ② PVC
> ③ CSPE   ④ HDPE&LDPE

12 폐기물의 열분해 처리원리를 쓰고, 소각처리에 비교하여 갖는 장점을 3가지만 쓰시오.

> **명쾌한 풀이**
>
> (1) 열분해 처리원리
>   폐기물을 무산소 또는 산소가 부족한 상태에서 고온으로 가열하여 가스, 액체, 고체 상태의 연료를 생산하는 공정이다.
> (2) 장점
>   ① 황 및 중금속이 회분속에 고정되는 비율이 크다.
>   ② 소각처리에 비해 상대적으로 저온이기 때문에 NO_x 발생량이 적다.
>   ③ 환원성 분위기가 유지되어 Cr^{3+}가 Cr^{6+}로 변화되기 어렵다.

13 유해폐기물을 고형화 처리한 후 적정처리 여부를 시험 또는 조사하는 항목을 4가지 쓰시오.

명쾌한 풀이

물리적 시험 : 압축강도 시험, 밀도 측정, 내구성 시험, 투수성 시험

TIP

화학적 시험 : 용출 시험

14 해안매립공법의 종류 3가지를 서술하시오.

명쾌한 풀이

① 박층뿌림공법 : 개량된 지반이 붕괴될 위험이 있을 때 밑면이 뚫린 바지선을 이용하여 쓰레기를 박층으로 떨어뜨려 뿌려주어 바닥의 지반하중을 균등하게 하기 위해 사용하는 방법이다.
② 순차투입공법 : 호안측으로부터 순차적으로 쓰레기를 투입하여 육지화하는 방법이다.
③ 수중투기공법 및 내수배제공법 : 호 안에 해수를 그대로 둔 채 폐기물을 투기하거나, 매립전에 내수를 배제시킨 후 폐기물을 매립하는 방법이다.

15 쓰레기를 혐기성으로 매립할 때, 시간의 경과에 따라 쓰레기 분해로 인하여 발생되는 가스의 구성성분이 변화된다. 그 변화를 4단계로 구분하여 단계별로 설명하시오.

명쾌한 풀이

① Ⅰ단계(호기성단계) : 산소와 질소가 감소하고, 이산화탄소가 생성되기 시작한다.
② Ⅱ단계(혐기성비메탄단계) : 혐기성 단계지만 CH_4가 형성되지 않고, H_2가 생성되기 시작하고 SO_4^{2-}, NO_3^- 등이 환원된다.
③ Ⅲ단계(메탄생성축적단계) : 혐기성 단계이며 CH_4가 발생하기 시작한다.
④ Ⅳ단계(정상적인혐기단계) : 정상적인 혐기단계 CH_4와 CO_2의 함량이 거의 일정하다. (CH_4 55%, CO_2 45%로 구성)

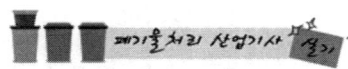

16. 침출수의 발생량에 미치는 영향인자 4가지를 서술하시오.

명쾌한 풀이

① 강우량 ② 증발량 ③ 지하수량 ④ 침투수량

17. 열효율은 유효열과 공급열의 비로 나타내어 지는데, 이중 유효열에 대하여 설명하시오.

명쾌한 풀이

유효열이란 소각물 연소시 발생되는 열량과 손실되는 열량의 차이이며, 실제 사용 가능한 열을 의미한다.

18. 퇴비화를 진행단계에 따라 4단계로 구분하고 각 단계의 특징을 쓰시오.

명쾌한 풀이

① 제 1단계(전처리단계) : 선별과정과 적절한 입도(10 ~ 20mm)로 분쇄하는 과정
② 제 2단계(발효단계) : 호기성 및 혐기성공법을 이용하여 발효하는 단계
③ 제 3단계(양생단계) : 안정화를 위해 양생하는 단계
④ 제 4단계(마무리단계) : 선별이나 분쇄등을 통해 입경을 균일하게 하는 단계

19. 슬러지의 토양주입에 의한 처리시 발생할 수 있는 이점과 위해성에 대해 설명하시오.

명쾌한 풀이

(1) 이점
   ① 수분 보유력 증대
   ② 토양내 미생물 증가
(2) 위해성
   ① 병원균 및 중금속 물질의 위해성
   ② 유해화학물질의 위해성

※ 알림

최근기출문제는 수강생들의 도움으로 복원된 문제이므로 실제문제와 다소 차이가 있을 수 있음을 양지 바랍니다. 실기시험을 친 수험생은 실기문제를 복원하여 저자메일(kwe7002@hanmail.net)로 보내주시면 대단히 감사하겠습니다. 그리고 여러분은 환경자격증의 대표수험서를 만드는데 일조를 하시게 될 것입니다.

기출 복원문제
- 2017년 4월 시행

01 C_3H_8 1 Sm³을 공기과잉계수 1.1로 연소시킬 때 건조 연소가스량(Sm³)이 얼마인지 계산하시오.

$C_3H_8 + 5O_2 \rightarrow 3CO_2 + 4H_2O$ 에서

실제건연소가스량(Gd) $= (m - 0.21)A_o + CO_2$량(Sm^3/Sm^3)

$$= (1.1 - 0.21) \times \frac{5}{0.21} + 3 = 24.19 \, Sm^3/Sm^3$$

02 폐기물의 80% 이상을 4cm보다 작게 파쇄하고자 할 때 특성입자 크기(X_o)을 계산하시오. (단, Rosin-Rammler식 이용할 것, n = 1이다.)

$$Y = 1 - \exp\left[-\left(\frac{X}{X_o}\right)^n\right]$$

여기서, Y : 체하분율(%)　　　X : 폐기물 입자의 크기(cm)
　　　　X_o : 특성입자의 크기(cm)　　n : 상수

따라서, $0.80 = 1 - \exp\left[-\left(\frac{4\,cm}{X_o}\right)^1\right]$

$\therefore X_o = \dfrac{-4\,cm}{LN(1-0.80)} = 2.49\,cm$

03 탄소 85%, 수소 3%, 산소 10%, 황 2%를 함유하는 석탄 1kg을 연소할때 필요한 이론 산소량(Sm^3/kg)과 이론공기량(Sm^3/kg)을 계산하시오.

명쾌한 풀이

① 이론 산소량(Sm^3/kg) = $1.867C + 5.6\left(H - \dfrac{O}{8}\right) + 0.7S$

$= 1.867 \times 0.85 + 5.6 \times \left(0.03 - \dfrac{0.1}{8}\right) + 0.7 \times 0.02 = 1.70\,Sm^3/kg$

② 이론 공기량(Sm^3/kg) = 이론 산소량(Sm^3/kg) $\times \dfrac{1}{0.21}$

$= 1.70\,Sm^3/kg \times \dfrac{1}{0.21} = 8.10\,Sm^3/kg$

TIP

(1) 질량(kg/kg)으로 구하는 공식
① O_o(이론산소량) = $2.667C + 8\left(H - \dfrac{O}{8}\right) + 1S$
② A_o(이론공기량) = $\left\{2.667C + 8\left(H - \dfrac{O}{8}\right) + 1S\right\} \times \dfrac{1}{0.232}$

04 하수처리장에서 하루 1,000 m^3의 슬러지(비중 1.03, 비열 1.1 kcal/kg·℃, 25℃)가 발생되어 혐기성 소화조로 유입되어 처리된다. 혐기성 소화조는 중온소화(35℃)로 가동되는데 소화조의 열손실이 30%일 때 하루에 소요되는 열량(kcal)은 얼마인지 계산하시오.

명쾌한 풀이

소요되는 열량(kcal/day)

$= 1,000\,m^3/day \times 1,030\,kg/m^3 \times 1.1\,kcal/kg·℃ \times (35-25)℃ \times \dfrac{100}{70\%}$

$= 1.62 \times 10^7\,kcal/day$

TIP

① 비중(g/cm^3) $\times 10^3$ → 비중량(kg/m^3)
② 비중 1.03은 비중량 1,030 kg/m^3이다.

05 폐기물 성분 중 비가연성이 50wt(%)를 차지하고 있다. 밀도가 $480\,kg/m^3$인 폐기물이 $12\,m^3$일 경우 가연성 물질의 양(kg)을 계산 하시오.

명쾌한 풀이

가연성 물질의 양(kg)

$= 폐기물의\ 양(m^3) \times \dfrac{100 - 비가연성\ 함량(\%)}{100} \times 폐기물의\ 밀도(kg/m^3)$

$= 12\,m^3 \times \dfrac{100 - 50\%}{100} \times 480\,kg/m^3$

$= 2,880\,kg$

06 밀도가 $150\,kg/m^3$인 쓰레기 10톤을 압축비(CR)가 3이 되도록 압축하였다면 최종 부피(m^3)를 계산 하시오.

명쾌한 풀이

압축비 $= \dfrac{V_1}{V_2}$

여기서, V_1 : 압축전의 부피(m^3)

V_2 : 압축전의 부피(m^3)

따라서, $3 = \dfrac{10 \times 10^3\,kg \times \dfrac{1}{150\,kg/m^3}}{V_2}$

$\therefore V_2 = \dfrac{10 \times 10^3\,kg \times \dfrac{1}{150\,kg/m^3}}{3}$

$= 22.22\,m^3$

07 폐기물의 발열량을 측정하는 방법을 4가지를 쓰시오.

명쾌한 풀이

① 원소분석에 의한 방법
② 물리적 조성분석에 의한 방법
③ 단열열량계에 의한 방법
④ 쓰레기 조성에 의한 추정식 이용

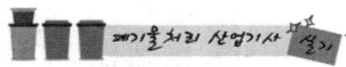

08. 다이옥신 독성등가 환산계수에 대해 간단히 서술하시오.

명쾌한 풀이

다이옥신 2,3,7,8 – TCDD의 독성을 1.0으로 하고 다른 다이옥신의 독성을 계수에 의해 나타낸 것을 말한다.

09. 적환장의 위치조건으로 적합한 곳 3가지를 서술하시오.

명쾌한 풀이

① 수거하고자 하는 개별적 고형물 발생지역의 하중 중심에 되도록 가까운 곳
② 주요 간선도로에 쉽게 도달할 수 있는 곳인 동시에 2차적 또는 보조 수송수단에 가까운 곳
③ 적환 작업중에 공중 및 환경피해가 최소인 곳
④ 설치 및 작업이 쉬운 곳
⑤ 주민의 반대가 적은 곳
⑥ 건설비와 운영비가 적게 들고 경제적인 곳

TIP
위 항목 중에서 3가지만 기술 하세요.

10. 파쇄의 효과 3가지를 서술하시오.

명쾌한 풀이

① 겉보기비중 증가　　　② 비표면적 증가
③ 입경분포의 균일화　　④ 고가금속 회수가능
⑤ 운반비의 저렴화　　　⑥ 폐기물 소각시 연소효율 증가

TIP
위 항목 중에서 3가지만 기술 하세요.

11 생활폐기물 매립지의 지반침하에 영향을 미치는 요인을 3가지만 쓰시오.

명쾌한 풀이

① 폐기물의 비균질성 ② 폐기물의 분해 ③ 침출수

12 와전류선별법을 이용하여 선별하는 경우 선별할 수 있는 자기적 및 전기적 특성을 간단히 설명하고, 해당되는 선별물질의 예를 4가지 쓰시오.

명쾌한 풀이

(1) 특성 : 연속적으로 변화하는 자장속에 비자성이며, 전기전도성이 좋은 구리, 알루미늄, 아연 등을 넣어 금속내에 소용돌이 전류를 발생시켜 생기는 반발력의 차를 이용하여 분리하는 방법이다.
(2) 선별물질 : ① 철금속(Fe) ② 비철금속(Al) ③ 비철금속(Cu) ④ 비철금속(Zn)

13 매립장에서 실시하는 복토의 목적을 4가지 쓰시오.

명쾌한 풀이

① 우수의 침투를 방지한다.
② 쓰레기 비산을 방지한다.
③ 화재를 예방한다.
④ 유해곤충이나 해충의 서식을 방지한다.
⑤ 악취를 방지한다.

TIP

위 항목 중에서 3가지만 기술 하세요.

14. LCA(Life Cycle Assessment)구성요소 4가지를 쓰시오.

명쾌한 풀이

① 목적 및 범위 설정 ② 목록작성
③ 영향평가 ④ 개선평가 및 해석

15. 연소실 내에서의 질소산화물 저감대책 5가지를 쓰시오.

명쾌한 풀이

① 저과잉공기량 연소법 ② 저온도연소법
③ 배기가스 재순환법 ④ 2단연소
⑤ 수증기 및 물분사

16. 해안매립공법의 종류 3가지를 서술하시오.

명쾌한 풀이

① 박층뿌림공법 : 개량된 지반이 붕괴될 위험이 있을 때 밑면이 뚫린 바지선을 이용하여 쓰레기를 박층으로 떨어뜨려 뿌려주어 바닥의 지반하중을 균등하게 하기 위해 사용하는 방법이다.
② 순차투입공법 : 호안측으로부터 순차적으로 쓰레기를 투입하여 육지화하는 방법이다.
③ 수중투기공법 및 내수배제공법 : 호 안에 해수를 그대로 둔 채 폐기물을 투기 하거나, 매립전에 내수를 배제시킨 후 폐기물을 매립하는 방법이다.

※ 알림
최근기출문제는 수강생들의 도움으로 복원된 문제이므로 실제문제와 다소 차이가 있을 수 있으며, 실제시험 문제수 보다 부족할 수 있음을 양지 바랍니다.
실기시험을 친 수험생은 실기문제를 복원하여 저자메일(kwe7002@hanmail.net)로 보내주시면 대단히 감사하겠습니다. 그리고 여러분은 환경자격증의 대표수험서를 만드는데 일조를 하시게 될 것입니다.

기출복원문제
— 2017년 6월 시행

01 인구수가 20만명인 어떤 도시에서 쓰레기 발생량이 1.5 kg/인·일 이고, 발생되는 쓰레기를 인부 50명이 수거 운반할 때의 MHT를 계산하시오. (단, 1일 8시간 작업한다.)

명쾌한 풀이

$$MHT = \frac{수거인부수 \times 작업시간}{쓰레기 수거실적}$$

$$= \frac{50인 \times 8\,hr/day}{1.5\,kg/인·일 \times 200,000인 \times 10^{-3}\,ton/kg} = 1.33\,MHT$$

02 1일 폐기물 발생량이 30ton인 어느 도시의 폐기물을 65% 압축하여 이를 깊이 4m인 도랑의 바닥면으로부터 2.5m 높이로 매립할 경우 년간 필요한 매립지의 면적(m^2)을 구하시오. (단, 밀도 500 kg/m^3, 1년은 365일로 계산한다.)

명쾌한 풀이

$$매립면적(m^2/년) = \frac{폐기물\ 발생량(kg/년) \times (1-부피감소율)}{폐기물\ 밀도(kg/m^3) \times 매립고(m)}$$

$$= \frac{30\,ton/day \times 10^3\,kg/ton \times (1-0.65) \times 365\,day/년}{500\,kg/m^3 \times 2.5\,m}$$

$$= 3,066\,m^2/년$$

03 폐기물공정시험기준상 폐기물의 시료를 원추4분법을 이용하여 축소하고자 한다. 축소 작업을 3회한 경우 줄어든 시료의 양(g)을 계산하시오.

명쾌한 풀이

줄어든 시료의 양(g) $= \left(\frac{1}{2}\right)^n = \left(\frac{1}{2}\right)^3 = \frac{1}{8}$

여기서, n은 축소작업 횟수

04 해안매립공법의 종류 3가지를 서술하시오.

> **명쾌한 풀이**
>
> ① 박층뿌림공법 : 개량된 지반이 붕괴될 위험이 있을 때 밑면이 뚫린 바지선을 이용하여 쓰레기를 박층으로 떨어뜨려 뿌려주어 바다의 지반하중을 균등하게 하기 위해 사용하는 방법이다.
> ② 순차투입공법 : 호안측으로부터 순차적으로 쓰레기를 투입하여 육지화 하는 방법이다.
> ③ 수중투기공법 및 내수배제공법 : 호 안에 해수를 그대로 둔 채 폐기물을 투기 하거나, 매립전에 내수를 배제시킨 후 폐기물을 매립하는 방법이다.

05 폐기물을 고형물의 함량에 따라서 나눌 때 분류기준을 쓰시오.

> **명쾌한 풀이**
>
> ① 액상폐기물 : 고형물의 함량이 5% 미만
> ② 반고상폐기물 : 고형물의 함량이 5% 이상 15% 미만
> ③ 고상폐기물 : 고형물의 함량이 15% 이상

06 퇴비화의 영향인자 중 C/N비에 대한 설명이다. 다음 조건에서 발생하는 현상을 1가지씩 쓰시오.

(가) C/N비가 80이상인 경우

(나) C/N비가 20이하인 경우

> **명쾌한 풀이**
>
> (가) C/N비가 80이상인 경우 : 질소함량이 부족하여 퇴비화가 잘 되지 않고, 퇴비화에 걸리는 시간도 길어진다.
> (나) C/N비가 20이하인 경우 : 암모니아 가스가 발생하여 퇴비화 과정 중 악취가 발생된다.

07 합성차수막의 종류 4가지를 쓰고 장점 2가지씩을 각각 쓰시오.

명쾌한 풀이

① CR : 대부분의 화학물질에 대한 저항성이 높다. 마모 및 기계적 충격에 강하다.
② PVC : 강도가 크다.
　　　　 접합이 용이하다.
③ CSPE : 접합이 용이하다.
　　　　　 미생물에 강하다.
④ HDPE & LDPE : 대부분의 화학물질에 대한 저항성이 높다.
　　　　　　　　　 온도에 대한 저항성이 높다.

08 생활폐기물을 소각처리할 때 다이옥신의 발생량을 저감시킬 수 있는 방법 4가지를 기술하시오.

명쾌한 풀이

① 로내 온도를 1000℃이상으로 운전하여 다이옥신 성분 발생량을 최소화한다.
② 배기가스 conditioning시 칼슘 및 활성탄분말 투입시설을 설치하여 다이옥신과 반응후 집진함으로써 줄일 수 있다.
③ 유기염소계 화합물(PVC 제품류) 반입을 제한한다.
④ 페인트가 칠해져 있거나 페인트로 처리된 목재, 가구류 반입을 억제 제한한다.

09 연소온도에 영향을 미치는 요인 4가지를 쓰시오.

명쾌한 풀이

① 산소의 농도　　② 발열량　　③ 압력　　④ 과잉공기계수

10 소각로의 완전연소 조건(3T)을 쓰시오.

명쾌한 풀이

① 충분한 체류시간(Time)　　② 충분한 난류(Turbulence)
③ 적당한 온도(Temperature)

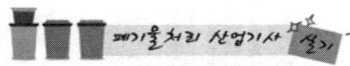

> ※ 알림
> 최근기출문제는 수강생들의 도움으로 복원된 문제이므로 실제문제와 다소 차이가 있을 수 있으며, 실제시험 문제수 보다 부족할 수 있음을 양지 바랍니다.
> 실기시험을 친 수험생은 실기문제를 복원하여 저자메일(kwe7002@hanmail.net)로 보내주시면 대단히 감사하겠습니다. 그리고 여러분은 환경자격증의 대표수험서를 만드는데 일조를 하시게 될 것입니다.

기출복원문제
- 2017년 11월 시행

01 슬러지 반송율을 25% 반송슬러지 농도를 10,000mg/L 일 때 포기조의 MLSS도를 계산 하시오. (단, 유입 SS농도를 고려하지 않음)

명쾌한 풀이

반송비(R) = $\dfrac{MLSS - SS_i}{SS_r - MLSS}$ 여기에서 유입수 SS 무시하면

R = $\dfrac{MLSS}{SS_r - MLSS}$ 가 되고 $SS_r = SS_w$ 이다.

따라서, $0.25 = \dfrac{MLSS}{10,000 mg/L - MLSS}$

MLSS = 2,000 mg/L

02 어떤 도시에서 발생되는 쓰레기를 인부 500명이 수거운반할 때의 MHT를 계산하시오. (단, 1일 8시간 작업, 연간수거실적은 150,000ton, 휴가일수 65일/년·인이다.)

명쾌한 풀이

MHT = $\dfrac{\text{수거인부수} \times \text{작업시간}}{\text{쓰레기 수거실적}}$

= $\dfrac{500\text{인} \times 8\,hr/day \times 300\,day/\text{년}}{150,000\,ton/\text{년}}$ = 8 MHT

03 고형폐기물의 처리시 1kg의 포도당($C_6H_{12}O_6$) 성분의 폐기물이 혐기성 분해를 한다면 이론적 메탄가스의 체적(Sm^3)을 계산하시오. (표준상태 기준)

명쾌한 풀이

$C_6H_{12}O_6 \rightarrow 3CO_2 + 3CH_4$

180kg : $3 \times 22.4\,Sm^3$

1kg : $X(CH_4)$

$\therefore X(CH_4) = \dfrac{1\,kg \times 3 \times 22.4\,Sm^3}{180\,kg}$

$= 0.37\,Sm^3$

04 인구 100,000명인 어느 지역에서 1인 1일 1.2kg의 폐기물이 발생되고 있다. 발생되는 폐기물의 수거율이 90%이고 수거에 사용되는 트럭 1대의 용적은 $8\,m^3$일 때 수거에 필요한 청소차량 대수를 계산하시오. (단, 폐기물의 적재밀도는 $0.45\,ton/m^3$, 차량은 1일 2회 운행, 예비차량은 2대이다.)

명쾌한 풀이

청소차량 대수(대) = $\dfrac{\text{폐기물의 총 발생량}(m^3/일) \times 수거율}{\text{차량의 적재용량}(m^3/대)}$ + 예비차량

$= \dfrac{1.2\,kg/인\cdot일 \times 100,000인 \times \dfrac{1}{450\,kg/m^3} \times 0.90}{8\,m^3/1회\cdot1대 \times 2회/1일} + 2 = 17대$

05 질량 100톤, 밀도 $700\,kg/m^3$인 폐기물을 밀도 $1200\,kg/m^3$로 압축 하였을 때 부피 감소율(%)을 계산하시오.

명쾌한 풀이

부피감소율(%) = $\left(1 - \dfrac{V_2}{V_1}\right) \times 100$

여기서 V_1 : 압축전의 부피(m^3) V_2 : 압축후의 부피(m^3)

$V_1 = 100\,ton \times \dfrac{1}{0.70\,ton/m^3} = 142.857\,m^3$

$$V_2 = 100\,\text{ton} \times \frac{1}{1.2\,\text{ton/m}^3} = 83.333\,\text{m}^3$$

따라서, 부피감소율(%) $= \left(1 - \dfrac{V_2}{V_1}\right) \times 100 = \left(1 - \dfrac{83.333\,\text{m}^3}{142.857\,\text{m}^3}\right) \times 100 = 41.67\%$

06 매립지 사후관리항목을 4가지 쓰시오.

① 우수배제시설 설치 및 관리
② 침출수 관리
③ 발생가스 관리
④ 지하수 오염도 조사

07 폐기물 파쇄에 작용하는 힘을 3가지만 쓰시오.

① 충격력　　② 압축력　　③ 전단력

08 합성차수막의 종류 5가지를 서술하시오.

① CR　　　　　　　② PVC
③ CSPE　　　　　　④ HDPE&LDPE
⑤ EPDM　　　　　　⑥ CPE

09 매립장에서 실시하는 복토의 목적을 4가지 쓰시오.

① 우수의 침투를 방지한다.　　② 쓰레기 비산을 방지한다.
③ 화재를 예방한다.　　　　　④ 유해곤충이나 해충의 서식을 방지한다.
⑤ 악취를 방지한다.

10 쓰레기의 수집 시스템 중에서 관거(Pipe-line) 수송방식의 종류 3가지를 쓰시오.

> **명쾌한 풀이**
> ① 공기수송
> ② 슬러리수송
> ③ 캡슐수송

11 폐기물을 소각할 때 발생되는 질소산화물(NO_X)을 제거하는 방법 중 건식 배연탈질법이 있다. 건식 배연탈질법의 종류를 3가지 쓰고 간단히 설명하시오.

> **명쾌한 풀이**
> ① 선택적 촉매환원법 : 배기가스 중에 존재하는 산소와는 무관하게 질소산화물(NO_X)을 촉매에 의해 선택적으로 환원시켜 질소분자와 물로 전환하는 방법이다.
> ② 선택적 무촉매환원법 : 촉매를 이용하지 않고 환원제에 의해서 고온에서 질소산화물(NO_X)을 선택적으로 환원하여 질소분자와 물로 전환하는 방법이다.
> ③ 접촉분해법 : NO가 함유된 배기가스를 산화 코발트(Co_3O_4)에 접촉시켜 N_2와 O_2로 분해시키는 방법이다.

12 소각로의 완전연소 조건(3T)을 쓰시오.

> **명쾌한 풀이**
> ① 충분한 체류시간(Time)
> ② 충분한 난류(Turbulence)
> ③ 적당한 온도(Temperature)

13. 전과정 평가(LCA)의 각 단계를 쓰고 간단히 기술하시오.

명쾌한 풀이

① 목적 및 범위의 설정(Initiation analysis) : 전과정 평가 연구결과의 이용분야를 고려하여 연구의 목적을 설정하고, 목적을 달성하기 위한 타당한 범위를 설정하는 단계이다.
② 목록분석(Inventory analysis) : 제품이나 서비스 시스템의 전과정에 관련된 투입물과 산출물을 규정하고 정량화하는 단계이다.
③ 영향평가(Impact analysis) : 환경부하에 대한 영향을 평가하는 기술적, 정량적, 정성적 과정이다.
④ 개선평가 및 해석(Improvement analysis) : 전과정 목록분석과 전과정 영향평가로부터 얻은 결과를 정의된 목적과 범위에 닿게 해석(결과보고)하는 과정이다.

14. 유해폐기물을 처리하는 고형화 처리방법 5가지를 기술하시오.

명쾌한 풀이

① 시멘트 기초법
② 석회 기초법
③ 자가시멘트법
④ 피막형성법
⑤ 열가소성 플라스틱법
⑥ 유리화법

15. 차수막의 재료인 점토의 차수막 적합조건을 쓰시오.

명쾌한 풀이

① 투수계수 : 10^{-7} cm/sec 미만
② 소성지수 : 10% 이상 30% 미만
③ 액성한계 : 30% 이상
④ 점토 및 미사토 함량 : 20% 이상
⑤ 자갈 함유량 : 10% 미만
⑥ 직경이 2.5cm 이상인 입자의 함유량 : 0%

16. 폐기물을 소각시 연소형태 3가지를 쓰시오.

명쾌한 풀이
① 표면연소
② 분해연소
③ 증발연소
④ 자기연소

17. 인공복토재로 복토할 경우 인공복토재의 고려인자 3가지를 쓰시오.

명쾌한 풀이
① 투수성이 낮아야 한다.
② 연소가 잘되지 않아야 한다.
③ 생분해가 가능해야 한다.
④ 살포가 용이해야 한다.
⑤ 미관상 좋아야 한다.

※ 알림

최근기출문제는 수강생들의 도움으로 복원된 문제이므로 실제문제와 다소 차이가 있을 수 있으며, 실제시험 문제수 보다 부족할 수 있음을 양지 바랍니다.

실기시험을 친 수험생은 실기문제를 복원하여 저자메일(kwe7002@hanmail.net)로 보내주시면 대단히 감사하겠습니다. 그리고 여러분은 환경자격증의 대표수험서를 만드는데 일조를 하시게 될 것입니다.

기출복원문제
– 2018년 4월 시행

01 폐기물 80%를 5cm보다 작게 파쇄하고자 할 때 특성입자의 크기(dp_2)를 계산하시오.
(단, Rosin-Rammler 모델 기준, $n = 1$이다.)

명쾌한 풀이

$$Y = 1 - \exp\left[-\left(\frac{dp_1}{dp_2}\right)^n\right]$$

여기서, dp_1 : 폐기굴 입자의 크기
dp_2 : 특성입자의 크기
n : 상수

따라서, $0.80 = 1 - \exp\left[-\left(\frac{5\,cm}{dp_2}\right)^1\right]$

∴ $dp_2 = \dfrac{-5\,cm}{LN(1-0.80)} = 3.11\,cm$

TIP

$$Y = 1 - \exp\left[-\left(\frac{dp_1}{dp_2}\right)^n\right]$$
$$\Rightarrow dp_2 = \frac{-dp_1}{LN(1-Y)}$$

02 평균 입경이 20cm인 폐기물을 입경 1cm가 되도록 파쇄 할 때 소요되는 에너지는 입경을 4cm로 파쇄 할 때 소요되는 에너지의 몇 배인지 계산하시오.
(단, Kick의 법칙 적용, $n = 1$)

명쾌한 풀이

Kick의 법칙에서 동력(E) $= C \ln\left(\dfrac{dp_1}{dp_2}\right)$

① $E_1 = C \ln\left(\dfrac{20\,cm}{1\,cm}\right) = C \ln 20$

② $E_2 = C \ln\left(\dfrac{20\,cm}{4\,cm}\right) = C \ln 5$

③ 소요에너지의 변화 $= \dfrac{E_1}{E_2} = \dfrac{C \ln 20}{C \ln 5} = 1.86$배

03

매립지 주변을 고려한 물 수지를 수집하려고 할 때 강수량(P), 증발산량(E), 유출량(R), 침출수량(L)만을 고려할 경우 우리나라의 연간 침출수량(mm)을 계산하시오. (단, 우리나라의 연간 강수량은 1,200mm, 연간 증발산량은 750mm, 유출량은 최악의 상태를 고려하여 0으로 가정한다.)

명쾌한 풀이

침출수량 = 강수량 − 증발산량 − 유출량 = 1,200mm − 750mm − 0 = 450mm

04

탄소 85%, 수소 11.3%, 황 2%, 질소 0.2%, 수분 1.5%로 조성된 중유를 연소할 때 실제습연소가스량(Sm^3/kg)을 계산하시오. (단, 공기과잉계수(m) = 1.2)

명쾌한 풀이

이론공기량(A_o) $= 8.89C + 26.67\left(H - \dfrac{O}{8}\right) + 3.33S\ (Sm^3/kg)$

$\quad\quad\quad\quad\quad\quad = 8.89 \times 0.85 + 26.67 \times 0.113 + 3.33 \times 0.02$

$\quad\quad\quad\quad\quad\quad = 10.6368\ Sm^3/kg$

실제습연소가스량(Gw)
$= mA_o + 5.6H + 0.7O + 0.8N + 1.244W\ (Sm^3/kg)$
$= 1.2 \times 10.6368\,Sm^3/kg + 5.6 \times 0.113 + 0.8 \times 0.002 + 1.244 \times 0.015\ (Sm^3/kg)$
$= 13.42\,Sm^3/kg$

05

용적 500m³인 슬러지 혐기성 소화조가 함수율 95%의 슬러지를 하루에 10m³를 소화시킨다면 이 소화조의 유기물 부하율(kg VS/m³·일)은 얼마인지 계산하시오.
(단, 무기물 비율이 40%, 슬러지 비중은 1 이다.)

명쾌한 풀이

유기물 부하율($kg\,VS/m^3 \cdot day$)

$$= \frac{10\,m^3/day \times 1,000\,kg/m^3 \times (1-0.95) \times (1-0.40)}{500\,m^3}$$

$$= 0.6\,kg\,VS/m^3 \cdot day$$

TIP

① 고형물(TS) = 100 − 함수율(P) = (100 − 95%) = (1 − 0.95)
② 슬러지 비중 1.0 = 1,000 kg/m³
③ 고형물(TS) = 유기물(VS) + 무기물(FS)
④ 유기물(VS) = 100 − 40% = 60%

06

어떤 도시에서 1일 50톤의 폐기물이 발생되었고 이 때 밀도가 400 kg/m³이었다. 3m 깊이인 도랑식(trench)으로 매립하고자 할 때 1년 동안 필요한 부지면적(m²)을 계산하시오. (단, 매립 시 압축에 따른 쓰레기 부피감소율은 50%로 한다.)

명쾌한 풀이

매립면적(m²/년) = $\dfrac{\text{폐기물 발생량}(kg/\text{년}) \times (1 - \text{부피감소율})}{\text{폐기물 밀도}(kg/m^3) \times \text{매립지 깊이}(m)}$

$$= \frac{50\,ton/day \times 10^3 kg/ton \times (1-0.5) \times 365\,day/\text{년}}{400\,kg/m^3 \times 3m}$$

$$= 7,604.17\,m^2/\text{년}$$

07. 저위발열량이 7,000kcal/Sm³의 가스연료의 이론연소온도(℃)를 계산하시오. (단, 이론연소가스량은 20Sm³/Sm³, 연료연소가스의 평균정압비열 0.35kcal/Sm³·℃, 기준온도는 15℃, 공기는 예열하지 않으며, 연소가스는 해리되지 않는다.)

명쾌한 풀이

$$t_2 = \frac{Hl}{G \times C} + t_1$$

여기서, Hl : 저위발열량($kcal/Sm^3$)
　　　　G : 이론연소가스량(Sm^3/Sm^3)
　　　　C : 평균정압비열($kcal/Sm^3 \cdot ℃$)
　　　　t_2 : 이론연소온도(℃)
　　　　t_1 : 기준온도(℃)

따라서 $t_2 = \dfrac{7,000kcal/Sm^3}{20Sm^3/Sm^3 \times 0.35kcal/Sm^3 \cdot ℃} + 15℃ = 1,015℃$

08. 유해 폐기물이 1차 반응식에 따라 감소한다. 속도상수가 0.0693/hr일 때 반감기 사용시간(hr)을 계산하시오.

명쾌한 풀이

반감기 반응식 : $\ln\dfrac{1}{2} = -k \times t$

여기서, k : 상수
　　　　t : 시간

따라서, $\ln\dfrac{1}{2} = -0.0693/hr \times t$

∴ $t = \dfrac{\ln\dfrac{1}{2}}{-0.0693/hr} = 10\,hr$

TIP

① 반감기 반응식
　$\ln\dfrac{1}{2} = -k \times t$
② 1차 반응식
　$\ln\dfrac{C_t}{C_o} = -k \times t$

09. 생물학적 매립구조 5가지를 쓰시오.

명쾌한 풀이

① 호기성매립　　　　　② 준호기성매립
③ 혐기성매립　　　　　④ 혐기성위생매립
⑤ 개량형 혐기성위생매립

10. 다음은 유동층 소각로에 대한 설명이다. 물음에 답하시오.

(가) 유동층 소각로가 다른 소각로에 비해 전처리가 필요한데 전처리의 종류를 쓰시오.
(나) 유동층 소각로에 적용되는 폐기물을 쓰시오.
(다) 유동층 소각로의 단점을 3가지 쓰시오.

명쾌한 풀이

(가) 전처리 종류 : 파쇄
(나) 적용 폐기물 : 고형 폐기물, 액상 폐기물, 슬러지류
(다) ① 로내로 투입 전 파쇄 등의 전처리가 필요하다.
　　 ② 상(床)으로부터 찌꺼기 분리가 어렵다.
　　 ③ 유동매체의 손실로 인한 보충이 필요하다.

11. 슬러지 개량의 목적과 개량방법 3가지를 각각 쓰시오.

명쾌한 풀이

(1) 슬러지 개량의 목적
　　① 슬러지의 탈수성을 향상시킨다.
　　② 탈수시 약품소모량을 줄인다.
　　③ 탈수시 소요동력을 줄인다.
　　④ 슬러지를 안정화시킨다.

(2) 슬러지의 개량방법
　　① 슬러지 세정법
　　② 약품처리법
　　③ 열 처리법
　　④ 생물학적 처리법

12 폐기물의 효율적 처리 및 관리차원에서 이용되는 용어 중 3P, 3R, 3T의 영어와 그 뜻을 쓰시오.

(가) 3P
(나) 3R
(다) 3T

> **명쾌한 풀이**

(가) 3P : ① Polluter(오염자)
② Pays(비용)
③ Principles(원칙)

(나) 3R : ① Recycle(재활용)/Reuse(재이용)
② Reduction(감량화)
③ Recovery(회수 이용)

(다) 3T : ① Temperature(높은 연소온도)
② Time(적당한 연소시간)
③ Turbulence(가연물과 공기의 혼합)

13 화격자 소각로의 종류를 쓰시오.

> **명쾌한 풀이**

① 이동식 화격자
② 복동식 화격자
③ 흔들이식 화격자

14 화격자식(Stoker) 소각로의 정의를 쓰시오.

> **명쾌한 풀이**

도시 생활폐기물의 소각에 주로 사용되며, 소각로내에 고정화격자와 가동화격자를 설치하여 이 위에 폐기물을 올려서 태우는 방식을 이용하는 소각로이다.

15. 탈수공정 4가지를 쓰시오.

명쾌한 풀이

① 원심분리법
② 필터프레스법
③ 진공탈수법
④ 가압탈수법

16. 매립의 장점과 단점을 3가지씩 쓰시오.

명쾌한 풀이

(장점) ① 연료로 사용할 수 있는 메탄가스가 발생한다.
② 매립에 비용이 적게 소요된다.
③ 매립에 고도의 기술을 요구하지 않는다.

(단점) ① 침출수의 발생으로 지하수가 오염된다.
② 복토재가 필요하다.
③ 매립지 지반의 침하가 발생한다.

17. 고위발열량과 저위발열량의 차이의 기준을 쓰시오.

명쾌한 풀이

수분의 증발잠열

18 퇴비화의 영향인자 중 C/N비에 대한 설명이다. 다음 물음에 답하시오

(가) C/N비가 80 이상인 경우
(나) C/N비가 20 이하인 경우

명쾌한 풀이

(가) C/N비가 80 이상인 경우
   질소함량이 부족하여 퇴비화가 잘 되지 않고, 퇴비화에 걸리는 시간도 길어진다.

(나) C/N비가 20 이하인 경우
   질소원 손실이 커서 비료효과가 저하될 가능성이 높고, 암모니아 가스가 발생하여 퇴비화 과정 중 좋지 않은 냄새가 발생된다.

※ 알림

최근기출문제는 수강생들의 도움으로 복원된 문제이므로 실제문제와 다소 차이가 있을 수 있으며, 실제시험 문제수 보다 부족할 수 있음을 양지 바랍니다.
실기시험을 친 수험생은 실기문제를 복원하여 저자메일(kwe7002@hanmail.net)로 보내주시면 대단히 감사하겠습니다. 그리고 여러분은 환경자격증의 대표수험서를 만드는데 일조를 하시게 될 것입니다.

기출복원문제
— 2018년 7월 시행

01 쓰레기를 100톤 소각하였을 때 남은 재의 질량이 소각전 쓰레기 질량의 20wt%이고 재의 용적이 16m³이라면 재의 밀도(kg/m³)를 계산하시오.

명쾌한 풀이

$$재의\ 밀도(kg/m^3) = \frac{재의\ 질량(kg)}{재의\ 용적(m^3)}$$

$$= \frac{100 \times 10^3 kg \times 0.20}{16m^3} = 1,250 kg/m^3$$

TIP

$100 ton = 100 \times 10^3 kg = 100,000 kg$

02 폐기물의 조성을 분석한 결과 C : 23%, H : 5%, O : 17%, 기타 불연성 물질이 55%이었다. 폐기물 1ton을 연소시킬 때 필요한 이론공기량을(ton)을 계산하시오.

명쾌한 풀이

① 이론산소량(ton/ton)을 계산한다.

$$O_o(이론산소량) = \frac{32ton}{12ton}C + \frac{16ton}{2ton}\left(H - \frac{O}{8}\right) + \frac{32ton}{32ton}S(ton/ton)$$

$$= \frac{32ton}{12ton} \times 0.23 + \frac{16ton}{2ton} \times \left(0.05 - \frac{0.17}{8}\right) = 0.8433 ton/ton$$

② A_o(이론공기량) $= O_o$(이론산소량) $\times \dfrac{1}{0.232}$

$$= 0.8433 ton/ton \times \frac{1}{0.232} = 3.64 ton/ton$$

> **TIP**
>
> 질량(kg/kg) 계산식
> ① 이론산소량 = $2.667C + 8\left(H - \dfrac{O}{8}\right) + 1S$
> ② 이론공기량 = $\left\{2.667C + 8\left(H - \dfrac{O}{8}\right) + 1S\right\} \times \dfrac{1}{0.232}$

03 직경이 5.0m인 트롬멜 스크린의 임계속도(rpm)를 계산하시오.

명쾌한 풀이

$$N_c = \sqrt{\dfrac{g}{4\pi^2 r}} \times 60$$

여기서, N_c : 임계속도(rpm)
  g : 중력가속도($9.8\text{m}/\sec^2$)
  r : 스크린 반경(m)

따라서, $N_c = \sqrt{\dfrac{9.8\text{m}/\sec^2}{4 \times \pi^2 \times 2.5\text{m}}} \times 60 = 18.91\,\text{rpm}$

> **TIP**
>
> ① rpm = 회/min
> ② rpm = 회/sec × 60sec/min
> ③ 반경(r) = $\dfrac{\text{직경(m)}}{2}$
> ④ 최적속도(N_s) = 임계속도(N_c) × 0.45

04 폐기물 80%를 5cm보다 작게 파쇄하고자 할 때 특성입자의 크기(dp_2)를 계산하시오. (단, Rosin-Rammler 모델 기준, n = 1 이다.)

명쾌한 풀이

$$Y = 1 - \exp\left[-\left(\frac{dp_1}{dp_2}\right)^n\right]$$

여기서, dp_1 : 폐기물 입자의 크기
dp_2 : 특성입자의 크기
n : 상수

따라서, $0.80 = 1 - \exp\left[-\left(\frac{5\,cm}{dp_2}\right)^1\right]$

$\therefore dp_2 = \dfrac{-5\,cm}{LN(1-0.80)} = 3.11\,cm$

TIP

$$Y = 1 - \exp\left[-\left(\frac{dp_1}{dp_2}\right)^r\right]$$
$$\Rightarrow dp_2 = \frac{-dp_1}{LN(1-Y)}$$

05 다음 조성을 가진 분뇨와 음식물을 질량비 3:5로 혼합 처리시 C/N비(탄질소비)를 계산하시오.

구 분	함수율	유기탄소량/TS	총질소량/TS
분뇨	95%	40%	20%
음식물	35%	87%	5%

명쾌한 풀이

$$C/N비 = \frac{탄소량}{질소량} = \frac{(1-0.95)\times 0.4 \times \frac{3}{8} + (1-0.35)\times 0.87 \times \frac{5}{8}}{(1-0.95)\times 0.2 \times \frac{3}{8} + (1-0.35)\times 0.05 \times \frac{5}{8}} = 15$$

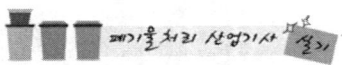

> **TIP**
> ① 고형물(TS) = 100 − 함수율(%)
> ② 분뇨의 고형물 = 100 − 95% = (1 − 0.95)
> ③ 음식물의 고형물 = 100 − 35% = (1 − 0.35)
> ④ 분뇨와 음식물의 비가 3 : 5이므로 분뇨는 $\frac{3}{3+5}$이고, 음식물은 $\frac{5}{3+5}$이다.

06 이론 공기량을 사용하여 C_4H_{10}을 완전 연소시킨다면 발생되는 건 연소가스 중의 $(CO_2)_{max}\%$를 계산하시오.

$C_4H_{10} + 6.5O_2 \rightarrow 4CO_2 + 5H_2O$

① God(이론건연소가스량) $= (1-0.21)A_o + CO_2량(Sm^3/Sm^3)$
$= (1-0.21) \times \frac{6.5}{0.21} + 4 = 28.4524\,Sm^3/Sm^3$

② $CO_2량 = CO_2$ 개수 $= 4\,Sm^3/Sm^3$

③ $CO_{2max}(\%) = \frac{CO_2량}{God} \times 100 = \frac{4\,Sm^3/Sm^3}{28.4524\,Sm^3/Sm^3} \times 100 = 14.06\%$

> **TIP**
> ① CO_{2max}는 이론건연소가스량(God) 기준
> ② Sm^3/Sm^3 = 부피비 = 개수비
> ③ 완전연소 반응식 : $C_mH_n + \left(m+\frac{n}{4}\right)O_2 \rightarrow mCO_2 + \frac{n}{2}H_2O$

07. 화격자 소각로의 연소능력이 $250 kg/m^2 \cdot h$ 이며, 쓰레기량이 30톤/일이다. 1일 8시간 소각할 때 화격자의 면적(m^2)을 계산하시오.

명쾌한 풀이

화격자 소각로의 연소능력($kg/m^2 \cdot hr$) = $\dfrac{쓰레기량(kg/hr)}{화격자의 면적(m^2)}$

따라서, $250 kg/m^2 \cdot hr = \dfrac{30,000 kg/일 \times 1일/8hr}{화격자의 면적(m^2)}$

∴ 화격자의 면적 = $\dfrac{30,000 kg/일 \times 1일/8hr}{250 kg/m^2 \cdot hr} = 15 m^2$

TIP
① 쓰레기량 = 30톤/일 = 30,000kg/일
② 1일 소각시간이 주어지지 않으면 24시간을 기준으로 한다.

08. 도시폐기물을 처리할 때 파쇄의 목적을 쓰고, 효과를 5가지 쓰시오.

명쾌한 풀이

(1) 파쇄의 목적 : 폐기물을 미세하고 균일하게 하는 것.
(2) 파쇄처리의 효과
   ① 겉보기 비중 증가   ② 비표면적 증가
   ③ 폐기물 소각시 연소효율 증가   ④ 고가금속 회수가능
   ⑤ 입경분포의 균일화

09. 유기물질로부터 에너지를 회수할 수 있는 방법을 3가지 쓰시오.

명쾌한 풀이

① 소각에 의한 열회수
② 혐기성소화시 발생하는 메탄가스 회수
③ 고형화연료(RDF)로 회수

10 매립지 사후관리항목을 4가지 쓰시오.

> 명쾌한 풀이
>
> ① 우수배제시설 설치 및 관리　② 침출수 관리
> ③ 발생가스 관리　　　　　　　④ 지하수 오염도 조사

11 화격자 소각로에서 발생하는 고온부식은 국부적 연소를 하는 장소에서 발생한다. 방지법 4가지를 쓰시오.

> 명쾌한 풀이
>
> ① 내열성 및 내식성 재료를 사용한다.
> ② 부식성 가스를 제거한다.
> ③ 금속표면 온도를 낮춘다.
> ④ 금속표면을 피복한다.

12 쓰레기를 배출할 때 일원분리에서 다원분리로 전환하고자 할 때 조치사항 3가지를 쓰시오.

> 명쾌한 풀이
>
> ① 쓰레기 분리배출 유도
> ② 경제적 유인책의 실시
> ③ 분리수거함 설치

13 매립장에서 발생되는 이산화탄소(CO_2)의 제거방법 3가지를 쓰시오.

> 명쾌한 풀이
>
> ① 막분리법
> ② 흡착법
> ③ 흡수법

14. 관거(pipe-line)방식의 장점을 3가지 쓰시오.

명쾌한 풀이

① 자동화, 무공해화, 안전화가 가능하다.
② 쓰레기가 눈에 띄지 않는다.
③ 분진, 악취, 소음, 진동 등의 문제가 없다.

15. 합성차수막인 고밀도폴리에틸렌(HDPE)의 장점을 4가지만 쓰시오.

명쾌한 풀이

① 대부분의 화학물질에 대한 저항성이 높다.
② 접합상태가 양호하다.
③ 온도에 대한 저항성이 높다.
④ 강도가 높다.

16. 슬러지 중에 함유된 수분형태 4가지를 쓰시오.

명쾌한 풀이

① 간극수(간극모관결합수)
② 모관결합수
③ 부착수(표면부착수)
④ 내부수

17. 폐기물공정시험기준상 총칙에 대한 내용 중 폐기물을 액상폐기물, 반고상폐기물, 고상폐기물로 나눈다. 고형물 함량에 따라 구분하시오.

명쾌한 풀이

① 액상폐기물 : 고형물의 함량이 5% 미만
② 반고상폐기물 : 고형물의 함량이 5% 이상 15% 미만
③ 고상폐기물 : 고형물의 함량이 15% 이상

18 압축비(CR)와 부피감소율(VR)의 관계를 식으로 설명하고, 세로축을 압축비(CR), 가로축을 부피감소율(VR)로 하여 두 인자의 상관관계를 그래프로 도식하시오.

명쾌한 풀이

① CR과 VR의 관계식

$$VR(부피감소율) = \left(1 - \frac{V_2}{V_1}\right) \times 100 = \left\{1 - \frac{1}{\left(\frac{V_1}{V_2}\right)}\right\} \times 100 = \left(1 - \frac{1}{CR}\right) \times 100$$

여기서, V_1 : 압축 전 부피
V_2 : 압축 후 부피
$CR(압축비) = \dfrac{V_1}{V_2}$

② CR과 VR의 관계 그래프

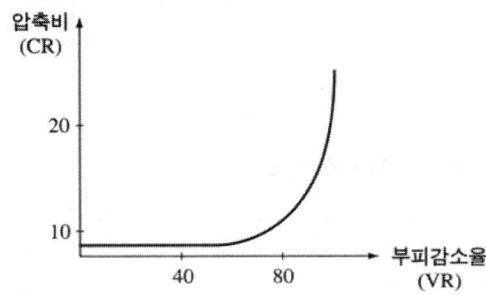

TIP

부피감소율(VR)이 증가함으로써 압축비(CR)는 서서히 증가하기 시작하여 부피감소율이 80% 이상이 되면 급격히 증가하게 된다.

※ 알림

최근기출문제는 수강생들의 도움으로 복원된 문제이므로 실제문제와 다소 차이가 있을 수 있으며, 실제시험 문제수 보다 부족할 수 있음을 양지 바랍니다.

실기시험을 친 수험생은 실기문제를 복원하여 저자메일(kwe7002@hanmail.net)로 보내주시면 대단히 감사하겠습니다. 그리고 여러분은 환경자격증의 대표수험서를 만드는데 일조를 하시게 될 것입니다.

기출복원문제
- 2018년 11월 시행

01 함수율이 50%인 쓰레기를 건조시켜 함수율 20%인 쓰레기를 만들려면 쓰레기 1ton당 수분 증발량(kg)을 계산하시오. (단, 쓰레기 비중은 1.0으로 가정한다.)

명쾌한 풀이

① $W_1 \times (100 - P_1) = W_2 \times (100 - P_2)$

여기서, W_1 : 건조 전 쓰레기량(kg)
W_2 : 건조 후 쓰레기량(kg)
P_1 : 건조 전 함수율(%)
P_2 : 건조 후 함수율(%)

따라서, $1,000 \text{kg} \times (100 - 50) = W_2 \times (100 - 20)$

∴ $W_2 = \dfrac{1,000 \text{kg} \times (100 - 50)}{(100 - 20)} = 625 \text{kg}$

② 수분 증발량 $= W_1 - W_2 = 1,000 \text{kg} - 625 \text{kg} = 375 \text{kg}$

TIP

슬러지 공식
① $W_1 \times (100 - P_1) = W_2 \times (100 - P_2)$
② $W_1 \times TS_1 = W_2 \times TS_2$
③ $TS_1 = 100 - P_1$
④ $TS_2 = 100 - P_2$

02. 고화처리 후 질량은 2배 증가하고, 부피는 1.5배 증가 했을 때 다음 물음에 답하시오.

(1) 혼합율을 계산하시오.

(2) 부피변화율을 계산하시오.

명쾌한 풀이

(1) 혼합율을 계산한다.

$$VCF = (1 + MR) \times \frac{\rho_1}{\rho_2}$$

여기서, VCF : 부피 변화율
MR : 혼합율
ρ_1 : 고화처리 전 폐기물의 밀도
ρ_2 : 고화처리 후 폐기물의 밀도

따라서, $1.5 = (1 + MR) \times \frac{1}{2}$

∴ MR = 2

(2) 부피변화율을 계산한다.

$$부피변화율(VCF) = (1 + MR) \times \frac{\rho_1}{\rho_2} = (1+2) \times \frac{1}{2} = 1.5$$

03. 침출수에 함유되어 있는 수은 5mg/L를 활성탄 흡착법으로 처리하여 0.05mg/L로 방류하고자 한다. 이때 소요되는 활성탄 흡착제의 양(mg/L)을 계산하시오.
(단, Freundlich식을 이용하고 K=0.5, n=1이다.)

명쾌한 풀이

$$\frac{X}{M} = K \cdot C^{\frac{1}{n}} \Rightarrow \frac{(C_i - C_o)}{M} = K \cdot C_o^{\frac{1}{n}}$$

따라서, $\dfrac{(5\,mg/L - 0.05\,mg/L)}{M} = 0.5 \times (0.05\,mg/L)^{\frac{1}{1}}$

∴ $M = \dfrac{(5\,mg/L - 0.05\,mg/L)}{0.5 \times (0.05\,mg/L)^{\frac{1}{1}}} = 198\,mg/L$

04 소각로 내의 열부하가 50,000kcal/m³·hr이며 쓰레기의 발열량이 1,400kcal/kg이다. 쓰레기의 양이 10,000kg/day이라고 하면 소각로의 부피(m³)를 계산하시오. (단, 1일 8시간 가동)

명쾌한 풀이

소각로내의 열부하(kcal/m³·hr) = $\dfrac{\text{발열량(kcal/kg)} \times \text{쓰레기의 양(kg/hr)}}{\text{소각로의 부피(m³)}}$

따라서 $50,000\text{kcal/m}^3 \cdot \text{hr} = \dfrac{1,400\text{kcal/kg} \times 10,000\text{kg/day} \times 1\text{day/8hr}}{\text{소각로의 부피(m}^3)}$

∴ 소각로의 부피 = $\dfrac{1,400\text{kcal/kg} \times 10,000\text{kg/day} \times 1\text{day/8hr}}{50,000\text{kcal/m}^3 \cdot \text{hr}} = 35\text{m}^3$

05 함수율이 20%인 5kg의 쓰레기를 건조하여 처리한다. 증발된 수분량이 600g일 경우 건조 후 함수율(%)을 계산하시오.

명쾌한 풀이

$W_1 \times (100 - P_1) = W_2 \times (100 - P_2)$

여기서, W_1 : 건조 전 쓰레기량(kg)
  P_1 : 건조 전 함수량(%)
  W_2 : 건조 후 쓰레기량(kg)
  P_2 : 건조 후 함수량(%)

여기서, $W_2 = W_1 -$ 증발된 수분량 $= 5\text{kg} - 0.6\text{kg} = 4.4\text{kg}$

따라서, $5\text{kg} \times (100 - 20) = 4.4\text{kg} \times (100 - P_2)$

∴ $P_2 = 100 - \left(\dfrac{5\text{kg} \times (100-20)}{4.4\text{kg}}\right) = 9.09\%$

TIP

① $W_1 \times (100-P_1) = W_2 \times (100-P_2)$

② $W_2 = \dfrac{W_1 \times (100-P_1)}{(100-P_2)}$

③ $P_2 = 100 - \left\{\dfrac{W_1 \times (100-P_1)}{W_2}\right\}$

06 아래의 표를 이용하여 예상 매립년수가 10년일 때 종이를 회수하여 매립할 경우 매립년수를 계산하시오.

폐기물의 종류	함량(%)	밀도(kg/m³)
종이	50	85
플라스틱	25	45
유리	25	195

명쾌한 풀이

① 폐기물 중 종이가 차지하는 양을 계산한다.

$$종이 = \frac{85\,kg/m^3 \times 0.50}{85\,kg/m^3 \times 0.50 + 45\,kg/m^3 \times 0.25 + 195\,kg/m^3 \times 0.25} = 0.4146$$

② 종이의 매립년수 = 10년 × 0.4146 = 4.15년

07 200kg의 폐기물을 분석한 결과가 다음과 같을 때 발열량(kcal/kg)을 계산하시오.

폐기물의 종류	함유율(%)	발열량(kcal / kg)
플라스틱류	40	8,500
종이류	30	4,000
음식물류	5	1,500
고무류	25	2,000

명쾌한 풀이

발열량 = 8,500kcal/kg×0.40+4,000kcal/kg×0.30+1,500kcal/kg×0.05
　　　　+2,000kcal/kg×0.25
　　　 = 5,175kcal/kg

08 소각시 발생하는 분진을 백필터에서 제거하는 방법 3가지를 쓰시오.

명쾌한 풀이

① 확산작용
② 관성충돌
③ 차단작용

TIP

백필터는 여과집진장치이다.

09 쓰레기의 수집 시스템 중에서 관거(Pipe-line) 방식의 장·단점을 각각 3가지씩 쓰시오.

명쾌한 풀이

(1) 장점 ① 자동화, 구공해화, 안전화가 가능하다.
       ② 쓰레기가 눈에 띄지 않는다.
       ③ 분진, 악취, 소음, 진동 등의 문제가 없다.

(2) 단점 ① 쓰레기 발생밀도가 높은 지역 등에서 현실성이 있다.
       ② 조대(대형)쓰레기는 파쇄, 압축 등의 전처리를 해야 한다.
       ③ 잘못 투입된 물건은 회수하기가 곤란하다.

10 빈칸을 알맞게 채우시오.

	차수막 유무	복토재 유무	침출수 배수설비 유무
단순 매립지			
위생 매립지			
안전 매립지			

	차수막 유무	복토재 유무	침출수 배수설비 유무
단순 매립지	필요없다.	필요없다.	필요없다.
위생 매립지	필요하다.	필요하다.	필요하다.
안전 매립지	필요하다.	필요하다.	필요하다.

11 매립지 사후관리항목을 4가지 쓰시오.

① 우수배제시설 설치 및 관리
② 침출수 관리
③ 발생가스 관리
④ 지하수 오염도 조사

12 전과정평가(LCA)의 구성요소 4가지를 쓰시오.

① 목적 및 범위의 설정
② 목록 분석
③ 영향 평가
④ 개선평가 및 해석

13 폐기물을 연소하는 연소형식 4가지를 쓰시오.

① 역류식(향류식) : 수분이 많고 저위발열량이 낮은 쓰레기에 적합
② 병류식 : 수분이 적고 저위발열량이 높은 폐기물에 적합
③ 교류식(중간류식) : 폐기물 질의 변동이 클 때 적합
④ 복류식 : 폐기물의 질이나 저위발열량의 변동이 심할 경우에 사용

14 Worrell식과 Rietema식을 이용하여 폐기물에 대한 선별효율을 구하고자 한다. Worrell식과 Rietema식을 쓰시오. (단, X_i : 투입량 중 회수대상 물질, X_c : 회수량 중 회수대상 물질, X_o : 제거량 중 회수대상 물질, Y_i : 투입량 중 비회수대상 물질, Y_c : 회수량 중 비회수대상 물질, Y_o : 제거량 중 비회수대상 물질을 적용하여 식을 구성할 것.)

① Worrell의 선별효율 공식

$$선별효율(E) = \left(\frac{X_C}{X_i} \times \frac{Y_o}{Y_i} \right) \times 100(\%)$$

② Rietema의 선별효율 공식

$$선별효율(E) = \left| \left(\frac{X_C}{X_i} - \frac{Y_C}{Y_i} \right) \right| \times 100(\%)$$

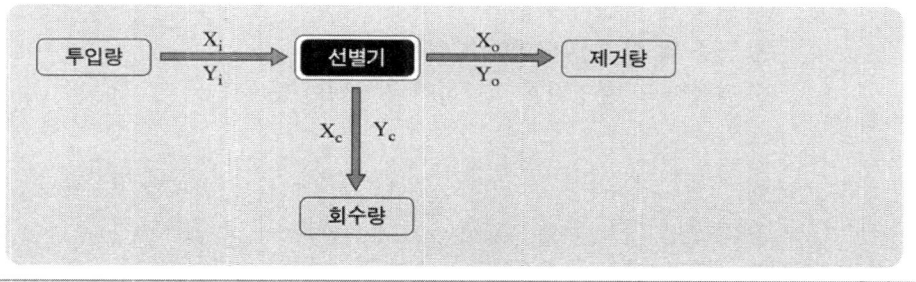

15 도랑형 공법은 도랑을 판 다음 일정한 두께로 쓰레기를 매립한 다음 인근 도랑에서 굴착한 흙으로 복토하는 방법이다. 매립지의 매립깊이(m)를 쓰시오.

10m

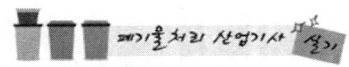

16. 질소산화물의 저감대책을 4가지 쓰시오.

① 저과잉공기량 연소법
② 이단 연소법
③ 저온도 연소법
④ 배기가스 재순환법

17. 최종처분장의 위치를 선정할 때 고려해야 할 사항을 5가지 쓰시오.

① 쓰레기의 발생지역과 가깝게 위치할 것
② 주민의 반대가 적은 곳
③ 설치 및 작업이 쉬운 곳
④ 공중 및 환경상의 피해가 적은 곳
⑤ 건설비 및 운영비가 저렴하여 경제적인 곳

※ 알림
최근기출문제는 수강생들의 도움으로 복원된 문제이므로 실제문제와 다소 차이가 있을 수 있으며, 실제시험 문제수 보다 부족할 수 있음을 양지 바랍니다.
실기시험을 친 수험생은 실기문제를 복원하여 저자메일(kwe7002@hanmail.net)로 보내주시면 대단히 감사하겠습니다. 그리고 여러분은 환경자격증의 대표수험서를 만드는데 일조를 하시게 될 것입니다.

기출복원문제
- 2019년 4월 시행

01 고형폐기물의 처리시 1kg의 포도당($C_6H_{12}O_6$) 성분의 폐기물이 혐기성 분해를 한다면 이론적 메탄가스의 체적(Sm^3)을 계산하시오. (표준상태 기준)

명쾌한 풀이

$C_6H_{12}O_6 \rightarrow 3CO_2 + 3CH_4$

180kg : $3 \times 22.4 Sm^3$

1kg : $X(CH_4)$

$\therefore X(CH_4) = \dfrac{1kg \times 3 \times 22.4 Sm^3}{180kg}$

$= 0.37 Sm^3$

TIP

① 체적(Sm^3) = 계수 $\times 22.4(Sm^3)$
② 질량(kg) = 계수 $\times$ 분자량(kg)
③ 포도당($C_6H_{12}O_6$)의 분자량 = $12 \times 6 + 1 \times 12 + 16 \times 6 = 180$

02 인구 100,000명인 어느 지역에서 1인 1일 1.2kg의 폐기물이 발생되고 있다. 발생되는 폐기물의 수거율이 90%이고 수거에 사용되는 트럭 1대의 용적은 $8m^3$일 때 수거에 필요한 청소차량 대수를 계산하시오. (단, 폐기물의 적재밀도는 $0.45ton/m^3$, 차량은 1일 2회 운행, 예비차량은 2대이다.)

명쾌한 풀이

청소차량 대수(대) = $\dfrac{\text{폐기물의 총 발생량}(m^3/\text{일}) \times \text{수거율}}{\text{차량의 적재용량}(m^3/\text{대})} + \text{예비차량}$

$$= \frac{1.2\text{kg/인·일} \times 100,000\text{인} \times \dfrac{1}{450\text{kg/m}^3} \times 0.90}{8\text{m}^3/1\text{회}\cdot 1\text{대} \times 2\text{회}/1\text{일}} + 2$$

$$= 17\text{대}$$

TIP

① $\text{ton/m}^3 \xrightarrow{\times 10^3} \text{kg/m}^3$

② 밀도 $0.45\text{ton/m}^3 \xrightarrow{\times 10^3} 450\text{kg/m}^3$

03 1일 폐기물 발생량이 30ton인 어느 도시의 폐기물을 65% 압축하여 이를 깊이 4m인 도랑의 바닥면으로부터 2.5m 높이로 매립할 경우 년간 필요한 매립지의 면적(m^2)을 구하시오. (단, 밀도 $500\,\text{kg/m}^3$, 1년은 365일로 계산한다.)

명쾌한 풀이

$$\text{매립면적}(\text{m}^2/\text{년}) = \frac{\text{폐기물 발생량}(\text{kg/년}) \times (1-\text{부피감소율})}{\text{폐기물 밀도}(\text{kg/m}^3) \times \text{매립고}(\text{m})}$$

$$= \frac{30\text{ton/day} \times 10^3\text{kg/ton} \times (1-0.65) \times 365\text{day/년}}{500\text{kg/m}^3 \times 2.5\text{m}}$$

$$= 3,066\text{m}^2/\text{년}$$

04 바닥면적이 $40\,\text{m}^2$인 화격자 소각로에 1일 48톤의 쓰레기가 연속 소각처리 되고 있다. 화격자의 쓰레기부하($\text{kg/m}^2\cdot\text{hr}$)를 계산하시오.

명쾌한 풀이

$$\text{화격자의 쓰레기부하}(\text{kg/m}^2\cdot\text{hr}) = \frac{\text{쓰레기 소각량}(\text{kg/hr})}{\text{바닥면적}(\text{m}^2)}$$

$$= \frac{48 \times 10^3\text{kg/day} \times 1\text{day}/24\text{hr}}{40\,\text{m}^2}$$

$$= 50\,\text{kg/m}^2\cdot\text{hr}$$

05 에틸렌 100kg을 완전 연소하는데 소요되는 이론 산소량(kg)을 계산하시오.

명쾌한 풀이

$C_2H_4 + 3O_2 \rightarrow 2CO_2 + 2H_2O$
28kg : 3×32kg
100kg : O_o

∴ 이론산소량(O_o) = $\dfrac{3 \times 32\,kg \times 100\,kg}{28\,kg}$ = 342.86 kg

TIP

① 체적(Sm^3) = 계수 × 22.4(Sm^3)
② 질량(kg) = 계수 × 분자량(kg)
③ 에틸렌(C_2H_4)의 분자량 = 12×2 + 1×4 = 28

06 소각로 내의 열부하가 50,000kcal/$m^3 \cdot$hr 이며 쓰레기의 발열량이 8,000kcal/kg이다. 쓰레기의 양이 20ton/day이라고 하면 소각로의 부피(m^3)를 계산하시오. (단, 소각로는 연속가동한다.)

명쾌한 풀이

소각로 내의 열부하(kcal/$m^3 \cdot$hr) = $\dfrac{\text{발열량}(kcal/kg) \times \text{쓰레기의 양}(kg/hr)}{\text{소각로의 부피}(m^3)}$

50,000 kcal/$m^3 \cdot$hr = $\dfrac{8,000\,kcal/kg \times 20,000\,kg/day \times 1day/24hr}{\text{소각로의 부피}(m^3)}$

∴ 소각로의 부피 = $\dfrac{8,000\,kcal/kg \times 20,000\,kg/day \times 1day/24hr}{50,000\,kcal/m^3 \cdot hr}$

= 133.33 m^3

07 화격자 소각로에서 발생하는 고온부식은 국부적 연소를 하는 장소에서 발생한다. 방지법 4가지를 쓰시오.

명쾌한 풀이

① 내열성 및 내식성 재료를 사용한다.

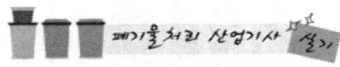

② 부식성 가스를 제거한다.
③ 금속표면 온도를 낮춘다.
④ 금속표면을 피복한다.

08 퇴비화의 영향인자 중 C/N비에 대한 설명이다. 다음 조건에서 발생하는 현상을 1가지씩 쓰시오.

(1) C/N비가 80이상인 경우
(2) C/N비가 20이하인 경우

> **명쾌한 풀이**
>
> (1) C/N비가 80이상인 경우 : 질소함량이 부족하여 퇴비화가 잘 되지 않고, 퇴비화에 걸리는 시간도 길어진다.
> (2) C/N비가 20이하인 경우 : 암모니아 가스가 발생하여 퇴비화 과정 중 악취가 발생 된다.

09 유동매체가 갖추어야 할 조건 5가지를 서술하시오.

> **명쾌한 풀이**
>
> ① 불활성일 것
> ② 융점이 높을 것
> ③ 비중이 작을 것
> ④ 내마모성이 있을 것
> ⑤ 열충격에 강할 것

10 팽화제의 종류 3가지를 서술하시오.

> **명쾌한 풀이**
>
> ① 톱밥
> ② 왕겨
> ③ 볏짚
> ④ 낙엽

> **TIP**
> 문제의 조건에 맞게 3가지만 기술하세요.

11. 폐기물 발생량 예측방법 3가지를 쓰시오.

명쾌한 풀이

① 다중회귀모델 : 하나의 수식으로 각 인자들의 효과를 총괄적으로 나타내어 복잡한 시스템의 분석에 유용하게 사용할 수 있는 쓰레기 발생량을 예측하는 방법이다.
② 동적모사모델 : 쓰레기 배출에 영향을 주는 모든 인자를 시간에 대한 함수로 나타낸 후 시간에 대한 함수로 각 영향인자들 간에 상관관계를 수식화 한 것이다.
③ 경향모델 : 폐기물 발생량 예측방법 중 모든 인자를 시간에 대한 함수로 하여 도델화 시켜 예측하는 방법으로 단지 시간과 그에 따른 폐기물 발생량 간의 상관관계 만을 고려하는 방법이다.

12. 폐기물을 소각할 때 발생되는 질소산화물(NO_X)을 제거하는 방법 중 건식 배연탈질법이 있다. 건식 배연탈질법의 종류를 3가지 쓰고 간단히 설명하시오.

명쾌한 풀이

① 선택적 촉매환원법 : 배기가스 중에 존재하는 산소와는 무관하게 질소산화물(NO_X)을 촉매에 의해 선택적으로 환원시켜 질소분자와 물로 전환하는 방법이다.
② 선택적 무촉매환원법 : 촉매를 이용하지 않고 환원제에 의해서 고온에서 질소산화물(NO_X)을 선택적으로 환원하여 질소분자와 물로 전환하는 방법이다.
③ 접촉분해법 : NO가 함유된 배기가스를 산화 코발트(Co_3O_4)에 접촉시켜 N_2와 O_2로 분해시키는 방법이다.

13. 트롬멜(Trommel) 스크린의 선별효율에 영향을 주는 인자 5가지를 쓰시오. (단, 예시에서 제시된 것은 답란에서 제외)

예시: 스크린의 직경

① 회전속도
② 폐기물 부하
③ 경사도
④ 체의 눈 크기
⑤ 길이

14. 저위발열량 추정법 3가지와 대표적인 추정식 하나씩을 서술하시오.

① 원소분석에 의한 방법
   $Hl = Hh - 600(9H + W)(kcal/kg)$
   여기서 Hl : 저위발열량(kcal/kg)
         Hh : 고위발열량(kcal/kg)
         H : 수소의 함량
         W : 수분의 함량

② 추정식에 의한 방법(3성분에 의한 방법)
   $Hl = 45VS - 6W$
   여기서 Hl : 저위발열량(kcal/kg)
         VS : 가연성분(%)
         W : 수분함량(%)

③ 물리적조성에 의한 방법
   $Hl = 88.2 \times R + 40.5 \times (G + P) - 6W$
   여기서 R : 플라스틱의 함량(%)
         G : 진개의 함량(%)
         P : 종이류의 함량(%)
         W : 수분의 함량(%)

> **TIP**
> ③ 공식의 용어 중 진개는 scum으로 오물을 의미한다.

15. 침출수 집배수시설 설계시 고려해야 하는 항목 중 침출수량에 영향을 미치는 요인 3가지를 서술하시오.

명쾌한 풀이

① 강우량
② 증발량
③ 지하수량
④ 침투수량
⑤ 표면유출량
⑥ 폐기물 분해시 발생량

> **TIP**
> 문제의 조건에 맞게 3가지만 기술하세요.

16. 매립지에서 발생하는 가스를 추출하기 위해 강제가스추출장치를 이용하고자 한다. 강제가스추출장치에 대해 간단히 설명하시오.

명쾌한 풀이

매립지내에서 발생하는 가스를 추출하기 위해 매립지 조성시 가스포집정을 설치하고 가스 추출관을 이용하여 송풍기 등에 의해 가스를 추출하는 방법이다.

17 다음 보기는 폐기물을 수거하는 방식이다. MHT의 값이 큰 것부터 작은 순서로 나열하시오.

보기 : ① 벽면부착식　② 집안이동식　③ 집안고정식　④ 집밖이동식　⑤ 집밖고정식

명쾌한 풀이

① → ③ → ⑤ → ② → ④

TiP
(1) MHT는 수거효율을 나타내는 척도로 사용된다.
(2) MHT는 man·hr/ton의 약자이다.
(3) MHT의 값이 작을수록 수거효율이 높다.
(4) ① 벽면 부착식(2.38)　② 집안 이동식(1.86)　③ 집안 고정식(2.24)
　　④ 집밖 이동식(1.47)　⑤ 집밖 고정식(1.96)

18 폐기물을 관리하는 방법 중 관리의 우선 순위가 낮은 것부터 높은 순서로 나열하시오.

보기 : ① 처분 또는 매립　② 재활용　③ 처리　④ 감량화

명쾌한 풀이

① → ③ → ② → ④

※ 알림
최근기출문제는 수강생들의 도움으로 복원된 문제이므로 실제문제와 다소 차이가 있을 수 있음을 알려 드립니다.
실기시험을 친 수험생은 실기문제를 복원하여 메일로 보내 주시면 됩니다.
메일로 보내실 경우 ☞ kwe7002@hanmail.net
수험생 여러분들이 원하시는 수험서를 만들도록 항상 최선의 노력을 다하겠습니다.

기출복원문제
- 2019년 6월 시행

01 함수율이 90%인 오니를 용출시험하여 구리의 농도를 측정하니 1.0mg/L로 나타났다. 수분함량을 보정한 용출시험 결과치(mg/L)를 계산하시오.

명쾌한 풀이

① 용출실험의 결과는 시료중의 수분함량 보정을 위해 함수율 85%이상인 시료에 한하여 $\dfrac{15}{100-\text{시료의 함수율}(\%)}$ 을 곱하여 계산된 값으로 한다.

따라서 $\dfrac{15}{100-90\%}=1.5$

② $1.0\text{mg/L}\times 1.5=1.5\text{mg/L}$

02 어떤 도시에서 1일 50톤의 폐기물이 발생되었고 이 때 밀도가 400kg/m³이었다. 3m 깊이인 도랑식(trench)으로 매립하고자 할 때 1년 동안 필요한 부지면적(m²)을 계산하시오. (단, 매립 시 압축에 따른 쓰레기 부피감소율은 50%로 한다.)

명쾌한 풀이

매립면적(m²/년) = $\dfrac{\text{폐기물 발생량}(\text{kg/년})\times(1-\text{부피감소율})}{\text{폐기물 밀도}(\text{kg/m}^3)\times\text{매립지 깊이}(\text{m})}$

$= \dfrac{50\text{ton/day}\times 10^3\text{kg/ton}\times(1-0.5)\times 365\text{day/년}}{400\text{kg/m}^3\times 3\text{m}}$

$= 7,604.17\text{m}^2/\text{년}$

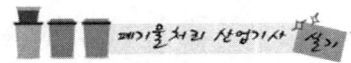

03 인구 10,000명인 도시에서 1인 1일 쓰레기 배출량이 2.1kg이고 밀도가 0.45 ton/m³인 쓰레기를 매립용량이 2,500m³인 Trench에 매립, 처분하고자 할 때 Trench의 사용 일수(일)를 계산하시오. (단, 매립시 쓰레기 부피 감소율은 30%이다.)

명쾌한 풀이

Trench의 사용일수(일)

$$= \frac{매립용량(m^3)}{쓰레기\ 발생량(kg/day) \times \frac{1}{밀도(kg/m^3)} \times (1-부피감소율)}$$

$$= \frac{2,500 m^3}{2.1 kg/인\cdot일 \times 10,000인 \times \frac{1}{450 kg/m^3} \times (1-0.30)}$$

= 77일

04 탄소, 수소, 산소, 질소가 각각 48%, 5%, 40%, 7%로 분석되었다. 이와 같은 음식물찌꺼기가 혐기성 소화에 의해 10g이 완전히 분해된다고 가정할 때 혐기성 소화반응식으로 표현하시오.

명쾌한 풀이

① 유기물($C_aH_bO_cN_d$)의 분자식을 완성한다.

$a = \frac{100\,g \times 0.48}{12\,g} = 4$

$b = \frac{100\,g \times 0.05}{1\,g} = 5$

$c = \frac{100\,g \times 0.40}{16\,g} = 2.5$

$d = \frac{100\,g \times 0.07}{14\,g} = 0.5$

따라서 유기물의 분자식은 $C_8H_{10}O_5N$ 이다.

② 혐기성 소화 반응식

$$C_8H_{10}O_5N + \left(\frac{4\times 8 - 10 - 2\times 5 + 3\times 1}{4}\right)H_2O$$

$$\rightarrow \left(\frac{4\times 8 + 10 - 2\times 5 - 3\times 1}{8}\right)CH_4 + \left(\frac{4\times 8 - 10 + 2\times 5 + 3\times 1}{8}\right)CO_2 + 1NH_3$$

따라서 $C_8H_{10}O_5N + 3.75H_2O \rightarrow 3.625CH_4 + 4.375CO_2 + NH_3$

> **TIP**
> ① 혐기성 완전분해식
> $$C_aH_bO_cN_d + \left(\frac{4a-b-2c+3d}{4}\right)H_2O$$
> $$\rightarrow \left(\frac{4a+b-2c-3d}{8}\right)CH_4 + \left(\frac{4a-b+2c+3d}{8}\right)CO_2 + dNH_3$$
> ② 분자식을 완성할 때 N을 1로 하기 위해서 각각의 계수에 2를 곱한다.

05 화격자 소각로의 연소능력이 $250 \text{kg/m}^2 \cdot h$이며, 쓰레기량이 30톤/일이다. 1일 8시간 소각할 때 화격자의 면적(m^2)을 계산하시오.

명쾌한 풀이

화격자 소각로의 연소능력$(kg/m^2 \cdot hr) = \dfrac{쓰레기량(kg/hr)}{화격자의 면적(m^2)}$

따라서 $250 kg/m^2 \cdot hr = \dfrac{30,000 kg/일 \times 1일/8hr}{화격자의 면적(m^2)}$

∴ 화격자의 면적 $= \dfrac{30,000 kg/일 \times 1일/8hr}{250 kg/m^2 \cdot hr} = 15 m^2$

> **TIP**
> 쓰레기량 30톤/일 = 30,000kg/일

06 연소효율이 90%인 소각로에서 kg당 발열량이 $1,500 \text{kcal}$인 폐기물을 소각할 때, 불완전연소에 의한 열손실이 5%라면 연소재의 열손실(%)이 얼마인지 계산하시오.

명쾌한 풀이

① 연소효율(%) $= \dfrac{H-(R+Q)}{H} \times 100$

$90\% = \dfrac{1,500 kcal/kg - (R + 1,500 kcal/kg \times 0.05)}{1,500 kcal/kg} \times 100$

∴ $R = 75 kcal/kg$

② 연소재의 열손실(%) = $\dfrac{\text{연소재의 열손실}(\text{kcal/kg})}{\text{발열량}(\text{kcal/kg})} \times 100$

　　　　　　　　　= $\dfrac{75\,\text{kcal/kg}}{1{,}500\,\text{kcal/kg}} \times 100$

　　　　　　　　　= 5%

> **TIP**
>
> 연소효율(%) = $\dfrac{H - (R + Q)}{H} \times 100$
>
> 여기서　H : 발열량(kcal/kg)
> 　　　　R : 연소재의 열손실
> 　　　　Q : 불완전연소에 의한 열손실

07 CH_4 의 고위 발열량이 9,000 kcal/Sm^3일 때 저위 발열량(kcal/Sm^3)을 계산하시오.

명쾌한 풀이

$CH_4 + 2O_2 \rightarrow CO_2 + 2H_2O$

$Hl = Hh - 480 \times H_2O$량(kcal/$Sm^3$)

　　= $9{,}000\,\text{kcal/Sm}^3 - 480 \times 2$

　　= $8{,}040\,\text{kcal/Sm}^3$

> **TIP**
>
> ① $Hl = Hh - 480 \times H_2O$량(kcal/$Sm^3$)
> 　여기서　Hl : 저위발열량(kcal/Sm^3)
> 　　　　　Hh : 고위발열량(kcal/Sm^3)
> 　　　　　H_2O량 : 완전연소반응식에서 발생되는 H_2O갯수
> ② 체적비 = Sm^3/Sm^3 = 갯수비

08 폐기물을 매립하는 방법 중 매립구조에 의한 매립방법을 4가지 쓰시오.

명쾌한 풀이

① 호기성매립
② 준호기성매립
③ 혐기성매립
④ 혐기성위생매립
⑤ 개량형 혐기성위생매립

09 용매추출법의 장점을 4가지 쓰시오.

명쾌한 풀이

① 미생물에 의해 분해가 어려운 물질을 처리할 수 있다.
② 활성탄을 이용하기에는 농도가 너무 높은 물질을 처리할 수 있다.
③ 낮은 휘발성으로 인해 Stripping 하기가 곤란한 물질을 처리할 수 있다.
④ 물에 대한 용해도가 낮은 물질을 처리할 수 있다.

TIP

> Stripping : 액체속에 용해되어 있는 기체를 분리, 제거하는 조작이다.

10 폐기물공정시험기준상 총칙에 대한 내용 중 폐기물을 액상폐기물, 반고상폐기물, 고상폐기물로 나눈다. 고형물 함량에 따라 구분하시오.

명쾌한 풀이

① 액상폐기물 : 고형물의 함량이 5 % 미만
② 반고상폐기물 : 고형물의 함량이 5 % 이상 15 % 미만
③ 고상폐기물 : 고형물의 함량이 15 % 이상

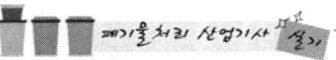

11. 원추4분법에 대해 설명하시오.

① 분쇄한 대시료를 단단하고 깨끗한 평면위에 원추형으로 쌓아 올린다.
② 앞의 원추를 장소를 바꾸어 다시 쌓는다.
③ 원추의 꼭지를 수직으로 눌러서 평평하게 만들고 이것을 부채꼴로 사등분한다.
④ 마주 보는 두 부분을 취하고 반은 버린다.
⑤ 반으로 준 시료를 앞의 조작을 반복하여 적당한 크기까지 줄인다.

> **TIP**
> 시료의 분할 채취방법의 종류
> ① 구획법
> ② 교호삽법
> ③ 원추4분법

12. 매립지 사후관리항목을 4가지 쓰시오.

① 우수배제시설 설치 및 관리
② 침출수 관리 및 침출수 처리시설 관리
③ 발생가스 회수 및 관리
④ 지하수 오염도 조사 및 관리
⑤ 구조물 및 지반 안정도 관리
⑥ 주변 환경오염도 조사 관리

> **TIP**
> 문제의 조건에 맞게 4가지만 기술하세요.

13 다음 ( )안에 알맞은 말을 쓰시오.

> 1. 고온소각시설
>   (1) 2차 연소실의 출구온도는 섭씨 (①) 이상이어야 한다.
>   (2) 2차 연소실은 연소가스가 (②)이상 체류할 수 있고 충분하게 혼합될 수 있는 구조이어야 한다.
>   (3) 고온소각시설에서 배출되는 바닥재의 강열감량이 (③)이하가 될 수 있는 소각성능을 갖추어야 한다.
> 2. 고온용융시설
>   (1) 고온용융시설의 출구온도는 섭씨 (④) 이상이어야 한다.
>   (2) 고온용융시설에서 연소가스의 체류시간은 (⑤)이상이어야 하고 충분하게 혼합될 수 있는 구조이어야 한다.
>   (3) 고온용융시설에서 배출되는 잔재물의 강열감량은 (⑥)이하가 될 수 있는 성능을 갖추어야 한다.

명쾌한 풀이

① 1,100도　② 2초　③ 5퍼센트　④ 1,200도　⑤ 1초　⑥ 1퍼센트

14 생활폐기물 매립지의 지반침하에 영향을 미치는 요인을 3가지만 쓰시오.

명쾌한 풀이

① 폐기물의 비균질성
② 폐기물의 분해
③ 침출수

15 폐기물 매립지 시공, 운영 및 사후관리 기간 중에 폐기물 성분의 방출에 의한 주변 환경오염 가능성을 최소한으로 줄이도록 하는 매립지 설비 중 주요시설물 6가지를 쓰시오.

명쾌한 풀이

① 우수배제시설
② 차수시설
③ 침출수 집배수시설
④ 저류 구조물

⑤ 발생가스 대책시설
⑥ 덮개시설

16. 소각로의 연소실에서 연소가스와 폐기물의 흐름에 따라서 로의 본체 형식을 나눌 수 있다. 로의 본체 형식 4가지를 쓰고 간단히 설명하시오.

명쾌한 풀이

① 역류식(향류식) : 수분이 많고 저위발열량이 낮은 쓰레기에 적합하며, 연소실내의 연소가스의 흐름방향과 폐기물의 이송방향이 반대인 형식이다.
② 병류식 : 수분이 적고 저위발열량이 높은 폐기물에 적합하며, 폐기물의 이송방향과 연소가스의 흐름방향이 같은 형식이다.
③ 교류식(중간류식)은 폐기물 질의 변동이 심한 경우에 사용하며, 역류식(향류식)과 병류식의 중간적인 형식이다.
④ 복류식은 폐기물의 질이나 저위발열량의 변동이 심할 경우에 사용하며, 2개의 출구를 가지고 있으며, 댐퍼의 개폐로 역류식, 병류식, 교류식으로 조절할 수 있다.

17. 화격자 소각로의 내부 구성요소 3가지를 쓰시오.

명쾌한 풀이

① 건조실
② 연소실
③ 후연소실

※ 알림
최근기출문제는 수강생들의 도움으로 복원된 문제이므로 실제문제와 다소 차이가 있을 수 있음을 알려 드립니다.
실기시험을 친 수험생은 실기문제를 복원하여 메일로 보내 주시면 됩니다.
메일로 보내실 경우 ☞ kwe7002@hanmail.net
수험생 여러분들이 원하시는 수험서를 만들도록 항상 최선의 노력을 다하겠습니다.

기출 복원문제
- 2019년 10월 시행

01 어떤 도시에서 1일 50톤의 폐기물이 발생되었고 이 때 밀도가 $400\,kg/m^3$ 이었다. 3m 깊이인 도랑식(trench)으로 매립하고자 할 때 1년 동안 필요한 부지면적(m^2)을 계산하시오. (단, 매립 시 압축에 따른 쓰레기 부피 감소율은 50%로 한다.)

명쾌한 풀이

매립면적(m^2/년) = $\dfrac{\text{폐기물 발생량}(kg/\text{년}) \times (1 - \text{부피 감소율})}{\text{폐기물 밀도}(kg/m^3) \times \text{매립지 깊이}(m)}$

$= \dfrac{50\,ton/day \times 10^3\,kg/ton \times (1 - 0.5) \times 365\,day/\text{년}}{400\,kg/m^3 \times 3m}$

$= 7,604.17\,m^2/\text{년}$

02 질량 100톤, 밀도 $700\,kg/m^3$인 폐기물을 밀도 $1200\,kg/m^3$로 압축 하였을 때 부피 감소율(%)을 계산하시오.

명쾌한 풀이

$V_1 = 100\,ton \times \dfrac{1}{0.70\,ton/m^3} = 142.857\,m^3$

$V_2 = 100\,ton \times \dfrac{1}{1.2\,ton/m^3} = 83.333\,m^3$

따라서 부피감소율(%) $= \left(1 - \dfrac{V_2}{V_1}\right) \times 100$

$= \left(1 - \dfrac{83.333\,m^3}{142.857\,m^3}\right) \times 100$

$= 41.67\%$

> **TIP**
>
> 부피감소율(%) $= \left(1 - \dfrac{V_2}{V_1}\right) \times 100$
>
> 여기서 V_1 : 압축 전의 부피(m^3)
> V_2 : 압축 후의 부피(m^3)

03 40ton/hr 규모의 시설에서 평균크기가 30.5cm인 혼합된 도시폐기물을 최종크기 5.1cm로 파쇄하기 위한 동력(kw)를 계산하시오. (단, 평균크기 15.2cm에서 5.1cm로 파쇄하기위하여 필요한 에너지 소모율은 14.9kw·hr/ton 이며 킥의 법칙을 적용하시오.)

명쾌한 풀이

Kick의 법칙 : $E = C \ln\left(\dfrac{dp_1}{dp_2}\right)$

① $14.9 \text{kw} \cdot \text{hr/ton} = C \times \ln\left(\dfrac{15.2 \text{ cm}}{5.1 \text{ cm}}\right)$

∴ $C = \dfrac{14.9 \text{ kw} \cdot \text{hr/ton}}{\ln\left(\dfrac{15.2 \text{ cm}}{5.1 \text{ cm}}\right)} = 13.64 \text{ kw} \cdot \text{hr/ton}$

② $E = 13.64 \text{kw} \cdot \text{hr/ton} \times \ln\left(\dfrac{30.5 \text{ cm}}{5.1 \text{ cm}}\right) = 24.4 \text{kw} \cdot \text{hr/ton}$

③ 동력 $= 24.4 \text{kw} \cdot \text{hr/ton} \times 40 \text{ton/hr} = 976 \text{kw}$

> **TIP**
>
> Kick의 법칙 : $E = C \ln\left(\dfrac{dp_1}{dp_2}\right)$
>
> 여기서 E : 에너지 소모율
> dp_1 : 평균크기(cm)
> dp_2 : 최종크기(cm)

04

어느 도시쓰레기의 조성이 탄소 48%, 수소 12%, 기타 무기성분 40%로 구성되어 있을 때 고위 발열량(kcal/kg)을 계산하시오. (단, Dulong식을 적용 하시오.)

명쾌한 풀이

$$Hh = 8,100C + 34,000\left(H - \frac{O}{8}\right) + 2,500S \, (kcal/kg)$$
$$= 8,100 \times 0.48 + 34,000 \times 0.12$$
$$= 7,968 \, kcal/kg$$

TIP

Dulong식의 고위발열량(Hh) 계산공식
$$Hh = 8,100C + 34,000\left(H - \frac{O}{8}\right) + 2,500S \, (kcal/kg)$$

05

탄소 10kg을 완전 연소했을 때 이론 공기량(kg)을 계산하시오.

명쾌한 풀이

① 이론 산소량(O_o)을 계산한다.

$$C \quad + \quad O_2 \quad \rightarrow \quad CO_2$$

12kg : 32kg

10kg : 이론 산소량(O_o)

$$이론 \, 산소량(O_o) = \frac{10kg \times 32kg}{12kg} = 26.6667kg$$

② 이론 공기량(A_o)을 계산한다.

$$\therefore 이론 \, 공기량(A_o) = \frac{이론 \, 산소량(kg)}{0.232}$$
$$= \frac{26.6667kg}{0.232}$$
$$= 114.94 \, kg$$

06

어느 매립지의 면적이 200,000m²이고 쓰레기 매립높이는 10m, 수거 대상 인구는 100,000명, 1인 1일 쓰레기 발생량은 2.0kg이라 할 때 매립지의 사용 년수(년)를 계산하시오 (단, 쓰레기 밀도는 500kg/m³이다.)

명쾌한 풀이

$$\text{매립지 사용년수(년)} = \frac{\text{매립용적}(m^3)}{\text{쓰레기 발생량}(kg/\text{년}) \times \frac{1}{\text{밀도}(kg/m^3)}}$$

$$= \frac{200,000\,m^2 \times 10\,m}{2.0\,kg/\text{인}\cdot\text{일} \times 100,000\text{인} \times 365\text{일}/\text{년} \times \frac{1}{500\,kg/m^3}}$$

$$= 13.70\text{년}$$

07

혐기성 소화에서 유기물 성분이 60%, 무기물 성분이 40%이다. 소화 후 유기물 성분이 40%, 무기물 성분이 60%가 되었다면 소화율(%)이 얼마인지 계산하시오.

명쾌한 풀이

$$\text{소화율}(\%) = \left\{1 - \frac{\text{소화후}(\text{유기물질}/\text{무기물질})}{\text{소화전}(\text{유기물질}/\text{무기물질})}\right\} \times 100(\%)$$

$$= \left\{1 - \frac{40\%/60\%}{60\%/40\%}\right\} \times 100$$

$$= 55.56\%$$

08

도시폐기물을 처리할 때 파쇄의 목적을 쓰고, 효과를 5가지 쓰시오.

명쾌한 풀이

(1) 파쇄의 목적 : 폐기물을 미세하고 균일하게 하는 것.
(2) 파쇄처리의 효과
 ① 겉보기 비중 증가
 ② 비표면적 증가
 ③ 폐기물 소각시 연소효율 증가
 ④ 고가금속 회수가능
 ⑤ 입경분포의 균일화

09 해안매립공법의 종류 3가지를 서술하시오.

> **명쾌한 풀이**
>
> ① 박층뿌림공법 : 개량된 지반이 붕괴될 위험이 있을 때 밑면이 뚫린 바지선을 이용하여 쓰레기를 박층으로 떨어뜨려 뿌려주어 바닥의 지반하중을 균등하게 하기 위해 사용하는 방법이다.
> ② 순차투입공법 : 호안측으로부터 순차적으로 쓰레기를 투입하여 육지화하는 방법이다.
> ③ 수중투기공법 및 내수배제공법 : 호 안에 해수를 그대로 둔 채 폐기물을 투기하거나, 매립전에 내수를 배제시킨 후 폐기물을 매립하는 방법이다.

10 폐기물의 열분해 처리원리를 쓰고, 소각처리에 비교하여 갖는 장점을 3가지만 쓰시오.

> **명쾌한 풀이**
>
> (1) 열분해 처리원리: 폐기물을 무산소 또는 산소가 부족한 상태에서 고온으로 가열하여 가스, 액체, 고체 상태의 연료를 생산하는 공정이다.
> (2) 장점
>   ① 황 및 중금속이 회분속에 고정되는 비율이 크다.
>   ② 소각처리에 비해 상대적으로 저온이기 때문에 NO_x 발생량이 적다.
>   ③ 환원성 분위기가 유지되어 Cr^{3+}가 Cr^{6-}로 변화되기 어렵다.

11 매립지에서 생물학적 분해가 일어나는 경우 pH가 낮아지는 원인을 설명하고, 이때 중금속의 용출가능성은 어떤 영향을 받는지 쓰시오.

> **명쾌한 풀이**
>
> ① pH가 낮아지는 원인은 이산화탄소(CO_2)가 발생하기 때문이다.
> ② 중금속의 용출가능성은 pH가 낮아짐으로써 증가된 수소이온농도(H^+)에 의해 중금속이 치환됨에 영향을 받는다.

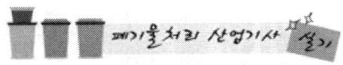

12 퇴비화의 적정조건 인자 항목을 4가지만 쓰시오.

① 온도 : 50~60℃
② pH : 6~8
③ C/N비 : 30~50
④ 수분 : 50~60%
⑤ 공급공기량 : 5~15%

문제 조건에 맞게 4가지만 기술하세요.

14 슬러지 안정화 및 탈수성의 향상을 위한 슬러지 개량의 주요방법 6가지를 쓰시오.

① 슬러지 세정법
② 약품처리법
③ 열처리법
④ 생물학적 처리법
⑤ 동결처리법
⑥ 소각재 첨가법

15 매립시설에서 주요 시설물 중 하나인 덮개설비의 주요기능을 5가지 쓰시오.

① 강우의 침투를 방지한다.
② 쓰레기의 날림을 방지한다.
③ 병원균 매개체의 서식을 방지한다.
④ 쓰레기 매립시 악취를 방지한다.
⑤ 유독가스 확산을 방지한다.

16. 강열감량의 정의를 간단히 쓰시오.

명쾌한 풀이

시료의 일정량을 1,000~1,200℃로 가열하여 시료 속의 휘발성 성분과 열분해될 수 있는 성분이 제거되고 불연분만 남아 질량이 일정한 값이 될 때까지의 감량을 시료에 대한 백분율로 나타낸 양이다. 즉 소각재 잔사 중 미연분의 함량을 질량 백분율로 표시한 것이다.

17. 고화처리방법 중 자가시멘트법의 장·단점을 각각 2가지씩 쓰시오.

명쾌한 풀이

(1) 장점
　① 중금속 저지에 효과적이다.
　② 탈수 등의 전처리가 필요없다.
(2) 단점
　① 보조에너지가 필요하다.
　② 장치비가 크며 숙련된 기술을 요한다.

18. 매립시 고려조건을 4가지 쓰시오.

명쾌한 풀이

① 쓰레기의 매립용량을 확보할 수 있을 것
② 주민의 반대가 적을 것
③ 공중 및 환경상의 피해가 적을 것
④ 건설비 및 운영비가 저렴하여 경제적일 것

※ 알림
최근기출문제는 수강생들의 도움으로 복원된 문제이므로 실제문제와 다소 차이가 있을 수 있음을 알려 드립니다.
실기시험을 친 수험생은 실기문제를 복원하여 메일로 보내 주시면 됩니다.
메일로 보내실 경우 ☞ kwe7002@hanmail.net
수험생 여러분들이 원하시는 수험서를 만들도록 항상 최선의 노력을 다하겠습니다.

기출복원문제
– 2020년 5월 시행

01 $5\,m^3$의 용적을 가지는 용기에 메탄가스를 9kg을 채우고 온도는 150℃이다. 이때 압력(atm)을 계산하시오. (단, 기체상수(R)는 0.082atm · L/mol · K이며, 이상기체 기준이다.)

명쾌한 풀이

$$P\,atm \times 5{,}000L = \frac{9 \times 10^3 g}{16g} \times 0.082\,atm \cdot L/mol \cdot K \times (273 + 150)K$$

$\therefore\ P = 3.90\ atm$

TIP

① 이상기체상태 방정식 : $P \times V = \dfrac{W}{M} \times R \times T$

　여기서 P : 압력(atm), V : 부피(L), W : 질량(g)
　　　　M : 분자량(g), R : 기체상수(atm·L/mol·K), K : 절대온도
② 메탄가스 $= CH_4$
③ CH_4의 분자량 $= 12 + 1 \times 4 = 16\,g$
④ $5\,m^3 = 5 \times 10^3\,L = 5{,}000\,L$

02 침출수에 함유되어 있는 수은 5mg/L를 활성탄 흡착법으로 처리하여 0.05mg/L로 방류하고자 한다. 이때 소요되는 활성탄 흡착제의 양(mg/L)을 계산하시오. (단, Freundlich식을 이용하고 K = 0.5, n = 1이다.)

명쾌한 풀이

$$\frac{X}{M} = K \cdot C^{\frac{1}{n}} \Rightarrow \frac{(C_i - C_o)}{M} = K \cdot C_o^{\frac{1}{n}}$$

따라서 $\dfrac{(5\,mg/L - 0.05\,mg/L)}{M} = 0.5 \times (0.05\,mg/L)^{\frac{1}{1}}$

$$\therefore M = \frac{(5\,\text{mg/L} - 0.05\,\text{mg/L})}{0.5 \times (0.05\,\text{mg/L})^{\frac{1}{1}}} = 198\,\text{mg/L}$$

03 폐기물의 80% 이상을 4cm 보다 작게 파쇄하고자 할 때 특성입자 크기(X_o)를 계산하시오. (단, Rosin-Rammler식 이용할 것, n = 1 이다.)

명쾌한 풀이

$$0.80 = 1 - \exp\left[-\left(\frac{4\,\text{cm}}{X_o}\right)^1\right]$$

$$\therefore X_o = \frac{-4\,\text{cm}}{LN(1-0.80)} = 2.49\,\text{cm}$$

TIP

$$Y = 1 - \exp\left[-\left(\frac{X}{X_o}\right)^n\right] \Rightarrow X_o = \frac{-X}{LN(1-Y)}$$

여기서 Y : 체하분율(%)
 X : 폐기물 입자의 크기(cm)
 X_o : 특성입자의 크기(cm)
 n : 상수

04 탄소, 수소의 질량비가 85%, 15%인 연료 100kg/hr을 소각시키는 경우 배기가스의 분석치가 CO_2 12.5%, O_2 3.5%, N_2 84%이었다면 매시 필요한 공기량(Sm^3/hr)을 계산하시오.

명쾌한 풀이

공급공기량(Sm^3/hr) = 공기과잉계수(m) × 이론공기량(A_o) × 연료량(kg/hr)

① 공기과잉계수(m) = $\dfrac{N_2\%}{N_2\% - 3.76 \times O_2\%}$ = $\dfrac{84\%}{84\% - 3.76 \times 3.5\%}$ = 1.1858

② 이론공기량(A_o) = $8.89C + 26.67\left(H - \dfrac{O}{8}\right) + 3.33S\,(Sm^3/kg)$
   = $8.89 \times 0.85 + 26.67 \times 0.15$ = $11.557\,Sm^3/kg$

③ 공급공기량 = $1.1858 \times 11.557\,Sm^3/kg \times 100\,kg/hr$ = $1,370.43\,Sm^3/hr$

> **TIP**
>
> 배출가스 분석치가 $CO_2\%$, $O_2\%$, $N_2\%$인 경우
>
> 공기비$(m) = \dfrac{N_2\%}{N_2\% - 3.76 \times O_2\%}$

05 수소 1kg을 완전연소 하는데 필요한 공기량은 탄소 1kg을 완전연소 하는데 필요한 공기량의 몇 배가 되는지 계산하시오.

명쾌한 풀이

① 수소(H_2) 1kg을 완전연소 하는데 필요한 이론 공기량을 계산

$H_2 + 0.5O_2 \rightarrow H_2O$

$2kg : 0.5 \times 32kg$

$1kg : O_o$

∴ O_o(이론 산소량) $= \dfrac{0.5 \times 32kg \times 1kg}{2kg} = 8kg$

따라서 이론 공기량(kg) $= \dfrac{\text{이론 산소량}(kg)}{0.232} = \dfrac{8kg}{0.232} = 34.48\,kg$

② 탄소(C) 1kg을 완전연소 하는데 필요한 이론 공기량을 계산

$C + O_2 \rightarrow CO_2$

$12kg : 32kg$

$1kg : O_o$

∴ O_o(이론 산소량) $= \dfrac{32kg \times 1kg}{12kg} = 2.6667kg$

따라서 이론 공기량(kg) $= \dfrac{\text{이론 산소량}(kg)}{0.232} = \dfrac{2.6667kg}{0.232} = 11.49\,kg$

③ $\dfrac{\text{수소의 이론 공기량}(kg)}{\text{탄소의 이론 공기량}(kg)} = \dfrac{34.48\,kg}{11.49\,kg} = 3.0$배

06

함수율이 70wt%인 폐기물 20,000kg을 자연 건조과정에서 건조시켰더니 함수율이 50wt%가 되었다. 자연 건조과정에서 폐기물을 수거하는 중에 소나기로 인하여 함수율이 55wt%가 되었다. 이 폐기물에서 제거된 수분의 양(ton)을 계산하시오.

명쾌한 풀이

① $20{,}000\text{kg} \times (100-70) = W_2 \times (100-55)$

$$\therefore W_2 = \frac{20{,}000\text{kg} \times (100-70)}{(100-55)} = 13{,}333.33\text{kg}$$

② 제거된 수분량 $= W_1 - W_2 = 20{,}000\text{kg} - 13{,}333.33\text{kg}$
$= 6{,}666.67\text{kg} = 6.67\text{ton}$

TIP

$W_1 \times (100-P_1) = W_2 \times (100-P_2)$
여기서 W_1 : 건조 전 폐기물(kg)
P_1 : 건조 전 함수율(%)
W_2 : 건조 후 폐기물(kg)
P_2 : 건조 후 함수율(%)

07

Pb^{2+}의 농도가 65mg/L인 액상 폐기물 200m^3이 있다. 황화합물을 이용하여 Pb^{2+}을 제거하고자 할 때 필요한 황화나트륨(Na_2S)의 양(kg)을 계산하시오. (단, Pb : 207, Na : 23)

명쾌한 풀이

① S의 양(kg)을 계산한다.

$Pb^{2+} \;+\; S^{2-} \;\to\; PbS$
$207\text{kg} \;:\; 32\text{kg}$
$65 \times 10^{-3}\text{kg/m}^3 \times 200\text{m}^3 \;:\; X_1$

$$\therefore X_1 = \frac{65 \times 10^{-3}\text{kg/m}^3 \times 200\text{m}^3 \times 32\text{kg}}{207\text{kg}} = 2.01\text{kg}$$

② Na_2S의 양(kg)을 계산한다.

$Na_2S \;\to\; S^{2-} \;+\; 2Na^+$
$78\text{kg} \;:\; 32\text{kg}$
$X_2 \;:\; 2.01\text{kg}$

$$\therefore X_2 = \frac{78\,kg \times 2.01\,kg}{32\,kg} = 4.90\,kg$$

> **TIP**
> ① Na_2S의 분자량 $= 2 \times 23 + 32 = 78$
> ② $mg/L \xrightarrow{\times 10^{-3}} kg/m^3$
> ③ Pb^{2+}농도 $= 65\,mg/L = 65 \times 10^{-3}\,kg/m^3$

08. Fenton 산화법에 사용되는 약품 및 처리방법을 순서대로 쓰시오.

명쾌한 풀이

(1) 사용되는 시약
  산화제 : H_2O_2 촉매제 : $FeSO_4$
(2) 처리방법 순서
  유입수 → pH 3~5로 조절 → 펜턴산화 → 중화 → 침전 → 처리수

09. 폐기물을 관리하는 방법 중 관리의 우선 순위가 낮은 것부터 높은 순서로 나열하시오.

보기
① 처분 또는 매립 ② 재활용 ③ 처리 ④ 감량화

명쾌한 풀이

① → ③ → ② → ④

10 침출수 집배수시설 설계시 고려해야 하는 항목 중 침출수량에 영향을 미치는 요인 3가지를 쓰시오.

명쾌한 풀이

① 강우량
② 증발량
③ 지하수량
④ 침투수량
⑤ 표면유출량
⑥ 폐기물 분해시 발생량

TIP

위의 사항 중 요구조건인 3가지만 서술하시면 됩니다.

11 쓰레기의 수집 시스템 중에서 관거(Pipe-line) 방식의 장·단점을 각각 3가지씩 쓰시오.

명쾌한 풀이

(1) 장점
　① 자동화, 무공해화, 안전화가 가능하다.
　② 쓰레기가 눈에 띄지 않는다.
　③ 분진, 악취, 소음, 진동 등의 문제가 없다.
(2) 단점
　① 쓰레기 발생밀도가 높은 지역 등에서 현실성이 있다.
　② 조대(대형)쓰레기는 파쇄, 압축 등의 전처리를 해야 한다.
　③ 잘못 투입된 물건은 회수하기가 곤란하다.

12 빈칸을 알맞게 채우시오.

	차수막 유무	복토재 유무	침출수 배수설비 유무
단순 매립지			
위생 매립지			
안전 매립지			

제1회 2020년 5월 시행

명쾌한 풀이

	차수막 유무	복토재 유무	침출수 배수설비 유무
단순 매립지	필요없다.	필요없다.	필요없다.
위생 매립지	필요하다.	필요하다.	필요하다.
안전 매립지	필요하다.	필요하다.	필요하다.

13 합성차수막의 종류 5가지를 쓰시오.

명쾌한 풀이

① CR
② PVC
③ CSPE
④ HDPE&LDPE
⑤ EPDM
⑥ CPE

TIP

위의 사항 중 요구조건인 5가지만 서술하시면 됩니다.

14 생활폐기물을 소각처리할 때 다이옥신의 발생량을 저감시킬 수 있는 방법 4가지를 쓰시오.

명쾌한 풀이

① 로내 온도를 1000℃ 이상으로 운전하여 다이옥신 성분 발생량을 최소화한다.
② 배기가스 conditioning시 칼슘 및 활성탄분말 투입시설을 설치하여 다이옥신과 반응후 집진함으로써 줄일 수 있다.
③ 유기염소계 화합물(PVC 제품류) 반입을 제한한다.
④ 페인트가 칠해져 있거나 페인트로 처리된 목재, 가구류 반입을 억제 제한한다.

15. 폐기물의 발열량을 측정하는 방법을 4가지를 쓰시오.

① 원소분석에 의한 방법
② 물리적 조성분석에 의한 방법
③ 단열열량계에 의한 방법
④ 쓰레기 조성에 의한 추정식 이용

16. 플라스틱 폐기물 소각시 발생하는 문제점 3가지를 쓰시오.

① 발연성이 높다.
② 용융연소가 일어난다.
③ 염소 및 다이옥신 등의 유해물질이 다량 발생한다.
④ 통기공을 폐쇄할 우려가 있다.

> **TIP**
> 위의 사항 중 요구조건인 3가지만 서술하시면 됩니다.

17. 내륙매립공법의 종류를 4가지 쓰시오.

① 샌드위치 공법
② 셀 공법
③ 압축매립 공법
④ 도랑형 공법

> **TIP**
> **해안매립공법의 종류**
> ① 박층뿌림 공법
> ② 순차투입 공법
> ③ 내수배제 및 수중투기 공법

18. 폐기물공정시험기준에 규정된 시료의 축소방법 3가지를 쓰시오.

명쾌한 풀이

① 구획법
② 교호삽법
③ 원추4분법

TIP

시료의 축소방법 핵심 내용
① 구획법 : 가로 4등분, 세로 5등분하여 20개의 덩어리로 나눔
② 교호삽법 : 육면체의 측면을 교대로 돌면서 균등량씩 취해 2개의 원추를 쌓음
③ 원추4분법 : 원추의 꼭지를 수직으로 눌러서 평평하게 만들고 이것을 부채꼴로 4등분함

※ 알림

최근기출문제는 수강생들의 도움으로 복원된 문제이므로 실제문제와 다소 차이가 있을 수 있음을 알려 드립니다.

실기시험을 친 수험생은 실기문제를 복원하여 메일로 보내 주시면 됩니다.

메일로 보내실 경우 ☞ kwe7002@hanmail.net

수험생 여러분들이 원하시는 수험서를 만들도록 항상 최선의 노력을 다하겠습니다.

기출복원문제
– 2020년 7월 시행

01 어떤 도시에서 1일 50톤의 폐기물이 발생되었고 이 때 밀도가 400kg/m³이었다. 3m 깊이인 도랑식(trench)으로 매립하고자 할 때 1년 동안 필요한 부지면적(m²)을 계산하시오. (단, 매립 시 압축에 따른 쓰레기 부피 감소율은 50%로 한다.)

명쾌한 풀이

$$\text{매립면적}(m^2/\text{년}) = \frac{\text{폐기물 발생량}(kg/\text{년}) \times (1 - \text{부피 감소율})}{\text{폐기물 밀도}(kg/m^3) \times \text{매립지 깊이}(m)}$$

$$= \frac{50\,ton/day \times 10^3 kg/ton \times (1-0.5) \times 365\,day/\text{년}}{400\,kg/m^3 \times 3m}$$

$$= 7,604.17\,m^2/\text{년}$$

02 폐기물 10 ton 중에서 철이 7%를 차지할 때 다음 물음에 답하시오.

폐기물의 종류(ton)	투입(ton)	제거(ton)	회수(ton)
철	0.7	0.08	0.62
비철금속	9.3	8.92	0.38

(1) 철의 순도(%)를 계산하시오.

(2) 철의 선별효율(%)을 Worrell식을 이용하여 계산하시오.

명쾌한 풀이

(1) 철의 순도(%)를 계산한다.

$$\text{철의 순도}(\%) = \frac{\text{회수된 철}}{\text{회수된 철} + \text{회수된 비철금속}} \times 100$$

$$= \frac{0.62\,ton}{0.62\,ton + 0.38\,ton} \times 100 = 62\%$$

(2) Worrell 선별효율(E) = $\left(\dfrac{X_C}{X_i} \times \dfrac{Y_o}{Y_i}\right) \times 100$

여기서 X_C : 회수량 중 회수대상물질
X_i : 투입량 중 회수대상물질
Y_o : 제거량(기각량) 중 비회수대상물질
Y_i : 투입량 중 비회수대상물질

따라서 $E = \left(\dfrac{0.62\,\text{ton}}{0.7\,\text{ton}} \times \dfrac{8.92\,\text{ton}}{9.3\,\text{ton}}\right) \times 100 = 84.95\%$

> 문제조건에서 철은 회수물질이고, 비철금속은 비회수대상물질로 계산한다.

03 함수율 80%인 음식물 폐기물 50톤과 함수율 40%인 톱밥 20톤을 혼합하였다. 이때 혼합된 물질의 함수율(%)을 계산하시오.

함수율(%) = $\dfrac{50\text{톤} \times 80\% + 20\text{톤} \times 40\%}{50\text{톤} + 20\text{톤}} = 68.57\%$

04 소각로의 부피가 35 m^3이고 쓰레기의 발열량이 1,400kcal/kg이다. 쓰레기의 양이 10,000kg/day이라고 하면 소각로내의 열부하($kcal/m^3 \cdot hr$)를 계산하시오. (단, 1일 8시간 가동)

소각로내의 열부하($kcal/m^3 \cdot hr$)

$= \dfrac{\text{발열량}(kcal/kg) \times \text{쓰레기의 양}(kg/hr)}{\text{소각로의 부피}(m^3)}$

$= \dfrac{1,400\,kcal/kg \times 10,000\,kg/day \times 1\,day/8\,hr}{35\,m^3}$

$= 50,000\ kcal/m^3 \cdot hr$

05. 에틸렌 100kg을 완전 연소하는데 소요되는 이론 산소량(kg)을 계산하시오.

명쾌한 풀이

$$C_2H_4 + 3O_2 \rightarrow 2CO_2 + 2H_2O$$

28kg : 3×32kg
100kg : O_o

∴ 이론산소량 $(O_o) = \dfrac{3 \times 32\,kg \times 100\,kg}{28\,kg} = 342.86\,kg$

06. 쓰레기를 혐기성으로 매립할 때, 시간의 경과에 따라 쓰레기가 분해로 인하여 발생되는 가스의 구성성분이 변화된다. 그 변화를 4단계로 구분하여 단계별로 설명하시오.

명쾌한 풀이

① Ⅰ단계(호기성단계) : 산소와 질소가 감소하고, 이산화탄소가 생성되기 시작한다.
② Ⅱ단계(혐기성비메탄단계) : 혐기성 단계지만 CH_4가 형성되지 않고, H_2가 생성되기 시작하고 SO_4^{2-}, NO_3^- 등이 환원된다.
③ Ⅲ단계(메탄생성축적단계) : 혐기성 단계이며 CH_4가 발생하기 시작한다.
④ Ⅳ단계(정상적인혐기단계) : 정상적인 혐기단계 CH_4와 CO_2의 함량이 거의 일정하다. (CH_4 55%, CO_2 45%로 구성)

07. Trommel Screen의 임계속도(한계속도) 구하는 식을 쓰고, 각각을 설명하시오.

명쾌한 풀이

$$N_c = \sqrt{\dfrac{g}{4\pi^2 r}} \times 60$$

여기서 N_c : 임계속도(rpm)
　　　　g : 중력가속도($9.8\,m/sec^2$)
　　　　r : 스크린 반경(m)

08 다음 ( )안을 알맞게 채우시오

$$
\begin{array}{ccc}
TS & = (①) & + (②) \\
\| & \| & \| \\
(③) & = VSS & + (④) \\
+ & + & + \\
(⑤) & = (⑥) & + FDS
\end{array}
$$

명쾌한 풀이

① VS ② FS ③ TSS ④ FSS ⑤ TDS ⑥ VDS

09 폐기물의 고화처리법 중 시멘트기초법에서 사용하는 포틀랜드 시멘트의 주성분을 쓰시오.

명쾌한 풀이

① CaO ② SiO_2 ③ Al_2O_3 ④ Fe_2O_3

TIP

CaO : 석회, SiO_2 : 규산, Al_2O_3 : 산화알루미늄, Fe_2O_3 : 산화철

10 열회수장치인 열교환기의 종류를 3가지만 쓰시오.

명쾌한 풀이

① 과열기 ② 재열기 ③ 절탄기(이코노마이저) ④ 공기예열기

TIP

위의 사항 중 요구조건인 3가지만 서술하시면 됩니다.

11. 염화수소(HCl)의 제거반응식을 2가지 쓰시오.

명쾌한 풀이

① $2HCl + 2NaNO_2 \rightarrow 2NaCl + NO_2 + NO + H_2O$

② $HCl + NaHSO_3 \rightarrow NaCl + SO_2 + H_2O$

12. 도시폐기물을 처리할 때 중간처리로 파쇄를 이용한다. 파쇄 시 유리한 점을 3가지 쓰시오.

명쾌한 풀이

① 겉보기 비중 증가
② 비표면적 증가
③ 폐기물 소각시 연소효율 증가
④ 고가금속 회수가능
⑤ 입경분포의 균일화

TIP

> 위의 사항 중 요구조건인 3가지만 서술하시면 됩니다.

13. 해안매립공법의 종류 3가지를 쓰고, 설명하시오.

명쾌한 풀이

① 박층뿌림공법 : 개량된 지반이 붕괴될 위험이 있을 때 밑면이 뚫린 바지선을 이용하여 쓰레기를 박층으로 떨어뜨려 뿌려주어 바닥의 지반하중을 균등하게 하기 위해 사용하는 방법이다.
② 순차투입공법 : 호안측으로부터 순차적으로 쓰레기를 투입하여 육지화하는 방법이다.
③ 수중투기공법 및 내수배제공법 : 호 안에 해수를 그대로 둔 채 폐기물을 투기하거나, 매립 전에 내수를 배제시킨 후 폐기물을 매립하는 방법이다.

14 합성차수막의 종류 3가지를 쓰고, 장점과 단점을 각각 2가지씩 쓰시오.

> **명쾌한 풀이**

(1) CR
   (장점)
   ① 대부분의 화학물질에 대한 저항성이 높다.
   ② 마모 및 기계적 충격에 강하다.
   (단점)
   ① 접합이 용이하지 못하다.
   ② 가격이 비싸다.

(2) PVC
   (장점)
   ① 강도가 크다.
   ② 접합이 용이하다.
   (단점)
   ① 대부분의 유기화학물질에 약하다.
   ② 자외선, 오존, 기후에 약하다.

(3) CSPE
   (장점)
   ① 접합이 용이하다.
   ② 미생물에 강하다.
   (단점)
   ① 기름, 탄화수소, 용매류에 약하다.
   ② 강도가 약하다.

(4) EPDM
   (장점)
   ① 수분의 함량이 낮다
   ② 강도가 높다.
   (단점)
   ① 접합상태가 양호하지 못하다
   ② 기름, 방향족 탄화수소, 용매류에 약하다.

> **TIP**
> (1) CR : Choroprene Rubber
> (2) PVC : Polyvinyl Chloride
> (3) CSPE : Chlorosulfonated Polyethylene
> (4) EPDN : Ethylene Propylene Diene Monomer

15 열분해시 생성되는 연료의 특성을 결정하는 인자를 3가지를 쓰시오.

명쾌한 풀이
① 운전온도
② 가열속도
③ 폐기물의 성질

16 매립지에서 발생되는 침출수를 생물학적 처리 시 문제점을 3가지 쓰시오.

명쾌한 풀이
① 난분해성 유기물의 농도가 높다.
② TKN(유기질소+암모니아성 질소)의 농도가 높다.
③ 폭기조에서 거품이 많이 발생한다.

17 염소 및 염화수소를 제거하는 공정 3가지를 쓰시오.

명쾌한 풀이
① 발생원 분리
② 습식 가스세정기
③ 건식 가스세정기

> **TIP**
> ① 발생원 분리 : 플라스틱처럼 염소와 황을 다량 함유하고 있는 폐기물 성분을 발생원 단계에서 분리하는 방법
> ② 습식 가스세정기 : 석회용액이 들어있는 벤츄리세정기, 미스트 제거장치, 석회액화설비, 탈수용 필터프레스로 구성된다.
> ③ 건식 가스세정기 : 탄산나트륨과 석회용액은 배출가스와 반응하도록 건식 분무기 속으로 펌핑되고, 산성가스는 액적표면에 흡수된 후 반응을 일으켜 중성염을 형성하고 이런 고형 염입자는 배출가스 속에 존재하는 비산재와 함께 백필터로 제거한다.

18 다음의 주어진 용어를 설명하시오.

(1) Refus
(2) Garbage
(3) Rubbish

명쾌한 풀이

(1) Refus : 연소되는 물질 중에 고체상태의 쓰레기를 의미한다.
(2) Garbage : 야채, 과실, 곡류, 음식물 등의 부엌 쓰레기를 의미한다.
(3) Rubbish : 종이류, 나무류 등의 가연성 쓰레기와 금속류, 도자기류 등의 불연성쓰레기로 부엌 쓰레기를 제외한 기타 쓰레기를 의미한다.

> ※ 알림
> 최근기출문제는 수강생들의 도움으로 복원된 문제이므로 실제문제와 다소 차이가 있을 수 있음을 알려 드립니다.
> 실기시험을 친 수험생은 실기문제를 복원하여 메일로 보내 주시면 됩니다.
> 메일로 보내실 경우 ☞ kwe7002@hanmail.net
> 수험생 여러분들이 원하시는 수험서를 만들도록 항상 최선의 노력을 다하겠습니다.

기출복원문제
- 2020년 10월 시행

01 Worrell식을 이용하여 선별효율을 계산할 때 유리와 캔 중에서 선별효율이 큰 것은 어느 것인지 계산하시오.

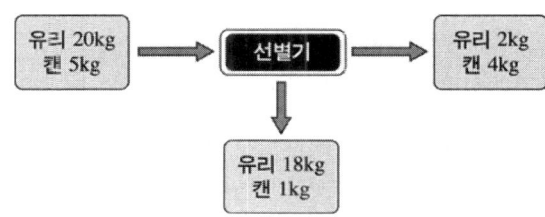

명쾌한 풀이

Worrell 선별효율$(E) = \left(\dfrac{X_c}{X_i} \times \dfrac{Y_o}{Y_i}\right) \times 100$

여기서 X_c : 회수량 중 회수대상물질
　　　X_i : 투입량 중 회수대상물질
　　　Y_o : 제거량 중 비회수대상물질
　　　Y_i : 투입량 중 비회수대상물질

① 유리를 회수대상물질로 할 때의 선별효율(%)을 계산

　유리의 선별효율$(\%) = \left(\dfrac{18\text{kg}}{20\text{kg}} \times \dfrac{4\text{kg}}{5\text{kg}}\right) \times 100 = 72\%$

② 캔을 회수대상물질로 할 때의 선별효율(%)을 계산

　캔의 선별효율$(\%) = \left(\dfrac{1\text{kg}}{5\text{kg}} \times \dfrac{2\text{kg}}{20\text{kg}}\right) \times 100 = 2\%$

③ 따라서 유리의 선별효율이 캔의 선별효율보다 더 크다.

TIP
① 유리의 선별효율을 계산할 때에는 유리가 회수대상물질, 캔이 비회수대상물질이 된다.
② 캔의 선별효율을 계산할 때에는 캔이 회수대상물질, 유리가 비회수대상물질이 된다.

02 직경이 5.0m인 트롬멜 스크린의 임계속도(rpm)를 계산하시오.

명쾌한 풀이

$$N_c = \sqrt{\frac{g}{4\pi^2 r}} \times 60$$

$$= \sqrt{\frac{9.8 \text{m/sec}^2}{4 \times \pi^2 \times 2.5 \text{m}}} \times 60 = 18.91 \text{rpm}$$

TIP

① rpm = 회/min
② rpm = 회/sec × 60sec/min
③ 반경(r) = $\frac{직경(m)}{2}$
④ 최적속도(Ns) = 임계속도(Nc) × 0.45
⑤ $N_c = \sqrt{\frac{g}{4\pi^2 r}} \times 60$
  여기서 N_c : 임계속도(rpm), g : 중력가속도(9.8m/sec^2)
  r : 스크린 반경(m)

03 소각로의 배기가스 배출량이 8,000kg/hr이며, 체류시간은 2초, 소각로내의 온도는 1,000℃이다. 이때 소각로의 체적(m^3)을 계산하시오. (단, 가스의 밀도는 1.293 kg/Sm^3이다.)

명쾌한 풀이

체적(m^3) = 가스량(m^3/sec) × 체류시간(sec)

① 가스량(m^3/sec) = $\frac{8,000 \text{kg/hr}}{1.293 \text{kg/Sm}^3} \times \frac{273 + 1,000℃}{273} \times \frac{1\text{hr}}{3600\text{sec}}$

  = 8.01 m^3/sec

② 체적(m^3) = 8.01m^3/sec × 2sec = 16.02 m^3

TIP

① 가스량(m^3/sec) = $\frac{가스량(\text{kg/sec})}{밀도(\text{kg/m}^3)}$
② 체적(m^3) = V(Sm^3) × $\frac{273 + ℃}{273(표준)}$ × $\frac{760\text{mmHg}}{절대압력(\text{mmHg})}$

04

하수처리장에서 하루 1,000 m³의 슬러지(비중 1.03, 비열 1.1 kcal/kg·℃, 25℃)가 발생되어 혐기성 소화조로 유입되어 처리된다. 혐기성 소화조는 중온소화(35℃)로 가동되는데 소화조의 열손실이 30%일 때 하루에 소요되는 열량(kcal)은 얼마인지 계산하시오.

명쾌한 풀이

소요되는 열량(kcal/day)
$= 1,000 \, m^3/day \times 1,030 \, kg/m^3 \times 1.1 \, kcal/kg \cdot ℃ \times (35-25)℃ \times \dfrac{100}{70\%}$
$= 1.62 \times 10^7 \, kcal/day$

TIP

① 비중(g/cm³) $\xrightarrow{\times 10^3}$ 비중량(kg/m³)
② 비중 1.03의 비중량 1,030 kg/m³이다.

05

탄소, 수소의 질량비가 85%, 15%인 연료를 100kg/hr을 소각시키는 경우 배기가스의 분석치가 CO_2 12.5%, O_2 3.5%, N_2 84%이었다면 매시 필요한 공기량(Sm³/hr)을 계산하시오.

명쾌한 풀이

공급공기량(Sm³/hr) = 공기과잉계수(m) × 이론공기량(A_o) × 연료량(kg/hr)

① 공기과잉계수(m) = $\dfrac{N_2\%}{N_2\% - 3.76 \times O_2\%} = \dfrac{84\%}{84\% - 3.76 \times 3.5\%} = 1.1858$

② 이론공기량(A_o) = $8.89C + 26.67\left(H - \dfrac{O}{8}\right) + 3.33S \, (Sm^3/kg)$
   $= 8.89 \times 0.85 + 26.67 \times 0.15 = 11.557 \, Sm^3/kg$

③ 공급공기량 = $1.1858 \times 11.557 \, Sm^3/kg \times 100 \, kg/hr = 1,370.43 \, Sm^3/hr$

TIP

배출가스 분석치 $CO_2\%$, $O_2\%$, $N_2\%$
공기비(m) = $\dfrac{N_2\%}{N_2\% - 3.76 \times O_2\%}$

06 함수율이 90%인 100톤의 슬러지를 탈수시키기 위하여 응집제를 고형물량의 1%를 첨가한다. 응집제의 순도가 80%일 때, 응집제의 소요량(kg)을 계산하시오.

명쾌한 풀이

응집제의 소요량(kg)

$= 슬러지량(kg) \times 고형물량 \times \dfrac{응집제\ 첨가량(\%)}{100} \times \dfrac{100}{응집제\ 순도(\%)}$

$= 100 \times 10^3 \,kg \times (1 - 0.90) \times 0.01 \times \dfrac{100}{80\%} = 125\,kg$

TiP

고형물량(%) = 100 − 함수율(%) = 100 − 90% = 10%

---

07 매립시 고려조건을 5가지 쓰시오.

명쾌한 풀이

① 쓰레기의 매립용량을 확보할 수 있을 것
② 주민의 반대가 적을 것
③ 공중 및 환경상의 피해가 적을 것
④ 건설비 및 운영비가 저렴하여 경제적일 것

---

08 유동매체가 갖추어야 할 조건 5가지를 서술하시오.

명쾌한 풀이

① 불활성일 것
② 융점이 높을 것
③ 비중이 작을 것
④ 내마모성이 있을 것
⑤ 열충격에 강할 것

09 폐기물 발생량 예측방법 3가지를 쓰고 간단히 설명 하시오.

명쾌한 풀이

① 다중회귀모델 : 하나의 수식으로 각 인자들이 효과를 총괄적으로 나타내어 복잡한 시스템의 분석에 유용하게 사용할 수 있는 쓰레기 발생량을 예측하는 방법이다.
② 동적모사모델 : 쓰레기 배출에 영향을 주는 모든 인자를 시간에 대한 함수로 나타낸 후 시간에 대한 함수로 각 영향인자들 간에 상관관계를 수식화 한 것이다.
③ 경향모델 : 폐기물 발생량 예측방법 중 모든 인자를 시간에 대한 함수로 하여 모델화 시켜 예측하는 방법으로 단지 시간과 그에 따른 폐기물 발생량 간의 상관관계만을 고려하는 방법이다.

10 소각로의 완전연소 조건(3T)을 쓰시오.

명쾌한 풀이

① 충분한 체류시간(Time)
② 충분한 난류(Turbulence)
③ 적당한 온도(Temperature)

11 차수막의 재료인 점토의 차수막 적합조건을 쓰시오.

명쾌한 풀이

① 투수계수 : 10^{-7} cm/sec 미만
② 소성지수 : 10% 이상 30% 미만
③ 액성한계 : 30% 이상
④ 점토 및 미사토 함량 : 20% 이상
⑤ 자갈 함유량 : 10% 미만
⑥ 직경이 2.5cm 이상인 입자의 함유량 : 0%

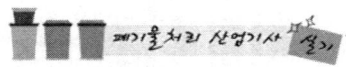

12 퇴비화를 진행단계에 따라 4단계로 구분하고 각 단계의 특징을 쓰시오.

> **명쾌한 풀이**
>
> ① 제 1단계(전처리단계) : 선별과정과 적절한 입도(10 ~ 20 mm)로 분쇄하는 과정
> ② 제 2단계(발효단계) : 호기성 및 혐기성공법을 이용하여 발효하는 단계
> ③ 제 3단계(양생단계) : 안정화를 위해 양생하는 단계
> ④ 제 4단계(마무리단계) : 선별이나 분쇄 등을 통해 입경을 균일하게 하는 단계

13 열분해의 정의를 간단하게 기술하고 열분해 시 생성되는 기체상, 고체상, 액체상 물질을 각각 2가지씩 쓰시오.

> **명쾌한 풀이**
>
> (1) 열분해 정의 : 폐기물을 무산소 또는 산소가 부족한 상태에서 고온으로 가열하여 기체, 액체, 고체 상태의 연료를 생산하는 공정이다.
> (2) 생성물질
>   ① 기체상 물질 : 수소(H_2), 메탄(CH_4), 일산화탄소(CO)
>   ② 액체상 물질 : 아세톤, 메탄올, 오일
>   ③ 고체상 물질 : 탄화물(Char), 불활성 물질

14 다음은 슬러지를 처리하는 공정도이다. (　)의 공정을 쓰고, 그 공정의 방법을 2가지 쓰시오.

> 농축 - 소화 - 개량 - 탈수 - 전처리 - (　) - 처분

> **명쾌한 풀이**
>
> (1) 공정명 : 소각
> (2) 방법
>   ① 일반소각시설
>   ② 고온소각시설
>   ③ 열분해시설(가스화시설 포함)
>   ④ 고온용융시설

15 연소실의 열발생율과 화격자의 연소능력(부하)를 간단히 설명하시오. (단, 공식을 이용하여 설명하시오.)

> **명쾌한 풀이**
>
> ① 연소실의 열발생율(kcal/m³·hr)
> $$= \frac{저위발열량(kcal/kg) \times 폐기물량(kg/hr)}{연소실의 용적(m^3)}$$
> 따라서 연소실의 열발생율은 단위 체적, 단위 시간당 폐기물의 발생열량을 의미한다.
>
> ② 화격자의 연소능력(부하)(kg/m²·hr) = $\dfrac{소각되는 폐기물의 양(kg/hr)}{화격자의 면적(m^2)}$
> 따라서 화격자의 연소능력(부하)는 단위 면적당, 단위 시간당 소각되는 폐기물의 양을 의미한다.

16 건식배연탈황방법의 종류를 3가지 쓰고, 건식법의 특징을 3가지 쓰시오.

> **명쾌한 풀이**
>
> (1) 종류
>   ① 건식석회석주입법
>   ② 활성탄흡착법
>   ③ 활성산화망간법
> (2) 특징
>   ① 장치의 규모가 크다.
>   ② 배출가스의 온도저하가 없다.
>   ③ 대용량 처리가 가능하다.

17. 다음 보기에서 설명하는 연소형태를 쓰시오.

(1) 코크스나 석탄 등이 고온 연소시 고체표면이 빨갛게 빛을 내면서 반응하는 연소로 화염이 없는 연소형태이다.
(2) 장작, 석탄, 중유 등이 열분해하여 발생한 증기와 함께 연소초기에 불꽃을 내면서 반응하는 연소형태이다.
(3) 화염으로부터 열을 받으면 가연성 증기가 발생하는 연소로써, 휘발유, 등유, 알콜, 벤젠 등의 액체연료의 연소형태이다.
(4) 나이트로글로세린의 연소형태이다.

명쾌한 풀이

(1) 표면연소
(2) 분해연소
(3) 증발연소
(4) 자기연소 또는 내부연소

18. 소각의 장점과 단점을 각각 3가지씩 쓰시오.

명쾌한 풀이

(1) 장점
　① 폐기물처리에서 위생적이다.
　② 폐기물의 질량과 부피를 줄일 수 있다.
　③ 매립에 소요되는 매립넓이가 감소한다.
(2) 단점
　① 고온으로 유지되어 질소산화물의 발생이 많다.
　② 배기가스량이 많이 발생한다.
　③ 황산화물 등 유해가스가 많이 발생한다.

※ 알림
최근기출문제는 수강생들의 도움으로 복원된 문제이므로 실제문제와 다소 차이가 있을 수 있음을 알려 드립니다.
실기시험을 친 수험생은 실기문제를 복원하여 메일로 보내 주시면 됩니다.
메일로 보내실 경우 ☞ kwe7002@hanmail.net
수험생 여러분들이 원하시는 수험서를 만들도록 항상 최선의 노력을 다하겠습니다.

기출복원문제
- 2020년 11월 시행

01 함수율이 50%인 쓰레기를 건조시켜 함수율 20%인 쓰레기를 만들려면 쓰레기 1ton당 증발되는 수분량(kg)을 계산하시오. (단, 쓰레기 비중은 1.0으로 가정한다.)

명쾌한 풀이

① $W_1 \times (100 - P_1) = W_2 \times (100 - P_2)$

$1,000 \text{kg} \times (100 - 50) = W_2 \times (100 - 20)$

$\therefore W_2 = \dfrac{1,000 \text{kg} \times (100 - 50)}{(100 - 20)} = 625 \text{kg}$

② 증발되는 수분량 $= W_1 - W_2 = 1,000 \text{kg} - 625 \text{kg} = 375 \text{kg}$

TiP

① $W_1 \times (100 - P_1) = W_2 \times (100 - P_2)$
  여기서 W_1 : 건조 전 쓰레기량(kg)
  P_1 : 건조 전 함수율(%)
  W_2 : 건조 후 쓰레기량(kg)
  P_2 : 건조 후 함수율(%)
② $W_1 \times TS_1 = W_2 \times TS_2$
③ $TS_1 = 100 - P_1$
④ $TS_2 = 100 - P_2$

02 슬러지 반송율이 25%이고 반송슬러지 농도가 10,000mg/L 일 때 포기조의 MLSS 농도를 계산하시오. (단, 유입 SS농도를 고려하지 않음)

명쾌한 풀이

반송율(%) $= \dfrac{MLSS - SS_i}{SS_r - MLSS} \times 100$

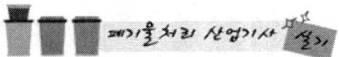

$$25\% = \frac{MLSS}{10,000\,mg/L - MLSS} \times 100 \quad \text{따라서} \quad MLSS = 2,000\,mg/L$$

> **TIP**
>
> 반송율(%) = $\frac{MLSS - SS_i}{SS_r - MLSS} \times 100$ 에서 유입수 SS를 무시하면
>
> 반송율(%) = $\frac{MLSS}{SS_r - MLSS} \times 100$ 여기서 $SS_r = SS_w$ 이다.

03 어떤 도시에서 발생되는 쓰레기를 인부 500명이 수거 운반할 때의 MHT를 계산하시오.
(단, 1일 8시간 작업, 연간 수거실적은 150,000ton, 휴가일수 65일/년·인이다.)

명쾌한 풀이

$$MHT = \frac{\text{수거인부수} \times \text{작업시간}}{\text{쓰레기 수거실적}}$$

$$= \frac{500\text{인} \times 8\,hr/day \times 300\,day/\text{년}}{150,000\,ton/\text{년}} = 8\,MHT$$

04 이론 공기량을 사용하여 C_4H_{10}을 완전 연소시킨다면 발생 되는 건연소가스 중의 $(CO_2)_{max}\%$ 를 계산하시오.

명쾌한 풀이

$C_4H_{10} + 6.5O_2 \rightarrow 4CO_2 + 5H_2O$

① God(이론건연소가스량) $= (1-0.21)A_o + CO_2$량 (Sm^3/Sm^3)

$$= (1-0.21) \times \frac{6.5}{0.21} + 4 = 28.4524\,Sm^3/Sm^3$$

② CO_2량 $= CO_2$ 개수 $= 4\,Sm^3/Sm^3$

③ $CO_{2max}(\%) = \frac{CO_2\text{량}}{God} \times 100 = \frac{4\,Sm^3/Sm^3}{28.4524\,Sm^3/Sm^3} \times 100 = 14.06\%$

> **TIP**
> ① CO_{2max}는 이론건연소가스량(God) 기준
> ② Sm^3/Sm^3 = 부피비 = 개수비
> ③ 완전연소 반응식
> $$C_mH_n + \left(m+\frac{n}{4}\right)O_2 \rightarrow mCO_2 + \frac{n}{2}H_2O$$

05 연소온도에 영향을 미치는 요인 4가지를 쓰시오.

명쾌한 풀이
① 산소의 농도
② 발열량
③ 압력
④ 과잉공기계수

06 쓰레기를 혐기성으로 매립할 때, 시간의 경과에 따라 쓰레기가 분해로 인하여 발생되는 가스의 구성성분이 변화된다. 그 변화를 4단계로 구분하여 단계별로 설명하시오.

명쾌한 풀이
① Ⅰ단계(호기성단계) : 산소와 질소가 감소하고, 이산화탄소가 생성되기 시작한다.
② Ⅱ단계(혐기성비메탄단계) : 혐기성 단계지만 CH_4가 형성되지 않고, H_2가 생성되기 시작하고 SO_4^{2-}, NO_3^- 등이 환원된다.
③ Ⅲ단계(메탄생성축적단계) : 혐기성 단계이며 CH_4가 발생하기 시작한다.
④ Ⅳ단계(정상적인혐기단계) : 정상적인 혐기단계 CH_4와 CO_2의 함량이 거의 일정하다. (CH_4 55%, CO_2 45%로 구성)

07 매립지내 안정화 반응에서 매립경과시간에 따른 매립가스의 발생을 4단계로 구분할 때 제3단계에서 발생하는 가스(CO_2, CH_4, N_2, H_2)의 증감을 쓰시오.

> **명쾌한 풀이**
> ① 이산화탄소(CO_2) 감소
> ② 메탄(CH_4) 증가
> ③ 질소(N_2) 감소
> ④ 수소(H_2) 감소

08 전과정평가(LCA)의 구성요소 4가지를 쓰시오.

> **명쾌한 풀이**
> ① 목적 및 범위의 설정
> ② 목록 분석
> ③ 영향 평가
> ④ 개선평가 및 해석

09 유해폐기물 매립시설 중 관리형 매립시설의 매립대상물질을 4가지만 쓰시오.

> **명쾌한 풀이**
> ① 폐산
> ② 폐알칼리
> ③ 폐흡착제
> ④ 폐유

10 연직차수막 공법의 종류 3가지를 쓰시오.

> **명쾌한 풀이**
> ① 강널말뚝공법
> ② 어스댐코어공법
> ③ 그라우트공법
> ④ 굴착에 의한 차수시트 매설공법

11. 합성차수막인 HDPE(고밀도폴리에틸렌)의 장점을 4가지만 쓰시오.

① 대부분의 화학물질에 대한 저항성이 높다.
② 접합상태가 양호하다.
③ 온도에 대한 저항성이 높다.
④ 강도가 높다.

12. 연소실 내에서의 질소산화물(NO_X) 저감대책 5가지를 쓰시오.

① 저과잉공기량 연소법
② 저온도연소법
③ 배기가스 재순환법
④ 2단연소
⑤ 수증기 및 물분사

13. 열분해의 정의를 간단하게 기술하고 열분해 시 생성되는 기체상, 고체상, 액체상 물질을 각각 2가지씩 쓰시오.

① 열분해 정의 : 폐기물을 무산소 또는 산소가 부족한 상태에서 고온으로 가열하여 기체, 액체, 고체 상태의 연료를 생산하는 공정이다.
② 기체상 물질 : 수소(H_2), 메탄(CH_4), 일산화탄소(CO)
  액체상 물질 : 아세톤, 메탄올, 오일
  고체상 물질 : 탄화물(Char), 불활성 물질

14. 폐기물 매립시 발생하는 대표적인 가스 5가지를 쓰시오.

① 메탄(CH_4)

② 이산화탄소(CO_2)
③ 황화수소(H_2S)
④ 수소(H_2)
⑤ 암모니아(NH_3)

15. 공기비(m)에 대해서 설명하시오.

명쾌한 풀이

① 공기비(m)은 실제공기량/이론공기량의 비이다.
② 공기비가 큰 경우 연소실내의 연소온도가 낮아지고, 통풍력이 강하여 배기가스에 의한 열손실이 증대되고 SO_2, NO_2 함량이 증가하여 부식이 증가한다.
③ 공기비가 작을 경우 열손실에 큰 영향을 주며, 불완전연소로 연소가스의 폭발위험과 매연의 발생이 증가한다.

16. 액체 주입형 연소기(소각로)에 대해서 서술하시오.

명쾌한 풀이

소각재의 배출설비가 없으므로 회분함량이 낮은 액상폐기물에만 사용이 가능하며, 미세분사장치인 버너 노즐을 통해서 액체를 미립화하여 연소하는 장치이다.

TIP

액체 주입형 소각로
(1) 장점
 ① 광범위한 종류의 액상폐기물의 연소가 가능하다.
 ② 소각재 처리설비가 필요없다.
 ③ 구동장치가 없어서 고장이 적다.
 ④ 운영비가 적게 든다.
 ⑤ 기술개발이 잘 되어 있다.
(2) 단점
 ① 버너 노즐을 통해서 액체를 미립화하여야 한다.
 ② 완전연소를 시켜야 하며, 내화물의 파손을 막아야 한다.
 ③ 고형분의 농도가 높으면 버너가 막히기 쉽다.
 ④ 대량처리가 불가능하다.

17 유기물질로부터 에너지를 회수할 수 있는 방법을 3가지 쓰시오.

> **명쾌한 풀이**
> ① 소각에 의한 열회수
> ② 혐기성소화시 발생하는 메탄가스 회수
> ③ 고형화연료(RDF)로 회수

18 매립장에서 발생되는 이산화탄소(CO_2)의 제거방법 3가지를 쓰시오.

> **명쾌한 풀이**
> ① 막분리법
> ② 흡착법
> ③ 흡수법

기출복원문제
- 2020년 11월 시행

01 폐기물 1kg을 분석한 결과 조성이 다음과 같을 때 Dulong식을 이용하여 저위발열량(kcal/일)을 계산하시오.

- 3성분 : 수분 40%, 가연분 50%, 회분 10%,
- 가연분 조성 : C = 30%, H = 10%, O = 5%, S = 5%
- 폐기물량 : 50톤/일

① Dulong 공식을 이용해 고위발열량(Hh)을 계산한다.

$$Hh = 8,100C + 34,000\left(H - \frac{O}{8}\right) + 2,500S \,(kcal/kg)$$

$$= 8,100 \times 0.3 + 34,000 \times \left(0.1 - \frac{0.05}{8}\right) + 2,500 \times 0.05$$

$$= 5,742.5 \, kcal/kg$$

② 저위발열량(Hl)을 계산한다.

$$Hl = Hh - 600 \times (9H + W) \,(kcal/kg)$$

$$= 5,742.5 kcal/kg - 600 \times (9 \times 0.1 + 0.40) = 4,962.5 \, kcal/kg$$

③ $4,962.5 \, kcal/kg \times 50 \times 10^3 \, kg/일 = 2.48 \times 10^8 \, kcal/일$

02 유해 폐기물이 1차 반응식에 따라 감소한다. 속도상수가 0.0693/hr일 때 반감기 사용시간(hr)을 계산하시오.

$$\ln \frac{1}{2} = - k \times t$$

$$\ln \frac{1}{2} = - 0.0693/hr \times t$$

$$\therefore t = \frac{\ln\frac{1}{2}}{-0.0693/hr} = 10\,hr$$

TIP

반감기 반응식 : $\ln\frac{1}{2} = -k \times t$

여기서 k : 상수, t : 시간

---

03 500 m³의 용적을 갖는 쓰레기를 압축하였더니 300 m³으로 감소되었다. 이때 압축비(CR)와 부피 감소율(%)을 계산하시오.

명쾌한 풀이

① 압축비(CR) $= \dfrac{V_1}{V_2} = \dfrac{500\,m^3}{300\,m^3} = 1.67$

② 부피 감소율(%) $= \left(1 - \dfrac{1}{CR}\right) \times 100 = \left(1 - \dfrac{1}{1.67}\right) \times 100 = 40.12\%$

TIP

① 압축비(CR) $= \dfrac{V_1}{V_2}$

여기서 V_1 : 압축전의 부피(m^3), V_2 : 압축후의 부피(m^3)

② 부피 감소율(%) $= \left(1 - \dfrac{1}{CR}\right) \times 100$

---

04 인구수가 20만명인 어떤 도시에서 쓰레기 발생량이 1.5kg/인·일이고, 발생 되는 쓰레기를 인부 50명이 수거 운반할 때의 MHT를 계산하시오. (단, 1일 8시간 작업한다.)

명쾌한 풀이

$$MHT = \frac{수거인부수 \times 작업시간}{쓰레기 수거실적}$$

$$= \frac{50인 \times 8hr/day}{1.5kg/인·일 \times 200,000인 \times 10^{-3}\,ton/kg} = 1.33\,MHT$$

> **TIP**
> ① MHT = man·hr/ton
> ② MHT : 1ton의 쓰레기를 수거하는데 수거인부 1인이 소요하는 총시간
> ③ MHT가 클수록 수거효율이 낮다.

05 페놀(C_6H_5OH) 150mg/L의 이론적인 산소요구량(mg/L)을 계산하시오.

명쾌한 풀이

$C_6H_5OH + 7O_2 \rightarrow 6CO_2 + 3H_2O$

　94 g　　:　7 × 32 g
150 mg/L　:　X

∴ X = 357.45 mg/L

06 연소효율이 90%인 소각로에서 kg당 발열량이 1,500 kcal인 폐기물을 소각할 때, 불완전연소에 의한 열손실이 5%라면 연소재의 열손실(%)이 얼마인지 계산하시오.

명쾌한 풀이

① 연소효율(%) = $\dfrac{H-(R+Q)}{H} \times 100$

$90\% = \dfrac{1{,}500\,\text{kcal/kg} - (R + 1{,}500\,\text{kcal/kg} \times 0.05)}{1{,}500\,\text{kcal/kg}} \times 100$

∴ R = 75 kcal/kg

② 연소재의 열손실(%) = $\dfrac{\text{연소재의 열손실 (kcal/kg)}}{\text{발열량 (kcal/kg)}} \times 100$

$= \dfrac{75\,\text{kcal/kg}}{1{,}500\,\text{kcal/kg}} \times 100 = 5\%$

> **TIP**
> 연소효율(%) = $\dfrac{H-(R+Q)}{H} \times 100$
> H : 발열량(kcal/kg), R : 연소재의 열손실, Q : 불완전연소에 의한 열손실

07 폐기물공정시험기준상 총칙에 대한 내용 중 폐기물을 액상폐기물, 반고상폐기물, 고상폐기물로 나눈다. 고형물 함량에 따라 구분하시오.

① 액상폐기물 : 고형물의 함량이 5 % 미만
② 반고상폐기물 : 고형물의 함량이 5 % 이상 15 % 미만
③ 고상폐기물 : 고형물의 함량이 15 % 이상

08 매립지에서 환경오염을 최소화하기 위하여 설치하는 주요 시설물 6가지와 복토제 사용목적 5가지를 각 각 쓰시오.

(1) 주요 시설물
　① 우수배제시설
　② 차수시설
　③ 침출수 집배수시설
　④ 저류 구조물
　⑤ 발생가스 대책시설
　⑥ 덮개시설
(2) 복토제 사용목적
　① 우수의 침투 방지
　② 쓰레기의 비산 방지
　③ 화재 예방
　④ 유해곤충이나 해충의 서식 방지
　⑤ 악취 방지

 슬러지 개량의 목적과 개량방법 3가지를 각각 쓰시오.

(1) 슬러지 개량의 목적
　① 슬러지의 탈수성을 향상시킨다.
　② 탈수시 약품소모량을 줄인다.
　③ 탈수시 소요동력을 줄인다.

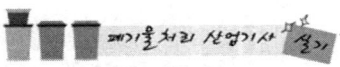

　　　④ 슬러지를 안정화시킨다.
　(2) 슬러지의 개량방법
　　　① 슬러지 세정법
　　　② 약품처리법
　　　③ 열 처리법
　　　④ 생물학적 처리법

10 유해폐기물을 처리하는 고형화 처리방법 3가지를 기술하시오. (단, 시멘트 기초법, 석회 기초법은 답란에서 제외 하시오.)

명쾌한 풀이
① 자가시멘트법
② 피막형성법
③ 유리화법
④ 열가소성 플라스틱법

TIP
문제의 요구조건에 따라 3가지만 서술하면 됩니다.

11 가연성 고체 폐기물을 연소시킬때 연소형태 3가지를 쓰시오.

명쾌한 풀이
① 표면연소
② 분해연소
③ 그을림연소
④ 자기연소

TIP
문제의 요구조건에 따라 3가지만 서술하면 됩니다.

12. 생활쓰레기의 발생원 감량화 대책을 4가지 쓰시오.

명쾌한 풀이

① 식단제 개선
② 분리수거 실시
③ 가정용품의 적절한 정비
④ 포장재 절약

13. 다단로의 가동영역 3가지를 쓰시오.

명쾌한 풀이

① 건조영역
② 연소, 탈취영역
③ 냉각영역

TIP

① 건조영역 : 상부 상(床)영역으로 폐기물의 수분함량이 약 48%까지 건조한다.
② 연소, 탈취영역 : 온도가 750~1,000℃ 범위의 영역이며, 연소와 탈취가 일어난다.
③ 냉각영역 : 뜨거운 재가 공기유입에 의해 냉각되며, 배출가스는 250~600℃이며, 소각재는 거의 불활성이다.

14. 침출수로 인한 지하수 오염방지, 지하수 유입방지, 지하수 증가방지를 위한 시설을 2가지 쓰시오.

명쾌한 풀이

① 차수설비
② 침출수 집배수 설비

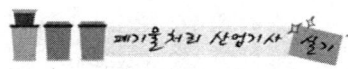

15. 퇴비화 인자 3가지와 최적의 운전범위를 쓰시오.

명쾌한 풀이

① 온도 : 50~60℃
② pH : 6~8
③ C/N비 : 30~50
④ 수분 : 50~60%
⑤ 공급공기량 : 5~15%

TIP

문제의 요구조건에 따라 3가지만 서술하면 됩니다.

16. 소각로의 연소실에서 연소가스와 폐기물의 흐름에 따라서 로의 본체 형식을 나눌 수 있다. 로의 본체 형식 4가지를 쓰고, 간단히 설명하시오.

명쾌한 풀이

(1) 역류식(향류식)
 ① 수분이 많고 저위발열량이 낮은 쓰레기에 적합하다.
 ② 연소실내의 연소가스의 흐름방향과 폐기물의 이송방향이 반대인 형식이다.
(2) 병류식
 ① 수분이 적고 저위발열량이 높은 폐기물에 적합하다.
 ② 폐기물의 이송방향과 연소가스의 흐름방향이 같은 형식이다.
(3) 교류식(중간류식)
 ① 폐기물 질의 변동이 심한 경우에 사용한다.
 ② 역류식(향류식)과 병류식의 중간적인 형식이다.
(4) 복류식
 ① 폐기물의 질이나 저위발열량의 변동이 심할 경우에 사용한다.
 ② 2개의 출구를 가지고 있으며, 댐퍼의 개폐로 역류식, 병류식, 교류식으로 조절할 수 있다.

TIP

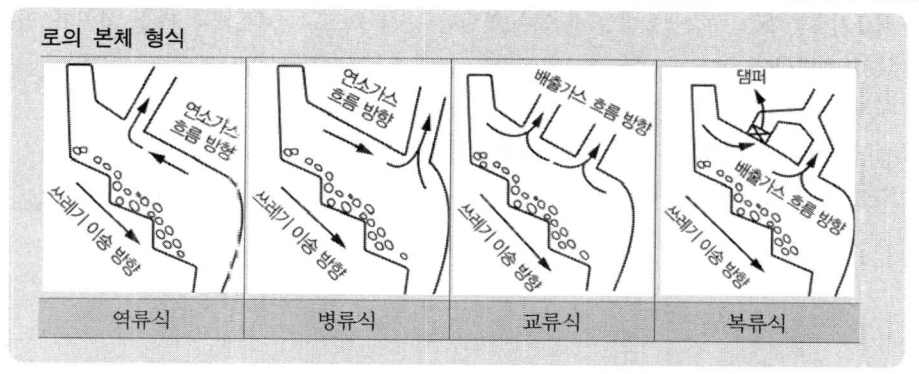
로의 본체 형식: 역류식 / 병류식 / 교류식 / 복류식

17 빈칸을 알맞게 채우시오.

	차수막 유무	복토재 유무	침출수 배수설비 유무
단순 매립지			
위생 매립지			
안전 매립지			

명쾌한 풀이

	차수막 유무	복토재 유무	침출수 배수설비 유무
단순 매립지	필요없다.	필요없다.	필요없다.
위생 매립지	필요하다.	필요하다.	필요하다.
안전 매립지	필요하다.	필요하다.	필요하다.

18 쓰레기를 배출할 때 일원분리에서 다원분리로 전환하고자 할 때 조치사항 3가지를 쓰시오.

명쾌한 풀이

① 쓰레기 분리배출 유도
② 경제적 유인책의 실시
③ 분리수거함 설치

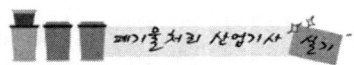

> ※ 알림
> 최근기출문제는 수강생들의 도움으로 복원된 문제이므로 실제문제와 다소 차이가 있을 수 있음을 알려 드립니다.
> 실기시험을 친 수험생은 실기문제를 복원하여 메일로 보내 주시면 됩니다.
> 메일로 보내실 경우 ☞ kwe7002@hanmail.net
> 수험생 여러분들이 원하시는 수험서를 만들도록 항상 최선의 노력을 다하겠습니다.

기출복원문제
- 2021년 4월 시행

01. 4m³의 용적을 가지는 용기에 질소가스를 8kg을 채우고 압력이 6atm일 때 온도(℃)를 계산하시오. (단, 기체상수(R)는 0.082atm · L/mol · K이며, 이상기체 기준이다.)

명쾌한 풀이

$$6\,atm \times 4,000L = \frac{8 \times 10^3 g}{28g} \times 0.082 atm \cdot L/mol \cdot K \times T$$

$$\therefore T = 1,024.39\,K = 751.39℃$$

TIP

① 이상기체상태 방정식 : $P \times V = \frac{W}{M} \times R \times T$

여기서 P : 압력(atm)
  V : 부피(L)
  W : 질량(g)
  M : 분자량(g)
  R : 기체상수(0.082atm · L/mol · K)
  K : 절대온도

② 질소가스 = N_2
③ N_2의 분자량 = $14g \times 2 = 28\,g$
④ $4m^3 = 4 \times 10^3\,L = 4,000\,L$
⑤ ℃ = K − 273

02. 매립지 주변을 고려한 물 수지를 수집하려고 할때 강수량(P), 증발산량(E), 유출량(R), 침출수량(L)만을 고려할 경우 우리나라의 연간 침출수량(mm)을 계산하시오. (단, 우리나라의 연간 강수량은 1,200mm, 연간 증발산량은 750mm. 유출량(R)은 최악의 상태를 고려하여 0으로 가정한다.)

명쾌한 풀이

침출수량 = 강수량 − 증발산량 − 유출량 = 1,200mm − 750mm − 0 = 450mm

03 소각로 내의 열부하가 50,000kcal/m³·hr이며 쓰레기의 발열량이 1,400kcal/kg이다. 쓰레기의 양이 10,000kg/day이라고 하면 소각로의 부피(m³)를 계산하시오. (단, 1일 8시간 가동기준이다.)

명쾌한 풀이

$$50,000\,kcal/m^3 \cdot hr = \frac{1,400\,kcal/kg \times 10,000\,kg/day \times 1day/8hr}{\text{소각로의 부피}(m^3)}$$

$$\therefore \text{소각로의 부피} = \frac{1,400\,kcal/kg \times 10,000\,kg/day \times 1day/8hr}{50,000\,kcal/m^3 \cdot hr} = 35m^3$$

TIP

소각로내의 열부하$(kcal/m^3 \cdot hr) = \dfrac{\text{발열량}(kcal/kg) \times \text{쓰레기의 양}(kg/hr)}{\text{소각로의 부피}(m^3)}$

04 도시폐기물을 분석한 결과 가연분 25%(C : 12%, H : 2.5%, O : 8.5%, N : 0.5%, 기타 1.5%), 수분 60%, 회분 15%일 때 습윤질량 기준의 저위발열량을(kcal/kg)을 계산하시오. (단, 건조질량 기준의 고위발열량은 3,500kcal/kg이다.)

명쾌한 풀이

① 습윤질량 기준의 고위발열량

  = 건조질량 기준의 고위발열량 × $\dfrac{\text{건조시료량}}{\text{습윤시료량}}$

  = $3,500\,kcal/kg \times \dfrac{(25\% + 15\%)}{(25\% + 15\% + 60\%)} = 1,400\,kcal/kg$

② 습윤질량 기준 저위발열량

  = 습윤질량 기준 고위발열량 − 600(9H+W)(kcal/kg)

  = $1,400\,kcal/kg - 600 \times (9 \times 0.025 + 0.60) = 905\,kcal/kg$

TIP

① 건조시료량 = 가연분(%) + 회분(%) = 25% + 15% = 40%
② 습윤시료량 = 가연분(%) + 회분(%) + 수분(%) = 25% + 60% + 15% = 100%

05 폐기물의 조성을 분석한 결과 C : 23%, H : 5%, O : 17%, 기타 불연성 물질이 55% 이었다. 폐기물 1ton을 연소시킬 때 필요한 이론공기량을(ton)을 계산하시오.

명쾌한 풀이

① 이론산소량 $= \dfrac{32\,\text{ton}}{12\,\text{ton}} \times 0.23 + \dfrac{16\,\text{ton}}{2\,\text{ton}} \times \left(0.05 - \dfrac{0.17}{8}\right) = 0.8433\,\text{ton/ton}$

② 이론공기량 $= 0.8433\,\text{ton/ton} \times \dfrac{1}{0.232} = 3.64\,\text{ton/ton}$

TIP

① O_o(이론산소량) $= \dfrac{32\,\text{ton}}{12\,\text{ton}}C + \dfrac{16\,\text{ton}}{2\,\text{ton}}\left(H - \dfrac{O}{8}\right) + \dfrac{32\,\text{ton}}{32\,\text{ton}}S\,(\text{ton/ton})$

② A_o(이론공기량) $= O_o(\text{ton/ton}) \times \dfrac{1}{0.232}\,(\text{ton/ton})$

06 함수율이 75%, 가연성분이 50%(고형물 기준)인 슬러지 100톤을 소각하였을 때 발생되는 소각재의 양(ton)을 계산하시오.

명쾌한 풀이

발생되는 소각재의 양 $= 100\,\text{ton} \times 0.25 \times 0.50 = 12.5\,\text{ton}$

TIP

① 발생되는 소각재의 양 = 슬러지량(ton) × 고형물 함량 × 불연성분 함량
② 고형물 함량 = 100% − 함수율(%) = 100% − 75% = 25%
③ 불연성분 함량 = 100% − 가연성분(%) = 100% − 50% = 50%

07 이론산소량이 폐기물 1kg당 0.5Sm³이 소요된다고 하면 같은 조건에서 200kg/hr의 폐기물을 소각하는 경우 실제공기량(Sm³/hr)을 계산하시오. (단, 과잉공기계수는 2.0이다.)

명쾌한 풀이

실제공기량$(\text{Sm}^3/\text{hr}) = 2.0 \times \dfrac{0.5\,\text{Sm}^3/\text{kg}}{0.21} \times 200\,\text{kg/hr} = 952.38\,\text{Sm}^3/\text{hr}$

> **TIP**
> ① 실제공기량(Sm^3/hr) = 과잉공기계수 × 이론공기량(Sm^3/kg) × 폐기물량(kg/hr)
> ② 이론공기량(Sm^3/kg) = $\dfrac{이론산소량(Sm^3/kg)}{0.21}$
> ③ 이론공기량(kg/kg) = $\dfrac{이론산소량(kg/kg)}{0.232}$

08 연직차수막 공법의 종류 3가지를 쓰시오.

명쾌한 풀이

① 강널말뚝공법
② 어스댐코어공법
③ 그라우트공법
④ 굴착에 의한 차수시트 매설공법

> **TIP**
> 문제의 요구조건인 3가지만 서술하시면 됩니다.

09 합성차수막의 종류 5가지를 쓰시오.

명쾌한 풀이

① CR
② PVC
③ CSPE
④ HDPE & LDPE
⑤ EPDM
⑥ CPE

> **TIP**
> 문제의 요구조건인 5가지만 서술하시면 됩니다.

10 매립지 사후관리항목을 4가지 쓰시오.

명쾌한 풀이

① 우수배제시설 설치 및 관리
② 침출수 관리 및 침출수 처리시설 관리
③ 발생가스 회수 및 관리
④ 지하수 오염도 조사 및 관리
⑤ 구조물 및 지반 안정도 관리
⑥ 주변 환경오염도 조사 관리

TIP

문제의 요구조건인 4가지만 서술하시면 됩니다.

11 퇴비화의 영향인자 중 C/N비에 대한 설명이다. 다음 조건에서 발생하는 현상을 설명하시오.

(1) C/N비가 80 이상인 경우
(2) C/N비가 20 이하인 경우

명쾌한 풀이

(1) C/N비가 80 이상인 경우 : 질소함량이 부족하여 퇴비화가 잘 되지 않고, 퇴비화에 걸리는 시간도 길어진다.
(2) C/N비가 20 이하인 경우 : 암모니아 가스가 발생하여 퇴비화 과정 중 악취가 발생된다.

12 유해폐기물을 고형화 처리한 후 적정처리 여부를 시험 또는 조사하는 항목을 4가지 쓰시오.

> 물리적 시험 : 압축강도 시험, 밀도 측정, 내구성 시험, 투수성 시험

> 화학적 시험 : 용출 시험

13 매립지에서 폐기물이 분해되면서 발생하는 가스를 4가지 쓰시오.

① 이산화탄소(CO_2)
② 메탄(CH_4)
③ 질소(N_2)
④ 수소(H_2)

14 등가비(ϕ)에 대한 물음에 답하시오.

(1) 등가비식을 쓰시오.

(2) $\phi = 1$, $\phi > 1$, $\phi < 1$에 대해 각각 설명하시오.

(1) $\phi = \dfrac{\text{실제의 연료량/산화제}}{\text{완전연소를 위한 이상적 연료량/산화제}}$

(2) ① $\phi = 1$: 완전연소로 연료와 산화제의 혼합이 이상적이다.
② $\phi > 1$: 연료 과잉이며, 불완전 연소로 CO, HC 최대이고 NO_X 최소가 된다.
③ $\phi < 1$: 공기 과잉이며, 완전연소가 기대되며 CO가 최소가 된다.

15. 유해폐기물을 고형화하여 처리하는 목적 4가지를 쓰시오.

명쾌한 풀이

① 폐기물을 다루기가 용이하다.
② 폐기물내 오염물질의 용해도가 감소한다.
③ 폐기물 표면적의 감소에 따른 폐기물 성분의 손실을 줄인다.
④ 폐기물의 독성이 감소한다.

16. 로터리킬른(Rotary Kiln)에서 폐기물의 체류시간을 줄이기 위한 방법을 쓰시오.

명쾌한 풀이

회전하는 원통형의 소각로이며 경사진 구조가 되게 하고 길이와 직경의 비는 2~10, 회전속도는 0.3~1.5rpm, 주변속도는 5~25mm/sec, 연소온도는 800~1600℃의 가동조건에 부합하게 운전한다.

17. 혐기성소화 시 호기성소화에 비해서 슬러지량이 더 적게 발생하는 이유를 쓰시오.

명쾌한 풀이

호기성소화는 산소를 이용하며 대부분의 유기물을 세포화하는 방법이고, 혐기성소화는 산소를 이용하지 않으며 대부분의 유기물을 가스화하는 방법이므로 호기성소화에 비해서 혐기성소화 시 슬러지가 더 적게 발생한다.

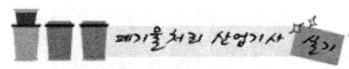

18. 최종처분장(매립지)의 선정시 고려조건 5가지를 쓰시오.

명쾌한 풀이

① 입지조건 – 계획 매립용량의 확보가 가능한 곳
② 입지조건 – 폐기물의 수집과 운반이 효율적일 것
③ 사회적조건 – 주거지역으로부터 멀리 떨어져 있을 것
④ 사회적조건 – 용도상 규제를 받는 지역은 피할 것
⑤ 환경적조건 – 지하수위가 낮고 토양의 투수성이 작을 것
⑥ 환경적조건 – 우수배제가 용이하고 침출수 발생량이 최소인 곳

TIP

문제의 요구조건인 5가지만 서술하시면 됩니다.

19. 폐기물의 매립 최종처분 전 임시보관하는 저장시설의 조건을 쓰시오.

명쾌한 풀이

① 저장시설의 용량은 2~3일분 가능할 것
② 악취발생을 최소화 할 수 있을 것
③ 방화재로 된 건축재를 사용할 것
④ 밀폐된 구조일 것

※ **알림**
최근기출문제는 수강생들의 도움으로 복원된 문제이므로 실제문제와 다소 차이가 있을 수 있음을 알려 드립니다.
실기시험을 친 수험생은 실기문제를 복원하여 메일로 보내 주시면 됩니다.
메일로 보내실 경우 ☞ kwe7002@hanmail.net
수험생 여러분들이 원하시는 수험서를 만들도록 항상 최선의 노력을 다하겠습니다.

기출복원문제 - 2021년 7월 시행

01 탄소 85%, 수소 11.3%, 황 2%, 질소 0.2%, 수분 1.5%로 조성된 중유를 연소할 때 실제습연소가스량(Sm^3/kg)을 계산하시오. (단, 공기과잉계수(m) = 1.2)

① 이론공기량(A_o) = $8.89C + 26.67\left(H - \dfrac{O}{8}\right) + 3.33S\,(Sm^3/kg)$

$= 8.89 \times 0.85 + 26.67 \times 0.113 + 3.33 \times 0.02$

$= 10.6368\,Sm^3/kg$

② 실제습연소가스량(Gw)

$= mA_o + 5.6H + 0.7O + 0.8N + 1.244W\,(Sm^3/kg)$

$= 1.2 \times 10.6368\,Sm^3/kg + 5.6 \times 0.113 + 0.8 \times 0.002 + 1.244 \times 0.015$

$= 13.42\,Sm^3/kg$

02 평균 입경이 20cm인 폐기물을 입경 1cm가 되도록 파쇄할 때 소요되는 에너지는 입경을 4cm로 파쇄할 때 소요되는 에너지의 몇 배인지 계산하시오. (단, Kick의 법칙 적용, n = 1)

Kick의 법칙에서 동력(E) = $C\ln\left(\dfrac{dp_1}{dp_2}\right)$

① $E_1 = C\ln\left(\dfrac{20\,cm}{1\,cm}\right) = C\ln 20$

② $E_2 = C\ln\left(\dfrac{20\,cm}{4\,cm}\right) = C\ln 5$

③ 소요에너지의 변화 = $\dfrac{E_1}{E_2} = \dfrac{C\ln 20}{C\ln 5} = 1.86$배

03 함수율이 60%에서 함수율이 40%로 감소할 때 감소한 질량은 처음 질량의 얼마에 해당하는지 계산하시오.

명쾌한 풀이

$W_1 \times (100-60) = W_2 \times (100-40)$

$\therefore \dfrac{W_2}{W_1} = \dfrac{(100-60)}{(100-40)} = 0.6666$

$\therefore W_2 = 0.6666 W_1$ 이므로 처음의 66.66%가 된다.

TIP

$W_1 \times (100-P_1) = W_2 \times (100-P_2)$
여기서 W_1 : 건조 전 폐기물(kg)
P_1 : 건조 전 함수율(%)
W_2 : 건조 후 폐기물(kg)
P_2 : 건조 후 함수율(%)

04 직경이 3m인 트롬멜 스크린의 임계속도(rpm)를 계산하시오.

명쾌한 풀이

임계속도(N_c) = $\sqrt{\dfrac{9.8\,\text{m/sec}^2}{4 \times \pi^2 \times \dfrac{3\,\text{m}}{2}}} \times 60 = 24.41\,\text{rpm}$

TIP

① $N_c = \sqrt{\dfrac{g}{4\pi^2 r}} \times 60$

여기서 N_c : 임계속도(rpm)
  g : 중력가속도(9.8m/sec²)
  r : 스크린 반경(m)
② rpm = 회/min
③ rpm = 회/sec × 60sec/min
④ 반경(r) = $\dfrac{직경(m)}{2} = \dfrac{3\,\text{m}}{2}$

 폐기물의 발생량이 하루에 2,000톤인 대도시에서 적재용량이 6m³인 수거차량을 이용하여 운반하고자 한다. 하루에 필요한 차량(대)을 계산하시오. (단, 대기차량 포함)

- 차량당 하루 작업시간 : 8시간
- 운반거리 : 30km
- 운반시간(편도) : 15분
- 폐기물 투기시간 : 10분
- 폐기물 적재시간 : 20분
- 폐기물의 밀도 : 225 kg/m³
- 적재시 부피감소율 : 40%
- 대기차량 : 3대

명쾌한 풀이

① 차량적재량(m³/일·대)

$$= \frac{\text{폐기물 적재용량}(m^3/\text{대·회}) \times (1 - \text{부피감소율})}{\frac{(\text{왕복운반시간} + \text{투기시간} + \text{적재시간})\min}{1\text{회}} \times \frac{1hr}{30\min} \times \frac{1day}{\text{작업시간}(hr)}}$$

$$= \frac{6\,m^3/\text{대·회} \times (1 - 0.4)}{\frac{(30+10+20)\min}{1\text{회}} \times \frac{1hr}{60\min} \times \frac{1day}{8hr}} = 28.8\,m^3/\text{일·대}$$

② 차량대수 $= \dfrac{\text{폐기물 발생량}(m^3/\text{일})}{\text{차량 적재량}(m^3/\text{일·대})} +$ 대기차량

$$= \frac{2,000\,ton/\text{일} \times \dfrac{1}{0.225\,ton/m^3}}{28.8\,m^3/\text{일·대}} + 3\text{대} = 312\text{대}$$

 일일 처리량이 35kL인 분뇨처리장에서 메탄가스를 생산하고자 한다. 가스 생산을 위한 탱크용량(m³)을 계산하시오. (단, 탱크체류시간 8시간, 메탄가스발생량은 처리량의 8배로 가정한다.)

명쾌한 풀이

탱크용량(m³) = 가스발생량(m³/day) × 탱크체류시간(day)

$$= 35\,m^3/day \times 8\text{배} \times \left(\frac{8hr}{24}\right)day = 93.33\,m^3$$

07 CO_2 13.1몰, O_2 7.7몰, N_2 9.2몰의 혼합가스의 평균분자량(Kg)을 계산하시오.

명쾌한 풀이

평균분자량 $= 13.1$몰 $\times \dfrac{44\,g}{1\text{몰}} + 7.7$몰 $\times \dfrac{32\,g}{1\text{몰}} + 9.2$몰 $\times \dfrac{28\,g}{1\text{몰}}$

$= 1{,}080.4\,g = 1.08\,kg$

TIP

① 1몰 = 분자량(g)
② CO_2 1몰 = 44g
③ O_2 1몰 = 32g
④ N_2 1몰 = 28g

08 다음과 같은 매립지 내 침출수가 차수층을 통과하는데 소요되는 시간(년)을 계산하시오.

- 점토층 두께 : 1.0m
- 유효공극률 : 0.2
- 투수계수 : 10^{-7} cm/sec
- 상부침출수 수두 : 0.4m

명쾌한 풀이

① $k(m/\text{년}) = \dfrac{10^{-7}\,cm}{sec} \times \dfrac{1m}{10^2\,cm} \times \dfrac{3{,}600\,sec}{1hr} \times \dfrac{24\,hr}{1\,day} \times \dfrac{365\,day}{1\text{년}}$

$= 3.15 \times 10^{-2}\,m/\text{년}$

② $t = \dfrac{(1.0\,m)^2 \times 0.2}{3.15 \times 10^{-2}\,m/\text{년} \times (1.0\,m + 0.4\,m)} = 4.54$년

TIP

$t = \dfrac{d^2 \cdot n}{k(d+h)}$

여기서 t : 침출수가 점토층을 통과하는 시간(년)
  d : 점토층의 두께(m)
  n : 유효공극률
  k : 투수계수(m/년)
  h : 침출수 수두(m)

09. 전과정평가(LCA)의 구성요소 4가지를 쓰시오.

명쾌한 풀이

① 목적 및 범위의 설정
② 목록 분석
③ 영향 평가
④ 개선평가 및 해석

10. 해안매립공법의 종류 3가지를 쓰시오.

명쾌한 풀이

① 박층뿌림공법
② 순차투입공법
③ 수중투기공법
④ 내수배제공법

TIP

해안매립공법의 종류
① 박층뿌림공법 : 개량된 지반이 붕괴될 위험이 있을 때 밑면이 뚫린 바지선을 이용하여 쓰레기를 박층으로 떨어뜨려 뿌려주어 바닥의 지반하중을 균등하게 하기위해 사용하는 방법이다.
② 순차투입공법 : 호안측으로부터 순차적으로 쓰레기를 투입하여 육지화하는 방법이다.
③ 수중투기공법 및 내수배제공법 : 호 안에 해수를 그대로 둔 채 폐기물을 투기하거나, 매립 전에 내수를 배제시킨 후 폐기물을 매립하는 방법이다.

11. Rosin-Rammler식을 쓰고 각 인자를 설명하시오.

명쾌한 풀이

$$Y = 1 - \exp\left[-\left(\frac{X}{X_o}\right)^n\right]$$

여기서 Y : 체하분율(%)
　　　　X : 폐기물 입자의 크기(cm)
　　　　X_o : 특성입자의 크기(cm)
　　　　 n : 상수

12. 폐기물의 열분해 처리원리를 쓰고, 소각처리에 비교하여 갖는 장점을 3가지만 쓰시오.

(1) 열분해 처리원리: 폐기물을 무산소 또는 산소가 부족한 상태에서 고온으로 가열하여 가스, 액체, 고체 상태의 연료를 생산하는 공정이다.
(2) 장점
① 황 및 중금속이 회분속에 고정되는 비율이 크다.
② 소각처리에 비해 상대적으로 저온이기 때문에 NO_x 발생량이 적다.
③ 환원성 분위기가 유지되어 Cr^{3+}가 Cr^{6+}로 변화되기 어렵다.

13. 매립지 사후관리항목을 6가지 쓰시오.

① 우수배제시설 설치 및 관리
② 침출수 관리 및 침출수 처리시설 관리
③ 발생가스 회수 및 관리
④ 지하수 오염도 조사 및 관리
⑤ 구조물 및 지반 안정도 관리
⑥ 주변 환경오염도 조사 관리

14. 폐기물을 매립하는 방법 중 매립구조에 의한 매립방법을 5가지 쓰시오.

① 호기성매립
② 준호기성매립
③ 혐기성매립
④ 혐기성위생매립
⑤ 개량형 혐기성위생매립

15. 청소상태의 평가법 2가지를 쓰고, 간단히 설명하시오.

① CEI : 청소상태의 평가법 중 가로의 청소상태를 기준으로 하는 지역사회 효고-지수를 말한다.
② USI : 청소상태를 평가하는 방법 중 서비스를 받는 시민들의 만족도를 설문조사하여 나타내어지는 사용자 만족도 지수를 말한다.

16. 고체연료 연소시 발생하는 발열량을 2가지 쓰고 각각에 해당하는 정의와 공식을 쓰시오.

(1) 고위발열량(Hh)
 ① 정의 : 고체연료 연소시 발생되는 총발열량이다.
 ② 공식 : $Hh = 8,100\,C + 34,000\left(H - \dfrac{O}{8}\right) + 2,500\,S\,(kcal/kg)$
(2) 저위발열량(Hl)
 ① 정의 : 고위발결량에서 수분의 증발잠열을 제외한 발열량이다.
 ② 공식 : $Hl = Hh - 600(9H + W)\,(kcal/kg)$

17. 열분해 시 생성되는 기체상, 고체상, 액체상 물질을 각각 1가지씩 쓰시오.

① 기체상 물질 : 수소(H_2), 메탄(CH_4), 일산화탄소(CO)
② 액체상 물질 : 아세톤, 메탄올, 오일
③ 고체상 물질 : 탄화물(Char), 불활성 물질

TIP
문제의 요구조건인 1가지만 서술하시면 됩니다.

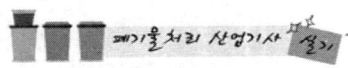

18  연료를 연소하는 소각로에서 보조연료를 사용하는 이유를 쓰시오.

> 명쾌한 풀이
> ① 폐기물의 처리비용 저감을 위해서
> ② 매립장의 수명 연장을 위해서

기출복원문제
- 2021년 11월 시행

01 질량 100톤, 밀도 700kg/m³인 폐기물을 밀도 1,200kg/m³로 압축 하였을 때 부피감소율(%)을 계산하시오.

명쾌한 풀이

$$V_1 = 100\text{ton} \times \frac{1}{0.70\text{ton/m}^3} = 142.857\text{m}^3$$

$$V_2 = 100\text{ton} \times \frac{1}{1.2\text{ton/m}^3} = 83.333\text{m}^3$$

따라서 부피감소율(%) $= \left(1 - \frac{V_2}{V_1}\right) \times 100$

$= \left(1 - \frac{83.333\text{m}^3}{142.857\text{m}^3}\right) \times 100 = 41.67\%$

TIP

부피감소율(%) $= \left(1 - \frac{V_2}{V_1}\right) \times 100$

여기서 V_1 : 압축 전의 부피(m³)
　　　 V_2 : 압축 후의 부피(m³)

02 인구 10,000명인 도시에서 1인 1일 쓰레기 배출량이 2.1kg이고 밀도가 0.45ton/m³인 쓰레기를 매립용량이 2,500m³인 Trench에 매립, 처분하고자 할 때 Trench의 사용일수(일)를 계산하시오. (단, 매립시 쓰레기 부피 감소율은 30%이다.)

명쾌한 풀이

Trench의 사용일수(일)

$$= \frac{\text{매립용량}(m^3)}{\text{쓰레기 발생량}(kg/day) \times \frac{1}{\text{밀도}(kg/m^3)} \times (1-\text{부피 감소율})}$$

$$= \frac{2,500 m^3}{2.1 kg/\text{인}\cdot\text{일} \times 10,000\text{인} \times \frac{1}{450 kg/m^3} \times (1-0.30)} = 77\text{일}$$

03 고형폐기물의 처리시 1kg의 포도당($C_6H_{12}O_6$) 성분의 폐기물이 혐기성 분해를 한다면 이론적 메탄가스의 체적(Sm^3)을 계산하시오. (표준상태 기준)

명쾌한 풀이

$C_6H_{12}O_6 \rightarrow 3CO_2 + 3CH_4$

180kg : 3 × 22.4 Sm^3

1kg : X(CH_4)

$$\therefore X(CH_4) = \frac{1 kg \times 3 \times 22.4 Sm^3}{180 kg} = 0.37 Sm^3$$

TIP

① 체적(Sm^3) = 계수 × 22.4(Sm^3)
② 질량(kg) = 계수 × 분자량(kg)
③ 포도당($C_6H_{12}O_6$)의 분자량 = 12×6+1×12+16×6 = 180

04 인구 100,000명인 어느 지역에서 1인 1일 1.2kg의 폐기물이 발생되고 있다. 발생되는 폐기물의 수거율이 90%이고 수거에 사용되는 트럭 1대의 용적은 8m³일 때 수거에 필요한 청소차량 대수를 계산하시오. (단, 폐기물의 적재밀도는 0.45ton/m³, 차량은 1일 2회 운행, 예비차량은 2대이다.)

명쾌한 풀이

청소차량 대수(대)

$$= \frac{\text{폐기물의 총 발생량}(m^3/\text{일}) \times \text{수거율}}{\text{차량의 적재용량}(m^3/\text{대})} + \text{예비차량}$$

$$= \frac{1.2\text{kg/인·일} \times 100,000\text{인} \times \frac{1}{450\text{kg/m}^3} \times 0.90}{8\text{m}^3/1\text{회·1대} \times 2\text{회/1일}} + 2 = 17\text{대}$$

05 1인당 쓰레기 발생량이 1.0kg/일, 인부의 작업시간은 1일 8시간, 인구수가 20만명인 도시의 MHT를 1.5로 유지하고자 할 때 쓰레기 수거 인부수를 계산하시오.

명쾌한 풀이

$$\text{MHT} = \frac{\text{수거인부수} \times \text{작업시간}}{\text{쓰레기 수거실적}} \text{에서}$$

$$\text{수거 인부수} = \frac{\text{MHT} \times \text{쓰레기 수거실적}(\text{ton/일})}{\text{작업시간}(\text{hr/일})}$$

$$= \frac{1.5\text{MHT} \times 1.0\text{kg/인·일} \times 200,000\text{인} \times 10^{-3}\text{ton/kg}}{8\text{hr/일}} = 38\text{명}$$

06 고형물 중 VS 60%이고, 함수율 97%인 농축슬러지 100m³를 소화시켰다. 소화율(VS 대상)이 50%이고, 소화 후 함수율이 95%라면 소화 후의 부피(m³)를 계산하시오. (단, 모든 슬러지의 비중은 1.0 기준)

명쾌한 풀이

소화 후 슬러지부피$(m^3) = (VS + FS) \times \frac{100}{100 - P(\%)}$

여기서 VS : 잔류 휘발성 고형물(유기물)
　　　FS : 잔류성 고형물(무기물)
　　　P : 소화 후 함수율(%)

① 잔류 VS(m^3) = 농축슬러지량(m^3) × 고형물량 × VS × (1 - 소화율)
  = $100m^3 × 0.03 × 0.6 × (1 - 0.5) = 0.9m^3$

② FS(m^3) = 농축슬러지량(m^3) × 고형물량 × FS
  = $100m^3 × 0.03 × 0.4 = 1.2m^3$

③ 소화후 슬러지 부피(m^3) = $(0.9m^3 + 1.2m^3) × \dfrac{100}{100 - 95\%} = 42m^3$

TiP

① 슬러지량(%) = 고형물(%) + 함수율(%)
② 고형물(%) = 100% - 97% = 3%
③ 고형물(%) = VS(%) + FS(%)
④ FS(%) = 100% - 60% = 40%

---

07 유해폐기물을 처리하는 고형화 처리방법 6가지를 기술하시오.

명쾌한 풀이

① 자가시멘트법
② 시멘트 기초법
③ 석회기초법
④ 열가소성 플라스틱법
⑤ 피막형성법
⑥ 유리화법

---

08 쓰레기를 혐기성으로 매립할 때, 시간의 경과에 따라 쓰레기가 분해로 인하여 발생되는 가스의 구성성분이 변화된다. 그 변화를 4단계로 구분하여 단계별로 설명하시오.

명쾌한 풀이

① Ⅰ단계(호기성단계) : 산소와 질소가 감소하고, 이산화탄소가 생성되기 시작한다.
② Ⅱ단계(혐기성비메탄단계) : 혐기성 단계지만 CH_4가 형성되지 않고, H_2가 생성되기 시작하고 SO_4^{2-}, NO_3^- 등이 환원된다.
③ Ⅲ단계(메탄생성축적단계) : 혐기성 단계이며, CH_4가 발생하기 시작한다.
④ Ⅳ단계(정상적인혐기단계) : 정상적인 혐기단계이며, CH_4와 CO_2의 함량이 거의 일정하다. (CH_4 55%, CO_2 45%로 구성)

09
폐기물을 관리하는 방법 중 관리의 우선 순위가 낮은 것부터 높은 순서로 나열하시오.

보기: ① 처분 또는 매립 ② 재활용 ③ 처리 ④ 감량화

명쾌한 풀이

① → ③ → ② → ④

10
폐기물의 발열량을 측정하는 방법을 4가지를 쓰시오.

명쾌한 풀이

① 원소분석에 의한 방법
② 물리적 조성분석에 의한 방법
③ 단열열량계에 의한 방법
④ 쓰레기 조성에 의한 추정식 이용

11
매립지 사후관리항목을 4가지 쓰시오.

명쾌한 풀이

① 우수배제시설 설치 및 관리
② 침출수 관리
③ 발생가스 관리
④ 지하수 오염도 조사

12
매립지 사후관리계획서에 포함되어야하는 사항 4가지를 쓰시오.

명쾌한 풀이

① 우수 배제 계획
② 침출수 관리 계획
③ 지하수 오염도 조사 계획
④ 구조물 및 지반 안정도 관리 계획

13. 폐기물을 소각할 때 발생되는 질소산화물(NO_X)을 제거하는 방법 중 건식 배연탈질법이 있다. 건식 배연탈질법의 종류를 3가지 쓰고 간단히 설명하시오.

> **명쾌한 풀이**
> ① 선택적 촉매환원법 : 배기가스 중에 존재하는 산소와는 무관하게 질소산화물(NO_X)을 촉매에 의해 선택적으로 환원시켜 질소분자와 물로 전환하는 방법이다.
> ② 선택적 무촉매환원법 : 촉매를 이용하지 않고 환원제에 의해서 고온에서 질소산화물(NO_X)을 선택적으로 환원하여 질소분자와 물로 전환하는 방법이다.
> ③ 접촉분해법 : NO가 함유된 배기가스를 산화 코발트(Co_3O_4)에 접촉시켜 N_2와 O_2로 분해시키는 방법이다.

14. 인공복토재로 복토할 경우 인공복토재의 고려인자 3가지를 쓰시오.

> **명쾌한 풀이**
> ① 투수성이 낮아야 한다.
> ② 연소가 잘되지 않아야 한다.
> ③ 생분해가 가능해야 한다.
> ④ 살포가 용이해야 한다.
> ⑤ 미관상 좋아야 한다.
>
> **TIP**
> 문제의 요구조건에 따라 3가지만 서술하면 됩니다.

15

$Hh = ①C + ②\left(H - \dfrac{O}{8}\right) + ③S$ 는(은) 듀롱식을 이용한 고위발열량(Hh)을 계산하는 식이다. ⓐ, ⓑ, ⓒ에 해당하는 발열량을 쓰시오.

떵래한 풀이

① 8,100
② 34,000
③ 2,500

TIP

듀롱식을 이용한 고위발열량(Hh) 계산식
$$Hh = 8,100C + 34,100\left(H - \dfrac{O}{8}\right) + 2,500S$$

※ **알림**
최근기출문제는 수강생들의 도움으로 복원된 문제이므로 실제문제와 다소 차이가 있을 수 있음을 알려 드립니다.
실기시험을 친 수험생은 실기문제를 복원하여 메일로 보내 주시면 됩니다.
메일로 보내실 경우 ☞ kwe7002@hanmail.net
수험생 여러분들이 원하시는 수험서를 만들도록 항상 최선의 노력을 다하겠습니다.

기출복원문제

– 2022년 5월 시행

01 고형물의 비중이 1.54이고 함수율 97%, 고형물의 질량이 400kg이라 할 때 슬러지의 부피(m³)를 계산하시오.

명쾌한 풀이

① 슬러지의 비중 계산

$$\frac{1}{\rho_{SL}} = \frac{W_{TS}}{\rho_{TS}} + \frac{W_P}{\rho_P}$$

$$\frac{1}{\rho_{SL}} = \frac{0.03}{1.54} + \frac{0.97}{1.0} \quad \therefore \ \rho_{SL} = 1.0106$$

② 슬러지 부피(m³) = $\dfrac{\text{슬러지 질량(kg)}}{\text{슬러지 비중량(kg/m}^3\text{)}} \times \dfrac{100}{100 - P(\%)}$

$= \dfrac{400\,\text{kg}}{1,010.6\,\text{kg/m}^3} \times \dfrac{100}{100 - 97\%} = 13.19\,\text{m}^3$

TIP

① 고형물(%) = 100 − 함수율(%) = 100 − 97% = 3%
② 비중의 단위 : $g/cm^3 = g/mL = kg/L = ton/m^3$
③ 슬러지비중 : $1.0106\,g/cm^3 \xrightarrow{\times 10^3} 1,010.6\,kg/m^3$

02 30%의 탄소를 함유하는 폐기물 1ton/hr를 소각할 경우 발생하는 $CO_2(Sm^3/hr)$량을 계산하시오.

명쾌한 풀이

$$C \quad + \quad O_2 \quad \rightarrow \quad CO_2$$

12 kg　　　　　　：　　　22.4 Sm³

1,000 kg/hr × 0.30　：　　　X

$$\therefore X = \frac{1,000 \, \text{kg/hr} \times 0.30 \times 22.4 \, \text{Sm}^3}{12 \, \text{kg}} = 560 \, \text{Sm}^3/\text{hr}$$

03 어떤 도시에서 1일 50톤의 폐기물이 발생되었고 이 때 밀도가 400kg/m³이었다. 3m 깊이인 도랑식(trench)으로 매립하고자 할 때 1년 동안 필요한 부지면적(m²)을 계산하시오. (단, 매립 시 압축에 따른 쓰레기 부피감소율은 50%로 한다.)

명쾌한 풀이

$$\text{매립면적}(\text{m}^2/년) = \frac{\text{폐기물 발생량}(\text{kg}/년) \times (1 - \text{부피감소율})}{\text{폐기물 밀도}(\text{kg/m}^3) \times \text{매립지 깊이}(\text{m})}$$

$$= \frac{50 \times 10^3 \, \text{kg/day} \times (1 - 0.5) \times 365 \, \text{day}/년}{400 \, \text{kg/m}^3 \times 3 \, \text{m}}$$

$$= 7,604.17 \, \text{m}^2/년$$

04 폐기물 분석결과 수분 = 30%, 고형물 = 70%, 강열감량 = 67%였다면, 이 폐기물 중의 휘발성 고형물(%)과 유기물 함량(%)을 각각 계산하시오.

명쾌한 풀이

$$\text{유기물 함량}(\%) = \frac{\text{휘발성 고형물}(\%)}{\text{고형물}(\%)} \times 100$$

휘발성 고형물(%) = 강열감량(%) − 수분(%) = 67% − 30% = 37%

따라서 유기물 함량(%) = $\frac{37\%}{70\%} \times 100 = 52.86\%$

05 슬러지량이 2,000m³/day, 수분의 함량이 97%, 고형물 중 휘발성 고형물은 65%이며, 이중에서 휘발성 고형물은 55%가 제거된다. 이때 발생되는 가스량(m³/day)을 계산하시오. (단, 슬러지의 비중은 1.03, 가스 발생량은 0.4m³/kg·유기물)

명쾌한 풀이

가스발생량(m³/day) = 슬러지량(m³/일) × 고형물의 농도 × 유기물의 함량

$$\times \text{유기물의 제거율} \times \frac{\text{가스발생량}(\text{m}^3)}{\text{유기물}(\text{kg})}$$

$$= 2{,}000\,\mathrm{m^3/day} \times (1-0.97) \times 0.65 \times 0.55 \times 0.4\,\mathrm{m^3/kg}$$
$$\times 1{,}030\,\mathrm{kg/m^3}$$
$$= 8{,}837.4\,\mathrm{m^3/일}$$

> ① 고형물 = 100 − 함수율(%) = 100 − 97% = 1 − 0.97
> ② 휘발성 고형물 = 유기물 = VS
> ③ 슬러지의 비중 : 1.03 ton/m³ $\xrightarrow{\times 10^3}$ 1,030 kg/m³
> ④ 비중의 단위 : g/cm³ = g/mL = kg/L = ton/m³

06 쓰레기 100ton을 소각하였을 경우 재의 질량은 쓰레기의 20wt%, 재의 용적이 20m³이었을 때 재의 밀도(kg/m³)를 계산하시오.

$$재의\ 밀도(\mathrm{kg/m^3}) = \frac{재의\ 질량(\mathrm{kg})}{재의\ 용적(\mathrm{m^3})} = \frac{100 \times 10^3\,\mathrm{kg} \times 0.20}{20\,\mathrm{m^3}} = 1{,}000\,\mathrm{kg/m^3}$$

> $100\,\mathrm{ton} = 100 \times 10^3\,\mathrm{kg} = 100{,}000\,\mathrm{kg}$

07 침출수가 고여있는 매립지 바닥면적이 5,000m², 투수계수는 0.02L/m²·hr. 바닥의 기울기(수리학적 구배)가 1.5일 때 Darcy 공식을 이용하여 1일동안 유출되는 침출수의 양(m³/day)을 계산하시오.

유출되는 침출수의 양 (m³/day)
$$= \frac{0.02 \times 10^{-3}\,\mathrm{m^3}}{\mathrm{m^2 \cdot hr}} \times \frac{24\,\mathrm{hr}}{1\,\mathrm{day}} \times 5{,}000\,\mathrm{m^2} \times 1.5$$
$$= 3.6\,\mathrm{m^3/day}$$

TIP

① $L \xrightarrow{\times 10^{-3}} m^3$

② $0.02 L/m^2 \cdot hr \xrightarrow{\times 10^{-3}} 0.02 \times 10^{-3} m^3/m^2 \cdot hr$

08 배출가스 중 CO_2 0.05%를 mg/Sm^3으로 전환하시오.

명쾌한 풀이

$(0.05 \times 10^4) \, mL/Sm^3 \times \dfrac{44 \, mg}{22.4 \, mL} = 982.14 \, mg/Sm^3$

TIP

① $ppm = mL/Sm^3$
② $\% \xrightarrow{\times 10^4} ppm$
③ $ppm \xrightarrow{\times 10^{-4}} \%$
④ CO_2의 분자량 $= 12 + 16 \times 2 = 44$
⑤ CO_2 1mol $\begin{cases} 44 \, mg \\ 22.4 \, mL \end{cases}$

09 소각로의 완전연소 조건(3T)을 쓰시오.

명쾌한 풀이

① 충분한 체류시간(Time)
② 충분한 난류(Turbulence)
③ 적당한 온도(Temperature)

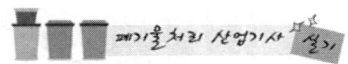

10. 최종처분장의 위치를 선정할 때 고려해야 할 사항을 5가지 쓰시오.

① 쓰레기의 발생지역과 가깝게 위치할 것
② 주민의 반대가 적은 곳
③ 설치 및 작업이 쉬운 곳
④ 공중 및 환경상의 피해가 적은 곳
⑤ 건설비 및 운영비가 저렴하여 경제적인 곳

11. 전과정평가(LCA)의 구성요소 4가지를 쓰시오.

① 목적 및 범위의 설정
② 목록분석
③ 영향평가
④ 개선평가 및 해석

> **TIP**
> 전과정평가(LCA)란 사용하는 자원, 에너지, 환경에 미치는 각종 부하를 원료자원채취 - 생산 - 유통 - 사용 - 재사용 - 폐기의 전과정에 걸쳐 가능한 정량적으로 분석 및 평가하여 현재 인류가 직면하고 있는 자원의 고갈 및 생태계의 파괴현상과 지구환경문제 등을 근본적으로 해결하기 위한 각종 개선방안을 모색하는 기술적이며 체계적인 과정을 의미한다.

12. 합성차수막의 종류 5가지를 쓰시오.

① CR   ② PVC   ③ CSPE
④ HDPE & LDPE ⑤ EPDM   ⑥ CPE

> **TIP**
> 문제의 요구조건에 알맞게 5가지만 서술하시면 됩니다.

13 폐기물공정시험기준상 총칙에 대한 내용 중 폐기물을 액상폐기물, 반고상폐기물, 고상폐기물로 나눈다. 고형물 함량에 따라 구분하시오.

명쾌한 풀이

① 액상폐기물 : 고형물의 함량이 5 % 미만
② 반고상폐기물 : 고형물의 함량이 5 % 이상 15 % 미만
③ 고상폐기물 : 고형물의 함량이 15 % 이상

14 Worrell식과 Rietema식을 이용하여 폐기물에 대한 선별효율을 구하고자 한다. 〈보기〉의 단서를 이용하여 Worrell식과 Rietema식에 의한 선별효율(%) 공식을 쓰시오.

> 보기
> X_i : 투입량 중 회수대상 물질 X_c : 회수량 중 회수대상 물질
> X_o : 제거량 중 회수대상 물질 Y_i : 투입량 중 비회수대상 물질
> Y_c : 회수량 중 비회수대상 물질 Y_o : 제거량 중 비회수대상 물질

명쾌한 풀이

① Worrell식에 의한 선별효율 공식

$$선별효율(E) = \left(\frac{X_C}{X_i} \times \frac{Y_o}{Y_i}\right) \times 100\,(\%)$$

② Rietema식에 의한 선별효율 공식

$$선별효율(E) = \left|\left(\frac{X_C}{X_i} - \frac{Y_C}{Y_i}\right)\right| \times 100\,(\%)$$

15 열분해 시 생성되는 기체상, 고체상, 액체상 물질을 각각 2가지씩 쓰시오.

명쾌한 풀이

① 기체상 물질 : 수소(H_2), 메탄(CH_4), 일산화탄소(CO)
② 액체상 물질 : 아세톤, 메탄올, 오일
③ 고체상 물질 : 탄화물(Char), 불활성 물질

TiP
문제의 요구조건에 알맞게 2가지씩만 서술하시면 됩니다.

16. 다음 보기는 폐기물을 수거하는 방식이다. MHT의 값이 큰 것부터 작은 순서로 나열하시오.

보기: ① 벽면부착식　② 집안이동식　③ 집안고정식　④ 집밖이동식　⑤ 집밖고정식

명쾌한 풀이

① → ③ → ⑤ → ② → ④

TIP

(1) MHT는 수거효율을 나타내는 척도로 사용된다.
(2) MHT는 man·hr/ton의 약자이다.
(3) MHT의 값이 작을수록 수거효율이 높다.
(4) ① 벽면 부착식(2.38)　② 집안 이동식(1.86)　③ 집안 고정식(2.24)
　　④ 집밖 이동식(1.47)　⑤ 집밖 고정식(1.96)

17. 빈칸을 알맞게 채우시오.

	차수막 유무	복토재 유무	침출수 배수설비 유무
단순 매립지			
위생 매립지			
안전 매립지			

명쾌한 풀이

	차수막 유무	복토재 유무	침출수 배수설비 유무
단순 매립지	필요없다.	필요없다.	필요없다.
위생 매립지	필요하다.	필요하다.	필요하다.
안전 매립지	필요하다.	필요하다.	필요하다.

> **TIP**
> ① 단순매립 : 환경을 보호하기 위한 시설을 갖추지 않고 단순히 투기형태의 비위생적인 매립형태이다.
> ② 위생매립 : 매립을 함으로써 발생되는 환경피해를 최소화하기 위해 복토를 실시하고, 매립지에서 발생되는 침출수에 대한 차수시설과 처리시설을 갖춘 매립형태이다.
> ③ 안전매립 : 유해폐기물을 최종적으로 처분하는 방법이며, 환경오염을 최소화하기 위해 유해폐기물을 자연계와 완전히 격리시키는 매립형태이다.

18 연료를 연소 시 공기비가 클 경우 소각로에서 발생하는 현상을 3가지 쓰시오.

명쾌한 풀이
① 연소실내의 연소온도가 낮아진다.
② 배기가스에 의한 열손실이 발생한다.
③ 황산화물과 질소산화물의 발생증가로 부식이 발생한다.

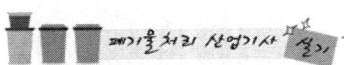

※ 알림

최근기출문제는 수강생들의 도움으로 복원된 문제이므로 실제문제와 다소 차이가 있을 수 있음을 알려 드립니다.

실기시험을 친 수험생은 실기문제를 복원하여 메일로 보내 주시면 됩니다.

메일로 보내실 경우 ☞ kwe7002@hanmail.net

수험생 여러분들이 원하시는 수험서를 만들도록 항상 최선의 노력을 다하겠습니다.

기출복원문제 – 2022년 7월 시행

01 5m³의 용적을 가지는 용기에 메탄가스를 9kg을 채우고 온도는 150℃이다. 이때 압력(atm)을 계산하시오. (단, 기체상수(R)는 0.082atm·L/mol·K이며, 이상기체 기준이다.)

명쾌한 풀이

$$P \text{ atm} \times 5{,}000\text{L} = \frac{9 \times 10^3 \text{g}}{16\text{g}} \times 0.082 \text{atm} \cdot \text{L/mol} \cdot \text{K} \times (273 + 150)\text{K}$$

∴ P = 3.90 atm

TIP

① 이상기체상태 방정식 : $P \times V = \frac{W}{M} \times R \times T$

여기서 P : 압력(atm)　　　　　V : 부피(L)
　　　W : 질량(g)　　　　　　M : 분자량(g)
　　　R : 기체상수(atm·L/mol·K)　K : 절대온도

② 메탄가스 = CH_4
③ CH_4의 분자량 = 12 + 1 × 4 = 16 g
④ 5m³ = 5 × 10³ L = 5,000 L

02 화씨온도(°F), 섭씨온도(℃)가 같은 수치를 나타낼 때의 온도가 얼마인지 계산하시오.

명쾌한 풀이

℃ × 1.8 + 32 = °F 에서 섭씨온도(℃)와 화씨온도(°F)가 같은 수치라고 했으므로 그 값을 X로 두고 계산한다.

1.8 × X + 32 = X

따라서 X = −40

03 탄소 10kg을 완전 연소했을 때 이론 공기량(kg)을 계산하시오.

명쾌한 풀이

① 이론 산소량(O_o) 계산

$$C + O_2 \rightarrow CO_2$$

12kg : 32kg

10kg : 이론 산소량(O_o)

이론 산소량(O_o) = $\dfrac{10\text{kg} \times 32\text{kg}}{12\text{kg}}$ = 26.6667kg

② 이론 공기량(A_o) 계산

∴ 이론 공기량(A_o) = $\dfrac{\text{이론 산소량(kg)}}{0.232}$ = $\dfrac{26.6667\text{kg}}{0.232}$ = 114.94 kg

04 $C_{24}H_{90}O_{16}S \cdot 190H_2O$인 폐기물이 있다. 이 폐기물의 저위발열량(kcal/kg)을 계산하시오. (단, Dulong식을 이용할 것)

명쾌한 풀이

① $C_{24}H_{90}O_{16}S \cdot 190H_2O$의 분자량

= 12 × 24 + 1 × 90 + 16 × 16 + 32 + 190 × 18 = 4,086

② 폐기물 중 각 원소의 성분비 계산

$C = \dfrac{12 \times 24}{4,086} \times 100 = 7.05\%$

$H = \dfrac{1 \times 90}{4,086} \times 100 = 2.2\%$

$O = \dfrac{16 \times 16}{4,086} \times 100 = 6.27\%$

$S = \dfrac{32 \times 1}{4,086} \times 100 = 0.78\%$

$H_2O = \dfrac{190 \times 18}{4,086} \times 100 = 83.70\%$

③ Dulong식을 이용해 고위발열량(Hh) 계산

$Hh = 8,100C + 34,000\left(H - \dfrac{O}{8}\right) + 2,500S$ (kcal/kg)

$= 8,100 \times 0.0705 + 34,000 \times \left(0.022 - \dfrac{0.0627}{8}\right) + 2,500 \times 0.0078$

$$= 1{,}072.075\,\text{kcal/kg}$$

④ 저위발열량(Hl) 계산

$$Hl = Hh - 600(9H + W)\,(\text{kcal/kg})$$
$$= 1{,}072.075\,\text{kcal/kg} - 600 \times (9 \times 0.022 + 0.837) = 451.08\,\text{kcal/kg}$$

05 침출수에 함유되어 있는 수은 5mg/L를 활성탄 흡착법으로 처리하여 0.05mg/L로 방류하고자 한다. 이때 소요되는 활성탄 흡착제의 양(mg/L)을 계산하시오.
(단, Freundlich식을 이용하고 K = 0.5, n = 1이다.)

명쾌한 풀이

$$\frac{X}{M} = K \cdot C^{\frac{1}{n}} \Rightarrow \frac{(C_i - C_o)}{M} = K \cdot C_o^{\frac{1}{n}}$$

따라서 $\dfrac{(5\,\text{mg/L} - 0.05\,\text{mg/L})}{M} = 0.5 \times (0.05\,\text{mg/L})^{\frac{1}{1}}$

$$\therefore M = \frac{(5\,\text{mg/L} - 0.05\,\text{mg/L})}{0.5 \times (0.05\,\text{mg/L})^{\frac{1}{1}}} = 198\,\text{mg/L}$$

06 질량 100톤, 밀도 700kg/m³인 폐기물을 밀도 1,200kg/m³로 압축하였을 때 부피감소율(%)을 계산하시오.

명쾌한 풀이

$$V_1 = 100\,\text{ton} \times \frac{1}{0.70\,\text{ton/m}^3} = 142.857\,\text{m}^3$$

$$V_2 = 100\,\text{ton} \times \frac{1}{1.2\,\text{ton/m}^3} = 83.333\,\text{m}^3$$

따라서 부피감소율(%) $= \left(1 - \dfrac{V_2}{V_1}\right) \times 100$

$$= \left(1 - \frac{83.333\,\text{m}^3}{142.857\,\text{m}^3}\right) \times 100 = 41.67\%$$

> **TIP**
>
> 부피감소율(%) = $\left(1 - \dfrac{V_2}{V_1}\right) \times 100$
>
> 여기서 V_1 : 압축 전의 부피(m^3) V_2 : 압축 후의 부피(m^3)

07 어떤 도시에서 1일 50톤의 폐기물이 발생되었고 이 때 밀도가 400kg/m^3이었다. 3m 깊이인 도랑식(trench)으로 매립하고자 할 때 1년 동안 필요한 부지면적(m^2)을 계산하시오. (단, 매립 시 압축에 따른 쓰레기 부피감소율은 50%로 한다.)

명쾌한 풀이

매립면적(m^2/년) = $\dfrac{\text{폐기물 발생량(kg/년)} \times (1 - \text{부피감소율})}{\text{폐기물 밀도(kg/}m^3\text{)} \times \text{매립지 깊이(m)}}$

$= \dfrac{50 \times 10^3 \text{kg/day} \times 365 \text{day/년} \times (1 - 0.5)}{400 \text{kg/}m^3 \times 3m}$

$= 7,604.17 m^2/\text{년}$

08 폐기물의 80% 이상을 4cm보다 작게 파쇄하고자 할 때 특성입자 크기(X_o)를 계산하시오. (단, Rosin-Rammler식을 이용하고, n = 1이다.)

명쾌한 풀이

$0.80 = 1 - \exp\left[-\left(\dfrac{4\,cm}{X_o}\right)^1\right]$

$\therefore X_o = \dfrac{-4\,cm}{LN(1-0.80)} = 2.49\,cm$

> **TIP**
>
> $Y = 1 - \exp\left[-\left(\dfrac{X}{X_o}\right)^n\right] \Rightarrow X_o = \dfrac{-X}{LN(1-Y)}$
>
> 여기서 Y : 체하분율(%)   X : 폐기물 입자의 크기(cm)
> X_o : 특성입자의 크기(cm)   n : 상수

09 산업폐기물을 소각하는 폐기물 소각로 종류를 3가지 쓰시오.

명쾌한 풀이
① 화격자 소각로
② 유동층 소각로
③ 로터리킬른
④ 다단로 소각로
⑤ 액상분사 소각로

TIP
문제의 요구조건에 알맞게 3가지만 기술하시면 됩니다.

10 강열감량의 정의를 쓰고, 특징을 쓰시오.

명쾌한 풀이
(1) 정의 : 시료의 일정량을 1,000~1,200℃로 가열하여 시료 속의 휘발성 성분과 열분해될 수 있는 성분이 제거되고 불연분만 남아 질량이 일정한 값이 될 때까지의 감량을 시료에 대한 백분율로 나타낸 양이다. 즉 소각재 잔사 중 미연분의 함량을 질량 백분율로 표시한 것이다.
(2) 특징 : 소각재 잔사의 무해화를 판단하는 지표로 사용

11 부패된 황(S)성분이 함유된 소화가스가 철과 반응하여 흑색으로 변하는 반응식을 쓰시오.

명쾌한 풀이
$Fe + H_2S \rightarrow FeS + H_2$

12 플라스틱 폐기물 소각시 발생하는 문제점 3가지를 쓰시오.

명쾌한 풀이
① 발연성이 높다.

② 용융연소가 일어난다.
③ 염소 및 다이옥신 등의 유해물질이 다량 발생한다.
④ 통기공을 폐쇄할 우려가 있다.

TIP

문제의 요구조건에 알맞게 3가지만 기술하시면 됩니다.

---

13 화격자 소각로에서 발생하는 고온부식은 국부적 연소를 하는 장소에서 발생한다. 고온부식의 방지법 4가지를 쓰시오.

명쾌한 풀이

① 내열성 및 내식성 재료를 사용한다.
② 부식성 가스를 제거한다
③ 금속표면 온도를 낮춘다.
④ 금속표면을 피복한다.

---

14 퇴비화를 진행단계에 따라 4단계로 구분하고 각 단계의 특징을 쓰시오.

명쾌한 풀이

① 제1단계(전처리단계) : 선별과정과 적절한 입도(10 ~ 20 mm)로 분쇄하는 과정
② 제2단계(발효단계) : 호기성 및 혐기성공법을 이용하여 발효하는 단계
③ 제3단계(양생단계) : 안정화를 위해 양생하는 단계
④ 제4단계(마무리단계) : 선별이나 분쇄 등을 통해 입경을 균일하게 하는 단계

---

15 생활폐기물 매립지의 지반침하에 영향을 미치는 요인을 3가지만 쓰시오.

명쾌한 풀이

① 폐기물의 비균질성
② 폐기물의 분해
③ 침출수

16. 트롬멜(Trommel) 스크린의 선별효율에 영향을 주는 인자 5가지를 쓰시오. (단, 예시의 내용은 답란에서 제외하시오.)

예시 : 스크린의 직경

명쾌한 풀이

① 회전속도
② 폐기물 부하
③ 경사도
④ 체의 눈 크기
⑤ 길이

17. 다음은 크롬처리에 대한 설명이다. ( )안에 들어갈 알맞은 말은?

(①)이온을 환원제를 사용하여 (②)이온으로 환원시킨 다음 (③)이온에 수산화물(OH^-) 이온을 주입하여 (④)를 형성시켜 침전시켜 처리한다.

명쾌한 풀이

① 6가크롬(Cr^{6+})
② 3가크롬(Cr^{3+})
③ 3가크롬(Cr^{3+})
④ $Cr(OH)_3$

※ 알림
최근기출문제는 수강생들의 도움으로 복원된 문제이므로 실제문제와 다소 차이가 있을 수 있음을 알려 드립니다.
실기시험을 친 수험생은 실기문제를 복원하여 메일로 보내 주시면 됩니다.
메일로 보내실 경우 ☞ kwe7002@hanmail.net
수험생 여러분들이 원하시는 수험서를 만들도록 항상 최선의 노력을 다하겠습니다.

기출복원문제
- 2022년 11월 시행

01 도랑식 트렌치공법으로 쓰레기를 매립할 경우 5톤의 적재용량을 가진 트럭이 하루에 40대 운행한다. 쓰레기의 밀도가 0.48ton/m³이고 매립면적은 55,000m², 복토는 50cm 높이로 하고 매립높이는 6.0m일 때 매립일수(일)를 계산하시오.

명쾌한 풀이

$$\text{매립일수(일)} = \frac{\text{매립용량(m}^3\text{)}}{\text{쓰레기 배출량(kg/day)} \times \frac{1}{\text{밀도(kg/m}^3\text{)}}}$$

$$= \frac{55,000\text{m}^2 \times (0.5\text{m} + 6.0\text{m})}{5\text{톤/대} \times \frac{1}{0.48\text{ton/m}^3} \times 40\text{대/일}} = 858\text{일}$$

02 어느 매립지의 면적이 200,000m²이고 쓰레기 매립높이는 10m, 수거 대상인구는 100,000명, 1인 1일 쓰레기 발생량은 2.0kg이라 할 때 매립지의 사용년수(년)를 계산하시오. (단, 쓰레기 밀도는 500kg/m³이다.)

명쾌한 풀이

$$\text{매립지 사용년수(년)} = \frac{\text{매립용적(m}^3\text{)}}{\text{쓰레기 발생량(kg/년)} \times \frac{1}{\text{밀도(kg/m}^3\text{)}}}$$

$$= \frac{200,000\,\text{m}^2 \times 10\text{m}}{2.0\text{kg/인}\cdot\text{일} \times 100,000\text{인} \times 365\text{일/년} \times \frac{1}{500\text{kg/m}^3}}$$

$$= 13.70\text{년}$$

03 40ton/hr 규모의 시설에서 평균크기가 30.5cm인 혼합된 도시폐기물을 최종크기 5.1cm로 파쇄하기 위하여 동력(kw)을 계산하시오. (단, 평균크기 15.2cm에서 5.1cm로 파쇄하기 위하여 필요한 에너지 소모율은 14.9kw·hr/ton이며 킥의 법칙을 이용하시오.)

명쾌한 풀이

Kick의 법칙 : $E = C \ln\left(\dfrac{dp_1}{dp_2}\right)$

① $14.9 \, kw \cdot hr/ton = C \times \ln\left(\dfrac{15.2 \, cm}{5.1 \, cm}\right)$

∴ $C = \dfrac{14.9 \, kw \cdot hr/ton}{\ln\left(\dfrac{15.2 \, cm}{5.1 \, cm}\right)} = 13.64 \, kw \cdot hr/ton$

② $E = 13.64 \, kw \cdot hr/ton \times \ln\left(\dfrac{30.5 \, cm}{5.1 \, cm}\right) = 24.4 \, kw \cdot hr/ton$

③ 동력 $= 24.4 \, kw \cdot hr/ton \times 40 \, ton/hr = 976 \, kw$

TIP

Kick의 법칙 : $E = C \ln\left(\dfrac{dp_1}{dp_2}\right)$

여기서 E : 에너지 소모율, dp_1 : 평균크기(cm), dp_2 : 최종크기(cm)

04 함수율 95%인 슬러지의 밀도(kg/L)가 1.024이다. 물의 밀도(kg/L)를 1.000이라 할 때, 고형물의 밀도(kg/L)를 계산하시오.

명쾌한 풀이

$\dfrac{1}{\rho_{SL}} = \dfrac{W_{TS}}{\rho_{TS}} + \dfrac{W_P}{\rho_P}$

여기서 W_{TS} : 고형물의 함량, W_P : 수분의 함량
ρ_{SL} : 슬러지의 밀도, ρ_{TS} : 고형물의 밀도, ρ_P : 수분의 밀도

$\dfrac{1}{1.024 \, kg/L} = \dfrac{0.05}{\rho_{TS}} + \dfrac{0.95}{1.000 \, kg/L}$

∴ $\rho_{TS} = 1.88 \, kg/L$

05 도시폐기물을 매립할 때 소요되는 복토재(흙)의 양(m^3/day)을 계산하시오. (일일 매립 면적 : 150m^2/day, 복토 1층의 두께 : 60cm, 일일 복토 층수 2층)

> **명쾌한 풀이**
>
> 매립지 복토재의 양(m^3/day) = $\dfrac{150\,m^2}{day} \times \dfrac{0.6\,m}{1층} \times 2층 = 180\,m^3/day$

06 침출수량이 350m^3/day, 침출수가 집수관내를 흐르는 유속이 3cm/sec, 침출수는 단면적의 1/2만 흐르도록 할 경우 집수관의 설계직경(m)을 계산하시오.

> **명쾌한 풀이**
>
> ① 유량(Q) = 단면적(A) × 유속(v) = $\dfrac{\pi \cdot D^2}{4}(m^2) \times v(m/sec)$
>
> 따라서 $D = \sqrt{\dfrac{4 \times Q}{\pi \times v}}$
>
> $= \sqrt{\dfrac{4 \times 350\,m^3/day \times 1\,day/24\,hr \times 1\,hr/3,600\,sec}{\pi \times 0.03\,m/sec}} = 0.4146\,m$
>
> ② 침출수가 단면적의 1/2만 흐르도록 할때의 직경(D) 계산
>
> $D = 0.4146\,m \times \dfrac{1}{2} = 0.21\,m$

07 용적 500m^3인 슬러지 혐기성 소화조가 함수율 95%의 슬러지를 하루에 10m^3를 소화시킨다면 이 소화조의 유기물 부하율(kg VS/m^3·일)을 계산하시오. (단, 무기물 비율이 40%, 슬러지 비중은 1.0이다.)

> **명쾌한 풀이**
>
> 유기물 부하율(kg VS/m^3·day)
>
> $= \dfrac{10\,m^3/day \times 1,000\,kg/m^3 \times (1-0.95) \times (1-0.40)}{500\,m^3}$
>
> $= 0.6\,kg\,VS/m^3 \cdot day$

> **TIP**
> ① 고형물(TS) = 100 − 함수율(P) = (100 − 95%) = (1 − 0.95)
> ② 슬러지 비중 1.0 = 1,000kg/m³
> ③ 고형물(TS) = 유기물(VS) + 무기물(FS)
> ④ 유기물(VS) = 100 − 40% = 60%

08 매립시설에서 주요 시설물 중 하나인 덮개설비의 주요기능을 5가지 쓰시오.

명쾌한 풀이
① 강우의 침투를 방지한다.
② 쓰레기의 날림을 방지한다.
③ 병원균 매개체의 서식을 방지한다.
④ 쓰레기 매립시 악취를 방지한다.
⑤ 유독가스 확산을 방지한다.

09 소각에 비하여 열분해가 갖는 장점을 5가지 쓰시오.

명쾌한 풀이
① 황 및 중금속이 회분속에 고정되는 비율이 크다.
② 저장 및 수송이 가능한 연료를 회수할 수 있다.
③ 환원성 분위기가 유지되어 Cr^{3+}가 Cr^{6+}로 변화되기 어렵다.
④ 배기가스량이 적어 가스처리 장치가 소형이다.
⑤ 소각처리에 비해 상대적으로 저온이기 때문에 NO_x 발생량이 적다.
⑥ 지속적 환원 분위기로 효과적 에너지 회수가 가능하다.

10 퇴비화의 영향인자 중 C/N비에 대한 설명이다. 다음 조건에서 발생하는 현상을 설명하시오.

> (1) C/N비가 80 이상인 경우
> (2) C/N비가 20 이하인 경우

명쾌한 풀이

(1) C/N비가 80 이상인 경우 : 질소함량이 부족하여 퇴비화가 잘 되지 않고, 퇴비화에 걸리는 시간도 길어진다.
(2) C/N비가 20 이하인 경우 : 암모니아 가스가 발생하여 퇴비화 과정 중 악취가 발생된다.

11 쓰레기의 수집 시스템 중에서 관거(Pipe-line) 방식의 장점과 단점을 각각 3가지씩 쓰시오.

명쾌한 풀이

(1) 장점
   ① 자동화, 무공해화, 안전화가 가능하다.
   ② 쓰레기가 눈에 띄지 않는다.
   ③ 분진, 악취, 소음, 진동 등의 문제가 없다.
(2) 단점
   ① 쓰레기 발생밀도가 높은 지역 등에서 현실성이 있다.
   ② 조대(대형)쓰레기는 파쇄, 압축 등의 전처리를 해야 한다.
   ③ 잘못 투입된 물건은 회수하기가 곤란하다.

12 화격자 소각로의 종류를 3가지 쓰시오.

명쾌한 풀이

① 이동식 화격자
② 복동식 화격자
③ 흔들이식 화격자

TIP

화격자식(Stoker) 소각로란 도시 생활폐기물의 소각에 주로 사용되며, 소각로내에 고정화격자와 가동화격자를 설치하여 이 위에 폐기물을 올려서 태우는 방식을 이용하는 소각로이다.

13 일반폐기물의 위생매립방법 3가지를 쓰고 각각 설명하시오.

> **명쾌한 풀이**

① 샌드위치 공법 : 쓰레기를 수평으로 고르게 깔아서 압축한 다음 그 위에 복토를 하여 쓰레기와 복토를 번갈아 하면서 쌓는 방법이다.
② 셀공법 : 쓰레기 비탈면의 경사를 20% 전후(15~25%)로 하여 쓰레기를 셀도양으로 쌓고 각각의 셀에 복토하는 방법이다.
③ 압축매립공법 : 쓰레기를 매립하기 전에 이의 감량화를 목적으로 먼저 쓰레기를 일정한 더미형태로 압축하여 부피를 감소시킨 후 포장을 실시하여 매립하는 방법이다.

> **TIP**
>
> 위생매립이란 매립을 함으로써 발생되는 환경피해를 최소화하기 위해 복토를 실시하고, 매립지에서 발생되는 침출수에 대한 차수시설과 처리시설을 갖춘 매립형태이다.

14 폐슬러지 케이크 중에 함유된 수분 중에서 〈보기〉의 수분을 탈수성이 용이한 순서대로 나열하시오.

> **보기**
>
> 모관결합수, 간극모관결합수, 표면부착수, 내부수

> **명쾌한 풀이**

간극모관결합수 〉 모관결합수 〉 표면부착수 〉 내부수

> **TIP**
>
> **슬러지에 함유되어 있는 수분의 종류**
> ① 모관결합수 : 미세한 슬러지 고형물의 입자사이의 얇은 틈에 존재하는 수분으로 모세관압으로 결합되어 있는 수분이다.
> ② 간극모관결합수(간극수) : 큰 고형물입자 간극에 존재하는 수분으로 슬러지내의 수분 중 일반적으로 가장 많은 양을 차지한다.
> ③ 표면부착수(부착수) : 콜로이드상 결합수로 수분제거가 용이하지 못하다.
> ④ 내부수 : 세포내부에 강하게 결합된 수분으로 슬러지 건조 시 증발이 가장 어려운 수분이다.

15 다음 〈보기〉의 조건을 이용하여 연소효율(%) 구하는 식을 쓰시오.

> 보기
> H : 열량(kcal/kg)
> R : 재에 의한 손실(kcal/kg)
> G : 열손실(kcal/kg)

명쾌한 풀이

$$연소효율(\%) = \frac{H(kcal/kg) - (G+R)(kcal/kg)}{H(kcal/kg)} \times 100$$

16 Dulong 공식에서 $\left(H - \dfrac{O}{8}\right)$가 의미하는 것을 쓰시오.

명쾌한 풀이

$\left(H - \dfrac{O}{8}\right)$는 유효수소로서 발열수소를 의미한다.

> **TIP**
> 유효수소는 $\left(H - \dfrac{O}{8}\right)$로서 연료 중에 있는 산소는 수소와 결합하여 결합수의 형태로 존재하므로 결합수 상태로 있는 수소는 연소반응에 참여하지 않으므로 총수소에서 $\dfrac{O}{8}$를 뺀값으로 계산한다.

17 쓰레기를 혐기성으로 매립할 때, 시간의 경과에 따라 쓰레기가 분해로 인하여 발생되는 가스의 구성성분이 변화된다. 그 변화를 4단계로 구분하여 간단히 설명하시오.

명쾌한 풀이

① Ⅰ단계(호기성단계) : 산소와 질소가 감소하고, 이산화탄소가 생성되기 시작하는 단계이다.
② Ⅱ단계(혐기성비메탄단계) : 혐기성 단계지만 CH_4가 형성되지 않고, H_2가 생성되기 시작하고 SO_4^{2-}, NO_3^- 등이 환원되는 단계이다.
③ Ⅲ단계(메탄생성축적단계) : 혐기성 단계이며 CH_4가 발생하기 시작하는 단계이다.
④ Ⅳ단계(정상적인 혐기단계) : 정상적인 혐기단계 CH_4와 CO_2의 함량이 거의 일정한 단계이다.

18. 슬러지를 토양에 주입 시 장점과 단점을 각각 3가지씩 쓰시오.

명쾌한 풀이

(1) 장점
   ① 유기물질에 의한 토양의 물리적성질 개량
   ② 작물에 영양분 공급
   ③ 토양의 침식 감소
   ④ 강수시 토양의 유출량 감소

(2) 단점
   ① 질소성분의 과잉
   ② 염분성분의 과잉
   ③ 작물에 중금속 축적
   ④ 병원균에 의한 위해성

기출복원문제
- 2023년 4월 시행

01 어떤 도시에서 1일 50톤의 폐기물이 발생되었고 이때 밀도가 $400\,kg/m^3$이었다. 3m 깊이인 도랑식(trench)으로 매립하고자 할 때 1년 동안 필요한 부지면적(m^2)을 계산하시오. (단, 매립 시 압축에 따른 쓰레기 부피감소율은 50%로 한다.)

명쾌한 풀이

매립면적(m^2/년) = $\dfrac{\text{폐기물 발생량(kg/년)} \times (1-\text{부피감소율})}{\text{폐기물 밀도}(kg/m^3) \times \text{매립지 깊이(m)}}$

$= \dfrac{50 \times 10^3\,kg/day \times 365\,day/년 \times (1-0.5)}{400\,kg/m^3 \times 3m}$

$= 7,604.17\,m^2/년$

02 폐기물의 80% 이상을 4cm보다 작게 파쇄하고자 할 때 특성입자 크기(X_o)를 계산하시오. (단, Rosin-Rammler식을 이용하고, n = 1이다.)

명쾌한 풀이

$Y = 1 - \exp\left[-\left(\dfrac{X}{X_o}\right)^n\right] \Rightarrow X_o = \dfrac{-X}{LN(1-Y)}$

여기서 Y : 체하분율(%)   X : 폐기물 입자의 크기(cm)
X_o : 특성입자의 크기(cm)   n : 상수

따라서 $X_o = \dfrac{-X}{LN(1-Y)}$

$= \dfrac{-4\,cm}{LN(1-0.80)} = 2.49\,cm$

03 탄소 10kg을 완전 연소했을 때 이론 공기량(kg)을 계산하시오.

명쾌한 풀이

① 이론 산소량(O_o) 계산

$$C \quad + \quad O_2 \quad \rightarrow \quad CO_2$$
$$12kg \quad : \quad 32kg$$
$$10kg \quad : \quad 이론\ 산소량(O_o)$$

이론 산소량(O_o) = $\dfrac{10kg \times 32kg}{12kg}$ = 26.6667kg

② 이론 공기량(A_o) 계산

∴ 이론 공기량(A_o) = $\dfrac{이론\ 산소량(kg)}{0.232}$ = $\dfrac{26.6667kg}{0.232}$ = 114.94 kg

04 인구 100,000명인 어느 지역에서 1인 1일 1.2kg의 폐기물이 발생되고 있다. 발생되는 폐기물의 수거율이 90%이고 수거에 사용되는 트럭 1대의 용적은 8 m^3일 때 수거에 필요한 청소차량 대수를 계산하시오. (단, 폐기물의 적재밀도는 0.45ton/m^3, 차량은 1일 2회 운행, 예비차량은 2대이다.)

명쾌한 풀이

청소차량 대수(대) = $\dfrac{폐기물의\ 총\ 발생량(m^3/일) \times 수거율}{차량의\ 적재용량(m^3/대)}$ + 예비차량

= $\dfrac{1.2kg/인\cdot일 \times 100,000인 \times \dfrac{1}{450kg/m^3} \times 0.90}{8m^3/1회 \cdot 1대 \times 2회/1일}$ + 2 = 17대

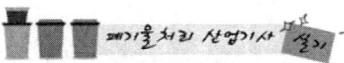

05 매립지 주변을 고려한 물 수지를 수집하려고 할 때 강수량(P), 증발산량(E), 유출량(R), 침출수량(L)만을 고려할 경우 우리나라의 연간 침출수량(mm)을 계산하시오. (단, 우리나라의 연간 강수량은 1,200mm, 연간 증발산량은 750mm, 유출량(R)은 최악의 상태를 고려하여 0으로 가정한다.)

명쾌한 풀이

침출수량 = 강수량 − 증발산량 − 유출량
= 1,200mm − 750mm − 0
= 450mm

06 선별효율을 나타내는 지표로 Rietema의 제안식을 적용한다면 선별 결과가 〈보기〉와 같을 때, Rietema식에 의한 선별효율(%)을 계산하시오.

보기:
- 투입량 : 1ton/hr
- 회수량 : 700kg/hr(회수대상물질은 500kg/hr)
- 제거량 : 300kg/hr(회수대상물질은 50kg/hr)

명쾌한 풀이

Rietema식에 의한 선별효율(%) $= \left| \left(\dfrac{X_c}{X_i} - \dfrac{Y_c}{Y_i} \right) \right| \times 100$

$= \left| \left(\dfrac{500 \text{ kg/hr}}{550 \text{ kg/hr}} - \dfrac{200 \text{kg/hr}}{450 \text{kg/hr}} \right) \right| \times 100$

$= 46.47\%$

TIP

① 조건 : X_i(투입량 중 회수대상물질) = 550kg/hr
Y_i(투입량 중 비회수대상물질) = 450kg/hr
X_c(회수량 중 회수대상물질) = 500kg/hr
Y_c(회수량 중 비회수대상물질) = 200kg/hr
X_o(제거량 중 회수대상물질) = 50kg/hr
Y_o(제거량 중 비회수대상물질) = 250kg/hr

② Worrell식에 의한 선별효율(%) $= \left(\dfrac{X_c}{X_i} \times \dfrac{Y_o}{Y_i} \right) \times 100(\%)$

07 건조된 슬러지 고형물의 비중이 1.5 이며, 건조 이전의 슬러지 내 고형물 함량이 6%일 때 건조 전 슬러지의 비중을 계산하시오.

명쾌한 풀이

$$\frac{1}{\rho_{SL}} = \frac{W_{TS}}{\rho_{TS}} + \frac{W_P}{\rho_P}$$

여기서 ρ_{SL} : 슬러지 비중 ρ_{TS} : 고형물의 비중
   W_{TS} : 고형물의 함량 ρ_P : 수분의 비중
   W_P : 수분의 함량

따라서 $\frac{1}{\rho_{SL}} = \frac{0.06}{1.5} + \frac{0.94}{1.0}$

$\therefore \rho_{SL} = \frac{1}{0.98} = 1.02$

08 소각로의 부피가 35m³이고 쓰레기의 저위발열량이 1,400kcal/kg, 소각하는 쓰레기의 양이 10,000kg/day이라고 할 때 소각로내의 열부하(kcal/m³·hr)를 계산하시오. (단, 1일 8시간만 가동한다.)

명쾌한 풀이

소각로내의 열부하(kcal/m³·hr) = $\frac{발열량(kcal/kg) \times 쓰레기의 양(kg/hr)}{소각로의 부피(m³)}$

$= \frac{1,400\,kcal/kg \times 10,000\,kg/day \times 1day/8hr}{35\,m^3}$

$= 50,000\,kcal/m^3 \cdot hr$

09 유기물($C_5H_7O_2N$) 1kg을 과잉공기 50%를 이용하여 완전연소 시킬 때 필요한 산소량(kg)을 계산하시오. (단, 생성물은 CO_2, H_2O, N_2이다.)

명쾌한 풀이

$C_5H_7O_2N + 5.75\,O_2 \rightarrow 5\,CO_2 + 3.5\,H_2O + 0.5\,N_2$
 113 kg : 5.75 × 32 kg
  1 kg   :   산소량

따라서 산소량 = $\frac{1\,kg \times 5.75 \times 32\,kg}{113\,kg}$ = 1.63 kg

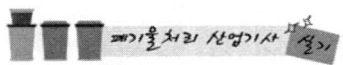

> **TIP**
> ① 질량(kg) = 계수 × 분자량(kg)
> ② $C_5H_7O_2N$의 분자량 = $12 \times 5 + 1 \times 7 + 16 \times 2 + 14 = 113$
> ③ 산소량 계산 시 과잉공기량은 필요없다.
> ④ 과잉공기량이 50%이면 공기비(m)는 1.5이다.

10  A도시의 인구가 20만명이고 쓰레기의 발생량이 1.5kg/인·일, 발생되는 쓰레기를 인부 50명이 수거 운반할 때와 B도시의 인구가 30만명이고 쓰레기의 발생량이 2.5kg/인·일, 발생되는 쓰레기를 인부 80명이 수거 운반할 때 각각의 MHT를 계산하고, 수거효율이 높은 도시를 선택하시오. (단, 1일 작업시간은 8시간이다.)

명쾌한 풀이

$$MHT = \frac{수거인부수 \times 작업시간}{쓰레기 수거실적}$$

① A도시의 MHT(man·hr/ton)

$$= \frac{50인 \times 8hr/day}{1.5kg/인·일 \times 200{,}000인 \times 10^{-3}ton/kg} = 1.33 \, MHT$$

② B도시의 MHT(man·hr/ton)

$$= \frac{80인 \times 8hr/day}{2.5kg/인·일 \times 300{,}000인 \times 10^{-3}ton/kg} = 0.85 \, MHT$$

③ MHT의 값이 작을수록 수거효율이 높으므로 A도시에 비해 B도시의 수거효율이 높다.

> **TIP**
> ① MHT = man·hr/ton
> ② MHT : 1ton의 쓰레기를 수거하는데 수거인부 1인이 소요하는 총시간
> ③ MHT가 클수록 수거효율이 낮다.
> ④ 쓰레기 발생량 = 쓰레기 수거량

11

소각로에서 kg당 발열량이 1,500 kcal인 폐기물을 소각할 때, 불완전연소에 의한 열손실이 발열량의 5%, 연소재의 열손실이 발열량의 5%라고 할 때 연소효율(%)을 계산하시오.

명쾌한 풀이

연소효율(%) $= \dfrac{H-(R+Q)}{H} \times 100$

여기서 H : 발열량(kcal/kg)   R : 연소재의 열손실
      Q : 불완전연소에 의한 열손실

연소효율(%)
$= \dfrac{1,500\,\text{kcal/kg} - (1,500\,\text{kcal/kg} \times 0.05 + 1,500\,\text{kcal/kg} \times 0.05)}{1,500\,\text{kcal/kg}} \times 100$

$= 90\%$

12

합성차수막의 종류 5가지를 쓰시오.

명쾌한 풀이

① CR   ② PVC
③ CSPE   ④ HDPE & LDPE
⑤ EPDM   ⑥ CFE

TIP

문제의 요구조건에 알맞게 5가지만 서술하시면 됩니다.

13

열분해의 정의를 간단하게 기술하고 열분해 시 생성되는 기체상, 고체상, 액체상 물질을 각각 2가지씩 쓰시오.

명쾌한 풀이

① 열분해 정의 : 폐기물을 무산소 또는 산소가 부족한 상태에서 고온으로 가열하여 기체, 액체, 고체 상태의 연료를 생산하는 공정이다.
② 기체상 물질 : 수소(H_2), 메탄(CH_4)
  액체상 물질 : 아세톤, 메탄올
  고체상 물질 : 탄화물(Char), 불활성 물질

14 유동층 소각로의 장점을 5가지만 쓰시오.

명쾌한 풀이

① 기계적 구동부분이 적어 고장율이 낮다.
② 가스의 온도가 낮고 과잉공기량이 적어 질소산화물(NO_x)이 적게 배출된다.
③ 로내 온도의 자동제어와 열회수가 용이하다.
④ 반응시간이 빨라 소각시간이 짧다.
⑤ 유동매체의 축열량이 높아 단기간 정지후 가동시에 보조연료 사용없이 정상가동이 가능하다.
⑥ 연소효율이 높아 미연소분의 배출이 적고 2차 연소실이 필요없다.

TIP

문제의 요구조건에 알맞게 5가지만 서술하시면 됩니다.

15 고체폐기물의 연소형태 4가지를 쓰고, 간단히 설명하시오.

명쾌한 풀이

① 표면연소 : 코크스나 석탄 등이 고온 연소시 고체표면이 빨갛게 빛을 내면서 반응하는 연소로 화염이 없는 연소형태이다.
② 분해연소 : 장작, 석탄, 중유 등이 열분해하여 발생한 증기와 함께 연소초기에 불꽃을 내면서 반응하는 연소형태이다.
③ 그을림연소 : 숯불과 같이 불꽃을 동반하지 않는 열분해와 표면연소의 복합형태이다.
④ 자기연소 : 나이트로글리세린 등과 같이 연소공정에서 산소를 필요로 하지 않고 분자 자신속의 산소에 의해서 연소하는 형태이다.

16 폐기물 매립지 시공, 운영 및 사후관리 기간 중에 폐기물 성분의 방출에 의한 주변환경오염 가능성을 최소한으로 줄이도록 하는 매립지 설비 중 주요시설물 6가지를 쓰시오.

명쾌한 풀이

① 우수배제시설
② 차수시설

③ 침출수 집배수시설
④ 저류 구조물
⑤ 발생가스 대책시설
⑥ 덮개시설

17 슬러지를 처리하는 공정 중 탈수를 하는 목적을 간단히 쓰시오.

> **명쾌한 풀이**
>
> 슬러지에 포함되어 있는 수분을 제거하여 슬러지의 양을 감소시키는 것이다.

18 고형폐기물연료(SRF)를 만들기 위해 사용되는 폐기물의 특성을 5가지만 쓰시오.

> **명쾌한 풀이**
>
> ① 수분함량이 낮아 부패가 되지 않아야 한다.
> ② 유해가스의 발생이 적어야 한다.
> ③ 발열량이 높아야 한다.
> ④ 다이옥신등의 유해물질이 발생하지 않아야 한다.
> ⑤ 가연성분의 함량이 높아야 한다.

19 팽화제(Bulking Agent)의 역할을 3가지만 쓰시오.

> **명쾌한 풀이**
>
> ① 수분 조절
> ② pH 조절
> ③ C/N비 조절

※ **알림**

최근기출문제는 수강생들의 도움으로 복원된 문제이므로 실제문제와 다소 차이가 있을 수 있음을 알려 드립니다.
실기시험을 친 수험생은 실기문제를 복원하여 메일(kwe7002@hanmail.net)로 보내 주시면 됩니다.
수험생 여러분들이 원하시는 수험서를 만들도록 항상 최선의 노력을 다하겠습니다.

기출복원문제
- 2023년 7월 시행

01 탄소, 수소의 중량비가 85%, 15%인 연료를 100kg/hr을 소각시키는 경우 배기가스의 분석치가 CO_2 12.5%, O_2 3.5%, N_2 84%이었다면 매시 필요한 공기량(Sm^3/hr)을 계산하시오.

명쾌한 풀이

공급공기량(Sm^3/hr) = 공기과잉계수(m) × 이론공기량(A_o) × 연료량(kg/hr)

① 공기과잉계수(m) = $\dfrac{N_2\%}{N_2\% - 3.76 \times O_2\%}$ = $\dfrac{84\%}{84\% - 3.76 \times 3.5\%}$ = 1.1858

② 이론공기량(A_o) = $8.89C + 26.67\left(H - \dfrac{O}{8}\right) + 3.33S\,(Sm^3/kg)$

   = $8.89 \times 0.85 + 26.67 \times 0.15$ = $11.557\,Sm^3/kg$

③ 공급공기량 = $1.1858 \times 11.557\,Sm^3/kg \times 100\,kg/hr$ = $1,370.43\,Sm^3/hr$

02 메탄의 고위발열량이 $9,000\,kcal/Sm^3$일 때 저위발열량($kcal/Sm^3$)을 계산하시오.

명쾌한 풀이

$CH_4 + 2O_2 \rightarrow CO_2 + 2H_2O$

$Hl = Hh - 480 \times H_2O량\,(kcal/Sm^3)$

여기서 Hl : 저위발열량($kcal/Sm^3$)

   Hh : 고위발열량($kcal/Sm^3$)

   H_2O량 : 완전연소반응식에서 발생되는 H_2O의 갯수

$Hl = 9,000\,kcal/Sm^3 - 480 \times 2$ = $8,040\,kcal/Sm^3$

> **TIP**
> ① 체적비 = Sm³/Sm³ = 갯수비
> ② 메탄 = CH_4

03 폐기물공정시험기준상 폐기물의 시료를 원추4분법을 이용하여 축소하고자 한다. 시료 300ton을 3회 축소작업을 한 경우, 줄어든 시료의 양(ton)을 계산하시오.

명쾌한 풀이

줄어든 시료의 양(ton) = 시료량(ton) × $(\frac{1}{2})^n$

$= 300\,ton \times (\frac{1}{2})^3 = 37.5\,ton$

04 열저항계수 4.33m² · hr/kcal, 내벽온도 800℃, 열전달속도 175kcal · ℃/m² · hr일 때 외벽온도(℃)를 계산하시오.

명쾌한 풀이

외벽온도 = 내벽온도 − (열저항계수 × 열전달속도)
= 800℃ − (4.33 m²·hr/kcal × 175 kcal·℃/m²·hr)
= 42.25℃

05 어느 도시에서 한달(30일) 간의 쓰레기 수거상황을 조사한 결과가 다음과 같았다면 1일 쓰레기 발생량(kg/인 · 일)을 계산하시오.

> **조건**
> • 수거 대상인구 : 300,000명
> • 수거 용적 : 15,000 m³
> • 적재시 밀도 : 300 kg/m³

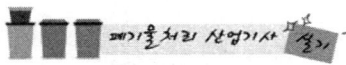

명쾌한 풀이

$$쓰레기\ 발생량(kg/인\cdot일) = \frac{쓰레기량(kg)}{인구수 \times 일수}$$
$$= \frac{300kg/m^3 \times 15,000m^3}{300,000인 \times 30일} = 0.5kg/인\cdot일$$

06 옥탄(C_8H_{18})이 완전 연소되는 경우에 공기연료비(AFR; 부피기준)를 계산하시오.

명쾌한 풀이

$C_8H_{18} + 12.5O_2 \rightarrow 8CO_2 + 9H_2O$

$$AFR(Sm^3/Sm^3) = \frac{산소\ 갯수 \times 22.4Sm^3 \times \frac{1}{0.21}}{연료\ 갯수 \times 22.4Sm^3}$$

$$= \frac{12.5 \times 22.4Sm^3 \times \frac{1}{0.21}}{22.4Sm^3} = 59.52$$

TIP

① 완전연소 반응식 : $C_mH_n + \left(m+\frac{n}{4}\right)O_2 \rightarrow mCO_2 + \frac{n}{2}H_2O$
② 체적(Sm^3) = 계수 $\times$ 22.4(Sm^3)
③ 질량(kg) = 계수 $\times$ 분자량(kg)
④ 공기량(Sm^3) = 산소량(Sm^3) $\times \frac{1}{0.21}$

07 저위발열량이 10,000 kcal/kg인 중유의 이론공기량(Sm^3/kg)을 계산하시오. (단, Rosin식을 적용하시오.)

명쾌한 풀이

$$A_o(이론\ 공기량) = 0.85 \times \frac{Hl(저위발열량)}{1,000} + 2\ (Sm^3/kg)$$
$$= 0.85 \times \frac{10,000}{1,000} + 2 = 10.5\,Sm^3/kg$$

TIP

이론공기량(A_o) 및 이론가스량(G_o)

이론공기량(A_o) 및 이론가스량(G_o)		Rosin	고체 및 액체
고체연료(석탄) (Sm^3/kg)	A_o	$1.01 \times \dfrac{Hl}{1,000} + 0.5$	$1.05 \times \dfrac{Hl}{1,000} + 0.1$
	G_o	$0.89 \times \dfrac{Hl}{1,000} + 1.65$	$1.11 \times \dfrac{Hl}{1,000} + 0.3$
액체연료 (Sm^3/kg)	A_o	$0.85 \times \dfrac{Hl}{1,000} + 2$	$1.04 \times \dfrac{Hl}{1,000} + 0.02$
	G_o	$1.1 \times \dfrac{Hl}{1,000}$	$1.11 \times \dfrac{Hl}{1,000} + 0.04$

08 40ton/hr 규모의 시설에서 평균 크기가 30.5cm인 혼합된 도시폐기물을 최종크기 5.1cm로 파쇄하기 위한 동력(kw)을 계산하시오. (단, 평균 크기 15.2cm에서 5.1cm로 파쇄하기 위하여 필요한 에너지 소모율은 14.9kw·hr/ton이며 킥의 법칙을 이용하시오.)

명쾌한 풀이

Kick의 법칙 : $E = C \ln\left(\dfrac{dp_1}{dp_2}\right)$

여기서 E : 에너지 소모율 dp_1 : 평균크기(cm)
      dp_2 : 최종크기(cm)

① $14.9\,kw\cdot hr/ton = C \times \ln\left(\dfrac{15.2\,cm}{5.1\,cm}\right)$

∴ $C = \dfrac{14.9\,kw\cdot hr/ton}{\ln\left(\dfrac{15.2\,cm}{5.1\,cm}\right)} = 13.64\,kw\cdot hr/ton$

② $E = 13.64\,kw\cdot hr/ton \times \ln\left(\dfrac{30.5\,cm}{5.1\,cm}\right) = 24.3950\,kw\cdot hr/ton$

③ 동력 $= 24.3950\,kw\cdot hr/ton \times 40\,ton/hr = 975.8\,kw$

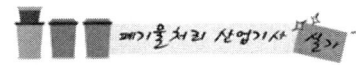

09. 고형물 중 VS 60%이고, 함수율 97%인 농축슬러지 100 m³를 소화시켰다. 소화율(VS 대상)이 50%이고, 소화 후 함수율이 95%라면 소화 후의 부피(m³)를 계산하시오. (단, 모든 슬러지의 비중은 1.0 기준)

명쾌한 풀이

소화 후 슬러지부피(m^3) = $(VS + FS) \times \dfrac{100}{100 - P(\%)}$

여기서 VS : 잔류 휘발성 고형물(유기물) FS : 잔류성 고형물(무기물)
P : 소화 후 함수율(%)

① 잔류 $VS(m^3)$ = 농축슬러지량$(m^3) \times$ 고형물량 $\times VS \times (1 -$ 소화율$)$
= $100m^3 \times 0.03 \times 0.6 \times (1 - 0.5) = 0.9m^3$

② $FS(m^3)$ = 농축슬러지량$(m^3) \times$ 고형물량 $\times FS$
= $100m^3 \times 0.03 \times 0.4 = 1.2m^3$

③ 소화 후 슬러지 부피(m^3) = $(0.9m^3 + 1.2m^3) \times \dfrac{100}{100 - 95\%} = 42m^3$

TIP

① 슬러지량(%) = 고형물(%) + 함수율(%)
② 고형물(%) = 100% - 97% = 3%
③ 고형물(%) = VS(%) + FS(%)
④ FS(%) = 100% - 60% = 40%

10. 처리장으로 유입되는 생분뇨의 BOD가 15,000mg/L 이때의 염소이온 농도가 6,000mg/L이었다. 이 생분뇨를 희석한 후 활성슬러지법으로 처리한 처리수의 BOD는 60mg/L, 염소이온 농도가 200mg/L이었다면, 활성슬러지법에서의 BOD 제거효율(%)을 계산하시오.

명쾌한 풀이

① 희석배수치(P) = $\dfrac{\text{유입수의 염소농도}}{\text{유출수의 염소농도}}$ = $\dfrac{6,000\,mg/L}{200\,mg/L}$ = 30

② BOD 제거효율(%) = $\left(1 - \dfrac{\text{유출수의 BOD농도} \times P}{\text{유입수의 BOD농도}}\right) \times 100(\%)$
= $\left(1 - \dfrac{60\,mg/L \times 30}{15,000\,mg/L}\right) \times 100 = 88\%$

11 인구 10,000명의 도시에서 1일 1인당 1.2 kg의 쓰레기를 배출하고 있다. 이때 쓰레기의 평균 겉보기밀도는 500 kg/m³이다. 일주일간 발생되는 쓰레기의 양(m³)을 계산하시오.(단, 일요일은 1.5 kg/인·일의 율로 배출한다.)

명쾌한 풀이

쓰레기 발생량(m³/주) = $\dfrac{쓰레기\ 배출량(kg/인·일) \times 인구수(인)}{쓰레기의\ 겉보기밀도(kg/m^3)}$

① 월요일에서 토요일까지 6일간 발생되는 쓰레기 발생량(m³/주)
$= \dfrac{1.2\,kg/인·일 \times 10,000\,인 \times 6\,일/주}{500\,kg/m^3} = 144\,m^3/주$

② 일요일 1일간 발생되는 쓰레기 발생량(m³/주)
$= \dfrac{1.5\,kg/인·일 \times 10,000\,인 \times 1\,일/주}{500\,kg/m^3} = 30\,m^3/주$

③ 총쓰레기 발생량(m³/주) = 144 m³/주 + 30 m³/주 = 174 m³/주

---

12 폐기물로부터 에너지를 회수하는 방법 4가지를 쓰고, 각각의 회수물질 1가지씩 쓰시오.

명쾌한 풀이

① 소각법 : 열
② 혐기성 분해법 : 메탄(CH_4)가스
③ 열분해법 : 연료
④ RDF : 연료

---

13 연속회분식 활성슬러지법(SBR)의 공정과정을 순서대로 5가지를 쓰시오.

명쾌한 풀이

주입(fill) → 반응(react) → 침전(settle) → 제거(draw) → 휴지(idle)

14. 합성차수막의 종류 4가지를 쓰시오.

명쾌한 풀이

① CR ② PVC ③ CSPE
④ HDPE & LDPE ⑤ EPDM ⑥ CPE

TIP

문제의 요구조건에 알맞게 5가지만 서술하시면 됩니다.

15. 폐기물의 발생량을 예측하는 방법 3가지를 쓰시오.

명쾌한 풀이

① 다중회귀모델 ② 동적모사모델 ③ 경향모델

TIP

폐기물 발생량 조사방법의 종류
① 물질수지법 ② 적재차량계수법
③ 직접계근법 ④ 통계조사법

16. 생활폐기물을 소각처리할 때 다이옥신의 발생량을 저감시킬 수 있는 방법 4가지를 쓰시오.

명쾌한 풀이

① 로내 온도를 1,000℃ 이상으로 운전하여 다이옥신 성분 발생량을 최소화한다.
② 배기가스 conditioning시 칼슘 및 활성탄분말 투입시설을 설치하여 다이옥신과 반응 후 집진함으로써 줄일 수 있다.
③ 유기염소계 화합물(PVC 제품류) 반입을 제한한다.
④ 페인트가 칠해져 있거나 페인트로 처리된 목재, 가구류 반입을 억제 제한한다.

17. 유동매체가 갖추어야 할 조건 3가지를 서술하시오.

명쾌한 풀이

① 불활성일 것
② 융점이 높을 것
③ 비중이 작을 것
④ 내마모성이 있을 것
⑤ 열충격에 강할 것

TIP

문제의 요구조건에 알맞게 3가지만 서술하시면 됩니다.

18. 포졸란(Pozzolan) 물질 3가지를 쓰고, 포졸란의 정의를 서술하시오.

명쾌한 풀이

① 포졸란 물질 : 화산재, 규조토, 비산재
② 포졸란의 정의 : 구소성분을 함유하는 미분상태의 물질을 말한다.

※ 알림
최근기출문제는 수강생들의 도움으로 복원된 문제이므로 실제문제와 다소 차이가 있을 수 있음을 알려 드립니다.
실기시험을 친 수험생은 실기문제를 복원하여 메일(kwe7002@hanmail.net)로 보내 주시면 됩니다.
수험생 여러분들이 원하시는 수험서를 만들도록 항상 최선의 노력을 다하겠습니다.

기출복원문제
- 2023년 11월 시행

01 어느 매립지의 면적이 200,000 m²이고 쓰레기 매립높이는 10m, 수거 대상인구는 100,000명, 1인 1일 쓰레기 발생량은 2.0kg이라 할 때 매립지의 사용년수(년)를 계산하시오 (단, 쓰레기 밀도는 500 kg/m³이다.)

명쾌한 풀이

매립지 사용년수(년) = $\dfrac{\text{매립용적(m}^3\text{)}}{\text{쓰레기 발생량(kg/년)} \times \dfrac{1}{\text{밀도(kg/m}^3\text{)}}}$

$= \dfrac{200,000\,\text{m}^2 \times 10\text{m}}{2.0\text{kg/인·일} \times 100,000\text{인} \times 365\text{일/년} \times \dfrac{1}{500\text{kg/m}^3}}$

$= 13.70$년

02 화격자 소각로의 연소능력이 250 kg/m²·h이며, 쓰레기량이 30톤/일이다. 1일 8시간 소각할 때 화격자의 면적(m²)을 계산하시오.

명쾌한 풀이

화격자 소각로의 연소능력(kg/m²·hr) = $\dfrac{\text{쓰레기량(kg/hr)}}{\text{화격자의 면적(m}^2\text{)}}$

따라서 $250\text{kg/m}^2\cdot\text{hr} = \dfrac{30,000\text{kg/일} \times 1\text{일/8hr}}{\text{화격자의 면적(m}^2\text{)}}$

∴ 화격자의 면적 = $\dfrac{30,000\text{kg/일} \times 1\text{일/8hr}}{250\text{kg/m}^2\cdot\text{hr}} = 15\text{m}^2$

> **TIP**
> ① 쓰레기량 = 30톤/일 = 30,000kg/일
> ② 1일 소각시간이 주어지지 않으면 24시간을 기준으로 한다.

03 저위 발열량이 7,000 kcal/Sm³의 가스연료의 이론연소온도(℃)를 계산하시오. (단, 이론연소가스량은 20 Sm³/Sm³, 연료연소가스의 평균정압비열 0.35 kcal/Sm³·℃, 기준온도는 15℃, 공기는 예열하지 않으며, 연소가스는 해리되지 않는다.)

명쾌한 풀이

$$t_2 = \frac{Hl}{G \times C} + t_1$$

여기서 Hl : 저위발열량(kcal/Sm³)   G : 이론연소가스량(Sm³/Sm³)
      C : 평균정압비열(kcal/Sm³·℃) t_2 : 이론연소온도(℃)
      t_1 : 기준온도(℃)

따라서 $t_2 = \dfrac{7,000 \text{kcal/Sm}^3}{20 \text{Sm}^3/\text{Sm}^3 \times 0.35 \text{kcal/Sm}^3 \cdot ℃} + 15℃ = 1,015℃$

04 전기집진기에서 하전입자의 유동속도가 0.15m/s이고 유량이 10m³/s일 때, 제거율 90%와 99%일 경우 필요한 각각의 집진판 면적(m²)을 계산하시오.

명쾌한 풀이

$$\eta = \left(1 - \exp^{\frac{-A \times We}{Q}}\right) \times 100 \text{ 에서 } A = \frac{LN(1-\eta)}{\left(\frac{-We}{Q}\right)}$$

여기서 η : 효율   A : 집진판 면적(m²)
      We : 유동속도(m/sec)

(1) 제거율이 90%일 때 집진판의 면적(A_1)

$$A_1 = \frac{LN(1-0.90)}{\left(\dfrac{-0.15\,\text{m/sec}}{10\,\text{m}^3/\text{sec}}\right)} = 153.51\,\text{m}^2$$

(2) 제거율이 99%일 때 집진판의 면적(A_2)

$$A_2 = \frac{LN(1-0.99)}{\left(\dfrac{-0.15\,\text{m/sec}}{10\,\text{m}^3/\text{sec}}\right)} = 307.01\,\text{m}^2$$

05 폐산의 pH가 1.5인 15m³과 폐산의 pH가 4.3인 62m³이 혼합되어 있을 때 혼합액의 pH는 얼마인지 계산하시오.

명쾌한 풀이

① 혼합공식을 이용해 혼합액의 농도를 계산한다.

$$C_m = \frac{C_1Q_1 + C_2Q_2}{Q_1 + Q_2}$$

$$= \frac{10^{-1.5}\,\text{mol/L} \times 15\,\text{m}^3 + 10^{-4.3}\,\text{mol/L} \times 62\,\text{m}^3}{15\,\text{m}^3 + 62\,\text{m}^3} = 6.2 \times 10^{-3}\,\text{mol/L}$$

② 혼합액의 pH를 계산한다.

$$pH = -\log[H^+] = -\log[6.2 \times 10^{-3}\,\text{mol/L}] = 2.21$$

06 인구 1천만명이 거주하는 도시를 위한 위생쓰레기 매립지를 계획할 때 매립지의 수명을 10년으로 하고 복토량은 부피로(쓰레기 : 복토) 비율이 5 : 1이 되게 할 때 10년간 매립용적(m³)을 계산하시오. (단, 밀도는 600kg/m³이고, 일일발생량은 1.3kg/인 · 일이다.)

명쾌한 풀이

$$\text{매립용적}(\text{m}^3) = \frac{\text{쓰레기의 발생량(kg)}}{\text{쓰레기의 밀도(kg/m}^3)} \times \left(\frac{\text{쓰레기 + 복토}}{\text{쓰레기}}\right)$$

$$= \frac{1.3\,\text{kg/인·일} \times 10{,}000{,}000\text{인} \times 365\text{일/1년} \times 10\text{년}}{600\,\text{kg/m}^3} \times \left(\frac{5+1}{5}\right)$$

$$= 94{,}900{,}000\,\text{m}^3$$

TIP

$$\text{매립장의 수명(년)} = \frac{\text{매립용량}(\text{m}^3) \times \text{밀도}(\text{kg/m}^3)}{\text{쓰레기의 발생량(kg/년)}} \times \left(\frac{\text{쓰레기}}{\text{쓰레기 + 복토}}\right)$$

07 질량 100톤, 밀도 700 kg/m³인 폐기물을 밀도 1,200 kg/m³로 압축하였을 때 부피감소율(%)을 계산하시오.

명쾌한 풀이

부피감소율(%) $= \left(1 - \dfrac{V_2}{V_1}\right) \times 100$

여기서 V_1 : 압축 전의 부피(m³) V_2 : 압축 후의 부피(m³)

$V_1 = 100 \text{ton} \times \dfrac{1}{0.7 \text{ton/m}^3} = 142.857 \text{m}^3$

$V_2 = 100 \text{ton} \times \dfrac{1}{1.2 \text{ton/m}^3} = 83.333 \text{m}^3$

따라서 부피감소율(%) $= \left(1 - \dfrac{V_2}{V_1}\right) \times 100$

$= \left(1 - \dfrac{83.333 \text{m}^3}{142.857 \text{m}^3}\right) \times 100 = 41.67\%$

08 생분뇨의 SS가 20,000mg/L이고, 1차 침전지에서 SS제거율은 80%이다. 1일 100KL 분뇨를 투입할 때 1차 침전지에서 발생되는 슬러지량(ton/day)을 계산하시오. (단, 발생슬러지 함수율은 97%이고, 비중은 1.0 기준.)

명쾌한 풀이

발생되는 슬러지량(ton/day)

$=$ 투입분뇨량(m³/day) $\times$ SS량(kg/m³) $\times 10^{-3}$ ton/kg
$\times$ SS제거율 $\times \dfrac{100}{100 - \text{함수율}(\%)}$

$= 100 \text{m}^3/\text{day} \times 20 \text{kg/m}^3 \times 10^{-3} \text{ton/kg} \times 0.8 \times \dfrac{100}{100 - 97}$

$= 53.33 \text{ton/day}$

TIP

발생되는 슬러지량(m³/day)
$= \dfrac{\text{투입분뇨량}(\text{m}^3/\text{day}) \times \text{SS량}(\text{kg/m}^3) \times \text{제거율}}{\text{비중량}(\text{kg/m}^3)} \times \dfrac{100}{100 - \text{함수율}(\%)}$

09 고형물 중 VS 60% 이고, 함수율 97%인 농축슬러지 100 m³를 소화시켰다. 소화율(VS 대상)이 50%이고, 소화 후 함수율이 95%라면 소화 후의 슬러지부피(m³)를 계산하시오. (단, 모든 슬러지의 비중은 1.0 기준)

명쾌한 풀이

소화 후 슬러지부피(m^3) = (VS + FS) × $\dfrac{100}{100-P(\%)}$

여기서 VS : 잔류 휘발성 고형물(유기물)   FS : 잔류성 고형물(무기물)
      P : 소화 후 함수율(%)

① 잔류 VS(m^3) = 농축슬러지량(m^3) × 고형물량 × VS × (1 − 소화율)
   = $100m^3 × 0.03 × 0.6 × (1-0.5) = 0.9m^3$

② FS(m^3) = 농축슬러지량(m^3) × 고형물량 × FS
   = $100m^3 × 0.03 × 0.4 = 1.2m^3$

③ 소화 후 슬러지 부피(m^3) = $(0.9m^3 + 1.2m^3) × \dfrac{100}{100-95\%} = 42m^3$

TIP

① 슬러지량(%) = 고형물(%) + 함수율(%)
② 고형물(%) = 100% − 97% = 3%
③ 고형물(%) = VS(%) + FS(%)
④ FS(%) = 100% − 60% = 40%

10 건조된 슬러지 고형물의 비중이 1.5이며, 건조 이전의 슬러지 내 고형물 함량이 6%일 때 건조 전 슬러지의 비중을 계산하시오.

명쾌한 풀이

$\dfrac{1}{\rho_{SL}} = \dfrac{W_{TS}}{\rho_{TS}} + \dfrac{W_P}{\rho_P}$

여기서 ρ_{SL} : 슬러지 비중 ρ_{TS} : 고형물의 비중
      W_{TS} : 고형물의 함량 ρ_P : 수분의 비중
      W_P : 수분의 함량

따라서 $\dfrac{1}{\rho_{SL}} = \dfrac{0.06}{1.5} + \dfrac{0.94}{1.0}$

$$\therefore \rho_{SL} = \frac{1}{0.98} = 1.02$$

11 구성성분이 탄소 84%, 수소 15%, 황 1%인 연료를 완전연소했을 때 배기가스의 분석치는 CO_2 14.5%, O_2 3.5%, CO 0%, 나머지는 N_2이다. 건조 연소가스 중의 SO_2의 농도(%)를 계산하시오. (단, 표준상태 기준이며, 황은 모두 SO_2로 변환된다.)

명쾌한 풀이

$$SO_2(\%) = \frac{0.7S(Sm^3/kg)}{Gd(Sm^3/kg)} \times 100$$

① 공기비(m) = $\dfrac{N_2\%}{N_2\% - 3.76 \times (O_2\% - 0.5CO\%)}$

$N_2(\%) = 100 - (CO_2\% + O_2\% + CO\%) = 100 - (14.5\% + 3.5\%) = 82\%$

따라서 공기비(m) = $\dfrac{82\%}{82\% - 3.76 \times 3.5\%} = 1.1912$

② 이론 공기량(A_o) = $8.89C + 26.67(H - \dfrac{O}{8}) + 3.33S (Sm^3/kg)$

$= 8.89 \times 0.84 + 26.67 \times 0.15 + 3.33 \times 0.01$

$= 11.5014 \, Sm^3/kg$

③ 실제 건연소가스량(Gd) = $mA_o - 5.6H + 0.7O + 0.8N (Sm^3/kg)$

$= 1.1912 \times 11.5014 Sm^3/kg - 5.6 \times 0.15$

$= 12.8605 \, Sm^3/kg$

④ $SO_2(\%) = \dfrac{0.7 \times 0.01 Sm^3/kg}{12.8605 Sm^3/kg} \times 100 = 0.05\%$

12 에탄올 200mg/L의 이론적 COD 값(mg/L)을 계산하시오.

명쾌한 풀이

$C_2H_5OH + 3O_2 \rightarrow 2CO_2 + 3H_2O$

46g : 3×32g

200mg/L : COD

$\therefore COD = \dfrac{3 \times 32g \times 200mg/L}{46g} = 417.39 \, mg/L$

> **TIP**
> ① 에탄올(C_2H_5OH)의 분자량 $= 12 \times 2 + 1 \times 5 + 16 \times 1 + 1 \times 1 = 46$
> ② O_2의 분자량 $= 16 \times 2 = 32$
> ③ COD = 화학적산소요구량이므로 산소량을 계산하는 문제입니다.

13 쓰레기를 혐기성으로 매립할 때, 시간의 경과에 따라 쓰레기가 분해로 인하여 발생되는 가스의 구성성분이 변화된다. 그 변화를 4단계로 구분하여 간단히 설명하시오.

명쾌한 풀이
① Ⅰ단계(호기성단계) : 산소와 질소가 감소하고, 이산화탄소가 생성되기 시작하는 단계이다.
② Ⅱ단계(혐기성비메탄단계) : 혐기성 단계지만 CH_4가 형성되지 않고, H_2가 생성되기 시작하고 SO_4^{2-}, NO_3^- 등이 환원되는 단계이다.
③ Ⅲ단계(메탄생성축적단계) : 혐기성 단계이며 CH_4가 발생하기 시작하는 단계이다.
④ Ⅳ단계(정상적인혐기단계) : 정상적인 혐기단계이며, CH_4와 CO_2의 함량이 거의 일정한 단계이다.

14 폐기물공정시험기준상 총칙에 대한 내용 중 폐기물을 액상폐기물, 반고상폐기물, 고상폐기물로 나눈다. 고형물 함량에 따라 구분하시오.

명쾌한 풀이
① 액상폐기물 : 고형물의 함량이 5 % 미만
② 반고상폐기물 : 고형물의 함량이 5 % 이상 15 % 미만
③ 고상폐기물 : 고형물의 함량이 15 % 이상

15 연소실 내에서의 질소산화물(NO_X) 저감대책 5가지를 쓰시오.

명쾌한 풀이
① 저과잉공기량 연소법
② 저온도연소법

③ 배기가스 재순환법
④ 2단연소법
⑤ 수증기 및 물분사

16. 퇴비화의 적정조건 인자 항목을 4가지만 쓰시오.

명쾌한 풀이

① 온도 : 50 ~ 60℃
② pH : 6 ~ 8
③ C/N비 : 30 ~ 50
④ 수분 : 50 ~ 60%
⑤ 공급공기량 : 5 ~ 15%

TIP

문제의 요구조건에 알맞게 4가지만 서술하시면 됩니다.

17. 탄소, 수소, 산소, 질소가 각각 48%, 5%, 40%, 7%로 분석되었다. 이와 같은 음식물 찌꺼기가 혐기성 소화에 의해 100g이 완전히 분해된다고 가정할 때 혐기성 소화반응식으로 표현하시오.

명쾌한 풀이

① 유기물($C_aH_bO_cN_d$)의 분자식을 완성한다.

$$a = \frac{100g \times 0.48}{12g} = 4$$

$$b = \frac{100g \times 0.05}{1g} = 5$$

$$c = \frac{100g \times 0.40}{16g} = 2.5$$

$$d = \frac{100g \times 0.07}{14g} = 0.5$$

따라서 유기물의 분자식은 $C_8H_{10}O_5N$이다.

② 혐기성 소화 반응식

$$C_8H_{10}O_5N + \left(\frac{4\times 8 - 10 - 2\times 5 + 3\times 1}{4}\right)H_2O$$
$$\rightarrow \left(\frac{4\times 8 + 10 - 2\times 5 - 3\times 1}{8}\right)CH_4 + \left(\frac{4\times 8 - 10 + 2\times 5 + 3\times 1}{8}\right)CO_2 + 1NH_3$$

따라서 $C_8H_{10}O_5N + 3.75H_2O \rightarrow 3.625CH_4 + 4.375CO_2 + NH_3$

TIP

① 혐기성 완전분해식
$$C_aH_bO_cN_d + \left(\frac{4a - b - 2c + 3d}{4}\right)H_2O$$
$$\rightarrow \left(\frac{4a + b - 2c - 3d}{8}\right)CH_4 + \left(\frac{4a - b + 2c + 3d}{8}\right)CO_2 + dNH_3$$
② 분자식을 완성할 때 N을 1로 하기 위해서 각각의 계수에 2를 곱한다.

18. 파쇄의 장점 4가지를 쓰시오.

명쾌한 풀이

① 겉보기비중 증가
② 비표면적 증가
③ 입경분포의 균일화
④ 고가금속 회수가능
⑤ 운반비의 저렴화
⑥ 폐기물 소각시 연소효율 증가

TIP

문제의 요구조건에 알맞게 4가지만 서술하시면 됩니다.

19. 다이옥신류의 독성등가지수에 대해서 설명하시오.

명쾌한 풀이

다이옥신류 중 2,3,7,8-TCDD를 기준물질로 정하여 각각의 물질이 기준물질에 대한 상대독성값을 평가하여 나타낸 값이며, 다이옥신류에 대한 독성총량을 평가한다.

20. 혐기성소화 시 호기성소화에 비해서 슬러지량이 더 적게 발생하는 이유를 쓰시오.

명쾌한 풀이

호기성소화는 산소를 이용하며 대부분의 유기물을 세포화하는 방법이고, 혐기성소화는 산소를 이용하지 않으며 대부분의 유기물을 가스화하는 방법이므로 호기성소화에 비해서 혐기성소화 시 슬러지가 더 적게 발생한다.

※ 알림
최근기출문제는 수강생들의 도움으로 복원된 문제이므로 실제문제와 다소 차이가 있을 수 있음을 알려 드립니다.
실기시험을 친 수험생은 실기문제를 복원하여 메일(kwe7002@hanmail.net)로 보내 주시면 됩니다.
수험생 여러분들이 원하시는 수험서를 만들도록 항상 최선의 노력을 다하겠습니다.

기출복원문제
– 2024년 4월 시행

01 탄소 12kg을 완전 연소했을 때 이론 공기량(kg)을 계산하시오.

명쾌한 풀이

① 이론 산소량(O_o) 계산

$$C \;+\; O_2 \;\rightarrow\; CO_2$$

12kg : 32kg

12kg : 이론 산소량(O_o)

$$\therefore \text{이론 산소량}(O_o) = \frac{12\text{kg} \times 32\text{kg}}{12\text{kg}} = 32\text{kg}$$

② 이론 공기량(A_o) 계산

$$\text{이론 공기량}(A_o) = \frac{\text{이론 산소량}(\text{kg})}{0.232}$$

$$= \frac{32\text{kg}}{0.232} = 137.93 \text{ kg}$$

TIP

① 이론 공기량(kg) = $\dfrac{\text{이론 산소량}(\text{kg})}{0.232}$

② 이론 공기량(Sm^3) = $\dfrac{\text{이론 산소량}(Sm^3)}{0.21}$

02 인구 100,000명인 어느 지역에서 1인 1일 1.2kg의 폐기물이 발생되고 있다. 발생되는 폐기물의 수거율이 90%이고 수거에 사용되는 트럭 1대의 용적은 8m³일 때 수거에 필요한 청소차량 대수를 계산하시오. (단, 폐기물의 적재밀도는 0.45ton/m³, 차량은 1일 2회 운행, 예비차량은 2대이다.)

명쾌한 풀이

청소차량 대수(대) = $\dfrac{\text{폐기물의 총 발생량(m}^3/\text{일)} \times \text{수거율}}{\text{차량의 적재용량(m}^3/\text{대)}}$ + 예비차량

$= \dfrac{1.2\text{kg/인·일} \times 100,000\text{인} \times \dfrac{1}{450\text{kg/m}^3} \times 0.90}{8\text{m}^3/1\text{회·}1\text{대} \times 2\text{회}/1\text{일}} + 2 = 17$대

03 어떤 도시에서 1일 50톤의 폐기물이 발생되었고 이때 밀도가 400 kg/m³이었다. 3m 깊이인 도랑식(trench)으로 매립하고자 할 때 1년 동안 필요한 부지면적(m²)을 계산하시오. (단, 매립 시 압축에 따른 쓰레기 부피감소율은 50%로 한다.)

명쾌한 풀이

매립면적(m²/년) = $\dfrac{\text{폐기물 발생량(kg/년)} \times (1-\text{부피감소율})}{\text{폐기물 밀도(kg/m}^3) \times \text{매립지 깊이(m)}}$

$= \dfrac{50 \times 10^3 \text{kg/day} \times 365\,\text{day/년} \times (1-0.5)}{400\text{kg/m}^3 \times 3\text{m}}$

$= 7,604.17\text{m}^2/\text{년}$

04 고형물의 비중이 1.54이고 함수율 97%, 고형물의 질량이 400kg이라 할 때 슬러지의 부피(m^3)를 계산하시오.

명쾌한 풀이

① 슬러지의 비중 계산

$$\frac{1}{\rho_{SL}} = \frac{W_{TS}}{\rho_{TS}} + \frac{W_P}{\rho_P}$$

$$\frac{1}{\rho_{SL}} = \frac{0.03}{1.54} + \frac{0.97}{1.0} \quad \therefore \rho_{SL} = \frac{1}{0.98948} = 1.0106$$

② 슬러지 부피(m^3) = $\dfrac{\text{슬러지 질량(kg)}}{\text{슬러지 비중량(kg/m}^3)} \times \dfrac{100}{100 - P(\%)}$

$= \dfrac{400\,kg}{1,010.6\,kg/m^3} \times \dfrac{100}{100-97\%} = 13.19\,m^3$

TIP

① 고형물(%) = 100 - 함수율(%) = 100 - 97% = 3%
② 비중의 단위 : $g/cm^3 = g/mL = kg/L = ton/m^3$
③ 슬러지의 비중 : $1.0106\,g/cm^3 \xrightarrow{\times 10^3} 1,010.6\,kg/m^3$

---

05 $Pb(NO_3)_2$를 사용하여 0.5mg/mL의 납 표준원액 1,000mL를 제조하려고 한다. $Pb(NO_3)_2$의 취해야 하는 양(g)을 계산하시오. (단, Pb의 원자량 : 207.2)

명쾌한 풀이

$Pb(NO_3)_2$: Pb^{2+}
331.2g : 207.2g
X : 0.5mg/mL × 1000mL

$\therefore X = \dfrac{331.2g \times 0.5mg/mL \times 1000mL}{207.2g} = 799.23mg = 0.80g$

TIP

$Pb(NO_3)_2$의 분자량 = $207.2 + (2 \times 14) + (2 \times 3 \times 16) = 331.2g$

06 평균 입경이 20cm인 폐기물을 입경 1cm가 되도록 파쇄할 때 소요되는 에너지는 입경을 4cm로 파쇄할 때 소요되는 에너지의 몇 배인지 계산하시오. (단, Kick의 법칙 적용, n = 1)

명쾌한 풀이

Kick의 법칙에서 동력(E) $= C \ln\left(\dfrac{dp_1}{dp_2}\right)$

① $E_1 = C \ln\left(\dfrac{20\,cm}{1\,cm}\right) = C \ln 20$

② $E_2 = C \ln\left(\dfrac{20\,cm}{4\,cm}\right) = C \ln 5$

③ 소요에너지의 변화 $= \dfrac{E_1}{E_2} = \dfrac{C \ln 20}{C \ln 5} = 1.86$배

07 소각로 내의 열부하가 50,000kcal/$m^3 \cdot$hr이며 쓰레기의 발열량이 1,400kcal/kg이다. 쓰레기의 양이 10,000kg/day이라고 할 때 소각로의 부피(m^3)를 계산하시오. (단, 1일 8시간 가동기준이다.)

명쾌한 풀이

$50,000\,kcal/m^3 \cdot hr = \dfrac{1,400\,kcal/kg \times 10,000\,kg/day \times 1day/8hr}{\text{소각로의 부피}(m^3)}$

∴ 소각로의 부피 $= \dfrac{1,400\,kcal/kg \times 10,000\,kg/day \times 1day/8hr}{50,000\,kcal/m^3\ hr} = 35\,m^3$

TIP

소각로내의 열부하(kcal/$m^3 \cdot$hr) $= \dfrac{\text{발열량}(kcal/kg) \times \text{쓰레기의 양}(kg/hr)}{\text{소각로의 부피}(m^3)}$

08 고형폐기물의 처리시 0.5kg의 포도당($C_6H_{12}O_6$) 성분의 폐기물이 혐기성 분해를 한다면 이론적 메탄가스량(L)을 계산하시오. (표준상태 기준)

$C_6H_{12}O_6 \rightarrow 3CO_2 + 3CH_4$
180 g : 3 × 22.4 L
500 g : X(CH_4)

$\therefore X(CH_4) = \dfrac{500\,g \times 3 \times 22.4\,L}{180\,g} = 186.67\,L$

TIP

① 체적(L) = 계수 × 22.4(L)
② 질량(g) = 계수 × 분자량(g)
③ 포도당($C_6H_{12}O_6$)의 분자량 = 12×6 + 1×12 + 16×6 = 180

09 1차반응에서 초기농도의 50%가 감소하는데 2시간이 걸렸다면 초기농도가 90% 감소하는데 걸리는 시간(hr)을 계산하시오.

① $\ln\dfrac{C_t}{C_o} = -k \times t$

  $\ln\left(\dfrac{1}{2}\right) = -k \times 2\,hr$

  $\therefore k = \dfrac{\ln\left(\dfrac{1}{2}\right)}{-2\,hr} = 0.3466/hr$

② $\ln\left(\dfrac{100-90}{100}\right) = -0.3466/hr \times t$

  $\therefore t = \dfrac{\ln\left(\dfrac{100-90}{100}\right)}{-0.3466/hr} = 6.64\,hr$

TIP

1차 반응식 : $\ln\dfrac{C_t}{C_o} = -k \times t$
여기서 C_o : 초기농도 C_t : t시간 후 농도   k : 상수

10. 선별효율을 나타내는 지표로 Worrell의 제안식을 적용한다면 선별 결과가 다음과 같을 때, 선별효율(%)을 계산하시오.

보기 :
- 투입량 : 1ton/hr
- 회수량 : 700kg/hr(회수대상물질은 500kg/hr)
- 제거량 : 300kg/hr(회수대상물질은 50kg/hr)

명쾌한 풀이

$$선별효율(E) = \left(\frac{500\text{kg/hr}}{550\text{kg/hr}} \times \frac{250\text{kg/hr}}{450\text{kg/hr}}\right) \times 100 = 50.51\%$$

TIP

① Worrell의 선별효율(E) $= \left(\dfrac{X_c}{X_i} \times \dfrac{Y_o}{Y_i}\right) \times 100$

여기서 X_i : 투입량 중 회수대상물질
  X_c : 회수량 중 회수대상물질
  Y_i : 투입량 중 비회수대상물질
  Y_o : 제거량 중 비회수대상물질

② $X_i = 550$kg/hr $X_o = 50$kg/hr $X_c = 500$kg/hr
  $Y_i = 450$kg/hr $Y_o = 250$kg/hr $Y_c = 200$kg/hr

---

11. 복토의 종류 3가지를 쓰고, 기능을 1가지만 쓰시오.

명쾌한 풀이

(1) 복토의 종류 : 일일복토, 중간복토, 최종복토
(2) 복토의 기능
  ① 우수의 침투 방지
  ② 쓰레기 비산 방지
  ③ 화재 예방
  ④ 유해곤충이나 해충의 서식 방지
  ⑤ 악취 방지

> **TIP**
> (1) 복토의 종류
>   ① 일일복토 : 최소두께 : 15cm 이상
>   실시시기 : 매립작업이 끝난 후
>   ② 중간복토 : 최소두께 : 30cm 이상
>   실시시기 : 매립작업이 7일이상 중단될 때
>   ③ 최종복토 : 최소두께 : 60cm 이상
>   실시시기 : 매립시설의 사용이 종료되었을 때
> (2) 문제의 요구조건에 알맞게 1가지만 서술하시면 됩니다.

12 매립지의 사후관리 검사항목 5가지를 쓰시오.

명쾌한 풀이

① 침출수
② 발생가스
③ 지하수 오염도
④ 구조물 및 지반 안정도
⑤ 주변 환경오염도

13 등가비(ϕ)에 대한 물음에 답하시오.

(1) 등가비식을 쓰시오.

(2) $\phi = 1$, $\phi > 1$, $\phi < 1$에 대해 각각 설명하시오.

명쾌한 풀이

(1) 등가비(ϕ) = $\dfrac{\text{실제의 연료량/산화제}}{\text{완전연소를 위한 이상적 연료량/산화제}}$

(2) ① $\phi=1$: 완전연소로 연료와 산화제의 혼합이 이상적이다.
  ② $\phi > 1$: 연료 과잉이며, 불완전 연소로 CO, HC 최대이고 NO_x 최소가 된다.
  ③ $\phi < 1$: 공기 과잉이며, 완전연소가 기대되며 CO가 최소가 된다.

14. 고체폐기물의 연소형태 3가지를 쓰시오.

명쾌한 풀이

① 표면연소
② 분해연소
③ 그을림연소
④ 자기연소

TIP

(1) 문제의 요구조건에 알맞게 3가지만 서술하시면 됩니다.
(2) 고체폐기물의 연소형태
　① 표면연소 : 코크스나 석탄 등이 고온 연소시 고체표면이 빨갛게 빛을 내면서 반응하는 연소로 화염이 없는 연소형태이다.
　② 분해연소 : 장작, 석탄, 중유 등이 열분해하여 발생한 증기와 함께 연소초기에 불꽃을 내면서 반응하는 연소형태이다.
　③ 그을림연소 : 숯불과 같이 불꽃을 동반하지 않는 열분해와 표면연소의 복합형태이다.
　④ 자기연소 : 니트로글리세린 등과 같이 연소공정에서 산소를 필요로 하지않고 분자 자신 속의 산소에 의해서 연소하는 형태이다.

15. 고형화연료(SRF)가 갖추어야 할 조건을 5가지만 쓰시오.

명쾌한 풀이

① 수분함량이 낮아 부패가 되지 않아야 한다.
② 유해가스의 발생이 적어야 한다.
③ 발열량이 높아야 한다.
④ 다이옥신 등의 유해물질이 발생하지 않아야 한다.
⑤ 가연성분의 함량이 높아야 한다.

TIP

SRF = Solid Refuse Fuel = 고형화연료

16. 매립장에서 발생되는 이산화탄소(CO_2)의 제거방법 3가지를 쓰시오.

명쾌한 풀이

① 막분리법 ② 흡착법 ③ 흡수법

17. 폐기물을 매립하는 방법 중 매립구조에 의한 매립방법을 5가지 쓰시오.

명쾌한 풀이

① 호기성매립
② 준호기성매립
③ 혐기성매립
④ 혐기성위생매립
⑤ 개량형 혐기성위생매립

TIP

매립구조에 따른 매립의 종류
① 호기성매립 : 공기 주입구를 설치하여 매립층내로 인위적으로 공기를 불어넣어 폐기물을 호기성 분해를 시키는 공법이다.
② 준호기성매립 : 집배수시설과 차수막 그리고 배수관을 갖추고 있으며, 외부 공기를 자연적으로 통기시켜 호기성 분해를 시키는 공법이다.
③ 혐기성매립 : 공기와의 접촉이 거의 없기 때문에 매립되는 폐기물의 분해가 혐기성상태로 분해되는 공법이다.
④ 혐기성위생매립 : 혐기성 매립에서 중간복토를 샌드위치 형태로 실시하는 공법으로 악취, 파리 등과 매립장 내의 화재 발생 문제는 해결되지만, 침출수나 매립가스가 발생되는 공법이다.
⑤ 개량형 혐기성위생매립 : 혐기성위생매립공법의 문제점을 해결하기 위해서 매립층 하부에 불특수층의 차수막과 침출수 배수관을 설치하여 오수 발생에 대한 대책을 강구한 공법이다.

18. 열회수장치인 열교환기의 종류를 3가지만 쓰시오.

명쾌한 풀이

① 과열기 ② 재열기 ③ 절탄기(이코노마이저) ④ 공기예열기

TIP

문제의 요구조건에 알맞게 3가지만 서술하시면 됩니다.

19. 액성한계(LL)와 소성한계(PL) 그리고 소성지수(PI)와의 상흐관계식을 쓰시오.

명쾌한 풀이

소성지수(PI) = 액성한계(LL) − 소성한계(PL)

TIP

용어의 정의
① 액성한계 : 수분의 함량이 일정수준 이상이 되면 점토의 상태가 액체상태로 변하게 되는데 이때의 한계 수분 함량을 말한다.
② 소성한계 : 수분의 함량이 일정수준 미만이 되면 점토가 성형상태를 유지하지 못하고 부서지게 되는데 이때의 한계 수분 함량을 말한다.

20. 소각로 설계 시 발생되는 열의 종류(방열 항목)를 3가지만 쓰시오.

명쾌한 풀이

① 로 본체에서 발생되는 열
② 폐기물 소각시 발생되는 연소가스의 유출열
③ 회분(재)에 의한 유출열

※ 알림
최근기출문제는 수강생들의 도움으로 복원된 문제이므로 실제문제와 다소 차이가 있을 수 있음을 알려 드립니다.
실기시험을 친 수험생은 실기문제를 복원하여 메일(kwe7002@hanmail.net)로 보내 주시면 됩니다.
수험생 여러분들이 원하시는 수험서를 만들도록 항상 최선의 노력을 다하겠습니다.

기출복원문제
- 2024년 7월 시행

01 화격자 소각로의 연소능력이 250 kg/m²·hr이며, 쓰레기량이 30톤/일이다. 1일 8시간 소각할 때 화격자의 면적(m²)을 계산하시오.

명쾌한 풀이

화격자 소각로의 연소능력(kg/m²·hr) = $\dfrac{쓰레기량(kg/hr)}{화격자의\ 면적(m^2)}$

$250 kg/m^2 \cdot hr = \dfrac{30,000 kg/일 \times 1일/8hr}{화격자의\ 면적(m^2)}$

∴ 화격자의 면적 = $\dfrac{30,000 kg/일 \times 1일/8hr}{250 kg/m^2 \cdot hr}$ = $15 m^2$

TIP
① 쓰레기량 = 30톤/일 = 30,000kg/일
② 1일 소각시간이 주어지지 않으면 24시간을 기준으로 한다.

02 열저항계수 4.33 m²·hr/kcal, 내벽온도 800℃, 열전달속도 175 kcal·℃/m²·hr일 때 외벽온도(℃)를 계산하시오.

명쾌한 풀이

외벽온도 = 내벽온도 − (열저항계수 × 열전달속도)
 = 800℃ − (4.33 m²·hr/kcal × 175 kcal·℃/m²·hr)
 = 42.25℃

03 함수율이 80%에서 함수율이 20%로 감소할 때 감소한 중량은 처음 중량의 얼마에 해당하는지 계산하시오.

명쾌한 풀이

$W_1 \times (100-80) = W_2 \times (100-20)$

$\therefore \dfrac{W_2}{W_1} = \dfrac{(100-80)}{(100-20)} = 0.25$

$\therefore W_2 = 0.25\,W_1$ 이므로 처음의 25%가 된다.

TiP

$W_1 \times (100-P_1) = W_2 \times (100-P_2)$
여기서 W_1 : 건조 전 폐기물(kg) P_1 : 건조 전 함수율(%)
      W_2 : 건조 후 폐기물(kg) P_2 : 건조 후 함수율(%)

04 다음 조성을 가진 슬러지와 왕겨의 중량비 1 : 2로 혼합 처리시 C/N비(탄질소비)를 계산하시오.

구 분	함수율	유기탄소량/TS	총질소량/TS
슬러지	95%	85%	15%
왕겨	20%	15%	5%

명쾌한 풀이

$$\text{C/N비} = \dfrac{\text{탄소량}}{\text{질소량}} = \dfrac{(1-0.95) \times 0.85 \times \dfrac{1}{3} + (1-0.20) \times 0.15 \times \dfrac{2}{3}}{(1-0.95) \times 0.15 \times \dfrac{1}{3} + (1-0.20) \times 0.05 \times \dfrac{2}{3}} = 3.23$$

TiP

① 고형물(TS) = 100 − 함수율(%)
② 슬러지의 고형물 = 100 − 95% = 1 − 0.95
③ 왕겨의 고형물 = 100 − 20% = 1 − 0.20
④ 슬러지와 왕겨의 비가 1 : 2 이므로 슬러지는 $\dfrac{1}{3}$ 이고, 왕겨는 $\dfrac{2}{3}$ 이다.

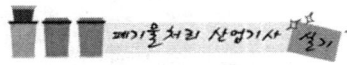

05 폐기물의 고위발열량이 9,500Kcal/kg이고, 수소가 15%, 수분이 0.4%일 때 저위발열량(kcal/kg)을 계산하시오.

명쾌한 풀이

$Hl = Hh - 600(9H + W)(kcal/kg)$
$= 9,500 kcal/kg - 600 \times (9 \times 0.15 + 0.004) = 8,687.6 \, kcal/kg$

TIP

$Hl = Hh - 600(9H + W)(kcal/kg)$
여기서 Hh : 고위발열량(kcal/kg)　　Hl : 저위발열량(kcal/kg)
　　　　H : 수소의 함량　　　　　　W : 수분의 함량

06 일산화탄소 1kg을 완전연소 시키는데 필요한 이론 공기량(kg)을 계산하시오. (단, 산소의 질량비는 0.2315이다.)

명쾌한 풀이

① $CO + 0.5 O_2 \rightarrow CO_2$
　28 kg : 0.5×32 kg
　1 kg : O_o (이론 산소량)

∴ O_o (이론 산소량) $= \dfrac{1 kg \times 0.5 \times 32 kg}{28 kg} = 0.5714 \, kg$

② 이론 공기량(kg) = 이론산소량$(kg) \times \dfrac{1}{0.2315}$

$= 0.5714 \, kg \times \dfrac{1}{0.2315} = 2.47 \, kg$

07 인구 200,000명인 어느 지역에서 1인 1일 1.2kg의 폐기물이 발생되고 있다. 하루에 작업시간은 6시간이고, 작업에 소요되는 시간은 73분이며, 왕복 운반거리는 23km이다. 차량의 적재용적이 8m³일 때, 폐기물 수거에 필요한 차량의 대수를 계산하시오. (단, 폐기물의 적재밀도는 0.45톤/m³, 예비차량은 2대이며, 폐기물의 압축률은 1.5이다.)

명쾌한 풀이

① 차량 적재량(m³/일 · 대)

$$= \frac{\text{폐기물 적재용량}(m^3/\text{대} \cdot \text{회}) \times \text{압축률}}{\frac{(\text{작업에 소요되는 시간})\min}{1\text{회}} \times \frac{1\text{hr}}{60\min} \times \frac{1\text{day}}{\text{작업시간}(\text{hr})}}$$

$$= \frac{8\,m^3/\text{대} \cdot \text{회} \times 1.5}{\frac{73\min}{1\text{회}} \times \frac{1\text{hr}}{60\min} \times \frac{1\text{day}}{6\text{hr}}} = 59.1781\,m^3/\text{일} \cdot \text{대}$$

② 폐기물 발생량(m³/일) = $1.2\,\text{kg/인} \cdot \text{일} \times 200{,}000\text{인} \times \frac{1}{450\,\text{kg}/m^3}$

$$= 533.3333\,m^3/\text{일}$$

③ 차량대수 = $\frac{\text{폐기물 발생량}(m^3/\text{일})}{\text{차량 적재량}(m^3/\text{일} \cdot \text{대})}$

$$= \frac{533.3333\,m^3/\text{일}}{59.1781\,m^3/\text{일} \cdot \text{대}} + 2 = 11.01 = 11\text{대}$$

TIP

① 폐기물의 적재밀도 : 0.45톤/m³ = 450kg/m³
② 차량대수는 소수점 첫째자리에서 완전올림한다.

08 밀도가 $150\,\text{kg/m}^3$인 쓰레기 10톤을 압축비(CR)가 3이 되도록 압축하였다면 최종부피(m^3)를 계산하시오.

명쾌한 풀이

압축비 $= \dfrac{V_1}{V_2}$

$3 = \dfrac{10 \times 10^3\,\text{kg} \times \dfrac{1}{150\,\text{kg/m}^3}}{V_2}$

$\therefore V_2 = \dfrac{10 \times 10^3\,\text{kg} \times \dfrac{1}{150\,\text{kg/m}^3}}{3} = 22.22\,\text{m}^3$

TIP

압축비 $= \dfrac{V_1}{V_2}$

여기서 V_1 : 압축 전의 부피(m^3) V_2 : 압축 후의 부피(m^3)

---

09 다음은 복토에 대한 설명이다. ( )를 알맞게 채우시오.

보기
- 일일복토는 매립작업이 끝난 후 실시하며, 두께는 (①)cm 이상으로 한다.
- 중간복토는 매립작업이 (②)일 이상 중단될 때 실시하며, 두께는 (③)cm 이상으로 하며, 기울기(구배)는 (④)퍼센트 이상으로 한다.
- 최종복토는 매립시설의 사용이 끝났을 때 실시하며, 두께는 (⑤)cm 이상으로 하며, 기울기(구배)는 (⑥)퍼센트 이상으로 한다.

명쾌한 풀이

① 15   ② 7   ③ 30   ④ 2   ⑤ 60   ⑥ 2

10 폐기물공정시험기준상 총칙에 대한 내용 중 폐기물을 액상폐기물, 반고상폐기물, 고상폐기물로 나눈다. 고형물 함량에 따라 구분하시오.

명쾌한 풀이

① 액상폐기물 : 고형물의 함량이 5% 미만
② 반고상폐기물 : 고형물의 함량이 5% 이상 15% 미만
③ 고상폐기물 : 고형물의 함량이 15% 이상

11 화격자 소각로에서 호·격자의 형식을 5가지 쓰시오.

명쾌한 풀이

① 이동식 화격자
② 반전식 화격자
③ 회전식 화격자
④ 요동식 화격자
⑤ 접동식 화격자

TIP

① 화격자식(Stoker) 소각로란 도시 생활폐기물의 소각에 주로 사용되며, 소각로내에 고정화격자와 가동화격자를 설치하여 이 위에 폐기물을 올려서 태우는 방식을 이용하는 소각로이다.
② 가동화격자의 종류 : 이동식, 반전식, 회전식, 요동식, 접동식
③ 고정화격자의 종류 : 수평경사식, 수평계단식, 중간류식

12 슬러지중에 함유된 수분형태 4가지를 쓰시오.

명쾌한 풀이

① 간극모관결합수
② 모관결합수
③ 표면부착수
④ 내부수

> **TIP**
>
> **슬러지중에 함유된 수분형태**
> ① 간극모관결합수 : 큰 고형물입자 간극에 존재하는 수분으로 슬러지내의 수분 중 일반적으로 가장 많은 양을 차지한다.
> ② 모관결합수 : 미세한 슬러지 고형물의 입자사이의 얇은 틈에 존재하는 수분으로 모세관압으로 결합되어 있는 수분이다.
> ③ 표면부착수 : 콜로이드상 결합수로 표면에 부착되어 있는 수분이며, 수분제거가 용이하지 못하다.
> ④ 내부수 : 세포내부에 강하게 결합된 수분으로 슬러지 건조시 증발이 가장 어려운 수분이므로 탈수가 가장 어려운 수분이다.

13 내륙매립공법의 종류를 4가지 쓰시오.

명쾌한 풀이
① 샌드위치 공법
② 셀 공법
③ 압축매립 공법
④ 도랑형 공법

> **TIP**
>
> **해안매립공법의 종류**
> ① 박층뿌림 공법   ② 순차투입 공법
> ③ 내수배제 공법   ④ 수중투기 공법

14 빈칸을 알맞게 채우시오.

	차수막 유무	복토재 유무	침출수 배수설비 유무
단순 매립지			
위생 매립지			
안전 매립지			

명쾌한 풀이

	차수막 유무	복토재 유무	침출수 배수설비 유무
단순 매립지	필요없다.	필요없다.	필요없다.
위생 매립지	필요하다.	필요하다.	필요하다.
안전 매립지	필요하다.	필요하다.	필요하다.

TIP

① 단순매립 : 환경을 보호하기 위한 시설을 갖추지 않고 단순히 투기형태의 비위생적인 매립형태이다.
② 위생매립 : 매립을 함으로써 발생되는 환경피해를 최소화하기 위해 복토를 실시하고, 매립지에서 발생되는 침출수에 대한 차수시설과 처리시설을 갖춘 매립형태이다.
③ 안전매립 : 유해폐기물을 최종적으로 처분하는 방법이며, 환경오염을 최소화하기 위해 유해폐기물을 자연계와 완전히 격리시키는 매립형태이다.

15

연소의 형태는 증발연소, 분해연소, 표면연소, 확산연소, 혼합기연소, 자기연소의 6가지로 나타낼 수 있다. 고체연료, 액체연료, 기체연료에 대한 연소형태를 각각 2가지씩 쓰시오.

명쾌한 풀이

① 고체연료 : 분해연소, 표면연소
② 액체연료 : 증발연소, 자기연소
③ 기체연료 : 확산연소, 혼합기연소

16

폐기물공정시험기준에 규정된 시료의 축소방법 3가지를 쓰시오.

명쾌한 풀이

① 구획법
② 교호삽법
③ 원추4분법

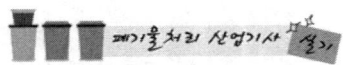

> **시료의 축소방법 핵심 내용**
> ① 구획법 : 가로 4등분, 세로 5등분하여 20개의 덩어리로 나눔
> ② 교호삽법 : 육면체의 측면을 교대로 돌면서 균등량씩 취해 2개의 원추를 쌓음
> ③ 원추4분법 : 원추의 꼭지를 수직으로 눌러서 평평하게 만들고 이것을 부채꼴로 4등분함

17 폐기물을 매립 후 매립장에서 발생되는 생성가스의 농도변화를 나타낸 그래프이다. 해당하는 번호의 가스를 쓰시오.

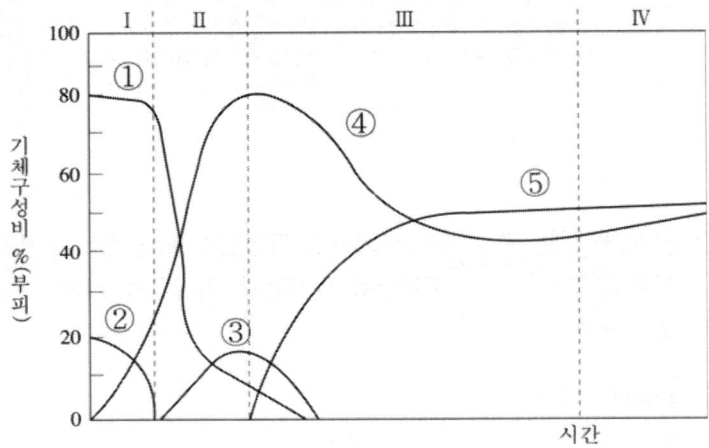

명쾌한 풀이

① 질소(N_2) ② 산소(O_2) ③ 수소(H_2) ④ 이산화탄소(CO_2) ⑤ 메탄(CH_4)

18 폐기물로부터 에너지를 회수하거나 회수할 수 있는 상태로 만들거나 폐기물을 연료로 사용하는 활동에 대한 설명이다. ( )안을 알맞게 채우시오.

> **보기**
> 다른 물질과 혼합하지 아니하고 해당 폐기물의 저위발열량이 킬로그램당 (①)킬로칼로리 이상이어야 하며, 환경부장관이 정하여 고시하는 경우에는 폐기물의 (②)퍼센트 이상을 원료나 재료로 재활용하고 나머지 중에서 에너지의 회수에 이용하여야 한다.

명쾌한 풀이

① 3천 ② 30

기출복원문제
- 2024년 10월 시행

01 메탄의 고위발열량이 9,000 kcal/Sm³일 때 저위발열량(kcal/Sm³)을 계산하시오.

명쾌한 풀이

$CH_4 + 2O_2 \rightarrow CO_2 + 2H_2O$

$Hl = Hh - 480 \times H_2O$량 $(kcal/Sm^3)$

여기서 Hl : 저위발열량$(kcal/Sm^3)$
  Hh : 고위발열량$(kcal/Sm^3)$
  H_2O량 : 완전연소 반응식에서 발생되는 H_2O의 갯수

$Hl = 9,000 \, kcal/Sm^3 - 480 \times 2 = 8,040 \, kcal/Sm^3$

TIP
① 체적비 = Sm^3/Sm^3 = 갯수비
② 메탄 = CH_4

02 어떤 도시에서 1일 50톤의 폐기물이 발생되었고 이 때 밀도가 400 kg/m³이었다. 3m 깊이인 도랑식(trench)으로 매립하고자 할 때 1년 동안 필요한 부지면적(m²)을 계산하시오. (단, 매립 시 압축에 따른 쓰레기 부피감소율은 50%로 한다.)

명쾌한 풀이

매립면적$(m^2/년) = \dfrac{\text{폐기물 발생량}(kg/년) \times (1 - \text{부피감소율})}{\text{폐기물 밀도}(kg/m^3) \times \text{매립지 깊이}(m)}$

$= \dfrac{50 \times 10^3 \, kg/day \times 365 \, day/년 \times (1 - 0.5)}{400 \, kg/m^3 \times 3m}$

$= 7,604.17 \, m^2/년$

03 매립지 주변을 고려한 물 수지를 수집하려고 할때 강수량(P), 증발산량(E), 유출량(R), 침출수량(L)만을 고려할 경우 우리나라의 연간 침출수량(mm)을 계산하시오. (단, 우리나라의 연간 강수량은 1,200mm, 연간 증발산량은 750mm, 유출량(R)은 최악의 상태를 고려하여 0으로 가정한다.)

명쾌한 풀이

침출수량 = 강수량 − 증발산량 − 유출량
= 1,200mm − 750mm − 0 = 450mm

04 A도시의 인구가 20만명이고 쓰레기의 발생량이 1.5kg/인·일, 발생되는 쓰레기를 인부 50명이 수거 운반할 때와 B도시의 인구가 30만명이고 쓰레기의 발생량이 2.5kg/인·일, 발생되는 쓰레기를 인부 80명이 수거 운반할 때 각각의 MHT를 계산하고, 수거효율이 높은 도시를 선택하시오. (단, 1일 작업시간은 8시간이다.)

명쾌한 풀이

$$MHT = \frac{수거인부수 \times 작업시간}{쓰레기 수거실적}$$

① A도시의 MHT(man·hr/ton)

$$= \frac{50인 \times 8hr/day}{1.5kg/인·일 \times 200,000인 \times 10^{-3}ton/kg} = 1.33 \, MHT$$

② B도시의 MHT(man·hr/ton)

$$= \frac{80인 \times 8hr/day}{2.5kg/인·일 \times 300,000인 \times 10^{-3}ton/kg} = 0.85 \, MHT$$

③ MHT의 값이 작을수록 수거효율이 높으므로 A도시에 비해 B도시의 수거효율이 높다.

05 화격자 소각로의 면적이 $15m^2$이고 쓰레기 30톤/일을 소각하고자 할 때 화격자 소각로의 연소능력($kg/m^2 \cdot hr$)을 계산하시오. (단, 1일 8시간 가동한다.)

명쾌한 풀이

화격자 소각로의 연소능력($kg/m^2 \cdot hr$)

$$= \frac{쓰레기량(kg/hr)}{화격자의 면적(m^2)}$$

$$= \frac{30,000 kg/일 \times 1일/8hr}{15 m^2}$$

$$= 250 kg/m^2 \cdot hr$$

TIP
① 쓰레기량 = 30톤/일 = 30,000kg/일
② 1일 소각시간이 주어지지 않으면 24시간을 기준으로 한다.

06 고형폐기물의 처리시 1kg의 포도당($C_6H_{12}O_6$) 성분의 폐기물이 혐기성 분해를 한다면 이론적 메탄가스의 체적(Sm^3)을 계산하시오. (표준상태 기준)

명쾌한 풀이

$C_6H_{12}O_6 \rightarrow 3CO_2 + 3CH_4$

180 kg : $3 \times 22.4 Sm^3$

1 kg : $X(CH_4)$

$$\therefore X(CH_4) = \frac{1 kg \times 3 \times 22.4 Sm^3}{180 kg} = 0.37 Sm^3$$

TIP
① 체적(Sm^3) = 계수 × 22.4(Sm^3)
② 질량(kg) = 계수 × 분자량(kg)
③ 포도당($C_6H_{12}O_6$)의 분자량 = $12 \times 6 + 1 \times 12 + 16 \times 6 = 180$

07 프로판(C_3H_8) 5 Sm^3을 과잉공기계수 1.2로 완전연소할 때 필요한 실제공기량(Sm^3)을 계산하시오.

명쾌한 풀이

① $C_3H_8 + 5O_2 \rightarrow 3CO_2 + 4H_2O$

22.4 Sm^3 : 5 × 22.4 Sm^3

5 Sm^3 : 이론산소량(Sm^3)

∴ 이론산소량 $= \dfrac{5 \times 22.4 Sm^3 \times 5 Sm^3}{22.4 Sm^3} = 25 Sm^3$

② 실제공기량(Sm^3) $= \dfrac{\text{이론산소량}(Sm^3)}{0.21} \times$ 공기과잉계수(m)

$= \dfrac{25 Sm^3}{0.21} \times 1.2 = 142.86 Sm^3$

TIP

① Sm^3/Sm^3 = 체적비 = 몰비 = 갯수비
② 체적(Sm^3) = 계수 × 22.4(Sm^3)

---

08 함수율이 75%, 가연성분이 50%(고형물 기준)인 슬러지 100톤을 소각하였을 때 발생되는 소각재의 양(ton)을 계산하시오.

명쾌한 풀이

발생되는 소각재의 양 = 100 ton × 0.25 × 0.50 = 12.5 ton

TIP

① 발생되는 소각재의 양 = 슬러지량(ton) × 고형물 함량 × 불연성분 함량
② 고형물 함량 = 100% − 함수율(%) = 100% − 75% = 25%
③ 불연성분 함량 = 100% − 가연성분(%) = 100% − 50% = 50%

09 폐기물 매립시설의 사용이 종료되었을 때 실시하는 최종복토에서 복토층을 4단계층으로 구분할 때, 각 단계를 쓰시오.

① 식생대층
② 배수층
③ 차단층
④ 가스배제층

> 최종복토에서 복토층과 각 층의 두께
> ① 식생대층, 두께 : 60cm이상
> ② 배수층, 두께 : 30cm이상
> ③ 차단층, 두께 : 45cm이상
> ④ 가스배제층, 두께 : 30cm이상

10 다음의 용어를 간단히 설명하시오.

(1) SDT
(2) TDY
(3) THM

(1) SDT(services/day/truck) : 수거트럭 1대당 1일 수거 가옥수
(2) TDT(ton/day/truck) : 수거트럭 1대당 1일 수거량
(3) TMH(ton/man/hr) : 수거인부 1인당 1시간 수거량

11 쓰레기를 매립할 때, 매립지에서 쓰레기가 분해되는 단계를 순서대로 쓰시오.

호기성 단계 → 임의혐기성 단계 → 메탄생성 단계 → 안정화 단계

12 혐기성소화 시 호기성소화에 비해서 슬러지량이 더 적게 발생하는 이유를 쓰시오.

명쾌한 풀이

호기성소화는 산소를 이용하며 대부분의 유기물을 세포화하는 방법이고, 혐기성소화는 산소를 이용하지 않으며 대부분의 유기물을 가스화하는 방법이므로 호기성소화에 비해서 혐기성소화 시 슬러지가 더 적게 발생한다.

13 매립지 사후관리항목을 4가지 쓰시오.

명쾌한 풀이

① 우수배제시설 설치 및 관리
② 침출수 관리
③ 발생가스 관리
④ 지하수 오염도 조사

TIP

매립지 사후관리계획서에 포함되어야 하는 사항
① 우수 배제 계획
② 침출수 관리 계획
③ 지하수 오염도 조사 계획
④ 구조물 및 지반 안정도 관리 계획

14 폐기물을 소각할 때 발생되는 질소산화물(NO_X)을 제거하는 방법 중 건식 배연탈질법이 있다. 건식 배연탈질법의 종류를 3가지 쓰고 간단히 설명하시오.

명쾌한 풀이

① 선택적 촉매환원법 : 배기가스 중에 존재하는 산소와는 무관하게 질소산화물(NO_X)을 촉매에 의해 선택적으로 환원시켜 질소분자와 물로 전환하는 방법이다.
② 선택적 무촉매환원법 : 촉매를 이용하지 않고 환원제에 의해서 고온에서 질소산화물(NO_X)을 선택적으로 환원하여 질소분자와 물로 전환하는 방법이다.
③ 접촉분해법 : NO가 함유된 배기가스를 산화 코발트(Co_3O_4)에 접촉시켜 N_2와 O_2로 분해시키는 방법이다.

15 해안매립공법의 종류 3가지를 쓰시오.

명쾌한 풀이
① 박층뿌림공법
② 순차투입공법
③ 수중투기공법 및 내수배제공법

TIP

해안매립공법의 종류
① 박층뿌림공법 : 개량된 지반이 붕괴될 위험이 있을 때 밑면이 뚫린 바지선을 이용하여 쓰레기를 박층으로 떨어뜨려 뿌려주어 바닥의 지반하중을 균등하게 하기위해 사용하는 방법이다.
② 순차투입공법 : 호안측으로부터 순차적으로 쓰레기를 투입하여 육지화하는 방법이다.
③ 수중투기공법 및 내수배제공법 : 호 안에 해수를 그대로 둔 채 폐기물을 투기하거나 매립 전에 내수를 배제시킨 후 폐기물을 매립하는 방법이다.

16 침출수 집배수시설 설계 시 고려해야 하는 항목 중 침출수량에 영향을 미치는 요인 3가지를 쓰시오.

명쾌한 풀이
① 강우량
② 증발량
③ 지하수량
④ 침투수량
⑤ 표면유출량
⑥ 폐기물 분해시 발생량

TIP

문제의 요구조건에 알맞게 3가지만 서술하시면 됩니다.

17 폐기물의 열분해 처리원리를 간단히 서술하시오.

명쾌한 풀이

폐기물을 무산소 또는 산소가 부족한 상태에서 고온으로 가열하여 기체, 액체, 고체상태의 연료를 생산하는 공정이다.

18 유해폐기물을 처리하는 고형화 처리방법 5가지를 기술하시오.

명쾌한 풀이

① 시멘트 기초법
② 석회 기초법
③ 자가시멘트법
④ 피막형성법
⑤ 열가소성 플라스틱법
⑥ 유리화법

TIP

문제의 요구조건에 알맞게 5가지만 서술하시면 됩니다.

19 상온하에서 파쇄가 곤란한 폐기물을 파쇄하기 위한 저온파쇄기술의 정의를 기술하시오.

명쾌한 풀이

플라스틱이나 타이어처럼 상온하에서 파쇄가 어려운 폐기물을 액체질소나 LNG 등의 기화열을 이용해 -120℃ 정도까지 냉각시켜 폐기물을 파쇄하는 방법으로 폐기물의 포화온도차를 이용해 성분별로 선택해서 파쇄하는 방법이다.

20. 이코노마이저에 관한 내용이다. ( )안에 들어갈 알맞은 말을 쓰시오.

보기: 이코노마이저는 (①)에 설치되며 보일러 전열면을 통하여 (②)로 보일러 급수를 예열하여 보일러의 효율을 높이는 장치이다.

명쾌한 풀이

① 연도 ② 여열

TIP
① 이코노마이저 = 절탄기
② 열교환기의 종류 : 과열기, 재열기, 절탄기, 공기예열기

※ 알림
최근기출문제는 수강생들의 도움으로 복원된 문제이므로 실제문제와 다소 차이가 있을 수 있음을 알려 드립니다.
실기시험을 친 수험생은 실기문제를 복원하여 메일(kwe7002@hanmail.net)로 보내 주시면 됩니다.
수험생 여러분들이 원하시는 수험서를 만들도록 항상 최선의 노력을 다하겠습니다.